现代蔬菜
病虫害
防治丛书

茄果类蔬菜
病虫害诊治原色图鉴

高振江　吕佩珂　刘燕　主编

第三版

化学工业出版社
·北京·

内容简介

本书紧密围绕茄果类蔬菜生产需要，针对生产上可能遇到的大多数病虫害，包括不断出现的新病虫害，不仅提供了可靠的传统防治方法，还挖掘了不少新的、现代的防治方法。本书介绍了番茄、茄子、辣椒、彩椒、甜椒常发生的283种病害、37种虫害，图文结合，配备宏观的症状特写照片、病原生物各期照片，便于准确识别病虫害，做到有效防治。本书在文字上按不同地域，分析了病因，病原的生活史与生活习性、为害症状与特点、分布与寄主、传播途径和发病条件，给出了行之有效的生物、物理、化学防治方法，科学实用，可作为各地家庭农场、蔬菜基地、农家书屋、农业技术服务部门参考书，指导现代茄果类蔬菜生产。

图书在版编目（CIP）数据

茄果类蔬菜病虫害诊治原色图鉴 / 高振江，吕佩珂，刘燕主编． —3版． —北京：化学工业出版社，2024.4
（现代蔬菜病虫害防治丛书）
ISBN 978-7-122-45052-4

Ⅰ.①茄⋯ Ⅱ.①高⋯②吕⋯③刘⋯ Ⅲ.①茄果类-病虫害防治-图谱 Ⅳ.①S436.41-64

中国国家版本馆CIP数据核字（2024）第039685号

责任编辑：李　丽　　　　　　　　文字编辑：李娇娇
责任校对：王鹏飞　　　　　　　　装帧设计：关　飞

出版发行：化学工业出版社
　　　　　（北京市东城区青年湖南街13号　邮政编码100011）
印　　装：河北京平诚乾印刷有限公司
850mm×1168mm　1/32　印张10½　字数371千字
2024年5月北京第3版第1次印刷

购书咨询：010-64518888　　　售后服务：010-64518899
网　　址：http://www.cip.com.cn
凡购买本书，如有缺损质量问题，本社销售中心负责调换。

定　　价：69.90元　　　　　　　　版权所有　违者必究

编写人员名单

主　　编：高振江　吕佩珂　刘　燕

副 主 编：苏慧兰　高　娃　王亮明

参　　编：李秀英　王亮明　潘子旺

　　　　　高　翔　姚慧静

前言

近年来，随着全国经济转型发展，我国蔬菜产业发展迅速，蔬菜种植规模不断扩大，对加快全国现代农业和社会主义新农村建设具有重要意义。据农业部门统计，2018 年，我国蔬菜种植面积达 $2.04 \times 10^7 hm^2$，总产量 $7.03 \times 10^8 t$，同比增长 1.7%。我国蔬菜产量随着播种面积的扩大，保持平稳的增长趋势，2013 ～ 2018 年全国蔬菜产量复合增长率为 2.17%，居世界第一位。目前，全国蔬菜播种面积约占农作物总播种面积的 1/10，产值占种植业总产值的 1/3，成为了农民收入的主要来源。

2015 年，中华人民共和国农业部启动"农药使用量零增长"行动，同年 10 月 1 日，被称为"史上最严食品安全法"的《中华人民共和国食品安全法》正式实施；2017 年国务院修订《农药管理条例》并开始实施，一系列法规的出台，敲响了合理使用农药的警钟。

笔者于 2017 年出版了"现代蔬菜病虫害防治丛书"（第二版），如今已有七年之久。从内容上看，与现如今的蔬菜病虫害种类和防治技术相比内容不够全、不够新！为适应中国现代蔬菜生产对防治病虫害的新需求，笔者对"现代蔬菜病虫害防治丛书"进行全面修订。修订版保持原丛书的框架，增补了 44 种新发、多发的病例和病虫害。

本丛书在第二版的基础上结合中国现代蔬菜生产特点，重点介绍两方面新的关键技术：

一是强调科学用药。全书采用一大批确有实效的新杀虫杀菌剂、植物生长剂、复配剂，指导性强，效果好。推荐使用的农药种类均在"中国农药信息网"进行了核对，给出了农药使用种类和剂型。针对部分蔬菜病虫害没有登记用药的情况，推荐使用其他方法进行预防和防治。切实体现了"预防为主，综合防治"的绿色植保方针。

二是采用最新的现代技术防治蔬菜病虫害，包括商品化的抗病品种的推广、生物菌剂（如枯草芽孢杆菌、生防菌）的应用等，提倡使用生物农药结合化学农药共同防治病虫害，降低抗药性产生的同时，还可以降低农药残留，提高防治效果。

编者

2024 年 1 月

我国是世界最大的蔬菜（含瓜类）生产国和消费国。据FAO统计，2008年中国蔬菜（含瓜类）收获面积2408万公顷（$1hm^2=10^4m^2$），总产量4.577亿吨，分占世界总量的44.5%和50%。据我国农业部统计，2008年全国蔬菜和瓜类人均占有量503.9kg，对提高人民生活水平做出了贡献。该项产业产值达到10730多亿元，占种植业总产值的38.1%；净产值8529.83多亿元，对全国农民人均纯收入的贡献额为1182.48元，占24.84%，促进了农村经济发展与农民增收。

蔬菜病虫害是蔬菜生产中的主要生物灾害，无论是传染性病害或生理病害或害虫的为害，均直接影响蔬菜产品的产量和质量。据估算，如果没有植物保护系统的支撑，我国常年因病虫害造成的蔬菜损失率在30%以上，高于其他作物。此外，在防治病虫过程中不合理使用化学农药等，已成为污染生态环境、影响国民食用安全、制约我国蔬菜产业发展和出口创汇的重要问题。

本套丛书在四年前出版的《中国现代蔬菜病虫原色图鉴》的基础上，保持原图鉴的框架，增补病理和生理病害百余种，结合中国现代蔬菜生产的新特点，从五个方面加强和创新。一是育苗的革命。淘汰了几百年一直沿用的传统育苗法，采用了工厂化穴盘育苗，定植时进行药剂蘸根，不仅可防治苗期立枯病、猝倒病，还可有效地防治枯萎病、根腐病、黄萎病、根结线虫病等多种土传病害和地下害虫。二是蔬菜作为人们天天需要的副食品，集安全性、优质、营养于一体的无公害蔬菜受到每一个人的重视。随着人们对绿色食品需求不断增加，生物农药前景十分看好，在丛书中重点介绍了用我国"十一五"期间"863计划"中大项目筛选的枯草芽孢杆菌BAB-1菌株防治灰霉病、叶霉病、白粉病。现在以农用抗生素为代表的中生菌素、春雷霉素、申嗪霉素、乙蒜素、井冈霉素、高效链霉素（桂林产）、新植霉素、阿维菌素等一大批生物农药应用成效显著。三是当前蔬菜生产上还离不开使用无公害的化学农药！如何做到科学合理使用农药至关重要！丛书采用了近年对我国山东、河北等蔬菜主产区的瓜类、茄果类蔬菜主要气传病害抗药性监测结果，提出了相应的防控对策，指导生产上科学用药。本书中停用了已经产生抗性的杀虫杀菌剂，全书启用了一大批确有实效的低毒的新杀虫杀菌剂及一大批成功的复配剂，指导性强，效果相当好。为我国当前生产无公害蔬菜防病灭虫所急需。四是科学性强，靠得住。我们找到一个病害时必须查出病原，经过鉴定才写在书上。五是蔬菜区域化布局进一步优化，随种植结构变化，变换防治方法。如采用轮作防治枯黄萎病，采用物理机械防治法防治一些病虫。如把黄色黏胶板放在棚室中，可诱杀有翅蚜虫、斑潜蝇、白粉虱等成虫。用蓝板可诱杀蓟马等。

本丛书始终把生产无公害蔬菜（绿色蔬菜）作为产业开发的突破口，有利于全国蔬菜质量水平不断提高。近年气候异常等温室效应不断给全国蔬菜生产带来复杂多变的新问题。本丛书针对制约我国蔬菜产业升级、农民关心的蔬菜病虫害无害化防控、国家主管部门关切和市场需求的蔬菜质量安全等问题，进一步挖掘新技术，注重解决生产中存在的实际问题。本丛书内容从五个方面加强和创新，涵盖了蔬菜生产上所能遇到的大多数病虫害，包括不断出现的新病虫害。本丛书9册介绍了176种现代蔬菜病虫害千余种，彩图2800幅和400多幅病原图，文字200万，形式上图文并茂、科学性、实用性、通俗性强，既有传统的防治法，也挖掘了许多现代的防治技术和方法，是一套紧贴全国蔬菜生产，体现现代蔬菜生产技术的重要参考书。可作为中国进入21世纪诊断、防治病虫害指南，可供全国新建立的家庭农场、蔬菜专业合作社、全国各地农家书屋、广大菜家、农口各有关单位参考。

本丛书出版之际，邀请了中国农业科学院植物保护研究所赵廷昌研究员对全书细菌病害拉丁文学名进行了订正。对蔬菜新病害引用了李宝聚博士、李林、李惠明、石宝才等同行的研究成果和《北方蔬菜报》介绍的经验。对蔬菜叶斑病的命名采用了李宝聚建议，以利全国尽快统一，在此一并致谢。

由于防治病虫害涉及面广，技术性强，限于笔者水平，不妥之处在所难免，敬望专家、广大菜农批评指正。

编者

2013年6月

第二版前言

四年前出版的"现代蔬菜病虫害防治丛书"深受读者喜爱,于短期内售罄。应读者要求,现对第一版图书进行修订再版。第二版与第一版相比,主要在以下几方面做了修改、调整。

1. 根据读者的主要需求和病虫害为害情况,将原来9个分册中的5个进行了修订,分别是《茄果类蔬菜病虫害诊治原色图鉴》《绿叶类蔬菜病虫害诊治原色图鉴》《葱姜蒜薯芋类蔬菜病虫害诊治原色图鉴》《瓜类蔬菜病虫害诊治原色图鉴》《西瓜甜瓜病虫害诊治原色图鉴》。

2. 每个分册均围绕安全、绿色防控的原则,针对近年来新发多发的病虫害,增补了相关内容。首先在防治方法方面,重点增补了近年来我国经过筛选的、推广应用的生物农药及新技术、新方法,主要介绍无公害化学农药、生物防控、物理防控等;其次在病虫害方面,增加了一些新近影响较大的病虫害及生理性病害。

3. 对第一版内容的修改完善。对于第一版内容中表述欠妥的地方及需要改进的地方做了修改。比如一些病原菌物的归属问题根据最新的分类方法做了更正;一些图片替换成了清晰度更高、更能说明问题的电镜及症状图片;还有对读者和笔者在反复阅读第一版过程中发现的个别错误一并进行了修改。

希望新版图书的出版可以更好地解决农民朋友的实际问题,使本套丛书成为广大蔬菜种植人员的好帮手。

编者

2017年1月

目录

一、番茄、樱桃番茄病害

二、茄子病害

三、甜椒、辣椒、彩椒病害

四、酸浆病害

五、茄果类蔬菜虫害

附录　农药的稀释计算

参考文献

番茄、樱桃番茄猝倒病

症状 该病常因植株生育年龄和发育阶段不同症状略有变化。生产上把番茄、樱桃番茄播种在带菌的土壤中，种子因受猝倒病菌侵染而不能萌发，变软呈糊状，后变为褐色或皱缩，最后解体。发芽后的种子受害，最初侵染点表现为水浸状褐变，扩展后受害细胞崩溃，不久就死去，上述两种侵染都发生在出土前，称作出苗前猝倒或烂种。土壤中发生的种子病害大家是看不到的，只能从缺苗上判断是猝倒病。出土幼苗的猝倒病发生在根部或土面上幼苗茎基部，呈水渍状变褐，病部缢缩并失去支撑能力，幼苗猝倒在地面上，并很快萎蔫，称作出土后的猝倒病。

病原 *Pythium aphanidermatum* （Edson）Fitzpatrick，称瓜果腐霉，属假菌界卵菌门腐霉属。

传播途径和发病条件 瓜果腐霉能在土壤中长期存活。此菌主要以卵孢子和菌丝体随病残体在土壤内越冬。条件适宜时，卵孢子萌发产生游动孢子，游动孢子释放后，在水中游动几分钟进入休止阶段，变圆形成休眠孢子囊，然后萌发产生芽管，芽管侵入寄主组织引起新的侵染。随着侵染的发展又开始出现孢子囊，接着产生卵孢子。孢子囊和卵孢子产生在番茄组织内部或外面，或者内外都有。生产上土壤长期潮湿，而温度又对番茄生长不利时，即适于高温下生长的番茄遇低温高湿、光照不足、通风不良、闷湿、播种过密，以及土壤中氮素过剩，或在同一田块连作多年，瓜果腐霉就会借灌溉水、带菌堆肥、农事操作传播，引发猝倒病。

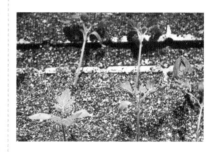

樱桃番茄穴盘无土育苗猝倒病症状

提倡采用现代穴盘育苗法

引起番茄、茄子、辣椒猝倒病的瓜果
腐霉孢子囊和游动孢子囊（林晓民）

防治方法 ①提倡选用穴盘育苗法等现代育苗方法，可大大减少猝倒病的发生和为害。现在育苗工厂全部采用穴盘育苗，穴盘容积小，能为幼苗提供30～40天的营养。冬季养分、水分损失少，基质中的营养能满足40天生长需求，但夏季水分蒸发迅速，浇水多，基质中营养流失严重，容易出现脱肥。有时遇有棚内未准备好或苗子稍小不能马上定植的，接苗后可适当补肥，最好在苗龄30天适量补肥，可用芳润、好力朴全水溶性肥料300倍液喷淋灌根。育苗厂送来的番茄苗应达到三叶一心，选择壮苗很重要。菜农接苗后定植时要做好防病防虫处理，可用激抗菌968苗宝1000倍液或70%噁霉灵可湿性粉剂1500倍液混加72.2%霜霉威（普力克）水剂700倍液，也可再混加农用高效链霉素3000倍液或32.5%苯甲·嘧菌酯悬浮剂1500倍液进行蘸根，这些措施对根部病害都有较好的预防效果。但是使用激抗菌968苗宝时只能单用，不能与杀细菌的药剂同时使用。对于防虫，可用啶虫脒混25%噻嗪酮（扑虱灵）防粉虱、用吡虫啉或阿维菌素防蚜虫、喷哒螨灵加阿维菌素防红叶螨，灌根防根结线虫等。尽一切可能做到适时定植。不能过迟，否则很容易伤根，影响缓苗及后期产量。②加强定植后的管理。a.注意防止叶片发黄、幼苗高矮不齐、徒长等穴盘育苗带来的新问题的发生。防止黄叶可通过蘸根及喷施水溶肥芳润、好力朴1000倍液进行。防止高矮不齐，应在定植时把大小苗分开定植分别管理，对长势弱的喷洒1.8%复硝酚钠（爱多收）水剂6000倍液。对徒长的，不要急于吊蔓，先让植株卧倒抑制植株顶端优势，控制徒长，也可把第一穗花疏掉，促壮棵形成。b.棚室要保证足够的光照和适宜的温度、湿度，千方百计把棚内白天温度保持在25℃左右，夜晚15℃，防止旺长。加强肥水管理。关于浇水，15天是大棚供水极限期，15天之内据天气、土壤、植株长势确定浇水时间。植株出现旺长时要控制浇大水，浇小水也要浇透，防止地表5cm下根系产生缺水情况，做到从幼苗定植到坐住第1个果的生长前期以控长为主，培育壮棵。浇完第二水（缓苗水）后还要控水控肥，保持土壤相对干燥，促根下扎，抑制过旺的营养生长。当第一穗果长到核桃大小时再浇第三水，同时开始追施肥力钾、顺欣、顺藤等大量元素水溶肥5～10kg，以后每坐住1穗果浇水冲肥1次，生长中后期以氮磷钾平衡型与高钾型交替冲施为主，生长后期以高钾型为主，防止钾高氮低的情况发生，保证番茄正常转色，配施 2kg 阿波罗 963，同时叶面喷洒甲壳素 100 倍液或乐多收全营养叶面肥 200 倍液，隔 10 ～ 15 天 1 次。

番茄、樱桃番茄立枯病和丝核菌茎基腐病

症状 立枯病是苗期病害，茎基腐病是番茄、樱桃番茄成株期病害，病原菌都是立枯丝核菌。

立枯病发生时，番茄、樱桃番茄幼苗的茎基部产生椭圆形暗褐色病变，病苗白天萎蔫，夜间恢复，病部逐渐凹陷，扩大至围绕茎一周后，病部收缩干枯，植株死亡。病部有不明显的淡褐色蛛丝状霉，即病原菌的菌丝。

茎基腐病可为害番茄、樱桃番茄大苗，于植株定植后不久发病。初发病时在植株地表上下的茎基部产生暗褐色病变，后绕茎基部扩展，病部皮层腐烂，造成植株地上部叶片变黄、萎蔫，严重的病部环绕茎基部一周后，引起整株萎蔫枯死。湿度大时茎基病部表面现浅褐色蛛丝状霉或出现灰褐色、大小不一的小菌核。

病原 *Rhizoctonia solani* Kühn，称立枯丝核菌，属真菌界担子菌门无性型丝核菌属；有性阶段为瓜亡革菌（*Thanatephorus cucumeris*）。有性型担子无色，单胞，圆筒形或长椭圆

樱桃番茄立枯病茎基部变褐缢缩

番茄丝核菌茎基腐病（左）和病茎上的菌丝（右）

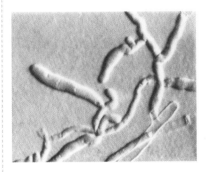

番茄立枯丝核菌菌丝分枝处缢缩

形，顶生 2 ～ 4 个小梗，每小梗上着生 1 个担孢子。担孢子椭圆形或圆形，大小（6.0 ～ 9.0）μm×（5.0 ～ 7.0）μm。此菌腐生性强，生长适温 17 ～ 28℃，当温度低于 12℃或高

于 30℃时生长受到抑制，最适生长 pH 值 6 ～ 7，这时苗核形成时间最短。

传播途径和发病条件　立枯丝核菌以菌丝体和菌核在土壤中越冬，并可在土壤中存活 2 ～ 3 年。该菌不产生孢子，可以菌丝或菌核萌发产生菌丝直接侵染，在田间通过雨水、灌溉水及农具传播。该菌在 13 ～ 42℃范围内均可侵染发病，发病最适温度为 24℃。该菌喜湿耐旱，温度高、湿度大时幼苗徒长易发病，育苗期间温度忽高忽低，光照弱，通风不良，幼苗生长衰弱易发病。相对湿度高于 85% 时菌丝才能侵入寄主。

防治方法　加强定植后管理，注意提高地温，科学放风。发病初期喷淋 1% 申嗪霉素悬浮剂 1000 倍液或 70% 噁霉灵可湿性粉剂 1600 倍液或 2.1% 丁子·香芹酚水剂 300 倍液，每平方米施药液 2 ～ 3L，视病情隔 7 ～ 10 天 1 次，连续防治 2 次。番茄、樱桃番茄茎基腐病还可用 40% 拌种双粉剂 800 倍液喷雾茎基部，也可用 2.1% 丁子·香芹酚水剂 200 倍液涂抹，还可用拌种双药土。药土配方：每平方米表土施 40% 拌种双粉剂 9g，充分混匀后在病株基部覆堆，把病部埋上，促其在病斑上方长出不定根，可延缓寿命，争取产量。也可在发病后用 23% 络氨铜水剂 600 倍液混加 68% 精甲霜·锰锌 500 倍液喷秆。

番茄、樱桃番茄沤根

症状　番茄、樱桃番茄在育苗阶段或定植后，不长新根，幼根表皮表面开始呈锈褐色，后逐渐腐烂，致地上部叶片变黄，严重的萎蔫枯死，幼苗易被拔起。

病因　主要是地温低于 12℃，且持续时间较长，再加上浇水过量或遇连阴雨天气，苗床温度和地温过低，番茄苗出现萎蔫，萎蔫持续时间一长，就会发生沤根。沤根后地上部子叶或真叶呈黄绿色或乳黄色，叶缘开始枯焦，严重的整叶皱缩枯焦，生长极为缓慢。在子叶期出现沤根，子叶即枯焦；在某片真叶期发生沤根，这片真叶就会枯焦，因此从地上部番茄苗表现可以判断发生沤根的时间及原因。长期处于 5 ～ 6℃低温，尤其是夜间的低温，致生长点停止生长，老叶边缘逐渐变褐，致苗干枯而死。

番茄沤根

防治方法　①发生轻微沤根后，要及时松土，提高地温，待新根长出后，再转入正常管理。②用 50% 硅丰环湿拌种剂 1g 加水 8L，3 ～ 4 叶期喷淋，也可用平衡型水溶肥配成1000倍液浇施。

番茄、樱桃番茄终极
腐霉茎基腐病

番茄、樱桃番茄腐霉茎基腐病近年来已成为北京、山东、辽宁、河北秋延后番茄最严重的一种病害，轻的造成减产，重的导致绝产，应特别注意防治。

症状　番茄、樱桃番茄植株茎基部土表上下2～3cm处，产生水渍状暗色病斑，随植株生长病斑向上

樱桃番茄终极腐霉茎基腐病发病
初期植株萎蔫状

番茄终极腐霉茎基腐病根茎部
变褐主根腐烂

番茄终极腐霉茎基腐病根茎部纵剖症状

下扩展，手捏茎部发软，后扩展至环绕茎一周，茎基部出现缢缩，地上部叶片萎蔫，几天后病株倒伏。该病在30～34℃高温条件下、湿度大时发生，是我国华北地区保护地呈上升趋势的土传病害，对秋番茄生产造成严重威胁。

病原　*Pythium ultimum* Trow，称终极腐霉，属假菌界卵菌门腐霉菌属。

传播途径和发病条件　该病是土传病害，病菌以菌丝体和卵孢子随病残体在土壤中存活和越冬。菌丝生长适温32℃，最高36℃，最低4℃。近年山东秋季定植后7～10天至第1穗果开花结果期普遍发病，轻的病株率10%～20%，重的可引起整棚毁种。从1999年开始零星发生，定植越早发病越重，定植后大水漫灌造成大棚温度高、湿度大，难于调控，对耐高温的终极腐霉侵入有利。在30～34℃高温条件下，湿度大时病株易折倒。定植后遇阴雨天气、光照不足或温差大，植株生长衰弱易发病，秋延后番茄、秋冬番茄或

越冬大棚番茄和长季节、反季栽培的樱桃番茄发病重。主要原因：一是定植前土壤未消毒或消毒不彻底。大棚内土壤连茬种植茄果类和瓜类，造成腐霉菌、疫霉菌在土壤中积累，一旦出现发病条件立刻发病。二是越冬大棚番茄定植期过早，苗期地温过高，大水漫灌后，根系透气性降低，病菌侵入植株茎基部而发病。三是植株生长势弱，造成土传病害的病菌有了可乘之机。四是其他原因，如番茄缓苗后遇到一次大雨，雨水直接浸泡了番茄幼苗导致该病发生。甘肃已研究明确番茄茎基腐病在番茄不同发育时期，病原菌优势种不同，苗期以腐霉和镰孢菌占优势，立枯丝核菌较少。进入大田成株期以立枯丝核菌和一种疫霉菌为主，镰孢菌、腐霉少，且致病性很强。

防治方法 ①利用氰氨化钙防治土传病害。可有效地防治腐霉根腐病、枯萎病、根腐病、青枯病、根结线虫病等。a. 在6～8月气温最高的季节，先把大棚里的土壤深翻疏松，然后按所栽培蔬菜需要宽度起垄，垄高15cm，以利于灌水，提高地温。b. 每667m²（1亩＝667m²）用粉碎稻草或麦秸（长度1～3cm）1300kg、氰氨化钙70kg，均匀地撒在土壤上面，然后耕翻土壤，把材料和床土充分混匀。c. 往土壤里漫灌水直至饱和。d. 灌水后大棚土壤上面加盖完整的塑料

薄膜，四周要盖严，以利于提高地温，确保消毒效果。e. 密闭大棚1个月，确保棚温达到60℃。f. 闷棚结束后，据土壤湿度开棚放风，调节土壤湿度，然后栽培番茄。土壤消毒后第1年施肥量可较标准量少些，追肥据测土施肥数据确定。②种子消毒。先把种子用20%氟吗啉可湿性粉剂1000倍液或50%烯酰吗啉可湿性粉剂2000倍液浸种3h，取出后用清水冲净催芽播种，可有效降低种子带菌率。还可用0.5%氨基寡糖素水剂300倍液浸种2h，捞出后再浸入水中3～4h。③苗床消毒。喷洒30%噁霉灵水剂500倍液。采用穴盘育苗的，每立方米营养土中加入30%噁霉灵水剂100ml，对水均匀喷入营养土中，充分拌匀装营养钵或穴盘后播种。也可选用20%辣根素颗粒剂（主要成分是异硫氰酸烯丙酯）处理土壤，每平方米用20～27g。④秋番茄、秋冬番茄不要盲目早栽。北京、山西、河北越冬大棚番茄适宜的定植期应在9月下旬至10月上旬。定植后发现下部叶变黄，茎基部呈水渍状应马上扒开植株基部地膜和表土散湿，使其通风良好。定植期过早或定植后气温偏高应推迟覆膜时间，避免高温高湿条件出现。⑤加强管理，注意施用腐熟有机肥或生物活性肥，防止肥料烧根，并注意保持土壤湿度适当，防止忽干忽湿，切忌大水漫灌。采用遮阳网遮阳，白天温度控制在25～28℃，

不要超过30℃，科学放风，减少高温高湿条件长期存在，可防止该病严重发生。⑥药剂蘸根。定植时先把72.2%霜霉威水剂（普力克）700倍液配好，取15kg盛放在长方形大容器里，再把穴盘整个浸入药液中蘸湿，湿透即可，可防治终极腐霉茎基腐病。⑦药剂灌根。发病前用2.1%丁子·香芹酚水剂300倍液或50%烯酰吗啉可湿性粉剂2000倍液或20%氟吗啉可湿性粉剂1000倍液灌根。

番茄、樱桃番茄宽雄腐霉根腐病

症状 番茄、樱桃番茄染病后，顶端叶片先萎蔫，似缺水状，中午较明显，早晚尚能恢复，数日后全株叶片萎蔫，叶片呈灰绿色，不再恢复常态。病株的须根和次生根产生水渍状淡褐色腐烂，后扩展到主根及根茎处，剖开病部可见维管束变成褐色，病株生长缓慢。该病已在山东发现，病株率5%～10%，重病地可达50%以上，应引起生产上的重视。

病原 *Pythium dissotocum* Drechsler，称宽雄腐霉，属假菌界卵菌门腐霉属。

传播途径和发病条件 病菌以菌丝体或卵孢子随病残体在土壤中存活或越冬。条件适宜时，病菌通过根部伤口侵入，进而阻塞导管，分泌毒素影响水分运输，造成植株萎蔫，破坏寄主的正常代谢。该菌在24℃以下扩展快，生产上反季节栽培的番茄和长季节栽培、秋延后栽培的樱桃番茄易发病。

番茄腐霉根腐病病株根部症状

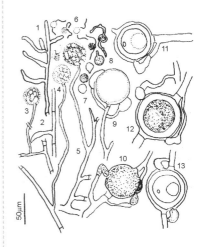

番茄腐霉根腐病病菌宽雄腐霉
1，2—孢子囊；3～5—泡囊；
6—游动孢子；7—休止孢子；
8—休止孢子萌发；9，10—藏卵器和雄器；
11～13—藏卵器、雄器和卵孢子

防治方法 参见番茄、樱桃番茄终极腐霉茎基腐病。

番茄、樱桃番茄疫霉根腐病

症状　番茄、樱桃番茄疫霉根腐病又称根腐疫病。初发病时主根根端、须根及次生根产生水渍状淡褐色腐烂，后茎基部现褐色病斑，发病重的病部绕茎基部或根一周时，造成地上部植株萎蔫。纵剖根部和茎基部，可见导管已变成深褐色，最后根茎腐烂，不长新根。该病扩展速度很快，土壤湿度大时，仅4～5天就可扩展到全棚，区别于番茄、樱桃番茄腐霉菌根腐病。该病前几年主要发生在地下水位高或土壤湿度大的地区。近年来为害有日趋严重之势，应引起生产上的重视。

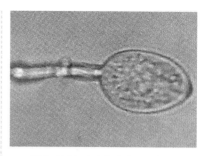

番茄疫霉根腐病菌的孢子囊梗和孢子囊（默书霞）

病原　*Phytophthora nicotianae* Breda de Hann，称烟草疫霉；*P.capsici* Leonian，称辣椒疫霉，属假菌界卵菌门疫霉属。

番茄疫霉根腐病及病部的菌丝和孢子囊

传播途径和发病条件　以卵孢子和厚垣孢子于病株根部越冬。借灌溉水或雨水传播扩展。主要通过伤口侵入，地温低、湿度大且持续时间长或定植过早易发病；棚室遇有连阴雨天气或大水漫灌后，造成棚内高湿持续时间长或通风不良易发病；土温25～30℃，浇水过大发病重。以色列番茄品种"卓越"疫霉根腐病发生重，"加西亚"发病轻。北京2006年9月、10月白天棚内气温超过30℃，大水漫灌后土壤潮湿持续时间长引起该病发生。

番茄疫霉根腐病（李林）

防治方法　①适期早播，早春注意提高地温，加强温湿度管理，严防沤根，防止高湿持续时间长。②药剂包衣种子。每5kg种子用10%咯菌腈悬浮种衣剂10ml，先用0.1kg水稀释药液，然后均匀拌和种子。③提倡土壤用氰氨化钙高温高湿消毒，每

667m² 用量 60～80kg，可防治土传病害。方法参见番茄、樱桃番茄终极腐霉茎基腐病。④药剂蘸根。定植时先把 2.5% 咯菌腈悬浮剂 1000 倍液配好，取 15kg 放在长方形大容器中，然后把穴盘整个浸入药液中，蘸湿即可。也可用激抗菌 968 苗宝 1000 倍液蘸根。苗宝含有微生物活性菌，穴盘蘸根后，使菜苗根系周围产生大量放线菌等有益微生物菌群，对防治土传病害及害虫效果明显。苗宝不要与杀细菌剂混用。⑤掌握在发病初期浇灌 20% 氟吗啉可湿性粉剂 1000 倍液或 50% 烯酰吗啉可湿性粉剂 2000 倍液或 50% 啶酰菌胺水分散粒剂 1000 倍液混加 50% 烯酰吗啉水分散粒剂 750 倍液；或 72.2% 霜霉威水剂 700 倍液混 77% 氢氧化铜可湿性粉剂 700 倍液，或 250g/L 双炔酰菌胺悬浮剂每 667m² 用 30～50ml，对水 45～75L 加 0.004% 芸薹素内酯水剂 1500 倍液，均匀喷雾。

番茄、樱桃番茄棘壳孢褐色根腐病

症状 又称木栓根。主要为害番茄、樱桃番茄茎基部和根部，发病初期仅侧根和细根变褐，脱落腐烂，后主根也变褐，表皮木栓化，病根肿胀或变粗，上生黑色小点，即病原菌载孢体——分生孢子器。病情严重的茎基部变黑。

病原 *Pyrenochaeta lycopersici*，称番茄棘壳孢，属真菌界无性态子囊菌。载孢体球形褐色，直径 175μm。分生孢子器的孔口四周有稀疏刚毛，暗褐色。分生孢子梗无色，基部分枝。分生孢子椭圆形，单胞，无色。

传播途径和发病条件 病菌随病根在土壤中越冬，借灌溉水或雨水传播，生产上从根部或茎基部的伤口侵入。当地温低于 16℃ 且持续时间长时易发病。播种、定植过早及土壤黏重的下水头发病重。病部呈褐色腐烂，致地上部的下部叶片变黄萎蔫干枯。

番茄棘壳孢褐色根腐病植株下部
叶片萎蔫干枯

番茄棘壳孢褐色根腐病主根上的
褐斑放大

防治方法　①选用耐低温的品种。②科学合理地确定播种期,不可播种、定植过早。提倡与非茄科蔬菜进行 3 年以上轮作。选无病阳畦或棚室育苗,选择高燥地块或高畦、高厢栽培,要求植地平整。③药剂消毒,每平方米苗床用 95% 噁霉灵 1g,对水 3000 倍喷洒苗床,也可把 1g 噁霉灵拌细土 15 ～ 20kg,施药前先把苗床底水浇好,且一次浇透,一般 17 ～ 20cm 深,水渗下后,取 1/3 充分拌匀的药土撒在畦面上,播种后再把其余 2/3 药土覆盖在种子上面,防效优异。④发病初期浇灌 15% 噁霉灵水剂 500 倍液或 3% 噁霉・甲霜 600 倍液、54.5% 噁霉・福可湿性粉剂 700 倍液、20% 二氯异氰尿酸可溶粉剂 300 倍液。

番茄、樱桃番茄黑点根腐病

症状　无土或有土栽培均见发病,主要为害主根和支根,根变褐腐烂,皮层被破坏,病根上生黑色小粒点,即病菌小菌核。此病常与褐色根

番茄黑点根腐病病根上的分生孢子
盘放大示意

腐病混合发生、混合为害。根呈黑褐色,致地上部下位叶先变黄早落,严重时枯死。

病原　*Colletotrichum atramentarium*,称茄基腐刺盘孢,属无性态子囊菌。菌核直径约 0.5mm,分生孢子盘生在菌核上,刚毛多,墨褐色,具隔膜;分生孢子梗圆筒形,稍弯或分枝,间有隔膜;分生孢子上圆下尖,有时稍弯。除为害番茄外,还为害马铃薯、茄子等。

传播途径和发病条件　病菌在病部越冬,成为翌年初侵染源,生长期产生分生孢子在田间或无土栽培时借培养液循环传播,扩大为害。

防治方法　①无土栽培时要及时更换营养液。②棚室或露地栽培时,沟施或穴施激抗菌 968 40kg/667m²,减少化肥施用量,可减轻发病。③田间栽培番茄要实行 2 ～ 3 年以上轮作,避免连作,以免菌源积累。

番茄、樱桃番茄茄腐镰孢根腐病

症状　又称番茄镰刀菌冠腐病。发病初期植株茎叶萎蔫,早晚和阴天症状较轻,严重时整株枯萎,根部和茎基部变褐腐烂,须根少,植株矮化,有的茎基部产生褐色圆环斑,病健部交界处湿度大时可见病部长出白色菌丝。

病原　*Fusarium solani*(Mart.)Sacc.,称茄腐镰孢,属真菌界子囊菌门镰刀菌属。

番茄茄镰孢根腐病症状

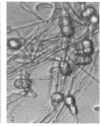

茄腐镰孢形态（吴仁峰供）
1—大型分生孢子；2—厚垣孢子

传播途径和发病条件　病菌以菌丝体和厚垣孢子在病残体、土壤中、有机肥中越冬。该菌可在土中存活多年，在田间主要靠病土、粪肥、雨水、灌溉水、农具等传播，病菌从根部、茎基部的伤口侵入；发病后病部又产生分生孢子，再由雨水滴溅及流水传播蔓延，进行再侵染。根腐病在 10～35℃均可发病，最适温度 25℃左右，湿度 80% 以上传播迅速，阴湿多雨、施肥不足、土壤黏重、连作、地下害虫多会增加发病概率。湿度大、温度高发病重，高温高湿是该病流行的关键。大水漫灌发病重。

提倡采用药剂、肥料穴盘蘸根的
新方法防治土传病害

防治方法　采用以农业防治和生物防治为主的综合防治技术。①农业防治。合理轮作换茬，提倡与大白菜、甘蓝、大葱、大蒜等轮换茬。精选健康饱满的种子，用营养钵育苗，育苗土最好选没有种过蔬菜的松散土与充分腐熟有机肥 2∶1 混合，每立方米营养土加草木灰 5kg、三元复合肥 1kg。种子处理：浸种前选饱满的种子进行晒种，然后浸入 55℃ 热水中充分搅拌，等水温降至 25℃ 时洗掉种皮上的黏液，再用清水浸 8～12h，捞出后放入 1% 次氯酸钠溶液中或 80% 多菌灵可湿性粉剂 1000 倍液和 70% 代森锰锌可湿性粉剂 1000 倍液各占 1 半的混合液中浸种 5～10min。再冲洗干净后催芽播种。②进行土壤消毒。在塑料棚栽培过程中，可在定植的地块上开沟，浇施圣泰液体氰氨化钙（石灰氮）后埋土即可，每 667m² 番茄沟施 20～25kg，能防止根腐病兼治根结线虫。如需全面消毒可在耕地撒施氰氨化钙 50～100kg 或沟施 30～50kg，在种植前 7～10 天旋地，开沟浇施，并压土盖膜，密闭5～7天。揭开地膜后晾2～4天即可种植。③药剂蘸根。定植时，先把2.5%咯菌腈悬浮剂1000倍液配好，取15kg放在长方形容器中，再把穴盘整个浸入药液中，根部蘸湿即可，半个月后药效到期，可用上述浓度再灌1次，每株灌对好的药液250ml。④幼苗定植前后穴施生物菌肥，如激抗菌968苗宝1000倍液，预防根腐病发生。⑤发病初期尽早灌根，要治好根腐病，还要促进生根。可用25%嘧菌酯悬浮剂1500倍液混加14%络氨铜500倍液，配合每桶加3ml的1%萘乙酸，再加5ml的0.7%复硝酚钠灌根，5～7天后再灌1次，对镰孢根腐病、疫霉根腐病、腐霉根腐病都有效。也可用50%多菌灵可湿性粉剂600倍液或2.5%咯菌腈悬浮剂1000倍液或50%氯溴异氰尿酸可溶粉剂1000倍液或25%氰烯菌酯悬浮剂750倍液灌根。

番茄、樱桃番茄茄链格孢早疫病

症状　主要为害番茄、樱桃番茄幼苗和成株的叶片、叶柄、茎秆、花和果实。苗期染病，茎部变黑褐色。成株叶片染病，初生褐色坏死小点，后扩展成圆形至近圆形，黑褐色，具同心轮纹，轮纹表面具刺毛状物，直径10mm左右，有的品种病斑周围现黄绿色晕，多个病斑融合造成叶片变黄干枯。叶柄、茎秆染病，常产生椭圆形至不规则形凹陷坏死斑，也有轮纹，湿度大时生出灰黑色霉，即病原菌的分生孢子梗和分生孢子。发病后期病斑包茎常引起上部干枯。花染病，花托变黑、枯死。果实染病，始于花萼附近，多生椭圆形至不定形褐色至黑色病斑，凹陷，较硬，直径10～20mm，后期病部表面密生黑色霉层，即茄链格孢的分生孢子梗和分生孢子。近年早疫为害日趋严重，常提早落架15～25天。

病原　*Alternaria solani* Sorauer，称茄链格孢，属真菌界子囊菌门链格孢属。本菌在安斯沃司（Ainsworth，1973）分类系统中分类地位是半知菌。本书采用《菌物词典》第10版（2008）分类系统，已把菌物划分为原生动物界、假菌界和真菌界。在真菌界中取消了半知菌这一分类单元，归并到子囊菌门中介绍。因此把早疫病菌称为真菌界子囊菌门，链格孢属。

传播途径和发病条件　茄链格孢菌以菌丝或分生孢子在病残体上或种子越冬。条件适宜时，产生分生孢子，从番茄叶片、花、果实等的气孔、皮孔或表皮直接侵入，田间经2～3天潜育后出现病斑，经3～4天又产生分生孢子，通过气流和雨水飞溅传播，进行多次再侵染，致病害不断扩大。病菌生长发育温限1～

番茄早疫病病叶上的典型症状

番茄病果上的早疫病病斑

茄链格孢引起的番茄早疫病病果

茄链格孢侵染樱桃番茄果实引起的
早疫病病果

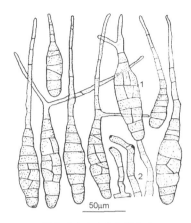

番茄早疫病病菌茄链格孢
1—分生孢子；2—分生孢子梗

45℃，26～28℃最适。该病潜育期短，分生孢子在26℃水中经1～2h即萌发侵入，在25℃条件下接菌，24h后即发病。适宜相对湿度为31%～96%，相对湿度86%～96%萌发率最高。早疫病大雨后侵染速度快，致番茄提早落架。南方病菌在茄科蔬菜上辗转传播蔓延，一年四季为害，一般在每年的梅雨后，随雨天增多，日趋严重。生产上进入结果期的番茄开始进入感病阶段，伴随雨季的到来，番茄田上空常笼罩着大量的分生孢子，每次大暴雨之后，番茄早疫病流行，就形成一个发病高峰，因此每年雨季到来的迟早、雨天及降雨次数的多少、降雨持续时间的长短均影响该病的扩展和流行。此外，大田改种番茄后，常因肥料不足发病重。棚室内湿度容易满足，日均温达到15～23℃即可发病。露地番茄低海拔地区日夜温差小、结露少，该病的流行主要取决于降雨迟早和持续时间长短。华东每年进入梅雨季节该病即发生。东北、华北、西北高海拔地区番茄、樱桃番茄进入盛果期，正值8月高温季节，中午最高气温37～39℃、夜间25～30℃，雨天多、高湿持续时间长，此病易流行成灾。此外，日夜温差大、结露频繁的北方即使不下雨，番茄叶面结露、叶缘吐水持续时间长能满足发病需要，也可引起该病流行。

防治方法　①对早疫病应选育单宁酸含量高的抗病品种。如纯毛新秀、绿番茄、中蔬5号、合作919、中研958F1、华鼎粉红番茄、强丰、苏抗5号、朝研粉王、皖粉4号、皖粉208、霞光、朝研219、胜美番茄等。樱桃番茄有粉玫瑰、圣果、红宝石等。②与玉米、小麦、瓜类等非茄科作物进行2～3年轮作，效果明显。采用测土配方施肥技术，对大田改种番茄的地块，尤其要施足腐熟有机肥，适时追肥可提高抗病力。棚室蔬菜追肥采用敞穴法。方法是在番茄缓苗后覆地膜前在两株番茄中间的垄上挖1个敞穴，于每次浇水前1～2天，把肥料施在穴内，浇水后肥料溶解和扩散在穴周围的土壤中，春季每667m²每次施20kg复合肥，冬季减半，可节肥40%，增产10%。缺点是不能追施鸡粪等肥。樱桃番茄施肥量要比普通大番茄少施1/3，要多次少量追肥，稳定生长势，一般在第1穗果始熟期开始追肥，长季节栽培要注意中后期多次追肥。为了促

进番茄茎蔓生长可冲施好力朴水溶肥（20-20-20）2袋，10天后番茄陆续进入开花结果期再追施3袋阿力多康水溶肥，植株长势旺盛，开花多，结果多。③用种子重量0.3%的50%异菌脲或75%百菌清拌种。④培育无病苗，用营养钵或穴盘育苗，每立方米营养土中加入50%异菌脲或75%百菌清100g拌匀，可有效防治该病。定植前喷洒30%壬菌铜微乳剂400倍液，7～10天后再喷1次，确保定植苗无病。⑤加强管理。大番茄每667m²留苗3500株，樱桃番茄4000株，保护地要注意控制棚内温湿度，定植初期闷棚时间不宜过长，严防棚内湿度过大、温度过高。⑥防治番茄早疫病，提倡在进入雨季时，发病之前开始喷洒42.8%氟吡菌酰胺·肟菌酯悬浮剂2100～3000倍液，或29%嘧菌酯·戊唑醇悬浮剂1800倍液或68.75%噁唑菌酮·代森锰锌水分散粒剂800～1500倍液或75%肟菌·戊唑醇水分散粒剂3000倍液混加70%丙森锌可湿性粉剂600倍液，或50%咯菌腈可湿性粉剂5000倍液，或32.5%嘧菌酯·苯醚甲环唑悬浮剂1500倍液，10%苯醚甲环唑水分散粒剂600倍液，25%嘧菌酯悬浮剂1500倍液，50%吡唑醚菌酯乳油1500倍液，2.1%丁子·香芹酚水剂600倍液，隔10天左右1次，防治2～3次。此外，也可把50%异菌脲配成180～200倍液涂抹病部，效果好。还可在定植后10～15天喷2次5mg/kg萘乙酸，能防止早疫病

的发生。⑦保护地提倡采用粉尘法或烟雾法，如用康普润静电粉尘剂时，每 667m² 用药 800g，持效 20 天；用 45% 百菌清或 10% 腐霉利烟剂时，每 100m³ 每次用药 25 ~ 40g，隔 9 天 1 次，连用 3 ~ 4 次。

番茄、樱桃番茄晚疫病

症状　番茄、樱桃番茄晚疫病俗称"黑炭元""过火风""疫病""怪病"，大发生时短期内常使植株成片枯死，造成大面积减产，甚至毁种无收。该病苗期、成株期均可发生。幼苗染病，叶片上现暗绿色水渍状病斑，病斑由叶片向主茎扩展，造成茎变细并呈黑褐色，致幼苗萎蔫或倒折。湿度大时病部表面产生稀疏白霉，即病原菌的孢囊梗和孢子囊。成株染病，多在番茄、樱桃番茄坐果后开始发病，也侵染叶片、叶柄、茎和青果。叶片受侵染，多从中、下部叶片的叶尖或叶缘或叶面上产生浅绿色小点，后变成暗绿色不规则形水渍状病斑，很快变成褐色，病健部交界处不明显。温度高、湿度大持续时间长时，病斑迅速扩展至半叶或全叶，有的在病健部交界处或病斑上产生稀疏白霉。湿度大时病叶腐烂，病斑扩展后变灰褐色至灰黑色呈湿腐状，空气干燥时病部青白色，后变褐或干枯破裂。叶柄、茎秆染病，产生不规则形褐色大坏死斑，略凹陷，边缘不清晰，致腐烂或折断。花器、蕾染病，产生褐色至暗褐色病变。青果染病，

果实果肩部表面产生暗绿色近圆形污斑，后变褐稍凹陷，病斑边缘明显，有不规则云纹，有时波及半个果实，湿度大时病果表面产生稀疏白霉。病果初期硬，不腐烂，后期腐烂迅速，别于早疫病、病毒病。

番茄晚疫病中心病株叶片上的水渍状病斑

反季栽培樱桃番茄晚疫病中心病株上的病叶

番茄晚疫病中心病株茎和果实上的褐色水渍状斑

番茄晚疫病中心病株上的病果
（摄于11月）

樱桃番茄晚疫病病茎上的褐色水渍
状斑及菌丝、孢囊梗和孢子囊

用综合防治技术防治番茄早、晚疫病的
效果（右为防治区）

病原　*Phytophthora infestans*（Mont.）de Bary，称致病疫霉，属假菌界卵菌门疫霉属。疫霉属菌物的孢囊梗分化比腐霉菌明显，孢子囊卵形、倒梨形或近球形，顶部具乳突、半乳突或无乳突，一般单独顶生在孢囊梗上，偶尔间生；萌发后产生游动孢子，或直接萌发产生芽管。游动孢子卵形或肾形，侧生双鞭毛，休眠后形成细胞壁，球形，称为休止孢。厚垣孢子多为球形，无色至褐色，顶生或间生。藏卵器球形，内有1个卵孢子，卵孢子球形；雄器围生或侧生。疫霉属的游动孢子在孢子囊内形成。致病疫霉是疫霉属模式种，为害番茄引起晚疫病，1845～1846年爱尔兰因马铃薯晚疫病暴发成灾引起爱尔兰饥荒举世震惊。因具有流行性和毁灭性，因此称为疫病。

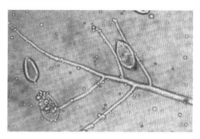

番茄晚疫病病菌致病疫霉的
孢子囊梗和孢子囊

　　番茄晚疫病病菌的生理小种常受生态环境变化影响，现在我国已产生 T_0、T_1、$T_{1,2}$、$T_{1,2,3}$、$T_{1,2,3,4}$、$T_{1,4}$、$T_{1,2,4}$ 和 T_3 8个生理小种，其中 T_1 和 $T_{1,2}$ 是主流小种。

传播途径和发病条件　病菌在保护地番茄、樱桃番茄上辗转传播为害。晚疫病病菌可以在越冬茬或长季节栽培的番茄、茄子上或在马铃薯块茎中越冬，也可以卵孢子、厚垣孢子或菌丝体在染病的根或土壤内越冬。春季卵孢子和厚垣孢子萌发产生游动孢子。菌丝体进一步生长产生游动孢子囊并释放出游动孢子。游动孢子在土壤水内到处游动，当接触到感病的番茄、樱桃番茄寄主时侵染根部。潮湿寒冷的天气，菌丝体和游动孢子产生较多，使病害进一步扩展，干旱炎热或过于寒冷的天气，病菌以卵孢子、厚垣孢子或菌丝体存活。当土壤潮湿而温度适宜时，病菌借气流或雨水从番茄的气孔、伤口或表皮直接侵入，也可从茎的伤口、皮孔侵入，在棚中或露地形成中心病株，多次重复侵染，引起该病流行。不同年份季节不同，其流行情况因年而异。在耕作制度稳定的情况下，其发生为害情况主要受气温和湿度及降雨量的影响。温度适宜，湿度高利其发生，20～23℃，菌丝在寄主体内繁殖速度最快，潜育期最短，日光温室、大棚白天22℃左右，相对湿度高于95%，持续8h，夜间温度10～13℃，叶面结露或叶缘吐水持续12h，致病疫霉菌即可完成侵染发病。气温15～20℃，相对湿度超过80%持续2h，晚疫病便严重发生。生产上月平均气温16～22℃，最适合该病发生和流行，在南方早季3～4月苗期为害幼苗，晚季11月中旬至12月及翌年1月中旬前的结果期为害青果。四川春季露地栽培4月下旬始发，5月中下旬进入发病高峰期；秋季栽培9月下旬始发，10月上中旬进入发病高峰期。近年来，随着露地和保护地日光温室、长季节栽培樱桃番茄和大番茄的面积不断扩大，茬次不断增加，各地积累了足够菌源，只要出现浇水过大、排水不良或密度过大，保护地放风不及时或施用氮肥过量，无论是保护地还是露地，无论是反季节的番茄还是长季节栽培的樱桃番茄或大番茄，都会发生晚疫病。正常情况下进入雨季，雨天多、降水量大、持续时间长该病易流行成灾。但在反季节或长季节栽培时，只要出现上述发病条件，晚疫病就会大发生或大流行。2004年10月28日笔者在北京顺义大棚内拍到了该病照片。

防治方法 ①因地制宜选用抗病优良番茄品种，如纯毛新秀、佳粉17、上海合作903、合作919、浙杂809、红杂18、新番4号、苏粉9号、粉莲娜、红江南、106铁帅、华鼎粉红番茄、中研958F1、早丰、绿番茄、早魁、毛粉802、朝研219、大唐番茄、大唐使者、胜美番茄、朝研粉王、世纪星F1、杂93-150。樱桃番茄抗病品种有粉玫瑰。②茄科蔬菜收获后，要彻底清除病残体、病果，以减少初侵染源。③播种前，种子用55℃温汤浸种30min，采用营养钵、营养袋或穴盘等培育无病苗。④合理密植，深沟高畦，实行3年以上轮作。生产上做到及时整枝打杈，3穗或4穗果坐稳后，把底部老叶、病叶打去。棚室要特别注意通风降湿，发病时首先要适当控制浇水，露地要疏通排灌系统，雨后及时排水，严防阴滞留；采用测土配方施肥技术避免偏施氮肥；发现中心病株及时拔除，以减少菌源。⑤采用生态和农业调控技术。生产上针对该病在低温高湿条件下流行的特点，通过控制棚室内温湿度缩短结露持续时间可控制该病发生。冬春保护地温度10～25℃，湿度在75%～90%变化时易发病，生产上采用通风散湿提高棚温防其发病，当晴天上午温度升至28～30℃时，进行放风，温度控制在22～25℃，可降低湿度，当温度降至20℃时，要马上关闭通风口，保持夜温不低于15℃，大大减少结露量和结露持续时间，就可减轻发病。⑥药剂蘸根。番茄定植时先把722g/L 霜霉威水剂700倍液配好，取15kg 放入比穴盘大的容器中，再将穴盘整个浸入药液中，把根部蘸湿灭菌。半个月后视病情还可灌根1次，对晚疫病、根腐病有效。⑦试用棉隆和申嗪霉素熏蒸消毒法处理土壤，防治番茄晚疫病有效，具体做法参见本书茄子黄萎病。⑧2020年山东、河北番茄主产区的番茄晚疫病经测定，对甲霜灵、精甲霜灵、烯酰吗啉、嘧菌酯均已产生抗药性。生产上防治晚疫可选用687.5g/L 氟菌·霜霉威悬浮剂、100万孢子 /g 寡雄腐霉菌可湿性粉剂、31% 噁酮·氟噻唑悬浮剂进行喷雾防治。⑨南方重点防早季3～4月苗期和晚季11～12月及翌年1月结果期两个发病高峰期，做到预防为主，轮换用药，提倡在下雨之前用药。南、北方发现中心病株后马上喷洒加50% 烯酰吗啉可湿性粉剂1500～2000倍液或20% 氟吗啉

可湿性粉剂1000倍液，或72.2% 霜霉威（普力克）水剂700倍液混加77% 氢氧化铜可湿性粉剂700倍液，或50% 啶酰菌胺水分散粒剂1000倍液混加50% 烯酰吗啉水分散粒剂750倍液，或25% 咪鲜胺乳油1500倍液混加25% 嘧菌酯悬浮剂1000倍液。露地番茄进入雨季后及时喷洒500g/L 氟啶胺悬浮剂1500～2000倍液或60% 唑醚·代森联水分散粒剂1500倍液或560g/L 嘧菌·百菌清悬浮剂600～800倍液、32.5% 苯醚甲环唑·嘧菌酯悬浮剂1000倍液。⑩保护地可选用烟雾剂或粉尘剂，如选用45% 百菌清烟剂，每100m³ 用药25～40g，熏1夜，隔8～9天熏1次，连熏2～3次。也可选用康普润静电粉尘剂，每667m² 喷粉800g，隔20天1次，喷1～2次。⑪越冬茬、现代温室长季节栽培、日光温室长季节栽培、进口秋冬季栽培的番茄或樱桃番茄于每年11月开始加温时易发病，生产上要及时进行防治。此外，发现茎部或叶柄染病的可用72% 霜脲·锰锌可湿性粉剂或68% 精甲霜·锰锌水分散粒剂或2.1% 丁子·香芹酚水剂100倍液涂抹发病处，可明显压低菌源数量。

番茄、樱桃番茄灰霉病

20世纪80年代我国北方大棚温室中灰霉病开始发生。现在灰霉病已经成为冬春季倒春寒蔬菜中发生面积最大、为害蔬菜种类最多的重要

病害。经过 10 多年抗药性监测已明确，北京、山东、河北灰霉菌已对多菌灵、腐霉利、异菌脲、嘧霉胺普遍产生了抗药性，北京地区嘧霉胺抗性菌株高达 82.57%。近年啶酰菌胺水分散粒剂对灰霉病抗性已经出现。

症状　番茄、樱桃番茄苗期、成株期均可发病，为害叶、茎、花序和果实。苗期染病，子叶先端变黄后扩展至幼茎，产生褐色至暗褐色病变，病部缢缩，折断或直立，湿度大时病部表生浓密的灰色霉层，即病原菌的分生孢子梗和分生孢子。真叶染病，产生水渍状灰白色无定形的病变，后呈灰褐色水渍状腐烂。幼茎染病，亦呈水渍状缢缩，变褐变细，造成幼苗折倒，高湿时亦生灰霉状物。成株叶片染病，多自叶尖向内呈"V"字形扩展，初水渍状，后变黄褐色至褐色，具深浅相间的不规则轮纹。茎或叶柄上病斑长椭圆形，初灰白色水渍状，后呈黄褐色，有时可见病处因失水而出现裂痕。果实染病时，蒂部残存花瓣或脐部残留柱头首先被侵染，并向果面或果柄扩展，可导致幼果软腐；而在青果上病斑大且不规则，灰白色水渍状，边缘不明显，果肉软腐，最后果实脱落或失水僵化，有时病果后期可见黑色的菌核。花被害后萎蔫枯死，常蔓延至花梗，黄褐色，缢缩。以上发病部位在湿度大时均生稀疏至密集的灰色或灰褐色霉，即灰霉菌分生孢子梗和分生孢子。

病原　*Botrytis cinerea* Pers.：Fr.，称灰葡萄孢，属真菌界子囊菌门葡萄孢核盘菌属或称为无性型葡萄孢属。

传播途径和发病条件　无论是番茄还是樱桃番茄均以菌核在土壤中或以菌丝及分生孢子在病残体上越冬或越夏。条件适宜时，菌核萌发产生菌丝和分生孢子，分生孢子借气流或农事操作传播，经伤口或衰弱的残花侵入，进行初侵染和多次再侵染。该病一般在 12 月至翌年 5 月发生，气温 20℃左右、相对湿度高于 90%、低温高湿持续时间长的条件下容易发病。在 1 天中温度 15～25℃、相对湿度超过 85% 持续 8h，番茄灰霉病能持续发生，温湿度对番茄灰霉菌产生的细胞壁降解酶的影响与其对发病的影响趋势一致。辽宁省在东北生态区对番茄灰霉病进行了系统的研究。一般年份，灰霉病在番茄叶片上表现为明显的始发期、盛发期和末发期 3 个阶段。定植后 3 月初至 4 月上旬是叶部灰霉病的始发期，病情较平稳；4 月上旬至 4 月下旬是叶部灰霉病的上升期，病害扩展迅速；4 月下旬至 5 月下旬进入发病高峰期，但年度间有差异。生产上持续的低温高湿、苗期带病、叶面肥过量施用和植物生长调节剂蘸花等是引起番茄灰霉病发生的重要原因。生产上病果发生期多出现在定植后 20～25 天，3 月底第一穗果开始发病，4 月中旬至 5 月初进入盛发期，以后随温度升高，放风量加大，病情扩展缓慢；第二盘果多在 4 月上旬末开始发病，4 月底至 5 月

樱桃番茄灰霉病病苗茎基部的灰霉

番茄灰霉病花器发病后向茎部扩展

番茄灰霉病病叶湿度大时长出灰霉

初进入发病高峰；第三盘果在第二盘果发病后15天开始发病，病果增至5月初开始下降。番茄灰霉病大发生的关键因子：一是低温持续时间过长。低温是日光温室番茄灰霉病发生的重要因子，北方节能日光温室中，温度长期偏低，从3月初至5月初的60多

天，日均温在20℃以下的时间有14天，日均温高于30℃的仅有1.5天，这个温度易诱发灰霉病。二是持续高湿。北方节能日光温室中湿度居高不下，从3月初至5月初的60多天里，平均相对湿度都在80%以上，有的接近90%。日平均相对湿度高于90%持续时间长达12h以上，日相对湿度低于70%的时间在6h以下，很易诱发灰霉病。辽宁农科院植保所研究表明，每天90%以上的相对湿度持续8h以上，灰霉菌就能完成侵染、扩展和繁殖。生产上每天的高湿持续时间都超过12h，只要有带病幼苗，很易造成番茄灰霉病严重发生或流行。

防治方法　①选用新育出的抗灰霉病品种。大番茄抗病品种有朝研219（辽宁）、北斗1号、大唐番茄（西安）、胜美番茄（天津）、朝研粉冠、红帝番茄、苏粉9号、世纪星F1（金世纪）。樱桃番茄抗病品种有粉玫瑰。②大棚采用高温闷棚。7～8月高温季节密闭大棚15～20天，利用太阳能使棚内温度达到50～60℃，进行高温闷棚消毒。③清洁田园，及时摘除病叶、病花和病果，放入塑料袋内拿到棚外集中烧毁或深埋。尤其在番茄坐果后及早摘除残留的病花瓣可有效地防治番茄灰霉病的发生，防效达90%以上。采收后彻底清除病残体。④从定植到盛果期前，番茄、樱桃番茄均处在易感染灰霉病的环境中，因此通过改变环境因子，如温度、湿度、光照等，进行生态防治。一是低温期采

罕见的番茄灰霉病菌核阶段（张石新）

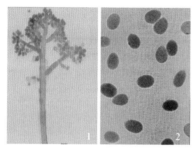

生于番茄果实上的灰葡萄孢
1—分生孢子梗；2—分生孢子

用夜间加温的方法，降低大棚内湿度，缩小日夜温差，减少叶面结露持续时间。二是合理通风降湿，使棚室远离灰霉病的发病条件。提倡采用农用空调器进行升温和排湿。千方百计把棚室内相对湿度高于90%持续的时间缩短至6h之内。白天棚温达33℃时开始放风，使上午温度保持在25～28℃，下午保持在20～25℃，相对湿度保持在60%～70%。一般日落后应短时间放风，当温度降至20℃时关闭通风口，使夜温保持15℃左右。早春则根据棚室内温度回升情况，掌握通风时间。控制浇水，采用滴灌或膜下灌水。浇水应在晴天

上午进行，浇水后马上关闭通风口，使棚温升到33℃，保持1h，然后迅速放风排湿；3～4h后，若棚温降至25℃，可再闭棚升温至33℃持续1h再放风，这样可有效降低棚内湿度，减少发病。⑤提倡用生物农药。于发病盛期喷洒6%井冈·蛇床素可湿性粉剂每667m²用药60g，也可用BAB-1枯草芽孢杆菌菌株发酵液桶混液，每毫升含有0.5亿芽胞，对番茄灰霉病防效83%～90%；还可选用每克100万孢子寡雄腐霉可湿性粉剂1000～1500倍液于初见病斑或连阴2天时开始喷药，7～10天1次，连续防治2次；或用2.1%丁子·香芹酚水剂600～800倍液。⑥药剂防治。经过10多年抗药性监测，山东、河北番茄主产区对多菌灵、腐霉利、异菌脲、嘧霉胺普遍产生了抗药性。这些地区生产上不要再用这4种杀菌剂防治灰霉病了。现提倡：a.早用药，棚内定植前每立方米用硫黄10g进行烟雾熏蒸消毒，密闭2天后通风2天去味后才能定植，确保苗入无病棚。定植前用保护性杀菌剂如70%代森锰锌可湿性粉剂600倍液或68.75%噁唑菌酮·锰锌水分散粒剂1000倍液或25%嘧菌酯悬浮剂1500倍液叶面喷雾使苗带药进棚。定植后15～20天进行第1次喷药，预防土壤中的病残体与菌核产生的分生孢子侵染幼苗。这次用药对重茬3年以上的大棚特别重要，既可延缓灰霉病的发生，还可减少用药次数，省工省力，做到预防为主，提高防效。b.巧

用药，残留的花瓣和柱头是灰霉病的主要侵染点，目前番茄普遍采用喷、蘸花技术，增加了灰霉病的侵染点，这是造成灰霉病发生的主要原因之一。针对这种情况，可在进行防落素喷花的同时加入0.1%的乙霉威或嘧霉胺等，当番茄1个花穗上开2～3朵花时，可喷花1次，有50%左右的花开时再喷1次。也可在蘸花液中加入0.1%的上述药剂，防止花期染病。若定植后或花期均未用药，在浇第1穗果水之前必须喷药防治，为避免浇水后引起灰霉病大发生，导致烂果严重，应在喷药后第2天浇水。喷药的重点是花和幼果。c.使用不同剂型的农药，灰霉病发生后，温室保护地一般在夜间使用粉尘剂或烟雾剂，如用5%乙霉威粉尘剂或百菌清、异菌脲、腐霉利烟雾剂进行熏治，也可用康普润静电粉尘剂。晴天上午可使用50%异菌脲1000倍液混加27%碱式硫酸铜500倍液，或50%啶酰菌胺水分散粒剂1000倍液混加50%异菌脲1000倍液，或50%啶酰菌胺水分散粒剂1000倍液混加50%腐霉利1000倍液，也可单用41%聚砹·嘧霉胺水剂800倍液，或75%百菌清可湿性粉剂700倍液混加5%乙霉威500倍液，或50%啶酰菌胺水分散粒剂1000倍液混加50%烯酰吗啉水分散粒剂750倍液。

番茄、樱桃番茄菌核病

2010～2015年在山东、河北、北京、四川、重庆、甘肃、西藏等地种植的番茄、茄子、辣椒、黄瓜、甜瓜、马铃薯、甘蓝、莴苣上发生菌核病最为严重，田间病株受害严重，对生产影响很大。

症状 叶、果实、茎等部位均可被侵染。叶片染病，始于叶缘，初呈水浸状，淡绿色，湿度大时长出少量白霉，病斑呈灰褐色，蔓延速度快，致叶枯死；果实及果柄染病，始于果柄，并向果面蔓延，致未成熟果实似水烫过，菌核外生在果实上，直径1～5mm；花托上的病斑环状，包围果柄周围；茎染病，多由叶柄基部侵入，病斑灰白色稍凹陷，后期表皮纵裂，边缘水渍状，病斑长达株高的4/5。除在茎表面形成菌核外，剥开茎部，在内部也可发现大量菌核，严重时植株枯死。

病原 *Sclerotinia sclerotiorum* (Lib.) de Bary，称核盘菌，属真菌界子囊菌门核盘菌属。

传播途径和发病条件 菌核在土中或混在种子中越冬或越夏。北方菌核多在3～5月萌发；南方则有两个时期，即2～4月和10～12月。落入土中的菌核能存活1～3年，是此病主要初侵染源。土中或病残体上的菌核，遇有适宜条件萌发，形成子囊盘，放射出子囊孢子，借风雨随种苗或病残体进行传播蔓延。子囊孢子落在衰老的叶及尚未脱落的花瓣上，萌发后产出芽管，芽管与寄主接触处膨大，形成附着器，再从附着器下边生出很细的侵入丝，穿过

大番茄菌核病病部的菌丝和纠结成
白色菌核后变黑色

樱桃番茄菌核病果实上的菌核

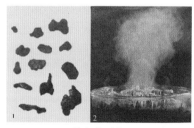

核盘菌形态
1—菌核；2—菌核萌发产生子囊盘

寄主的角质层侵入。该菌在寄主内分泌果胶酶，致病部组织腐烂，后病菌侵染力明显增强，田间再侵染由病叶与健叶接触进行。此外，此病还能以菌丝通过染有菌核病的灰菜、马齿苋等杂草传播到附近的番茄植株上。子囊孢子萌发温限 0 ～ 35℃，适温

5 ～ 10℃；菌丝 0 ～ 30℃可生长，适温 20℃；菌核萌发适温 15℃，在 50℃经 5min 死亡。湿度是子囊孢子萌发和菌丝生长的限制因子，相对湿度高于 85%，子囊孢子方可萌发，也利于菌丝生长发育。因此，此病在早春或晚秋保护地容易发生和流行。

防治方法 ①深翻，使菌核不能萌发。②实行轮作，培育无病苗。未发病的温室或大棚忌用病区培育的幼苗，防止菌核随育苗土传播。③及时清除田间杂草，有条件的覆盖地膜，抑制菌核萌发及子囊盘出土。发现子囊盘出土，及时铲除，集中销毁。④加强管理，注意通风排湿，减少传播蔓延。⑤棚室采用烟雾法或粉尘法，于发病初期，每 667m² 用 10% 百·腐烟剂 250 ～ 300g 熏 1 夜，也可于傍晚喷撒 5% 百菌清粉尘剂，每 667m² 每次 1kg，隔 7 ～ 9 天 1 次。也可喷洒康普润粉尘剂，每 667m² 用药 800g，持效 20 天。⑥于发病初期或大棚地面上长出子囊盘（长出小蘑菇）及时喷洒 50% 嘧菌环胺水分散粒剂 800 ～ 1000 倍液或 500g/L 氟啶胺悬浮剂 1500 ～ 2000 倍液，40% 菌核净可湿性粉剂 400 倍液，50% 啶酰菌胺水分散粒剂 1800 倍液，每 667m² 施药液 60 ～ 70L，隔 7 ～ 10 天 1 次，连续防治 3 ～ 4 次。

番茄大面积死棵

2012 年春季阴雨天气多，天气

条件恶劣，导致番茄病害多发，番茄死棵成为生产上的突出问题。

番茄晚疫病引起的大面积死棵

症状 一是烂秆导致的死棵，主要有番茄灰霉病、早疫病、晚疫病、细菌性病害。二是番茄腐霉茎基腐病、疫霉根腐病、番茄镰孢根腐病、枯萎病、黄萎病、番茄溃疡病及南方的青枯病等引起的死棵。三是沤根、伤根引起的死棵。

病因 灰霉病引起的死棵最多，引起茎秆腐烂，早、晚疫病也会造成茎秆变成黑褐色，折断或腐烂。细菌性病害导致死棵常分为两种，一种是细菌性软腐病，另一种就是髓部坏死。这两种细菌病害都从整枝、打杈等农事操作时产生的伤口侵入。番茄腐霉茎基腐病、疫霉根腐病、镰孢根腐病、枯萎病、黄萎病，都是土传病害，大棚内番茄表皮腐烂，把病株拔出时根表皮极易剥落，这是腐霉或疫霉根腐病。至于根尖变褐，根系剖开后木质部变褐，通过维管束逐渐向上扩展，这是镰刀菌引起枯萎病导致的死棵。大棚内低注的地方根系长期处在缺氧的土壤中很易产生沤根死棵。

防治方法 ①防治灰霉病引起的死棵。棚内防止病叶、病花落在茎秆上，同时通风把棚内湿度降至70%以下，把菌核净稀释成糊状，用小刀把病部腐烂部刮净后涂抹。②防治早疫病引起的黑茎。用50%异菌脲配成300倍液涂抹病部。对晚疫病引起的黑茎，可用50%烯酰吗啉对水和成糊状后涂抹病茎，涂前也需把腐烂部位清除。③对细菌引起的死棵，因细菌主要通过农事操作产生的伤口侵入，不能在阴雨天整枝打杈，防其从伤口侵入。及早喷洒或注射600倍液46%氢氧化铜水分散粒剂（可杀得3000）或72%农用高效链霉素3000倍液或90%新植霉素可溶粉剂4000倍液。④对根腐病、枯萎病等引起的死棵，要在定植时浇灌70%噁霉灵可湿性粉剂1500倍液混霜霉威500倍液，或2.5%咯菌腈悬浮剂1000倍液预防。提倡用50%乙膦铝·锰锌+30%DT，按每千株用药各0.75kg，加细干土拌匀（0.5kg药+5kg土），撒于穴内再定植，防效良好。病情严重的可使用68%精甲霜·锰锌700倍液、72.2%霜霉威水剂700倍液或40%氟硅唑（福星）乳油7000倍液进行防治。已经发生的死棵应及时拔除，再用生石灰、硫酸铜钙、乙膦铝等对土壤进行消毒，并把病株基部培高，可避免浇水传病。⑤对沤根、伤根引起的死棵，应及时除去覆盖的地膜，进行划锄，促土壤水分蒸发，提高土壤透气性。当土壤稍干后用生根剂灌根，促新根再生。⑥对施用未腐熟粪肥引起的死棵，可冲施激抗菌968壮苗（棵不死）、肥力高等促进发酵。⑦死棵严重的，清园后马上进行高温消毒。

番茄、樱桃番茄白绢病

症状 主要为害番茄、樱桃番茄的幼苗及成株茎基部或根部。病部初呈暗褐色水浸状斑，表面生白色绢丝状菌丝体，集结成束，向茎上部延伸，致植株叶色变淡，菌丝也能自病茎基部向四周地面呈辐射状扩展，侵染与地面接触的果实，表面产出白色绢丝状物，后菌丝纠结成菜籽状菌核，致茎部皮层腐烂，露出木质部，或在腐烂部上方长出不定根，终致全株萎蔫枯死。

病原 *Sclerotium rolfsii* Sacc.，称齐整小核菌，属真菌界无性型，为子囊菌门小核菌属。有性型属担子菌门阿太菌属（*Athelia rolfsii*）。

传播途径和发病条件 在我国长江中下游，大棚番茄苗期白绢病以菌丝或菌核遗留在土中或混杂在种子中越冬、越夏。菌核在土中存活3年以上。当塑料大棚里日均温高于5℃、湿度高于80%持续2～3天，菌核即可产生菌丝，侵入番茄幼根或近地表的茎，根茎部伤口利其侵入，出现中心病株1～2天后根际四周产生白绢状菌丝，向四周扩展。该病的再侵染源是菌丝体，当大棚高于40℃、湿度70%持续

2天植株即萎蔫。苗期发病轻重与大棚管理关系十分密切。通风换气差，湿度大，发病就重。冬季至早春气温偏高，阴雨连绵、空气湿度大，大棚降温降湿困难时易大流行，连阴雨2～3天后即出现1个发病高峰，苗期常出现好几个发病高峰。

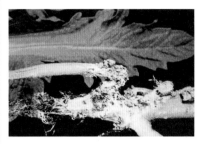

大番茄茎基部的白绢病

大番茄茎基部的白绢病的菌丝和褐色小菌核

防治方法 ①采用综合防治显得更为重要。苗床采用高垄或高厢，合理浇秧板水，出苗后及时揭地膜，大棚经常通风散湿，炼苗，以控制大棚湿度为主，结合药土盖籽。②发病初期喷洒50%啶酰菌胺水分散粒剂1500～2000倍液或50%腐霉利悬浮剂1000倍液。③生物防治。施用

人工培养好的哈茨木霉（*Trichoderma harzianum* Rifai）0.4 ～ 0.5kg，加细土 50kg 混匀后把菌土撒施在病株茎基部，每 667m^2 施 1kg，效果好。也可用 5% 井冈霉素 A 可溶粉剂1000 倍液浇灌，每株灌对好的药液500ml，隔 7 天再灌 1 次。

番茄叶霉病初发病时叶面的症状

番茄、樱桃番茄叶霉病

番茄、樱桃番茄叶霉病是一种普遍发生的重要病害，有的温室、大棚保护地常年发生，为害日趋严重，给生产上造成巨大损失。

症状 主要为害叶片，严重时也为害花、茎、果实。叶片染病，多发生在中下部叶片上，后向上部扩展。初在叶片正面出现边缘不清晰的黄色褪绿斑，叶背面初密生灰白色茸状霉层，后变成紫灰色或深灰色至黑色或黄褐色，即病菌分生孢子梗和分生孢子。严重时叶面现多角形至不规则形褐斑，后褐斑逐渐扩大，四周具黄晕，多个病斑融合连片致叶片卷曲、干枯，植株提早干枯。病花常在坐果前枯死。茎染病，症状常与叶片类似。果实染病，果蒂附近或果面产生圆形至不规则形黑褐色斑块，硬化凹陷。生产上日光温室常规栽培的番茄、樱桃番茄叶霉病已成为常发病害，在樱桃番茄日光温室春茬和长季节栽培中发生亦重。

病原 *Fulvia fulva*（Cooke）Cif.，称褐孢霉，属真菌界无性型褐

露地栽培的樱桃番茄叶霉病
病叶面现黄褐色斑

番茄叶霉病病叶两面现黄褐色斑

大棚栽培的樱桃番茄叶霉病叶背面的
褐色子实体

大棚采用烟雾法点燃噻菌灵烟剂
防治叶霉病、灰霉病

大棚采用粉尘法喷撒粉尘剂
防治叶霉病、灰霉病

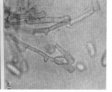

番茄叶霉病褐孢霉
1—分生孢子；2—分生孢子梗

孢霉属。病菌分生孢子梗成束地从寄主气孔伸出，有分枝，初无色，后变成浅褐色至褐色，生 1 ～ 10 个隔膜，节部膨大成芽枝状，其上产生椭圆形至长椭圆形或长棒形分生孢子，单胞或双胞或 3 个细胞，大小（13.8 ～ 33.8）μm×（5.0 ～ 10.0）μm。

传播途径和发病条件 病菌以菌丝体或菌丝块在病残体内越夏和越冬，也可以分生孢子附着在种子上或以菌丝潜伏在种皮内越冬，并随种子进行远距离传播。生产上遇有适宜条件，即产生分生孢子，借气流传播，进行初侵染，发病后病部又产生大量分生孢子进行多次再侵染，致该病不断扩展蔓延，给生产上造成较大危害。生产上播种带菌的种子，秋延后番茄幼苗即可染病，一直延续到 11 月或更长。该菌发育温限 9 ～ 34℃，最适 20 ～ 25℃。气温 22℃，相对湿度高于 90% 或雨天多，时晴时雨，露地樱桃番茄易发病。黄褐钉孢真菌繁殖很快，生产上从开始发病到流行成灾一般仅需 15 天左右。进入雨季，连阴雨天气多，大棚通风不良或未放风，棚内湿度大或光照弱，叶霉病易流行成灾。反之棚内温度增至 35℃ 以上，相对湿度低于 80%，光照充足对该病有明显的抑制作用。

防治方法 ①选用抗叶霉病的番茄、樱桃番茄品种。抗番茄叶霉病的品种有萨拉芬、塞特科、瑞美兹、百灵 73-583、保罗塔、普罗旺斯、金棚 M6、金棚 M18、金棚 158、金棚 M213、莱粉 1 号、浦红 10 号、浙粉 202、浙杂 203、胜美、华鼎粉红番茄、中研 958F1、大唐使者、大唐 4 号、朝研 219、朝研粉王、朝研粉冠、世纪星 F1（金世纪）、皖粉 4 号、合作 905、合作 909、合作 918、合作 919、新改良 98-8、皖粉 208、中杂 8 号、中杂 9 号、中杂 11 号、中杂 101、中杂 105、中杂 108、中杂 109、中杂 201、桑粉 1 号、胜美番茄、粉丽雅、北斗 3 号、苏粉 8 号、绿亨 108、金樽番茄等。樱桃番茄抗病品种有圣果、绿宝石 2 号、佳红 1 号、佳红 4 号、佳红 6 号、樱莎红 2 号、美樱 2 号等。②实行与非茄科蔬菜进行 3 年以上轮作。③种子用 53℃温水浸种 30min 灭菌或用种子重量 0.4% 的 75% 百菌清可湿性粉剂拌种。④嫁接防病。沈阳农业大学园艺学院采用 LS-89 和 BF 兴津 101 作砧木的番茄嫁接苗防治番茄叶霉病取得成功，叶霉病病情大大减轻。⑤番茄叶霉病发病最适温度在 20 ～ 25℃、相对湿度在 80% 以上。遇有阴雨天棚内湿度大，温度适宜，叶霉病传播迅速。加强棚内温湿度管理，适时通风降湿，适当控制浇水，浇水改在上午，水后及时放风排湿，使其远离该病发生的温湿度条件。适当密植，每 667m² 栽 2000 ～ 2200 株，可在中午晴好高温时段闭棚升温至 35℃，维持 1 ～ 2h 后，迅速降温，这样能有效抑制病菌繁殖，减轻危害。及时整枝打杈、按配方施肥，避免氮肥过多，浇第 2 次水时，为促茎叶生长冲施好力朴氮磷钾平衡型（20-20-20）水溶肥 2 袋，10 天后番茄陆续进入开花结果期追施 3 袋阿力多康水溶肥，植株长势旺。增强番茄、樱桃番茄抗病能力，就可减少该病发生与流行。⑥保护地可在发病初期用 15% 克霉灵（腐霉利与百菌清复合）烟剂或 10% 腐霉利烟剂、45% 百菌清烟剂，每 667m² 每次用药 250g 熏一夜。也可用 5% 春雷·王铜粉尘剂、5% 百菌清粉尘剂每 667m² 每次用药 1kg 于傍晚喷粉，效果好于喷雾法，且不增加棚内湿度。⑦露地于发病初期喷洒 BAB-1 枯草芽孢杆菌菌株发酵液（每毫升含 0.5 亿芽孢）桶混液，对番茄叶霉病防效 81% ～ 94%。或用弱酸性电生功能水 80ml/m²。⑧ 2021 年，山东、河北等番茄主产区的番茄叶霉病经测定，对嘧菌酯、氟硅唑、甲基硫菌灵均已产生不同程度的抗药性。生产上防治叶霉病可选用 10% 多抗霉素可湿性粉剂 600~800 倍液、6% 春雷霉素水剂 1200 ～ 1500 倍液或 12% 苯甲·氟酰胺悬浮剂 1200 ～ 2000 倍液、35% 氟菌·戊唑醇 2000 ～ 2500 倍液。发病初期用药，间隔 7 ～ 14 天用药 1 次，连续用药 2 ～ 3 次。在药剂防治时应注意轮换用药，尤其是内吸性杀菌剂不能长期连续使用，以免病菌产生抗药性。

防治该病的关键技术，一是早防早治，发现有零星病斑应马上防治，等到严重时再防治就被动了。二是上述药剂应轮换使用，防止产生抗药性。

番茄、樱桃番茄疑似叶霉病的番茄煤霉病

症状 主要为害番茄、樱桃番

茄叶片，也为害叶柄和茎。初在叶片背面生淡黄绿色至黄褐色近圆形、长圆形或不定形斑点，边缘不明显，条件适宜时，病斑迅速扩展，严重时可扩展至整个叶背面，叶正面现淡色至黄色斑块，四周较明显，后期病斑褐色，病情严重的病叶枯萎。叶柄和茎染病，亦产生茸毛状褐色病斑。

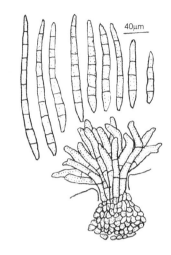

番茄煤霉病菌煤污假尾孢分生孢子和子座及分生孢子梗（刘锡琎原图）

樱桃番茄煤霉病叶背面的灰褐色茸状霉

病原　*Pseudocercospora fuligena*（Roldan）Deighton，称煤污假尾孢，属真菌界子囊菌门假尾孢属。

传播途径和发病条件　病菌以菌丝体和分生孢子随病残体遗留在地上越冬。翌年春夏条件适宜时，产生分生孢子，借气流或雨水传播，进行初侵染和多次再侵染，遇有田间小气候远离发病条件病菌即转入越冬状态。病菌生长适温27℃，最高37℃，该病属高温高湿病害。5～7月气温高于25℃、雨天多、持续时间长、长时间闷热或湿气滞留易发病或流行。

防治方法　①发病重的地区要选育抗病品种或杂一代。②露地栽培时，选择远离保护地番茄的高燥地块，采用高畦或深沟高厢及测土施肥技术，提高番茄抗病力，适当密植，不可过密。③保护地栽培时及时通风，做好生态防治。④药剂防治。参见番茄、樱桃番茄叶霉病。

番茄、樱桃番茄枯萎病

症状　番茄、樱桃番茄枯萎病开花结果期始发，病初仅茎一侧自下而上出现凹陷区，致一侧叶片发黄，变褐后枯死；有的半个叶序或半边叶变黄；也有的从植株距离地面近的叶序始发，逐渐向上蔓延，除顶端数片完好外，其余均枯死。剖开病茎，维管束变褐。湿度大时，病部产生粉红色霉层，即病菌的分生孢子梗和分生孢子。本病的病程进展较慢，一般

15～30天才枯死，无乳白色黏液流出，别于青枯病。

樱桃番茄枯萎病病株

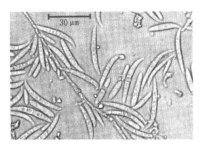

番茄枯萎病病菌尖镰孢大型分生孢子和小型分生孢子

病原 *Fusarium oxysporum* (Schl.) f. sp. *lycopersici* (Sacc.) Snyder et Hansen，称番茄尖镰孢菌番茄专化型，属真菌界子囊菌门镰刀菌属。

传播途径和发病条件 病茎100%带菌，病菌通过导管从病茎经过果梗到达果实，后随果实腐烂再扩展到种子上，造成种子带菌，生产上播种带菌的种子，出苗后即发病。此外，也可以菌丝体或厚垣孢子随病残体在土壤中越冬，营腐生生活。病菌一般从幼根或伤口侵入寄主，

进入维管束，堵塞导管，并产出有毒物质镰刀菌素，扩散开来导致病株叶片黄枯而死。病菌通过水流或灌溉水传播蔓延。土温28℃、土壤潮湿、连作地、移栽或中耕时伤根多、植株生长势弱的发病重。此外，酸性土壤及线虫取食造成伤口利于本病发生。21℃以下或33℃以上病情扩展缓慢。

防治方法 ①实行3年以上轮作，施用腐熟的有机肥或酵素菌沤制的堆肥或生物活性有机肥，采用配方施肥技术，适当增施钾肥，提高植株抗病力。②选用抗病品种。如萨拉芬、塞特科、瑞美兹、百灵73-583、保罗塔、莎丽、科瑞斯728、巴利佳、艾美瑞、普罗旺斯、佳红6号、金棚M6、金棚M18、金棚158、金棚M213、浙粉302、樱红1号、中杂8号、中杂9号、中杂105、中杂109、中杂201、皖红4号、阿乃兹番茄、绿亨108金樽、北斗3号F1、仙客1号、苏保1号、毛G1号、西粉1号、强选1号、毛粉808、西安大红、蜀早3号、渝抗4号、浙粉202、浙杂203、强丰、皖红1号及日本选育的服务员1号等。樱桃番茄抗枯萎病品种有樱莎红2号、美樱2号。③防治枯萎病兼治土传病害、根结线虫，提倡采用高温高湿消毒处理土壤的方法。即在春夏之交的空茬时间，选天气晴朗、气温高、阳光充足的时候，把保护地的土壤深翻35～45cm，每667m² 撒入2～3cm长的碎稻草或麦秸和生石灰250～400kg，再耕翻使

其与土壤均匀混合，适量浇水，土壤湿透后，盖上完好的塑料薄膜，四周盖严并压实，闭棚升温持续 20～30 天，可有效地防治枯萎病、菌核病、根结线虫病、软腐病和各种叶螨及多种杂草。北京测试结果表明，利用日光消毒土壤后，5～25cm 土层温度 26℃，最高 39～50℃，平均 35.6℃，虽未达到致死温度，但只要持续时间长，就能达到防治土传病害的目的。土壤消毒后 5～7 天向土壤中补充生物菌肥——激抗菌 968 壮苗（棵不死）20kg。④常规育苗采用新土育苗或床土消毒。1m² 床面用 35% 福·甲可湿性粉剂 8～10g，加堰土 4～5kg 拌匀，先将 1/3 药土撒在畦面上，然后播种，再把其余药土覆在种子上。提倡采用营养钵或穴盘育苗，营养土配好后，每立方米营养土中喷入 30% 噁霉灵水剂 150ml 或 50% 多菌灵可湿性粉剂 150g，充分拌匀后，装入营养钵或穴盘育苗。种子用 37% 多菌灵草酸盐可溶粉剂 500 倍液或 0.1% 硫酸铜浸种 5min，洗净后催芽或播种。⑤提倡采用嫁接法防治番茄、樱桃番茄枯萎病、黄萎病、根结线虫病，可大幅度增产。选用影武者或加油根 3 号、对话、超级良缘、博士 K 等抗枯萎病的品种作砧木，当地优良品种作接穗，砧木比接穗提前 5～10 天播种，采用劈接法。⑥发病初期施用木霉 T41，对番茄枯萎病防效可达 86%。⑦药剂蘸根。定植时先把 2.5% 咯菌腈悬浮剂 1000 倍液或 70% 噁霉灵可湿性粉剂 1500 倍液混加 72.2% 霜霉威 700 倍液，取 15kg 放在较大容器里，再把整个穴盘浸在药液中，蘸湿灭菌。⑧发病初期浇灌 2.5% 咯菌腈悬浮剂 1000 倍液或 70% 噁霉灵可湿性粉剂 1500 倍液或 80% 乙蒜素乳油 1100 倍液或 3% 噁霉·甲霜水剂 500 倍液或 54.5% 噁霉·福可湿性粉剂 700 倍液。也可用 1% 申嗪霉素悬浮剂每 667m² 用 3kg 对水泼浇进行土壤处理；定植后 20 天用 1.5kg 进行灌根、每株灌 250ml。土壤处理的防效达 75%。⑨提倡用辣根素（异硫氰酸烯丙酯，是从辣椒中提取的，商品名叫安可拉），来防治番茄枯萎病、根腐病等土传病害。剂型有粉剂，每平方米用药量为 20～27g；20% 的水乳剂，每 667m² 用量为 4～6L，通过灌水或滴灌入土壤深层，密闭 12～24h。棚室保护地歇茬时可用辣根素闷棚防治枯萎病、根腐病等土传病害，防效优异。此外番茄第一花序果实转红时，开始发生枯萎病，在定植时把干燥橘皮施入土中（适量）防治枯萎病效果好。

番茄、樱桃番茄黄萎病

症状　此病多发生于番茄生长中后期，叶片由下向上逐渐变黄，黄色斑驳首先出现在侧脉之间，发病重的结果小或不能结果。剖开病株茎部，导管变褐色，别于枯萎病。

病原　*Verticillium dahliae*

Kleb.，称大丽花轮枝孢，属真菌界子囊菌门轮枝孢属。

番茄黄萎病病株

樱桃番茄黄萎病坐果后开始发病

传播途径和发病条件 与茄子黄萎病相同。

防治方法 ①选用抗病品种，如皖红 1 号。②其他方法。参见茄子黄萎病。

番茄、樱桃番茄斑枯病

症状 番茄、樱桃番茄斑枯病主要为害叶片、叶柄、茎秆和果实。常发生在开花结果之后。叶片染病，初叶面失去光泽，暗绿色，在背面现水渍状凹陷小圆斑，边缘突起，褐色至暗褐色或黑褐色，中央灰白

色，较叶面上的小，2～3 天后扩展到叶面，产生边缘褐色至暗褐色、中央灰白色圆形坏死斑，稍凹陷，直径 1～2mm，中后期病斑上生出黑色小粒点，即病原菌载孢体——分生孢子器。雨后或湿度大时，病斑常融合成片，致叶片枯死。空气干燥时病组织脱落或穿孔。叶柄、茎秆染病，多产生大小不一的椭圆形或近圆形病斑，边缘褐色较宽，中央灰白色较小，多个病斑融合致茎部干枯。果实染病与茎秆相似。

病原 *Septoria lycopersici* Spegazzini，称番茄壳针孢，属真菌界子囊菌门壳针孢属。

番茄斑枯病病叶上的典型症状

樱桃番茄斑枯病及病斑上的
小黑点（分生孢子器）

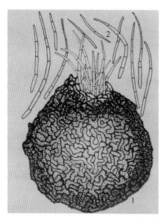

番茄壳针孢形态特征（郑建秋）
1—分生孢子器；2—分生孢子

【传播途径和发病条件】　病菌以载孢体在樱桃番茄、大番茄病残体和茄科蔬菜甜（辣）椒、茄子及茄科杂草上越冬，茄科蔬菜、酸浆种子也可带菌。翌年从分生孢子器中涌出大量分生孢子，借风雨传播进行初侵染，经几天潜育发病后，病斑上又长出小黑点，即病原菌的分生孢子器，当分生孢子器吸水以后成熟的分生孢子从器的孔口涌出，借风雨传播到叶片、叶柄、茎及果实上，使该病不断扩大。病菌生长温限 12 ～ 30℃，最适为 22 ～ 25℃。相对湿度高于 90% 或雨后才产生分生孢子，有水滴存在分生孢子才能释放。气温 25℃、湿度高于 95% 或阴天多、光照弱易发病。生产上进入雨季，日夜温差大、结露或有雾持续时间长、田间湿气滞留发病重。

【防治方法】　①选用抗病品种。品种间抗性有差异，但都不过硬。中杂 8 号、中杂 9 号、中蔬 4 号、中蔬 5 号、毛粉 802 田间发病轻。另外应选用无病种子，或种子用 52℃温水浸种 30min，再催芽播种。②提倡与茄科蔬菜进行 2 ～ 3 年以上轮作，注意清除田间及四周茄科杂草，可减少初始菌源。③加强管理，采用测土施肥技术，注意后期肥水管理，防止脱肥，可冲施唐山激抗菌——膨果沃根晶，防死棵效果好。雨后及时排水，防止湿气滞留。④发病初期喷洒 68% 精甲霜灵•锰锌水分散粒剂 600 倍液或 78% 波•锰锌可湿性粉剂 600 倍液或 10% 苯醚甲环唑水分散粒剂 600 倍液、40% 氟硅唑乳油 5000 倍液，露地番茄可喷洒 500g/L 氟啶胺悬浮剂 1800 倍液、70% 丙森锌可湿性粉剂 600 倍液。⑤棚室保护地选用康普润静电粉尘剂，每 667m² 用药 800g 持效 20 天，或 6.5% 甲霜•噁霉灵（甲霉灵）粉尘剂每 667m² 用药 1kg 喷粉，有较好防效。

番茄、樱桃番茄棒孢靶斑病

　　近年来山东、河北、北京、辽宁、河南、内蒙古、吉林等地发生严重，寄主范围涉及茄果类、瓜类。过去是生产上不常见的病害，可现在变成了猖獗病害。

【症状】　主要为害叶片，也为害茎蔓和果实。叶片染病初生小坏死斑，中心淡褐色，边缘色泽较深，有时病斑周围生明显的黄色晕圈。病斑扩展后成为近圆形至椭圆形靶斑，大小 1～2cm，中心部位生 1 个靶点或叫靶心，周围产生 1～2 层靶环，病斑褐色，靶点或靶环色泽较深，环间颜色较淡，病斑相互融合引起叶枯，严重时整枝、整株枯死，田间温湿度适宜时病斑上产生稀疏的褐色霉状物。番茄茎和果实染病，茎上产生黑褐色斑块，长椭圆形至不规则形。果实上产生近圆形褐色至黑褐色凹陷病斑，有的病斑开裂，湿度大时亦生褐色霉状物。本病与番茄早疫病的区别是轮纹差别，靶斑病轮纹只有 1～2 圈，圈与圈距离大，有靶点，而早疫病轮纹多达 5～6 圈或更多，间距密集，黑褐色。

病原 *Corynespora cassiicola* （Berk. & Curtis）Wei，称多主棒孢，属真菌界无性态子囊菌门棒孢属。多主棒孢菌丝分枝浅褐色，有隔。分生孢子直立，浅褐色，具有多个柱形的增生节段。产孢细胞柱形至桶形，孔生式产孢。分生孢子连续顶生、单生或 2～4 个链生，倒棍棒形至柱形，直或弯曲，浅橄榄褐色至褐色，单个孢子有 4～20 个假隔膜，顶端圆形，基部平截，有突出的脐。分生孢子从两端细胞发育。

传播途径和发病条件 靶斑病从寄主植物番茄的前一个生长季节开始发病，到后一个生长季节再度发病的过程，称为一个病害循环，这包括病原菌的越冬或越夏，包括病原物的初次侵染与再次侵染、病原菌的繁殖与传播等环节。在发病大棚，靶斑病菌主要以分生

樱桃番茄棒孢靶斑病病叶上的
病斑紫褐色有轮纹

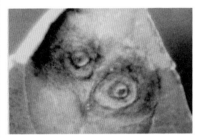

番茄棒孢靶斑病典型症状（商鸿生）

番茄棒孢靶斑病叶背面的分生
孢子梗和分生孢子

番茄棒孢靶斑病病株（商鸿生）

孢子和菌丝体随病残体在土壤中越冬，多主棒孢菌腐生存活能力强，在残留大棚内病残体中可存活较长时间，有试验表明，通常存活6个月，病残体在田间干燥14天或28天后，仍可大量产孢，会产生32000～217000个分生孢子，病原菌寄主较多，条件适宜时候侵染番茄，种子传播的作用不可忽视。在下一个生长季节，越冬菌源产生分生孢子，借气流或雨水飞溅传播，落到番茄上后，产生侵染菌丝，侵染寄主植物，这是该生长季节发生的第1次初侵染，接着又发生再侵染，且在一个生长季节发生多次再侵染，使病情不断加重。病菌侵染适温20～28℃，同时需要有16h以上的叶片湿润，潜育期6～7天。生长中期高温高湿或阴雨天气多，或长时间闷棚，光照不足，昼夜温差大、叶面结露造成该病流行。

防治方法　防治番茄靶斑病在病害未发生区以预防为主，需要使用无病种子或进行种子处理，定植无病番茄苗，防止靶斑病传入。在已发生区应采用轮作和田间卫生措施减少菌源，种植抗病品种，及时喷药进行综合防治。①种植抗靶斑病的番茄抗病品种，缺乏抗病品种地区，选择发病轻的保护性好的品种。②种子消毒，该菌55℃经10min死亡，生产上采用温汤浸种的办法处理种子，种子先用温水浸种15min后转入55～60℃热水中浸10～15min，并不断搅拌，

然后让水温降至30℃，继续浸种3～4h，捞出沥干后置于25～28℃催芽。③发病田要与非寄主作物进行2年以上轮作。田间收获后集中销毁病残体，减少越季菌源，要施足基肥提高抗病性，要采用地膜覆盖栽培，采用畦上膜下暗灌，严禁大水漫灌，防止高温高湿发病条件出现，远离发病条件，减少、推迟该病发生。④药剂防治。发病初期喷洒430g/L戊唑醇悬浮剂3000～5000倍液或33.5%喹啉铜（净果精）悬浮剂1000倍液或500g/L氟啶胺悬浮剂1500倍液、25%咯菌腈水分散粒剂3000倍液、20%烯肟菌胺·戊唑醇水悬浮剂1500倍液、20%噻唑锌悬浮剂300～500倍液或21.4%氟吡菌酰胺·肟菌酯（露娜森）1500倍液。

番茄、樱桃番茄匍柄霉灰叶斑病

又称芝麻斑病。全世界番茄种植区均有发生。在我国进入21世纪以来，随着国外番茄硬果型番茄的引进，尤其是河北、山东、辽宁、湖南、海南、北京等地都有严重发生，造成植株早衰减产，一般发病株率高达40%～100%，重病田产量损失可达50%以上。2009～2010年海口、山东寿光在1月番茄定植后零星发病，到3月株高1.6～1.8m时，严重发病，引起大量落叶，减产严重。近年该病在北京大兴，辽宁海城，河北廊坊、保定，山东寿光等地变成了

番茄再猖獗病害，严重影响番茄产量和品质，给生产造成了巨大损失。

症状 主要为害叶片、茎及叶柄。初发病时产生很多不规则形的小斑点，后病斑扩展，病斑中央浅褐色，四周深褐色，叶背颜色略深。病斑多较小，也有较大的圆形褐斑不断扩展，受叶脉限制呈不规则形，病斑多变薄，后期易破裂穿孔，叶缘也常发病，沿叶缘现不规则形病斑，多斑融合后变成深褐色，致叶片干枯或变黄。

病原 *Stemphylium solani* Weber，称茄匐柄霉；*S. lycopersici*，称番茄匐柄霉，均属真菌界子囊菌门匐柄霉属。据李宝聚等鉴定，我国山东、海南等地主要是茄匐柄霉。

传播途径和发病条件 多随病残体在保护地土壤中越冬，成为翌年初侵染源。当年叶片发病后产生的分生孢子借风雨传播，进行多次重复侵染，致病害不断扩展蔓延。20～30℃潜育期3～4天，从发病到全株叶片感染只需2～3天。春季气温高于10℃即开始发病，夏季25℃左右也可发病，20～25℃、相对湿度80%发病株迅速增加。连续降雨2～3天易造成该病流行。生产上连作地、低洼渍水地以及偏施、重施氮肥地发病重。在我国中部4月上旬平均12.6℃、相对湿度59.20%时是防治该病关键期，5月中旬进入发病高峰，这时旬平均温度18.67℃、平均相对湿度71%。

我国中部夏番茄的发病初始期为7月中旬，此间气温25℃，相对湿度85%，进入番茄发病关键期。湖南5月中、下旬开始发病，6月进入盛发期；贵州7～8月22～25℃、相对湿度高于85%易发病。

番茄匐柄霉灰叶斑病小型病斑（李宝聚）

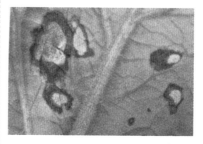

番茄匐柄霉灰叶斑病大型病斑
（李宝聚）

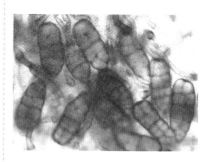

PDA上培养的匐柄霉病原菌
分生孢子（李宝聚）

防治方法 ①选育抗病品种。②农业防治。我国中部种植春番茄地区每年3月中下旬旬均温大于10℃、相对湿度高于50%应进行预防。③定植时早春茬遇有天气不好或育苗厂生产出来的番茄苗子长势弱、根系少、抗逆能力差时，可选用激抗菌968苗宝1000倍液或用32.5%苯甲·嘧菌酯悬浮剂1500倍液进行蘸根，效果好。④番茄匐柄霉叶斑病流行速度快，发现病斑后及时防治非常关键。发病前喷1次32.5%苯甲·嘧菌酯悬浮剂1500倍液混加27.12%碱式硫酸铜（铜高尚）500倍液，或560g/L嘧菌·百菌清悬浮剂700倍液混加77%氢氧化铜700倍液，预防效果好。一旦发病使用唑类杀菌剂混配铜制剂，喷洒75%肟菌·戊唑醇水分散粒剂3000倍液加50%异菌脲800倍液混27.12%碱式硫酸铜500倍液，或12.5%腈菌唑乳油1000倍液混甲基硫菌灵600倍液，或10%己唑醇乳油3500倍液混77%氢氧化铜600倍液，隔5天1次，连续防治2次。

番茄、樱桃番茄灰斑病

症状 发生在成株期。主要为害番茄、樱桃番茄的叶片、茎和果实。叶片染病，初呈褐色小点，后扩展成暗灰色、边缘黄色病斑，直径5～30mm，病斑上有轮纹，后期病斑上长出小黑点，即病菌的分生孢子器。茎染病，常从中上部枝杈处开始侵入，病部初呈水渍状暗绿色，以后变为黄褐色至灰褐色不规则形病斑，表面粗糙，边缘深褐色，后期病部亦现小黑点，易折断，严重的茎髓部腐烂、中空或只残留维管束组织。果实染病，病斑生在果皮上，圆形，初褐色，后期中央灰色，边缘暗紫色，直径5～20mm，微具轮纹，上亦生有小黑点。

病原 *Ascochyta lycopersici* Brybayd，称番茄壳二孢，属真菌界子囊菌门壳二孢属。

樱桃番茄灰斑病病枝杈处的病斑

传播途径和发病条件 病菌以分生孢子器随病残体在土中越冬。翌春条件适宜时，从分生孢子器中涌出分生孢子，借风雨传播进行初侵染。发病后，又产生分生孢子器，涌出的分生孢子借气流或雨水传播，进行多次重复侵染。棚室保护地气温高于20℃易发病，棚内高湿持续时间长或湿气滞留闷热发病重。

防治方法 ①发病重的地区或地块，应实行与非茄科蔬菜进行2年以上轮作。②及时清除病残体，集中烧毁以减少菌源。③发病初期喷洒75%百菌清可湿性粉剂600倍液或

30%异菌脲·环己锌乳油800倍液、50%甲基硫菌灵悬浮剂600倍液、50%异菌脲可湿性粉剂1000倍液、21%过氧乙酸·多抗霉素乳油700倍液，隔10天左右1次，防治2～3次。

番茄叶片漆腐病

2007年9月，在北京市顺义区番茄大棚中发现一种新病害，该病害发病速度快，严重时大棚中发病率达42%。

症状　主要为害叶片，从下部叶片向上扩展。叶片上产生深褐色圆形至椭圆形病斑，直径1～2cm，病部凹陷，病斑周围有黄色晕圈，有的病斑正面现清晰轮纹，湿度大时，轮纹处着生有灰白色小颗粒，即病原菌的分生孢子座，有时灰白色小颗粒表面还覆盖有黑色的分生孢子黏液。后期病斑可连成片。受害重的可致叶片萎蔫干枯。

病原　*Myrothecium roridum* Tode ex Fr.，称露湿漆斑菌，属真菌界无性态子囊菌门露湿漆斑菌属。分生孢子座浅杯状，直径0.1～1.5mm，无刚毛。分生孢子梗丛生，无色，从每个节伸出来多次分枝，呈帚状，顶端轮生2～7个产孢瓶梗。产孢细胞棍棒状，顶端略膨大，孔口小。分生孢子单胞杆状，无色透明，两端钝圆，基部平截，自然状态下大小为（4.6～8.1）μm×（1.5～3.1）μm。

传播途径和发病条件　此菌是温带和热带普遍存在于土壤中的病原菌，可侵染甜瓜、西瓜、大豆、棉花、三叶草、长春花等多种植物，在棚室保护地栽培时易结露，利于病菌孢子萌发，是一种潜在的威胁。

防治方法　参见番茄、樱桃番茄晚疫病。

番茄叶片漆腐病症状（李宝聚原图）

番茄、樱桃番茄茎腐病

症状　根颈部、茎部现不规则形溃疡斑，有清晰的褐色边缘，中部色浅。病部初期湿润，后变干燥。病组织坏死、腐烂。但有时生黑色病斑。后期溃疡斑上生很多微小黑色小粒点，突破表皮露出，即病原菌的分生孢子器。病株根部变色不明显，果实、叶片也常被侵染，引起果腐。

病原　*Didymella lycopersici* Kleb.，称番茄亚隔孢壳，属真菌界子囊菌门。无性态为 *Phoma lycopersici* Cooke。

传播途径和发病条件　病菌主要随病残体在土壤中越冬。从农事操作产生的伤口侵入，病菌侵入温限15～28℃，19～20℃最适。高湿易发病。

番茄茎腐病褐色凹陷病斑

防治方法 ①严格检疫。②选用无病的种子。③轮作。④发病初期喷洒 40% 双胍三辛烷基苯磺酸盐可湿性粉剂 1000 倍液或 66% 二氰蒽醌水分散粒剂 1800 倍液，隔 10 天 1 次，防治 2～3 次。

番茄、樱桃番茄白粉病

近年我国番茄白粉病有日趋严重之势，轻者发病率 5%～15%，严重地块达 80%～100%，已经成为生产上的严重病害。2011 年内蒙古赤峰市大发生，为害相当严重，包头也有发生。2011 年 9 月内蒙古农牧业科学院植物保护研究所、中国农业科学院蔬菜花卉研究所进行了现场诊断，明确病原为番茄粉孢和辣椒拟粉孢。同年秋末冬初甘肃该病病原主要为辣椒拟粉孢。

症状 新番茄粉孢引发的白粉病，主要为害叶片。下部叶片先感病，后向上扩展，初发病时叶面产生褪绿小斑点，后扩展成近圆形白粉斑，叶面现白色粉状物，即病原菌的菌丝和分生孢子梗及分生孢子。初稀疏，后不断加厚，湿度大叶背长出白色霉层。后期病斑扩展覆满整叶，变成黑褐色干枯而死，严重的整株下部叶片全都发病变白。叶柄、茎染病，布满白粉状粉斑。

病原 目前，国际上公认番茄白粉病病原有两种，即 *Oidium neolycopersici* Kiss，称新番茄粉孢；*O.Lycopersici* Cooke et Massee，称番

新番茄粉孢为害樱桃番茄叶片症状

新番茄粉孢为害番茄叶片初期症状

新番茄粉孢白粉病叶背面症状（苏慧兰）

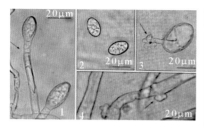

新番茄粉孢的形态（刘淑艳）
1—分生孢子梗；2—分生孢子；
3—分生孢子的萌发；4—附着胞

茄粉孢，均属真菌界子囊菌门粉孢属。我国番茄白粉病主要由新番茄粉孢引起。新番茄粉孢的分生孢子梗直立，不分枝，多为3个细胞，大小（59.8～124.8）µm×（6～9.6）µm；脚胞柱形。分生孢子椭圆形至圆形，单生于分生孢子梗顶端，大小为（23～39）µm×（10～20）µm。分生孢子萌发时偏向一侧产生芽管，芽管末端产生附着胞。未发现有性世代。

传播途径和发病条件 北方在病残体上或冬季栽培的番茄上或长季节栽培的番茄上越冬，在病残体上越冬的病菌以闭囊壳随病残体越冬。翌春弹射出子囊孢子，进行初侵染。经几天潜育发病后病部又产生大量分生孢子，以分生孢子进行再侵染。北方或南方在生长着的番茄上越冬者，翌年春天分生孢子萌发产生芽管从番茄叶背气孔侵入，也可直接穿过角质层侵入，菌丝在叶肉组织中扩展，分生孢子梗从叶背气孔伸出，顶端长出分生孢子，干燥或干湿交替利于分生孢子借气流向四

周扩散，不断地进行初侵染和多次再侵染。番茄白粉病15～30℃均能发生，最适为25～28℃。番茄粉孢分生孢子萌发适温20～25℃，相对湿度40%～95%。分生孢子萌发和侵入要有水滴存在，白天气温25℃、湿度小于80%，夜间湿度高于85%该病扩展快。长时间降雨不利于其发生。华北大棚发病期多见于3～6月或10～11月，上海及长江中下游地区为5～9月，北方露地多发生在6～7月或9～10月，年度间早春气温偏高、少雨的年份发病重。田块间连作地、地势低洼、排水不良易发病，栽培上种植过密，通风透光不良，肥水不足引发早衰的田块发病重。

防治方法 ①选育和选用抗白粉病的品种。抗性较好的品种是Geronimo。②清洁田园。a. 田间发现病株马上清除，采用晒干深埋方法减少田间菌源。采收后及时清除田间病残体进行深埋，减少翌年初始菌源。b. 与葱蒜类作物进行2～3年以上轮作。c. 加强肥水管理，施用腐熟有机肥，控制速效氮肥，增施磷钾肥。采用高垄栽培，适时、适量灌水，防止土壤忽干忽湿，避免大水漫灌和膜外灌水。灌水时间频次春季间隔10～15天，夏季间隔8～10天，冬季间隔15～20天。③药剂防治。a. 发病前或仅见植株下部少数叶片出现褪绿症状，白粉菌菌丝潜藏在叶片内部时喷洒2%武夷菌素水剂150倍液或3%多抗霉素可湿性粉剂700倍液，隔9天1次，连续防治2次，可有效地把

病害控制在发病早期。b. 发病初期叶片上出现白粉时需加大防治力度，保护剂和内吸剂同时使用。防效较好的杀菌剂有 21.4% 氟吡菌酰胺·肟菌酯（露娜森）悬浮剂 5～10ml/667m² 或 75% 肟菌·戊唑醇水分散粒剂 3000 倍液混加 70% 丙森锌 600 倍液，或 40% 氟硅唑乳油 5000 倍液，或 10% 苯醚甲环唑水分散粒剂 600 倍液、50% 醚菌酯水分散粒剂 2000 倍液（已产生抗药性的用 600 倍液）、25% 吡唑醚菌酯乳油 2000 倍液、21% 硅唑·多菌灵悬浮剂 800～1000 倍液、60% 唑醚·代森联水分散粒剂 1500 倍液、60% 乙嘧·菌酯水剂（白粉专家）800 倍液 +51% 蛇床子素悬浮剂（含蛇床子素 1%、吡唑醚菌酯 25%、乙嘧酚 25%），药效持续 15 天，可有效控制白粉病的发生和蔓延。注意药剂的交替和轮换或混用，防止白粉菌产生抗药性。白粉病菌、霜霉病菌、灰霉病菌、早疫病菌、晚疫病菌都是气流传播的病原真菌，繁殖快，菌量大，容易产生抗药性。生产上主要依靠叶面喷施药剂进行防治，对多菌灵、甲霜灵、精甲霜灵、嘧菌酯、嘧霉胺等单作用点或选择性较强的内吸性杀菌剂很易产生抗药性，为了防止产生抗药性，生产上使用多作用点的代森锰锌、氢氧化铜等不易产生抗药性杀菌剂进行预防更为经济有效。

番茄褐斑病

番茄褐斑病又称番茄黑枯病或芝麻瘟病，国内仅发生在江苏、浙江一带，进入 21 世纪呈迅速蔓延之势，现已扩展到云南、广西、四川、重庆、湖北、湖南、江西、安徽、上海、甘肃、宁夏、陕西、河南、山东等地，每年造成一定损失，尤其硬果型番茄更易染病，病株率为 30%～70%，病叶率达 80% 以上，甚至全田绝收。

症状 主要危害番茄成株叶片、茎及果实，病斑多时密如芝麻点，因此叫芝麻瘟。叶片染病病斑近圆形至不规则形，大小不一，灰褐色，边缘明显，直径 1～10mm，较大的病斑上有时有轮纹，病斑中央略凹陷，变薄，有光亮，叶背显著，后期病斑易穿孔。高温、高湿时病斑表面生出灰黄色至暗褐色的霉，即病原菌的分生孢子梗和分生孢子。茎部染病产生灰褐色凹陷斑，多个病斑融合成长条状，湿度大且持续时间长易长出暗褐色霉状物。果实染病产生圆形水渍状病斑，后扩展成凹陷黑色有轮纹大斑，直径可达 3cm。

病原 *Helminthosporium carposaprum* Pollack，称番茄长蠕孢强毒

番茄褐斑病病叶

番茄褐斑病的灰褐色坏死斑

菌株，属真菌界子囊菌门无性型长蠕孢属。该菌致病性强，潜育期短。菌丝无色或黄褐色。分生孢子梗的顶部浅黄褐色，链状，圆筒形，有隔膜 4～10 个，褐色，大小（118.7～166.6）μm×（7～8.5）μm；分生孢子生于分生孢子梗顶部，浅黄褐色，圆筒形，有隔膜 0～20 个，大小（39.6～69.3）μm×（14.9～24.8）μm。病菌生长温限 9～38℃，最适为 25～28℃；分生孢子产生和萌发的温度为 25～35℃和 10～40℃，最适温度分别为 30℃和 25～30℃，要求相对湿度 95%以上；菌丝体和分生孢子的致死温度分别为 51℃和 55℃。

传播途径和发病条件　番茄褐斑病菌主要以菌丝和分生孢子在田间病残体上越冬，翌年越冬病菌直接萌发或产生分生孢子，成为田间病害的初侵染来源。分生孢子借气流、雨水及灌溉水传播至寄主，从气孔、皮孔、伤口或表皮直接侵入进行初侵染，条件适宜时潜育期为 1～2 天，后产生病斑，而且病斑上产生大量分生孢子迅速传播，引起多次再侵染，造成该病蔓延和流行。

防治方法　①选用抗病品种，如 08HN31、7945、08HN30 番茄品种抗病，霸王、皖粉 3 号、皖粉 4 号、粤农 2 号、早雀钻等则较耐病。②轮作。适当调整轮作植物种类，重病田与非寄主植物轮作 2～3 年。③加强番茄田管理。挖好配套排水系统，采用高畦或高垄栽培，严防畦面积水，合理密植，降低田间湿度，改善田间通透性，科学配方施肥，适当增施磷、钾肥，提高植株抗病性。④药剂防治。发病后及时喷洒 50%多菌灵可湿性粉剂 500 倍液，或 70%甲基硫菌灵可湿性粉剂 900 倍液、77%氢氯化铜可湿性粉剂 600 倍液、75%百菌清可湿性粉剂 700 倍液，隔 10 天左右 1 次，连续防治 3～4 次。棚室还可选用 5%加瑞农粉尘剂或 7%防霉灵粉尘剂，每 667m² 用 1kg 喷粉，但药量要严格控制以防药害发生。

番茄、樱桃番茄绵腐病

症状　番茄绵腐病主要侵害果实。苗期染病，引起猝倒。生长期果实染病，生水浸状黄褐色或褐色大斑，致整个果实腐烂，被害果外表不变色，有时果皮破裂。其上密生大量白色霉层别于绵疫病。

病原　*Pythium aphanider-matum*（Eds.）Fitzp.，称瓜果腐霉菌，属假菌界卵菌门腐霉属。

番茄绵腐病病果裂口处的菌丝、
孢囊梗和孢子囊

传播途径和发病条件 同番茄、樱桃番茄猝倒病。本病主要发生在雨季，仅个别果实染病或下水头积水处受害重。

防治方法 生长期发病一般不需要单独防治，可结合防治番茄疫病等进行兼治。苗期发病防治方法参见番茄、樱桃番茄猝倒病。

番茄、樱桃番茄绵疫病和牛眼腐病

症状 绵疫病又称褐色腐败病。北方进入雨季大雨后发生果实大量腐烂，有时病果率高达30%～40%，给菜农造成巨大损失。主要为害果实，茎叶也可受害。果实任何部位均可染病，初在近果肩或果脐部或果面上产生光滑的浅褐色浸湿状不定形或近圆形病斑，迅速向四周扩展，有的出现深污褐色或浅的轮纹，后病部扩至大部分或整个果面，果肉腐烂变褐，病果极易脱落，雨后架下满地是落果，损失惨重。湿度大时，病部长出很多白霉，即病原真菌

的孢囊梗和孢子囊。叶片染病，出现污褐色形状不定的病斑，多始于叶缘，后向全叶扩展致全叶变黑腐烂。

牛眼腐病多发生在未成熟的果实上，病斑褐色圆形或近圆形，边缘不明显，扩展后形成深褐与浅褐相间的大型斑，有的达果实的 1/3 ～ 1/2，

番茄绵疫病初发病时叶尖处的水渍状斑

番茄绵疫病青果上产生褐
变易脱落（番茄掉蛋）

番茄绵疫病雨后现褐色病变和白色菌丝

番茄果实牛眼腐病出现带轮纹的牛眼斑

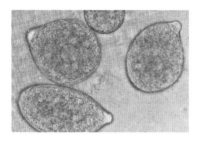

辣椒疫霉孢子囊

出现带轮纹的牛眼斑，病果不变形、皮部光滑、果实硬挺，保持原形不变，病部变色的组织向内扩展，湿度大时长出白色棉絮状菌丝，致病果腐败。别于具明显边缘、表面粗糙的晚疫病病果。

病原 *Phytophthora capsici* Leonian，称辣椒疫霉，属真菌界卵菌门疫霉属。

传播途径和发病条件 以卵孢子或厚垣孢子随病残体在地上越冬。借雨水溅到近地面的果实上，病菌萌发后产出芽管，从果皮侵入而发病，后病部菌丝产生孢子囊及游动孢子，通过雨水及灌溉水传播进行再侵染。秋末形成卵孢子或厚垣孢子越冬。发育温限 8～38℃，30℃最

适。相对湿度高于 95%，菌丝发育良好。7～8月高温多雨季节或低洼、土质黏重地块发病重。

防治方法 该病发病速度快，又值雨季，因此应采取预防为主的综合防治措施。①选用抗病品种。②避免与茄子、辣椒等茄科蔬菜连作或邻作，应与葱蒜类或水稻、玉米等作物轮作 3 年以上。③加强栽培控病措施，采收后彻底及时清洁田园，植株病残体运出田外集中销毁；种植前深翻晒土，做高畦挖深沟，挖好排水沟以便雨后迅速排水；提倡覆盖地膜，防止病菌传到下部叶片或果实上。开花坐果后适时适度剪除底部老叶，改善通风透光条件。发现病果及时清除、深埋。④番茄开花坐果后或发病之前开展预防性喷药，先喷 1 次 1∶1∶100 倍式波尔多液，经济有效。发病初期喷洒 2.5% 咯菌腈可湿性粉剂 1200 倍液混 50% 多菌灵可湿性粉剂 600 倍液，或 72.2% 霜霉威水剂 700 倍液混 70% 噁霉灵可湿性粉剂 1500 倍液，或 40% 嘧霉胺悬浮剂 1500 倍液混加 72% 霜脲·锰锌 500 倍液。大发生时喷洒 50% 烯酰吗啉水分散粒剂 1500 倍液或 250g/L 吡唑醚菌酯每 667m² 用 30～60ml，对水 45～90kg、60% 唑醚·代森联水分散粒剂 50～80g 对水 60kg、18.7% 烯酰·吡唑酯水分散粒剂 75～125g 对水 100kg，均匀喷雾。保护果穗，适当兼顾地面，喷药后 1h 遇雨须补喷。

番茄、樱桃番茄番茄 链格孢叶斑病

症状　番茄链格孢叶斑病又称钉头斑病、黑斑病、指斑病。主要为害番茄、樱桃番茄的果实和茎秆。果实上病斑近圆形，灰褐色、褐色，稍凹陷，有明显的边缘。一个果实上有 1 个至数个病斑不等，上生黑色霉状物，即病原菌菌丝、分生孢子梗和分生孢子。茎秆、叶柄染病，产生长椭圆形褐色大斑，病斑上生有轮纹。

病原　*Alternaria tomato*（Cooke）L. R. Jones，称番茄链格孢，属真菌界子囊菌门链格孢属。

番茄番茄链格孢叶斑病病果

樱桃番茄番茄链格孢侵染茎
产生长椭圆形病斑

传播途径和发病条件 、 防治方法
参见番茄、樱桃番茄茄链格孢早疫病。

番茄、樱桃番茄链格孢叶斑病

番茄、樱桃番茄链格孢叶斑病又称黑霉病、假黑斑病、茎枯病。近年发生日趋严重，一般减产 50% 以上。

症状　主要为害茎和果实，有时也为害叶和叶柄，且多在断枝、裂果上发生，造成枝、果实褐色干腐。成熟的果实较青果易发病，病斑多在近果梗处或果肩部、果面伤口处或日灼果灼伤处，产生近圆形至不规则形黑褐色凹陷斑，湿度大时产生灰黑色霉。茎部染病，产生椭圆形凹陷溃疡斑，后沿茎向上下扩展，严重时变成深褐色干腐状，并可侵入到维管束中。叶片、叶柄染病，叶脉两侧或叶面上布满不规则褐斑，病斑扩展致叶缘卷曲，最后叶片干枯或整株枯死。

病原　*Alternaria alternata*（Fr.）Keissler，称链格孢，异名 *A. tenuis* Ness，属真菌界子囊菌门链格孢属。

樱桃番茄链格孢叶斑病果实症状

番茄链格孢叶斑病侵染茎产生
深褐色干腐状斑

传播途径和发病条件 过去认为链格孢菌是腐生菌，现已成为重要的致病菌。在自然情况下，链格孢常生于多种植物的病斑、伤口、枯死部分或衰弱濒死组织上及种子内外，或腐生在多种有机物质上或土壤中，到处都有，在南方露地或北方保护地辗转传播蔓延。北方露地则以菌丝体和分生孢子在病残体上或种子上越冬。条件适宜时，分生孢子借风雨传播进行初侵染和多次再侵染，从伤口或自然裂口或衰弱部位侵入。发病的适宜温度为 23～27℃，相对湿度高于 90%。番茄、樱桃番茄结果后进入雨季，雨天多或高湿多雨多露易发病。因其多发生在裂果、断枝上，不易引起人们的注意，等到病害发展后期，引起大量落果和病枝时，已严重影响了产量和品质。山东莱州地区温室内 2 月底、3 月初始见病株，3 月下旬到 4 月中旬进入发病高峰，6 月以后发病减缓或停滞下来。2 月底后，莱州气温开始回升，番茄生长旺盛，枝叶茂盛，植株间多郁闭，易造成高温高湿的小气候，此时番茄又需不断

地进行整枝打杈易造成伤口，加之由于浇水较多引起的裂果，均易引发此病。

防治方法 番茄链格孢叶斑病的防治，应采取以农业措施为主，药剂防治为辅的综合防治技术。①农业防治。a. 选用耐病品种，如 L-402、鲁番茄 7 号、以色列 144 番茄等抗裂果、耐运输的厚皮品种。b. 加强管理，栽培中加强通风，降低湿度，减轻发病。病果、病枝及时带出田园烧毁或深埋，发病地块拉秧后，及时清洁田园。避免在阴天整枝打杈。②棚室生态防治。早春、晚秋由于昼夜温差大，白天 20～25℃，夜间 12～15℃，相对湿度高达 80% 以上，易结露，利于此病的发生和蔓延，应重点调整好棚内温湿度，尤其定植初期，闷棚时间不宜过长，防止棚内湿度过大，温度过高。③药剂防治。a. 苗床消毒，用 58% 甲霜灵·锰锌可湿性粉剂每平方米 8g 加 10kg 细土拌匀后施入苗床内消毒。b. 烟熏防治。用 15% 腐霉利烟剂，傍晚进行密闭烟熏，每 667m² 每次 250g，隔 7 天熏 1 次，连熏 3～4 次。c. 采用粉尘防治。冬季遇连阴雨雪天时，发病初期喷洒 5% 的百菌清粉尘剂每 667m² 用 1kg，每隔 7 天 1 次，连续防治 3～4 次。d. 发病初期及时喷洒 32.5% 苯甲·嘧菌酯悬浮剂 1500 倍液、50% 咯菌腈可湿性粉剂 5000 倍液或 250g/L 吡唑醚菌酯乳油 1000 倍液、300g/L 氟啶胺悬浮剂 1500 倍液、50% 异菌脲可湿性粉剂 1000 倍液、

30% 醚菌酯可湿性粉剂 1000 倍液，5～7 天 1 次，一般在盛花期开始喷，连续喷 3～4 次。还可将这些杀菌剂与面粉按 1 : 3 的比例均匀调成糊状，涂抹病部。

番茄、樱桃番茄多毛链格孢叶斑病

症状　主要为害番茄、樱桃番茄果实，病斑灰褐色至褐色，圆形或近圆形至椭圆形，略凹陷，直径 0.8～4cm，表面生黑褐色霉状物，即病原菌的菌丝体、分生孢子梗和分生孢子。

樱桃番茄多毛链格孢叶斑病病果

病原　*Alternaria polytricha*，称多毛链格孢，属真菌界无性态子囊菌门链格孢属。分生孢子梗单生或簇生，浅褐色，至顶端色更浅，直立，分隔，直或于上端作屈膝状弯曲，不分枝或有时分枝，基部略膨大。分生孢子单生或短链生，阔卵形至卵形或倒梨形至近圆形，浅黄褐色至中度黄褐色，无喙，但约有 60% 的分生孢子顶部次生产孢，其中 2/3 以上不同程度地延伸形成假喙。

传播途径和发病条件、**防治方法**　参见番茄、樱桃番茄番茄链格孢叶斑病。

番茄、樱桃番茄球炭疽菌炭疽病

症状　主要为害番茄、樱桃番茄的主根、侧根和番茄叶片。根染病后变褐腐烂，皮层组织坏死，易于剥离，并生有多数黑色小粒点，致病株茎叶萎蔫变褐枯死，根易从土中拔出。茎基部空腔中生有很多黑色菌核。把这些菌核放在培养基上培养后可产生大量分生孢子盘，即载孢体。番茄上形成的菌核球形至不规则形，黑色，表面粗糙，直径 0.5～1mm，其上有时产生不发达的黑褐色刚毛。菌落由黑色菌核组成，稍有白色菌丝。病株的叶片退色早落。

病原　*Colletotrichum coccodes*（Wallr.）Hughes，称球炭疽菌，属真菌界子囊菌门。有性阶段小丛壳属，无性阶段炭疽菌属。

番茄球炭疽菌炭疽病病果

番茄球炭疽菌分生孢子盘

1—分生孢子；2—分生孢子盘；3—刚毛

传播途径和发病条件 主要以菌丝体在种子里或病残体上越冬。翌年产生分生孢子，借雨水飞溅传播蔓延。孢子萌发出芽管，经伤口或直接侵入，未着色的果实染病后潜伏到果实成熟时才显症。生长后期，病斑上产生的粉红色黏稠物内含大量分生孢子，通过雨水溅射传到健果上，进行再侵染。高温、高湿发病重。成熟果实受害多。

防治方法 ①药剂包衣种子。每5kg种子用10%咯菌腈悬浮种衣剂10ml，先以0.1kg水稀释药液，然后均匀拌和种子。②避免高温高湿条件出现。③绿果期开始喷洒32.5%苯甲·嘧菌酯悬浮剂1500倍液混27.12%碱式硫酸铜（铜高尚）悬浮剂500倍液或20%松脂酸铜·咪鲜胺（冠绿）乳油800～1000倍液、68.75%噁酮·锰锌水分散粒剂800倍液、25%溴菌腈可湿性粉剂500倍液、66%二氰蒽醌水分散粒剂1800倍液。

番茄、樱桃番茄短尖刺盘孢炭疽病

症状 为害叶片和果实。叶上病斑近圆形，褐色，边缘常融合成大病斑，后期上生黑色小粒点，即病原菌的分生孢子盘。果实染病产生浅褐色圆形病斑，有时呈水浸状，后期病斑凹陷，上生粉红色物。

病原 *Colletotrichum acutatum*，称短尖刺盘孢，又称短尖炭疽菌，属真菌界子囊菌门炭疽菌属。分生孢子盘盘状，表生，黑褐色，无刚毛。分生孢子纺锤形，中间偶缢缩，附着胞少，浅褐色至暗褐色，棍棒状或稍不规则形。为害番茄、辣椒、番木瓜等。

番茄短尖刺盘孢炭疽病

传播途径和发病条件 病菌主要以菌丝体随病残体留在土壤中或潜伏在种子上越冬，发芽后直接侵入幼苗。借风雨或灌溉水传播蔓延，从伤口或直接穿透表皮侵入，低温、多雨、雾霾利于发病。地势低洼，排水不良发病重。

防治方法 ①使用无病种子，

播种前用 55℃ 温水浸种 15min 进行种子消毒。也可用 2.5% 咯菌腈悬浮种衣剂 10ml 加水 150～200ml 混匀后拌种 3～5kg，包衣后播种。②田间发病初期喷洒 20% 唑菌胺酯水分散粒剂 1200 倍液或 20% 苯醚•咪鲜胺微浮剂 3000 倍液或 10% 苯醚甲环唑水分散粒剂 1500 倍液 +22.7% 二氰蒽醌悬浮剂 1500 倍液，隔 7～10 天 1 次，防治 1～2 次。

番茄、樱桃番茄盘长孢状刺盘孢炭疽病

症状 主要发生在近成熟的或成熟果实上和有伤口的茎上。初发病时果实表面产生稍凹陷的水渍状小斑点，从中心部起渐次密生同心轮纹状黑褐色小粒点。高湿时生出橙红色的分生孢子堆。茎部有伤口时，病菌也可侵入为害茎和叶，斑点小而色深，湿度大时亦生出粉红色胶状液。

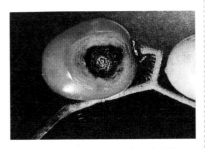

番茄盘长孢状刺盘孢为害果实症状

病原 *Colletotrichum gloeosporioides*，称盘长孢状刺盘孢或称胶孢炭疽菌，属真菌界子囊菌门炭疽菌属，有性阶段为小丛壳菌属（*Glomerella cingulata*）。为害番茄、辣椒、茄子、黄瓜、冬瓜等。子囊壳小，丛生，大多埋于寄主组织内，密集，深褐色，球形至烧瓶形，子囊棍棒状，内含 8 个子囊孢子，子囊孢子无色，单胞，长圆形。无性阶段为炭疽菌属。分生孢子盘在寄主表皮下，盘上有时产生黑褐色、有分隔的刚毛。分生孢子梗无色至褐色，产生内壁芽生式分生孢子，分生孢子无色，单胞，长椭圆形或新月形，有时含 1 个或 2 个油球。

传播途径和发病条件 病菌可从无伤口的果实表皮穿过，侵入为害，病菌在病果组织内越冬或越夏，翌年气温升高，有雨时，靠雨滴飞溅散开落在番茄、樱桃番茄果实上，引起发病，茎部若有伤口，本菌亦可侵入。发病适温为 26℃。保护地 2～4 月发生，露地 7 月发生。气温高，雨天多易发病。

防治方法 参见番茄、樱桃番茄短尖刺盘孢炭疽病。

番茄、樱桃番茄镰孢果腐病

症状 主要为害成熟果实。果面初呈淡色斑，后变褐色，形状不定，无明显边缘，扩展后遍及整个果实。湿度大时，病部密生略带红色棉絮状菌丝体，致果实腐烂。

病原 *Fusarium* spp.，称镰刀菌，属真菌界子囊菌门镰刀菌属。

大番茄镰孢果腐病症状

传播途径和发病条件　病菌在土壤中越冬。果实与土壤接触易染病。湿度大发病重。

防治方法　①避免果实与地面接触。②及时摘除病果，并集中处理。③果实着色前喷洒78%波·锰锌可湿性粉剂500倍液或20%噻菌铜悬浮剂500倍液、27%碱式硫酸铜悬浮剂500倍液、30%戊唑·多菌灵悬浮剂700倍液。

番茄、樱桃番茄丝核菌果腐病

症状　该病苗期发病现立枯或猝倒。成株期染病，引起茎基腐或果腐。植株下部近地面熟果脐部或果肩部易染病，初呈水渍状淡色斑，后扩

加工番茄丝核菌果腐病病果

展呈暗褐色略凹陷的斑块，表面产生褐色蛛丝状霉，即病原菌菌丝体。后期病斑中心常裂开，果实腐烂。本病只发生在熟果上。

病原　*Rhizoctonia solani* Kühn，称立枯丝核菌，属真菌界无性型亡革菌属或小核菌属，有性型属担子菌门。

传播途径和发病条件　病菌存在于土壤中，遇有适宜温湿度，即可侵染番茄果实。湿度大会加重病情。

防治方法　①平整土地，采取垄作或高厢深沟栽培，雨后及时排水。②近地面果实稍转红即应采收。③必要时可喷洒5%井冈霉素A可溶粉剂1000倍液或1%申嗪霉素悬浮剂800倍液，30%苯醚甲环唑·丙环唑乳油2000倍液。

番茄、樱桃番茄圆纹病

症状　番茄圆纹病又称果腐病、实腐病，主要为害果实及叶片。果实染病，初生淡褐色后转褐色凹陷斑，扩大后可发展到果面的1/3，病斑不软腐，略收缩干皱，具轮纹，湿度大时，可长出白色菌丝层，后病斑渐变黑褐色，表面生许多小黑点，病斑下果肉紫褐色，有的与腐生菌混生致果实腐烂。叶片染病，初生褐色或淡褐色斑，大小（1.5～22）mm×（1.3～17）mm，有时几个病斑连片占叶面1/3～1/2，病斑圆形或近圆形，斑中具整齐近圆形轮纹，病斑不像早疫病那样易受叶脉限制，轮纹较平滑、突起不明显，后期生不明显小黑点，即病原菌分生孢子器。

番茄圆纹病（实腐病）病叶上的
灰褐色大斑

番茄圆纹病病果

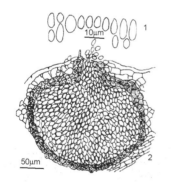

番茄圆纹病病菌分生孢子器剖面及器内外
的分生孢子（李明远原图）
1—分生孢子；2—分生孢子器

病原 *Phoma destructiva* Plowr.，
称实腐茎点霉，属真菌界子囊菌门茎
点霉属。

传播途径和发病条件 以分生
孢子器随病残体留在地表越冬。翌年
散出分生孢子，萌发后产出芽管侵入
寄主。后又在病部产生分生孢子器及
分生孢子，借风雨传播蔓延，进行再
侵染。气温 21℃利其发生或流行。

防治方法 ①收获后彻底清除
病残体集中烧毁，或深翻土地，减
少初侵染源。②与非茄科作物实行 2
年以上轮作。③发病初期喷洒 75%
百菌清可湿性粉剂 500 倍液或 78%
波·锰锌可湿性粉剂 600 倍液、70%
丙森锌可湿性粉剂 600 倍液，隔 10
天左右 1 次，防治 1 次或 2 次。

番茄、樱桃番茄酸腐病

症状 番茄酸腐病又称水腐
病，只为害迟收的过熟果实，尤其是
有伤口果实易染病。初病果局部或全
果软化，表皮逐渐变成褐色，出现湿
腐状，表皮稍微皱缩有裂纹。湿度大
条件下，病部表面或裂缝中长出稀疏
白霉，即病原菌菌丝或分生孢子梗。
最后病果腐败流水，病部易开裂，散
发出酸臭味，别于软腐病。

番茄酸腐病病果

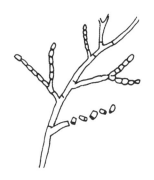

番茄酸腐病病菌分生孢子梗和分生孢子

病原　*Oospora lactis* Fr. var. *parasitica* Pritch. et Porte，称寄生酸腐节卵孢，属真菌界。

传播途径和发病条件　病菌以菌丝体在土壤中或以分生孢子附着在棚室里越冬或越夏。翌年分生孢子靠气流传播，从生活力衰弱的部位或伤口侵入，染病后病部又产生大量分生孢子，进行再侵染，致病害扩展。该菌腐生性较强，采收后堆放或储运中病、健果直接接触，可引起传染蔓延。发病适温 23 ～ 28℃，相对湿度高于85%，利于发病。伤口多或大量储运时易发病。雨季或田间湿度大发病重。

防治方法　①提倡高畦栽培，注意通风降湿，雨后及时排水，降低棚室湿度。②适时精细采收，避免造成伤口。棉铃虫为害严重地区，要及时防虫，减少虫伤。③收获装筐时注意剔出病烂果，储放时注意通风。④发病初期喷洒 78% 波·锰锌可湿性粉剂 600 倍液或 50% 琥胶肥酸铜可湿性粉剂 500 倍液、27.12% 碱式硫酸铜悬浮剂 600 倍液、70% 代森锰锌可湿性粉剂 500 倍液，隔 10 天左右 1 次，防治 1 次或 2 次。

番茄、樱桃番茄红粉病

症状　主要为害番茄、樱桃番茄成熟果实或近成熟果实及采种田果实。常从果柄附近或脐部开始侵入，初产生浅褐色不定形斑，后向全果扩展，伤口多的多在裂口处长出粉红色霉，常引起病果腐烂。

病原　*Trichothecium roseum* (Pers.) Link，称粉红单端孢，属真菌界子囊菌门单端孢属。菌丝体绒毛状，有隔膜，初为白色，后粉红色；分生孢子梗细长、直立、无色，不分枝，无隔膜，或偶生 1 ～ 2 个隔膜，顶端有时稍大，以倒合轴式序列产生分生孢子；分生孢子在孢子梗顶端密生形成孢子堆。分生孢子倒洋梨形或卵形，孢子大小（7.5 ～ 12.5）μm×（10 ～ 25）μm。

传播途径和发病条件　该菌在植生土壤中存活越冬。植株近地面果实或裂果易发病。进入雨季或田间湿气滞留时间长，发病多且重。

樱桃番茄红粉病病果

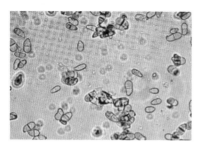

番茄红粉病分生孢子倒洋梨形（王勇）

番茄根霉腐烂病病果

防治方法 ①合理密植，保护地每 667m² 以 3300 株为宜。②适时插架绑蔓，整枝打杈，发现病果及时摘除。③及时放风，降低棚内湿度。④合理浇水，保持土壤湿润，禁止大小漫灌，采用滴灌和膜下灌溉均可有效防治番茄红粉病。⑤发病后及时防治，以防病情扩展和流行。要求在发病前或发病初期喷洒 50% 咪鲜胺锰盐可湿性粉剂 1000 ～ 1500 倍液或 10% 苯醚甲环唑水分散粒剂 600 倍液、72% 霜脲·锰锌可湿性粉剂 800 倍液，7 ～ 10 天 1 次，采收前 7 天停止用药。

番茄、樱桃番茄根霉腐烂病

症状 主要侵染番茄、樱桃番茄果实。植株上过度成熟的果实或有生理裂口及伤口的果实均可染病，病果灰褐色至黑褐色水渍状软腐，初在病组织表面产生白色霉层铺展状，后变成灰褐色至黑褐色毛状物，顶端具大头针状孢子囊。

病原 *Rhizopus stolonifer* (Ehrenb. ex Fr.) Lind，称匍枝根霉，异名 *R. nigricans*，均属真菌界接合菌门根霉属。

传播途径和发病条件 病菌孢子囊终年到处漂浮，当落到多汁的、有伤口的番茄上时，产生菌丝并分泌果胶酶，分解果胶质，使番茄细胞相互分离解体。病组织几天内表面即产生孢囊孢子，散出后又引起新的侵染。接合孢子在受害组织养料减少后才形成，需经过休眠期才能萌发，储藏期发病都是由无性的孢子囊引起的。该菌喜温暖潮湿的条件，适温为 24 ～ 29℃，相对湿度高于 80% 易发病，果实有伤口或裂果、过度成熟发病重。

防治方法 ①选择抗裂品种，生产上浇水要均匀，防止裂果发生，管理上要注意减少伤口，果实成熟后要及时采收。②发病初期喷洒 20% 辣根素，每 667m² 用 5L 对水喷雾，或用 60% 多菌灵盐酸盐可溶粉剂 600 倍液。③储运途中，温度控制在 10℃以下，可减少发病。

番茄、樱桃番茄煤污病

症状　主要为害番茄、樱桃番茄叶片，初在叶面或叶背面产生稀疏的霉丛，以后渐渐变成灰黑色至黑褐色霉层，即病原菌的菌丝、分生孢子梗和分生孢子，病情扩展严重的，霉斑背面的叶组织坏死，病斑密布，叶片逐渐变黄干枯。病菌侵染茎或果实，病部亦产生类似的症状，后期变黑。

病原　*Aureobasidium pullulans*（de Bary）Arn.，称出芽短梗霉；*Cladosporium cladosporioides*（Fr.）de Vries，称芽枝状枝孢霉；*C. herbarum*（Pers.）Link et Gray，称草芽枝霉，为优势种，属真菌界子囊菌门枝孢属。

草芽枝霉引起的番茄煤污病病叶

番茄煤污病病果上的污霉

传播途径和发病条件　病菌以菌丝体和分生孢子在病叶上或在土壤上、植物残体上越冬。条件适宜时，产生分生孢子，借风雨及白粉虱、蚜虫等传播扩展。棚内荫蔽潮湿，蚜虫、白粉虱密度大，番茄、樱桃番茄生长弱发病重。

防治方法　①前茬收获后及时清除病残体，以减少棚内菌源。②加强管理，改善棚室通风透光条件，雨后及时排水，保护地浇水后不要闷棚。③发现棚内栽培的番茄、樱桃番茄有白粉虱和蚜虫时，及时防治。④必要时可在发病初期喷洒50%多菌灵可湿性粉剂600倍液或66%甲硫·霉威可湿性粉剂1000倍液，防治1次或2次。

番茄、樱桃番茄白星病

症状　主要为害番茄、樱桃番茄的叶片，发病初期叶片上现灰绿色小圆斑，后逐渐扩展成近圆形至不定形浅灰褐色或灰白色凹陷斑，病部变薄，后期常破裂穿孔，有时病斑上可见稀疏的小粒点，即病原菌的载孢体——分生孢子器。

病原　*Phyllosticta lycopersici* Peck，称番茄叶点霉，属真菌界子囊菌门叶点霉属。

传播途径和发病条件　病菌主要随病残体越冬。条件适宜时，分生孢子器吸水并释放出大量分生孢子，借风雨传播，进行初侵染和多次再侵染。高温高湿条件易发病。

番茄白星病病叶

大番茄辣椒枝孢褐斑病病叶

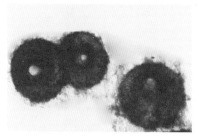

白星病病原菌的载孢体——分生
孢子器球形有孔

防治方法 参见番茄、樱桃番
茄斑枯病。

番茄、樱桃番茄辣椒
枝孢褐斑病

症状 为害番茄、樱桃番茄
叶片和果实。初在叶片上产生暗褐
色近圆形或不规则形病斑，直径
5～6mm，也可在主脉上沿叶脉产
生长条状褐变，圆斑与辣椒褐斑病相
似，有的病斑中央也有一个浅灰色中
心，四周黑褐色，后病叶从叶尖向内
逐渐变黄。

病原 *Cladosporium capsici*（Ma-
rchal et Steyaert）Kovacevski，称辣椒
枝孢，属真菌界子囊菌门枝孢属。

传播途径和发病条件 病菌多
在种子上或以菌丝块在病残体上或以
菌丝在病叶上越冬。翌年条件适宜
时，产生分生孢子，借风雨传播到幼
苗上，引起苗期发病。成株叶片也可
发病。高温高湿条件下发病重。

防治方法 ①采收后及时清除
病残体，集中深埋或烧毁。②与茄科
以外的蔬菜进行2年以上轮作。③发
病初期喷洒50%多菌灵悬浮剂600
倍液或50%异菌脲可湿性粉剂1000
倍液、1.5%噻霉酮水乳剂500倍液、
15%亚胺唑可湿性粉剂2200倍液，
隔10天左右1次，防治2～3次。

番茄、樱桃番茄细菌性斑点病

症状 番茄细菌性斑点病又称
细菌性叶斑病、黑秆病、细菌斑疹
病。主要为害叶、茎、花、叶柄和果
实，尤以叶缘及未成熟果实最明显。
叶片染病，产生深褐色至黑色斑点，
四周常具黄色晕圈。叶柄和茎染病，
产生黑色圆形斑点，水渍状，直径
1～3mm，小病斑逐步扩大连片，呈
边缘不明显的大块黑斑，上有白色菌

脓。病部附近也现不定根突起，但植株未见枯萎。幼嫩绿果染病，初现稍隆起的小斑点，果实近成熟时，围绕斑点的组织仍保持较长时间绿色，别于其他细菌性斑点病。2001年山西发生较重，2002年内蒙古西部发病重，有日趋严重之势。

病原 *Pseudomonas syringae* pv. *tomato*（Okabe）Young，Dye et Wilkie，称丁香假单胞菌番茄变种，或称番茄细菌叶斑病假单胞杆菌，属细菌界薄壁菌门。菌体短杆状，直或稍弯，单细胞，大小（0.5～1.0）μm×（1.5～5）μm，革兰氏染色阴性，能产生绿色荧光，可使明胶液化，使蔗糖产酸。

番茄细菌性斑点病病果上的典型症状

番茄细菌性斑点病病菌（赵廷昌）

番茄细菌性斑点病病叶上的典型症状

番茄细菌性斑点病（黑秆病）茎秆受害状（李宝聚）

传播途径和发病条件 病菌在种子上、病残体及土壤里越冬。播种带菌种子，幼苗即染病。病苗定植后开始传入大田，并通过雨水飞溅或整枝、打杈、采收等农事操作进行传播或再侵染。潮湿、冷凉条件和低温多雨及喷灌有利于发病，通常病情的扩展，需叶面保湿24h，在采用喷灌技术的干旱地区易发病，滴灌或沟灌地区发病轻。

防治方法 ①加强检疫，防止带菌种子传入；建立无病留种田，采用无病种子；种子处理，56℃温汤浸种30min。选用耐病品种966番茄（包头农科所）。②在干旱地区采用滴灌或沟灌，尽可能避免喷灌，加强管理，雨后及时排水，防止湿气滞留。

③药剂蘸根。定植时先把 33.5% 喹啉铜悬浮剂 800 倍液配好，取 15kg 放在长方形大容器中，然后把穴盘整个浸入药液中蘸湿即可。④发病初期喷洒 33.5% 喹啉铜悬浮剂 800 倍液混加72% 农用高效链霉素 3000 倍液，或32.5% 苯甲·嘧菌酯悬浮剂 1500 倍液混 27.12% 碱式硫酸铜 500 倍液，或 10% 苯醚甲环唑微乳剂 600 倍液、1：1：200 倍式波尔多液等，隔 10天左右 1 次，防治 1 次或 2 次。

番茄、樱桃番茄疮痂病

症状 番茄叶、茎、果均可染疮痂病。近地面老叶先发病，初生水浸状暗绿色斑点，扩大后形成近圆形或不规则形边缘明显的褐色病斑，四周具黄色环形窄晕环，内部较薄，具油脂状光泽。茎部染病，先生水浸状暗绿色至黄褐色不规则形病斑，病部稍隆起，裂开后呈疮痂状。果实染病，主要为害着色前的幼果和青果，初生圆形四周具较窄隆起的白色小点，后中间凹陷呈暗褐色或黑褐色。隆起环斑呈疮痂状是本病重要特征，别于番茄细菌性斑疹病（斑点病）。

番茄疮痂病病叶

番茄疮痂病病果上的疮痂斑

番茄疮痂病病果田间症状（郑建秋）

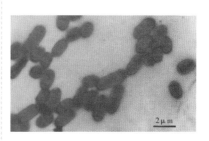

油菜黄单胞菌辣椒斑点病致病变种形态（赵廷昌）

病原 *Xanthomonas campestris* pv. *vesicatoria*（Doidge）Dye，称油菜黄单胞菌辣椒斑点病致病变种，属细菌界薄壁菌门黄单胞杆菌属。主要为害番茄和甜（辣）椒。

传播途径和发病条件 病原细菌随病残体在地表或附在种子表面越

冬。翌年条件适宜时，病菌通过风雨或昆虫传播到番茄叶、茎或果实上，从伤口或气孔侵入，在细胞间繁殖，与此同时，受害细胞被分解，致病部凹陷。侵染叶片潜育期 3 ～ 6 天，侵染果实 5 ～ 5 天。高温、高湿、阴雨天气是发病重要条件。钻蛀性害虫及暴风雨造成伤口、管理粗放、植株衰弱发病重。

樱桃番茄溃疡病病茎溃疡状

[防治方法]　①采用无病种子，或对病种子进行消毒。种子经 55℃温水浸 10min 移入冷水中冷却后催芽。②重病田实行 2 ～ 3 年轮作。③加强管理，及时整枝打杈，适时防虫。④发病初期喷洒 90% 新植霉素可溶粉剂 4000 倍液或 72% 农用高效链霉素可溶粉剂 3000 倍液，50%氯溴异氰尿酸水溶性粉剂 1000 倍液或 10% 苯醚甲环唑微乳剂 600 倍液，20% 叶枯唑可湿性粉剂 800 倍液，隔 7 ～ 10 天 1 次，防治 1 次或 2 次。

大番茄溃疡病茎部溃裂

番茄、樱桃番茄溃疡病

　　番茄、樱桃番茄溃疡病是生产上的毁灭性病害，近年河北、安徽、广西发生严重。发病重的成片或成棚萎蔫死亡，损失惨重。

　　[症状]　全生育期均可发病。幼苗染病，真叶从下向上打蔫，叶柄或胚轴上产生凹陷坏死斑，横剖病茎可见维管束变褐，髓部出现空洞，致幼苗枯死。成株染病，常从下部开始显症，初发病时下部叶片边缘褪绿打蔫后卷曲，全叶呈青褐色皱缩干枯。该

大番茄溃疡病病茎纵剖溃疡状

大番茄溃疡病病果上的鸟眼斑

密执安棒形杆菌密执安亚种扫描
电镜照片（罗来鑫）

病进一步扩展时，在叶柄、侧枝或主茎上产生灰白色至灰褐色条状枯斑，茎部开裂，剖茎可见髓部开始变空，维管束褐变。病害扩展缓慢时，病茎略变粗，其表面生出较多不定根或刺状突起，终致病茎髓部全都变褐，造成全株枯死。果实染病，常由病株茎部向果柄扩展，致部分韧皮部和髓部变褐腐朽，扩展到果实内部致幼果空瘪或畸形，胎座瘦小，生长停滞下来，造成种子色暗粒小，成熟度差，严重的常造成大量落果。染病果实上产生特征性的鸟眼斑，即中央暗褐色疮痂状隆起，四周乳白色，似鸟的眼睛，多个病斑融合使果实表面粗糙。

病原 *Clavibacter michiganensis* subsp.*michiganensis*（Smith）Davis et al.，称番茄溃疡病密执安棒形杆菌，属细菌界厚壁菌门棒形杆菌属。

传播途径和发病条件 病原菌在病残体上或种子内外或随病残体在土壤中存活 2 ～ 3 年，病菌常从各种伤口或叶片的毛状体或幼果表皮直接侵入。带菌种子、种苗及未加工的病果调运行远距离传播，在田间主要通过雨水、灌溉水传播，分苗移栽、整枝打杈也可传播蔓延。生产上出现连阴雨或急风暴雨后，病害发展很快，该菌一旦侵入番茄、樱桃番茄体内即快速扩展，引起大的损失。据桂林研究人员观察，早番茄 6 月中旬开始发生，夏番茄 7 月下旬～ 8 月中旬进入发病高峰期，秋延后番茄苗期就有发生，始花期至幼果期出现第 1 个发病高峰，始熟期至采收盛期出现第 2 个发病高峰，重病区病株率达 35% ～ 40%，严重的绝收。

防治方法 ①对生产用种严格检疫，不得使用带病种子。②对种子严格消毒。用 55℃温水浸种 30min 或用 70℃干热灭菌 72h 或用 1% 盐酸浸种 5 ～ 10h、1.05% 次氯酸钠浸种 20 ～ 40min，用清水冲洗后催芽播种。③提倡与非茄科蔬菜进行 3 年以上轮作，采用高垄或高厢栽培。7 ～ 8 月进行高温闷棚，方法参见番茄、樱桃番茄根结线虫病。④进行嫁接，采用抗病砧木嫁接育苗。贵州用当地品种小番茄作砧木，嫁接优质品种，可有效地防治土传溃疡病。补施石灰 50 ～ 75kg，调节土壤 pH 值 8，采用测土配方施肥技术，适当疏植，单蔓整枝，每 667m² 栽 1800 株，通风透光，相对湿度低、农事操作露水干后进行。⑤第 1 穗果膨大初期进入发病高峰期，马上浇灌 33.5% 喹啉铜悬浮剂 800 倍液混加 72% 农用高效链霉素 3000 倍液，或 32.5% 苯甲·嘧菌酯 1500 倍液混加

77% 氢氧化铜 700 倍液混 68% 精甲霜·锰锌 700 倍液，或整枝打杈前、后各喷 1 次 33.5% 喹啉铜悬浮剂 800 倍液。

番茄、樱桃番茄假单胞果腐病

症状 番茄假单胞果腐病主要为害果实。发病初期出现不规则形褪绿斑，病斑先发白，后逐渐软化而腐烂，内部果肉变为黄褐色至黑褐色，致全果腐烂，里边呈一包稀泥状，流出黄褐色脓水，但无臭味别于软腐病。

病原 *Pseudomonas Fluorescens* biotype Ⅱ（Trevisan）Migula，称假单胞杆菌属的荧光假单胞菌生物型Ⅱ，属细菌界薄壁菌门。

番茄假单胞果腐病病果

传播途径和发病条件 病原细菌在土壤中越冬。主要通过雨水或水滴溅射传播蔓延，农事操作、人为接触、果实相碰都可传播，病菌从伤口或水孔侵入。该病在夏季雨季易发病，果实常常尚未成熟即全果腐烂，严重的烂果遍地。

防治方法 ①注意轮作，不要与茄科作物连作。②棚室栽培番茄要注意调节温度，避免低温高湿条件出现。③采用避雨栽培，严禁大水漫灌，浇水时防止水滴溅起，是防治该病的重要措施。④发病初期喷洒 72% 农用高效链霉素可溶粉剂 3000 倍液或 3% 中生菌素可湿性粉剂 500 ～ 600 倍液、50% 琥胶肥酸铜可湿性粉剂 500 倍液、78% 波·锰锌可湿性粉剂 500 ～ 600 倍液，每 $667m^2$ 用对好的药液 65 ～ 70L，隔 7 ～ 10 天 1 次，连续防治 2 ～ 3 次。

番茄、樱桃番茄细菌性髓部坏死病

2012 年春季天气多变，连阴天多，棚内露水多，番茄、樱桃番茄细菌性髓部坏死病发生特别严重，很多大棚整棚发病，给菜农带来巨大损失。

症状 又称细菌枯萎病。全株性病害，受害株一般在番茄、樱桃番茄结果期表现症状，一般果坐好至绿果期开始显症。发病初期植株上中部叶片萎蔫，部分复叶的少数小叶边缘褪绿。茎部生出突起的不定根，后在长出不定根的上方或下方出现褐色至黑褐色斑块，长 5 ～ 10cm，病部表皮质硬。纵剖病茎，可见髓部已变成褐色或黑褐色，茎表皮褐变处的髓部先坏死或干缩中空，有时维管束也变褐，并逐渐向上向下扩展。染病株从萎蔫到全株枯死，病程约 20 天。分权处及花器和果穗受害状与茎部相似。果实染病，从果柄开始变褐，造成全果变褐腐烂，果皮质硬，挂在枝上。湿度大时，从病茎伤口或叶柄离层及不定根处溢出黄褐色菌脓，别于番茄溃疡病。

病原 *Pseudomonas corrugata* Roberts et Scarlett，称皱纹假单胞菌或番茄髓部坏死病假单胞菌，属细菌界薄壁菌门假单胞杆菌属。

传播途径和发病条件 病原细菌随病残体在土壤中越冬。翌年借雨水或灌溉水及农事操作传播，主要从整枝打杈伤口处侵入。4～7月遇高温多雨，田间病害发展很快，条件适宜时，易大面积流行。病菌喜温暖潮

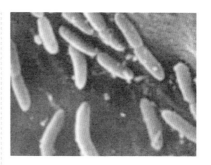

皱纹假单胞菌形态特征菌体电镜照片

湿的条件，在夜温较低高湿的条件下易发生，尤其是降雨易诱发该病，连作地、排水不良、湿气滞留、氮肥过量发病重。

防治方法 防治番茄细菌性髓部坏死病，重在预防，当菜农发现时已经进入中晚期，因此生产上一定做到防患于未然。①选用种植发病轻的或抗病的品种。②坚持轮作，不能连作，与非茄科作物进行2～3年轮作。增施生物菌肥，合理施用氮肥，适当增施磷钾肥，增强抗病力。③定植时进行药剂蘸根，先把3%中生菌素600倍液或33.5%喹啉铜800倍液配好，取15kg放在较大容器里，再把整个穴盘浸入药液中把根部蘸湿，15天后灌1次，可推迟发病。④加强棚内温湿度管理。整枝打杈一定选晴天不要在露水未干时进行，不要用指甲掐断枝杈，避免人为接触到伤口，应用手控住枝杈向下掰，手不会接触伤口，避免人为传播病菌。⑤打完杈后马上喷一遍上述杀菌剂。接着再浇灌1次72%农用高效链霉素3000倍液配合30%王铜500倍液，

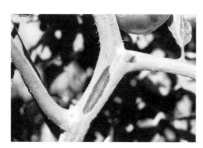

番茄细菌性髓部坏死病初期症状

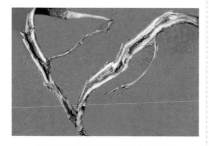

番茄细菌性髓部坏死病中期症状

或 72% 农用高效链霉素 3000 倍液配合 27.12% 碱式硫酸铜悬浮剂 500 倍液，或 32.5% 苯甲·嘧菌酯悬浮剂 1500 倍液混 27.12% 碱式硫酸铜悬浮剂 500 倍液，或 3% 中生菌素 500 倍液配合 20% 噻菌铜水剂 500 倍液，或 33.5% 喹啉铜悬浮剂 800 倍液混 2% 春雷霉素可湿性粉剂 400 ～ 500 倍液，或 20% 叶枯唑可湿性粉剂 600 倍液，隔 7 天 1 次，防治 2 ～ 3 次。⑥采用茎部注射法。向茎内注射上述杀菌剂，10 天后再注射 1 次。

番茄、樱桃番茄青枯病

症状 番茄、樱桃番茄青枯病又称细菌性枯萎病。进入开花期，番茄、樱桃番茄株高 30cm 左右，青枯病株开始显症。先是顶端叶片萎蔫下垂，后下部叶片凋萎，中部叶片最后凋萎。也有一侧叶片先萎蔫或整株叶片同时萎蔫的。发病初期，病株白天萎蔫，傍晚复原，病叶变浅绿。病茎表皮粗糙，茎中下部增生不定根或不定芽，湿度大时，病茎上可见初为水浸状后变褐色的 1 ～ 2cm 斑块，病茎维管束变为褐色，横切病茎，用手挤压或经保湿，切面上维管束溢出白色菌液，病程进展迅速，严重的病株经 7 ～ 8 天即死亡。有菌脓溢出、病程短是本病与枯萎病相区别的两个重要特征。

病原 *Ralstonia solanacearum* (Smith) Yabuuchi et al.，称茄青枯劳尔氏菌，属细菌界薄壁菌门劳尔氏菌属。菌体杆状，多极生鞭毛，菌落起皱、淡黄色，有时中央有绿点；能产生黄色至黄绿色、扩散性非荧光色素，因菌龄和培养基差别，菌落呈土黄色至淡黄褐色。最适生长温度为 25℃，在 4℃ 低温和 35℃ 高温能生长。过去一直认为是非荧光假单胞菌。现在认为是荧光假单胞菌。寄主是番茄和紫苜蓿。

传播途径和发病条件 病原细菌主要随病残体留在田间或在马铃薯块茎上越冬。在田间病原细菌借雨水或灌溉水传播，从植物根部或茎部的伤口侵入，也可直接侵入，即从没有受伤的次生根的根冠部侵入。植物在次生根的根冠和主根的表皮间形成鞘，青枯菌能够穿过这层鞘，同时引起相邻的薄壁组织的细胞壁膨胀。青枯菌侵入皮层后在细胞间隙里生长，然后再侵入邻近的、已经死亡的皮层细胞。青枯菌先破坏细胞间的中胶层，使寄主植物的细胞壁解体，质壁分离，细胞器变形，形成空腔，以便青枯菌分布于薄壁细胞和空腔里。

番茄青枯病田间萎蔫状

番茄青枯病病茎保湿后侧枝溢出菌脓

扫描电镜下的茄劳尔氏菌（余小漫）

青枯菌生长温限 10 ～ 40℃，适温为 30 ～ 37℃。成株期遇高温高湿、微酸性土壤（pH 值 6.6）、土温 20℃左右，出现发病中心。土温 25℃，进入发病高峰。土壤含水量高于 25%，番茄、樱桃番茄长势弱，连续阴雨或持续时间长，气温迅速上升，发病重。

防治方法 ①与禾本科或十字花科进行 4 年以上轮作。②选用抗病品种。如益丰番茄、浙杂 301、浙杂 204、钢玉 1 号、年丰番茄、朝研粉王、穗丰番茄、满园红番茄、粉抗青 1 号、新星 101、红江南、106 铁帅、皖红 4 号、春秀番茄等。③采用番茄高抗青枯的砧木品种进行嫁接是

防治青枯病行之有效的方法。当前可供生产上使用的砧木有 LS-89、BF 兴津 101、砧木 1 号、砧木 121、砧木 128、托鲁巴姆、野生番茄等。由于各地青枯病生理小种不同，在选用抗病砧木时，需先行试验。青枯病病菌在土壤中可存活 14 个月至 6 年，嫁接后不仅青枯病防住了，还可兼治枯萎病、根腐病、根结线虫病，增产 33% 左右。采用针式嫁接法对果菜类蔬菜在子叶期嫁接，因砧木茎秆中间空心，须把接穗在子叶下方 5 ～ 8mm 处水平切断，插上针，再把砧木生长点和邻近 1 片真叶水平切除，把接穗苗上的另一半针插到砧木上即完成嫁接。针式嫁接法对果菜类嫁接后的生长特性与靠接法差别不大，但由于针式嫁接法采用陶瓷针连接，速度快 1.6 倍，且省去了摘除夹子的工序。针式嫁接时砧木留 2 片真叶产量高。为了促使伤口愈合，嫁接后白天保持 25 ～ 28℃，夜晚 16 ～ 20℃，湿度大于 90%，并遮阴。④发现病株及时拔除，病穴撒少量石灰消毒。⑤番茄药剂蘸根。定植时先把 1% 申嗪霉素悬浮剂 800 倍液配好，取 15kg 放入比穴盘大的容器中，再将穴盘整个浸入药液中，把根部蘸湿灭菌，半个月后灌 1 次，每株灌 250ml，对防治番茄青枯病有效。⑥用棉隆和申嗪霉素熏蒸消毒法处理土壤防治番茄青枯病有效，具体做法参见茄子黄萎病。⑦发病初期浇灌 90% 新植霉素可溶粉剂 4000 倍液或 72% 农用高效链霉素可溶粉剂 3000 倍液或 50% 氯溴异

氰尿酸水溶性粉剂 1000 倍液或 80% 乙蒜素乳油 1200 倍液。

番茄、樱桃番茄软腐病

症状 番茄、樱桃番茄夏秋露地易发病，有时棚室保护地也发病。主要为害果实，一般从生理裂口处始发，致果实内部呈水渍状软腐，严重的果肉腐烂，果皮尚保持完整，常散发出恶臭味。

番茄细菌性软腐病病果

病原 *Pectobacterium carotovora* subsp. *carotovora*（Jones）Bergey et al.，称胡萝卜果胶杆菌胡萝卜亚种，属细菌界薄壁菌门。菌体短杆状，周生 2～8 根鞭毛。革兰氏染色阴性，生长发育适温 25～30℃，最高 40℃，最低 2℃，50℃经 10min 致死。除侵染番茄外，还侵染十字花科、茄科蔬菜及芹菜、莴苣等。

传播途径和发病条件 病菌随病残体在土壤中越冬。翌年，借雨水、灌溉水及昆虫传播，由伤口侵入。茎部染病，主要是整枝过晚枝条过粗或湿度大伤口难于愈合，使细菌侵入有了可乘之机。病菌侵入后分泌果胶酶溶解中胶层，导致细胞自崩离析，致细胞内水分外溢，引起腐烂。阴雨天或露水未落干时整枝打杈或虫伤多发病重。尤其是棉铃虫为害樱桃番茄果实，很易诱发软腐病。

防治方法 ①早整枝、打杈，避免阴雨天或露水未干之前整枝。②及时防治蛀果害虫，减少虫伤。加强田间管理，适时浇水，保持田间湿度较稳定。雨后及时排水防止湿气滞留。③药剂防治。参见番茄、樱桃番茄青枯病。

我国番茄病毒病的现状

近年来番茄病毒病，特别是番茄黄化曲叶病毒（TYLCV）病在北京地区空前暴发，给番茄生产造成严重威胁，使番茄产量和品质显著降低，2012～2013 年北京市农林科学院植物保护环境保护研究所在北京周边 7 个县采集疑似感病样品 325 份，分别针对 TYLCV、烟草花叶病毒（TMV）、黄瓜花叶病毒（CMV）3 种病毒进行了 PCR 或 ELISA 检测。检测结果表明，目前北京地区大棚或温室内发生的番茄病毒病以 TYLCV 为主；露地番茄病毒复合侵染现象比较普遍，病毒检出率 100%，其中 TYLCV 检出率达到 75% 以上。在 TYLCV 样品中，TYLCV 和 CMV 复合侵染占 20% 左右，TYLCV 和 TMV 复合侵染占 15% 左右。部分样品检测到 TYLCV、CMV 和 TMV 3 种病毒复合侵染的现象。

目前北京地区番茄黄化曲叶病毒高达75%、黄化曲叶病毒和CMV或TMV复合侵染占20%左右

2013年秋季山东农业大学植物保护学院、潍坊科技学院蔬菜花卉研究所、山东省蔬菜工程中心于2013年秋季进行了番茄褪绿病毒与番茄黄化曲叶病毒复合侵染的分子鉴定，首次明确番茄已受到番茄褪绿病毒及番茄黄化曲叶病毒两种病毒的复合侵染。在国内发现番茄褪绿病毒前，番茄黄化曲叶病毒已经由局部暴发扩展为全国普发，近来由于物理防控和抗TYLCV病毒品种等措施的应用，该病害得到了一定程度的控制。但这两种同为烟粉虱传播的病毒的复合侵染对番茄生产的潜在威胁应引起足够的重视。北京地区这么多年来随番茄栽培面积的扩大，种植模式改变，番茄病毒病由最早的TMV、CMV，发展到最近几年的TYLCV，生产上随着抗病品种推广又出现了番茄褪绿病毒（ToCV）病。

番茄、樱桃番茄黄化曲叶病毒病

番茄黄化曲叶病毒病是种由粉虱传播的毁灭性病害，从苗期到收获期都可发病，2005年南方大面积扩展，发生面积大，危害十分严重，病株率高达30%～50%，从南向北扩展特快，现已扩展到全国各地，对番茄生产造成严重威胁。番茄黄化曲叶病毒病对我国番茄产业发展已构成严重的威胁（吉林、黑龙江、内蒙古除外）。

症状 番茄黄化曲叶病毒侵染的番茄植株以黄化萎缩、叶片向上卷为主要症状特点。幼株染病后严重矮缩，丛生。开花前染病株节间缩短，分枝增多，明显变矮，病株叶片较小，形状不正，叶质脆硬，由叶片正面边缘向上向内屈曲，叶色变黄且黄绿不均，有的叶脉呈墨绿色或紫色。早期染病株花器易脱落，结

番茄黄化曲叶病毒病（1）

番茄黄化曲叶病毒病（2）

番茄黄化曲叶病毒病（3）

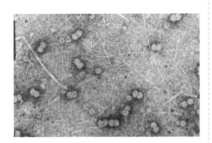

番茄黄化曲叶病毒粒体的电镜照片

果明显减少，有的结果很少。后期染病的植株仅上部小叶和新芽表现症状，结果少且小，成熟缓慢，着色不匀，商品价值大大降低。

病原 Tomato yellow leaf curl virus（TYLCV），称番茄黄化曲叶病毒。粒体为球形双联体，无包膜。基因组核酸为闭环状单链 DNA，分装在两个多面体内。自然寄主主要是番茄，由银叶粉虱（B 型烟粉虱）持久性传毒。病毒在粉虱体内不增殖，嫁接可传毒但效率不高，病株接触、种子和蚜虫不传毒。该病毒属双生病毒科菜豆金色花叶病毒属病毒。在自然条件下只能由烟粉虱以持入方式传毒，又叫粉虱传双生病毒，是一类具有孪生颗粒形态的植物 DNA 病毒。该毒源在番茄上为害严重，在世界上许多国家造成了巨大的损失。在我国，番茄黄化曲叶病毒 1991 年在广西南宁郊区零星发生，之后由南向北逐步扩展，危害日益严重，2005～2010 年逐步加重，2009 年北京首次报道并蔓延开来，并在 2009～2010 年造成严重危害。

传播途径和发病条件 番茄黄化曲叶病毒病主要来自病苗、病株及带毒粉虱及其他寄主植物，包括野生寄主及隐症带毒的寄主，在病害流行中的作用，取决于其数量、分布和带毒率。B 型烟粉虱（银叶粉虱）是番茄黄化曲叶病毒的介体。病毒依靠粉虱在田块内和田块间传播，远程传毒借助于带毒番茄苗。带毒粉虱附着在蔬菜或花卉上随其调运传播。B 型烟粉虱能传播多种病毒病。B 型烟粉虱传毒过程可分 4 个阶段：获毒取食期、潜伏期、接毒取食期、持续期。获毒取食期是介体获得病毒所需的取食时间，潜伏期是介体从获得病毒到能够传播病毒所需要的时间，接毒取食期是介体传毒所需要的取食时间，持续期是介体保持传毒能力的时间。不同的传毒介体昆虫，传毒方式可能不一样。传毒介体昆虫有持久性传毒、半持久性传毒和非持久性传毒 3 种方式。传毒方式不同，表现在传毒过程中各阶段的特点不同。B 型烟粉虱以持久性传毒方式传播番茄黄化曲叶病毒。持久性传毒又称循回性传毒。介体从病株上获毒取食的时间较长，延长取食时间，传毒效率大幅提高。病毒可在介体昆虫体内循环，即传毒经口针、前消化道、后消化道，进入血液循环后到唾液腺，再经口针传毒。烟粉虱在番茄病叶刺吸取食 20～60min 后获毒。潜伏期 20～24h，传毒时间 15min，持毒期 10～12 天，有的达到 20 天。

B 型烟粉虱危害性比烟粉虱更大，寄主多达数百种。在棚室内各虫态均可安全越冬，在露地一般以卵或成虫在杂草上越冬，每年发生 11～15 代。包括 B 型烟粉虱在内的各型烟粉虱发生规律南北各地不同，广东及华南 3～12 月均可发生，5～10 月是发生盛期。我国北方一般于 6 月中旬始见成虫，8～9 月进入盛发期，9 月底开始迁入棚室为害，10 月下旬虫口减少。播种过早，晚秋不凉利于粉虱越冬和繁殖。移栽苗带虫，带毒率高易发病，多年重茬发病重。

防治方法　防治该病应杜绝病毒传播，种植抗病品种，抓好育苗期和定植后两个关键防治期，采取综合措施减少毒源。防治传毒介体烟粉虱。①种植抗耐病品种。如江苏农科院的 TY209、苏红 9 号，杭州农科院的杭杂 301 等，从法国引进的 PT-0505、华莱士 F1、香耐尔 F1 等。其中 PT-0505 适合北方保护地种植，华莱士 F1 也适合。粉果番茄品种可选用粉丽亚、荷兰 8 号、瑞星 5 号、欧光、迪芬尼、宝丽；大红果番茄可选用多美欧、齐达利、凯特 2 号、迪兰妮。②培育无病无虫秧苗，选择无病毒和无烟粉虱的区域集中育苗。棚室表面、土壤消毒前在通风口和出入口设置好 50 目防虫网阻隔害虫进入，防止定植和生产管理时把害虫带入；结合定苗、绑蔓和打杈管理随时清除部分棉铃虫、粉虱的虫卵、幼虫及有虫叶等。烟粉虱、蚜虫防控早期可挂设 30cm×40cm 带引诱剂的黄板，每隔 10～12m 挂一块，悬挂高度以高出番茄生长点 5cm 为宜。③药剂防治宜在虫口密度较低时进行，烟粉虱、蚜虫每 $667m^2$ 可选用 20% 辣根素水乳剂 1L 常温烟雾施药或 5% 阿维菌素水乳剂 2800 倍液喷雾。坐果期喷 20% 吡虫啉（康福多）浓可溶剂 2500 倍液或 25% 噻虫嗪（阿克泰）水分散粒剂 5000 倍液、50% 辛硫磷乳油 1000 倍液、1.8% 阿维菌素乳油 2500 倍液，以防虫。也可在发病初期喷施 0.5% 氨基寡糖素 1000 倍液或 20% 吗胍·乙酸铜（病毒 A）可湿性粉剂 500 倍液、2% 宁南霉素（菌克毒克）水剂 300 倍液或 3% 极细链格孢激活蛋白 +3% 氨基寡糖素（阿泰灵）+ 烯·羟·吗啉胍（克毒宝），这是中国农业科学院植物保护研究所经典品牌产品，内含深层发酵的细胞分裂素与盐酸吗啉胍，可促进细胞分裂、钝化病毒，阻止病毒扩展。寿光发生番茄黄化曲叶病毒时，预防时用 1 袋阿泰灵 +1 袋克毒宝对一喷雾器水，隔 7～10 天 1 次　连防 2～3 次，可有效提高番茄抗病性。

番茄、樱桃番茄褪绿病毒病

我国各地番茄、樱桃番茄栽培面积不断扩大，据报道我国番茄每年因病毒病危害减产 30% 以上，夏、秋番茄损失严重，有的年份或有的地块几近绝收。番茄褪绿病毒最早于1998 年在美国佛罗里达州首次报道，之后法国、意大利、巴西、以色列等相继发现。目前我国北京、山东已有报道。番茄褪绿病毒病是最近暴发的新病害。发病初期似缺素症，生产上也容易混淆，很易误诊延误防治，给番茄生产造成严重的经济损失。目前北京、河北、山东等地已出现大发生的态势，必须引起生产上的高度重视。

番茄褪绿病毒病发病初期症状

症状 2011 年 8 月山东寿光发生一种疑似缺素症的黄头症状，2012 年在寿光大面积发生。苗期染病叶片叶脉间产生局部褪绿斑点，症状较难确认。番茄定植后 15 天，逐渐产生发病症状，出现滞育，短小瘦弱，顶部叶片黄化，下部成熟叶片叶脉间轻微褪绿。番茄定植后40 ～ 50 天进入开花期症状明显，中下部叶片首先出现褪绿症状并向上扩展，中部叶片叶脉间轻微褪绿黄化，底部叶片产生明显的叶片褪绿黄化，叶脉深绿，感染叶片变脆且易折。定植后 60 天进入结果期，感病的番茄植株整株表现褪绿黄化，果实小，颜色偏白，不能正常膨大，叶片表现明显的脉间褪绿黄化症状，边缘略上卷，且局部产生红褐色坏死小斑点。后期叶脉浓绿、脉间褪绿黄化，变厚、变脆且易折，最后叶片干枯脱落；果实小，严重的造成绝产。

番茄褪绿病毒病发病中期症状

樱桃番茄褪绿病毒病发病中期症状

病原 Tomato chlorosis virus，ToCV（Zhao et al.，2014），称番茄褪绿病毒。1998 年美国佛罗里达州首次发现并报道。在自然条件下，可通过B 型烟粉虱、Q 型烟粉虱、A 型烟粉虱（*Bemisia tabaci* biotype A）、温室白粉虱（*Trialeurodes vaporariorum*）、银

叶粉虱（*B. argentifolii*）、纹翅粉虱（*T. abutilonea*）传播，是唯一由两个属的粉虱传毒的病毒病。可侵染茄子、番茄、甜椒等，不能通过摩擦、接种传播。

传播途径和发病条件　通过3年调研发现，山东周年发生，越冬茬和早春茬4～5月是发病高峰期；秋冬茬高峰期出现在8～9月。每年4～5月气温回升快，雨天少造成易感病，传毒的烟粉虱、白粉虱活跃，繁殖量大，造成发病高峰，6～7月降雨增多，病情发生少；8～9月气温高，天旱，又进入高发期；10月至翌年3月又进入低发期。

防治方法　①适当调整播种期和定植期，苗期、开花初期是防治关键期，番茄定植时间避开粉虱大发生期，对防治该病意义重大。②定植后加强肥水管理，提高番茄抗病力，及时清理田间杂草，减少粉虱寄主植物。防止苗期染病是关键。a. 育苗时用防虫网，设置黄板诱杀，监测粉虱发生情况。b. 采用玉米与番茄间套作，控制粉虱种群数量，可阻断传毒介体，防止该病毒发生。③化学防控。种苗移栽前3天喷洒10%吡虫啉可湿性粉剂2000倍液，防止带虫苗移入棚内，定植后及时喷洒25%噻嗪酮可湿性粉剂1500倍液、25%噻虫嗪水分散粒剂2500倍液、1.8%阿维菌素乳油1500倍液、22.4%螺虫乙酯悬浮剂1000倍液、200g/L溴氰虫酰胺悬浮剂0.0627mg/L，可用于喷洒或灌根，以上杀虫剂隔7天1次，要轮换施用。④发病初期喷洒31%

盐酸吗啉胍·三氮唑核苷（病毒康）可溶粉剂800倍液或1.5%三十烷醇·硫酸铜·十二烷基硫酸钠（植病灵）乳剂600～900倍液。也可在生长前期定植缓苗后10～15天喷洒植物生长调节剂萘乙酸5mg/L，共喷2次，可减轻病毒病的发生。⑤提倡用钝毒360金装750倍+银装1500倍液，10～15天1次，或阿泰灵+克毒宝。阿泰灵，成分是3%极细链格孢激活蛋白+3%氨基寡糖素。克毒宝成分是烯·羟·吗啉胍，内含深层发酵的细胞分裂素与盐酸吗啉胍，可促进细胞分裂，钝化病毒，阻止病毒扩散。预防病毒病时，用1袋阿泰灵+1袋克毒宝对1喷雾器水，隔7～10天喷1次，连防2～3次。或选用太抗，太抗成分为0.5%几丁聚糖，预防病毒病时，1袋对一喷雾器药水，可与常规杀菌剂等混用一起喷，间隔7～10天喷1次，连续2～3次。若棚内蔬菜已经发生病毒病，需加大浓度使用，1瓶对两喷雾器药水，3～5天喷1次，连续3次，即可有效控制病毒病的发生。该产品毒性低于食盐，无需担心发生药害。

番茄烟草花叶病毒病和黄瓜花叶病毒病

近年来茄果类蔬菜病毒病较为普遍，黄瓜花叶病毒（CMV）和烟草花叶病毒（TMV）仍然是世界大部分地区茄果类病毒病的主要优势病毒，但不同地区优势病毒也会有所差异。2023 年，CMV 在内蒙古全区范围内检出率最高，总检出率为 64.45%。全国范围内，CMV 和 TMV 也是大部分地区番茄的优势病毒，不仅可以单独侵染，多数情况下还可与其他病毒构成复合侵染。在检测的 6533 份番茄病毒病样品中，共检测到病毒 25 种，在这些危害番茄的病毒中，CMV 的检出率依然最高，平均检出率为 13.35%，其次是 TMV，平均检出率为 8.36%。

症状　番茄病毒病田间症状主要有 3 种。①花叶型，叶片上出现黄绿相间，或深浅相间斑驳，叶脉透明，叶略有皱缩，病株较健株略矮。②蕨叶型，植株不同程度矮化，由上部叶片开始全部或部分变成线状，中、下部叶片向上微卷，花冠加长增大，形成巨花。③卷叶型，叶脉间黄化叶片边缘向上方弯卷或扭曲成螺旋形全株萎缩，多不能开花结果。

病原　危害番茄的烟草花叶病毒属病毒主要有 3 种，分别为番茄花叶病毒（ToMV）、番茄斑驳花叶病毒（ToMMV）、烟草花叶病毒（TMV），其中烟草花叶病毒（TMV）和黄瓜花叶病毒（CMV）在我国 30 个省、市、自治区均有分布。

传播途径和发病条件　番茄病毒病的发生与气候、栽培条件等因素密切相关。烟草花叶病毒主要由农事操作接触传播，但种子和土壤均可带毒传播；黄瓜花叶病毒主要以蚜虫以非持久方式传毒，也可通过机械传播，病毒可在多年生杂草上越冬，传

播到番茄上。气温高、光照强、干旱条件利于蚜虫繁殖和迁飞，利于黄瓜花叶病毒传播和扩展，因此秋晚番茄以感染 CMV 为主。在露地由于传毒介体昆虫比较复杂，在检测的 6533 份番茄病毒病样品中，共检测到病毒 25 种，存在多种病毒复合侵染现象。

番茄的烟草花叶病毒为害番茄果实症状

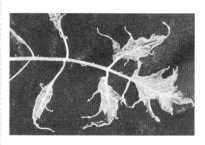

春桃番茄的黄瓜花叶病毒为害叶片症状

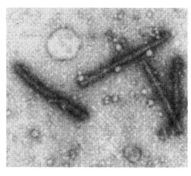

番茄花叶病毒粒体电镜照片

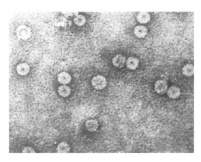

黄瓜花叶病毒（CMV）

防治方法　防治番茄病毒病，采用以农业防治为主的综合防治措施。①针对当地主要毒源，因地制宜选用抗病品种，如中杂8号、中杂9号、中杂102、中杂105、中杂109，樱桃番茄选用美樱2号。②实行无病毒种子生产。播种前清水浸种3～4h，再放入10%磷酸三钠溶液中浸30min，捞出后冲净催芽播种。培育壮苗，要求根深叶茂，幼苗期可喷洒1.8%复硝酚钠水剂4500倍液，促进养成壮苗。定植后适时蹲苗，适当控水控肥，中耕浅锄，扩大昼夜温差，促根系深扎，进入结果期做到合理留果保持植株长势平衡，追肥时随水冲施甲壳素等养根性肥料，叶面施光合动力等叶面肥，做到养根护叶使植株生长健壮，抗病毒病能力强。③及时控制传毒媒介。保护地挂黄板诱杀粉虱、蚜虫，挂蓝板诱杀蓟马；露地覆银灰色地膜或悬挂银灰色膜条避蚜；夏秋保护地育苗或栽培设置防风网隔离蚜虫、粉虱、蓟马；田间喷洒240g/L螺螨酯悬浮剂4000倍液或25%噻虫嗪（阿克泰）水分散粒剂2000倍液或20%吡虫啉浓可溶剂2500倍液等持效期长的强内吸性药剂防治蚜虫、粉虱、蓟马，减少传毒。生产上在移栽前2～3天喷洒苗床有好的预防传毒的作用。④定植时选用先正达公司生产的锐胜（通用名叫噻虫嗪），是新一代烟碱类杀虫拌种剂，用于蘸根药。锐胜具内吸传导功能，番茄定植时蘸根保护番茄不受刺吸式害虫为害，能促进根系生长，提高植株抗性，可用于有效地杀灭各型烟粉虱，切断病毒病传播途径，达到防治病毒病的目的。⑤特别注意千方百计治住棚内前脸处或后墙边上的杂草和杂草上的粉虱、叶螨、蓟马、蚜虫，单靠打药只能杀死植株上的害虫，留在杂草上的害虫随后又转移到植株上，出现屡治不住的情况。关键技术是彻底清除杂草和传毒昆虫，切断病毒病的传播途径。灭虫要提早在放风口处安置防虫网，进入夏季也要在前脸处设防虫网，同时在网内挂粘虫板，结合定期喷药，喷熏结合效果更好。这些细节就是防治病毒病的关键技术。⑥喷洒抗病毒制剂。病毒寄生在植物细胞内部，由蛋白质外壳和内含的核酸组成，要杀灭病毒使其丧失致病性，必须先破坏蛋白质外壳，目前尚无这种特效药剂。现有的几种抗病毒制剂对治疗病毒病效果并不十分理想，只能在一定程度上抑制或减轻病情。如20%吗胍·乙酸铜喷到叶面后，药剂通过气孔，水孔进入植株体内抑制或破坏核酸及蛋白质合成，阻止病毒复制，能使病毒数量减少，受害症状减轻，仅此而已。从幼苗 3 叶 1 心期至 5 叶 1 心期、移栽苗或田间见到病株时开始喷洒 8% 宁南霉素水剂 300 ～ 400 倍液或 20% 吗胍·乙酸铜可湿性粉剂或悬浮剂 500 倍液、1% 香菇多糖水剂每 667m^2 用 80 ～ 120ml 对水 30 ～ 60kg，均匀喷雾。建议使用上述制剂时加入 0.004% 芸薹素内酯水剂 1500 ～ 2000 倍液，连续 2 ～ 3 次，防效倍佳。

番茄、樱桃番茄条斑病毒病

症状　番茄、樱桃番茄条斑病毒病是生产上的重要病害，为害较其他病毒病更加严重。条斑病毒病多发生在生长前期和中期，见于番茄、樱桃番茄植株中上部。初叶片上散生黑褐色不规则形坏死斑或沿叶脉现茶褐色短条斑，向叶柄扩展致叶柄变褐，后黄枯。枝条、茎秆染病，初生不规则形暗绿色至褐色凹陷条斑，后变成长短不一的深褐色油渍状坏死条斑，致枝条或茎枯死。花序、果穗上产生坏死褐色小点或较大斑块，形状不规则，影响开花，严重的萎蔫坏死。果实染病，病果僵小畸形，表面生褐色油浸状斑块，后变成枯斑，严重的病果可龟裂。

病原　番茄花叶病毒（ToMV）和马铃薯 X 病毒（PVX）复合侵染引

番茄条斑病毒病初发病时茎上产生的条斑

五彩番茄条斑病毒病病茎上产生条斑

起。*Potato virus X*（PVX），称马铃薯 X 病毒，属马铃薯 X 病毒属病毒。粒体弯曲线状，长 470 ～ 580nm，直径 13nm。温度 70℃经 10min 病毒失毒，稀释限点 10^{-6}，体外保毒期 127 天，20℃条件下经几周仍具侵染力。自然条件下通过机械接触传播。

传播途径和发病条件　两种病毒主要在茄科蔬菜等寄主活体上存活或越冬。蚜虫不传毒，主要通过摩擦接触传毒，经伤口侵入。高温干旱或强光照条件下易发病。番茄、樱桃番茄生长期间干旱少雨、高温季节浇水跟不上发病重。发病后遇有连阴雨持续时间长受害重。土壤肥力不足、土壤板结或土壤黏重、植株生长衰弱受害亦重。番茄、樱桃番茄品种间抗性有差异。

防治方法 ①选用抗病品种，如中杂9号、中杂102、中杂105、中杂109，樱桃番茄选用美樱2号。②使用无病种子。种子可用10%磷酸三钠溶液浸种25min，洗净后播种，也可将干种子在70℃恒温下处理72h进行干热灭菌。③无病土育苗，发病地与非茄科作物实行2年以上轮作，采用配方施肥技术，增施磷钾肥增强抗病力。④加强田间管理，高温干旱季节适时浇水，雨后及时排水，防止湿气滞留和田间积水。⑤发病初期喷洒30%盐酸吗啉胍可溶粉剂900倍液或1%香菇多糖水剂，每667m²用80～120ml，对水30～60kg，均匀喷雾。也可喷洒20%吗胍·乙酸铜可溶粉剂300～500倍液。建议在使用上述防治病毒病的药剂时加入0.004%芸薹素内酯水剂1500～2000倍液喷雾，连续2～3次，防效倍佳。

番茄、樱桃番茄黑环病毒病

症状 番茄幼苗接种后7～12天出现许多局部及系统的小黑环斑，有时茎上也出现黑环斑，严重的枝尖生长点也变黑枯死。苗期严重期度过后症状可出现恢复现象，以后只有轻微斑驳或叶片畸形，不再有黑环斑。

病原 *Tomato black ring virus*（TBRV），称番茄黑环病毒，属豇豆花叶病毒科，线虫传多面体病毒属。除为害茄属的番茄外，还可为害马铃薯及葱属、甜菜属、芸薹属等蔬菜。

传播途径和发病条件 线虫是近距离自然传播的媒介，传毒媒介主要为长针线虫 *Longidorus attenuatus*、*L.elongates*，后者可保持侵染性9周，这种线虫在感染番茄黑环病毒的植株上取食后，再去为害健株时，吸附到口针鞘上的病毒就可传入健株。此外，种子也可传毒。

防治方法 喷洒1.8%阿维菌素乳油2000倍液杀死传毒线虫。其他方法参见番茄、樱桃番茄其他类型病毒病。

番茄黑环病毒病病叶上的环状坏死斑放大

番茄、樱桃番茄斑萎病毒病

症状 过去该病主要发生在热带，近年温带也有发生，我国四川成都、内蒙古包头、云南、广东广州等已有发病记载。现在发展很快，受害果实全部腐烂，使番茄减产或无果可收。其症状变化大。苗期染病，幼叶变为铜色上卷，后形成许多小黑斑，叶背面沿脉呈紫色，有的生长点死掉，茎端形成褐色坏死条斑，病株仅半边生长或完全矮化或落叶呈萎蔫状，发病早的不结果。坐果后染病，果实上出现褪绿环斑，绿果略凸起，轮纹不明显，青果上产生褐色坏死斑，呈瘤状突起，果实易脱落。成熟果实染病，轮纹明显，红黄或红白相间，褪绿斑在全色期明显，严重的全果僵缩，脐部症状与脐腐病相似，但该病果实表皮变褐坏死别于脐腐病。

病原 *Tomato spotted wilt virus*（TSWV），称番茄斑萎病毒，属布尼亚病毒科番茄斑萎病毒属病毒。病毒粒体扁球状，直径 80～96nm，易变形，具包膜，存在于内质网和核膜腔里，有的具尾状挤出物，质粒含 20%

番茄斑萎病毒病为害香蕉番茄果实症状

番茄斑萎病毒病病病果典型症状

番茄斑萎病毒病病果症状

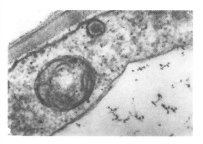

番茄斑萎病毒

类脂、7%碳水化合物、5%RNA。致死温度 40～46℃，10min 死亡；稀释限点 100～1000 倍，体外存活期3～4h。可系统侵染番茄、辣椒、烟草、百日草、莴苣等。

传播途径和发病条件 汁液可接种，种子也能传毒。此外，烟蓟马（*Thrips tabaci*）、豆蓟马（*T. setosus*）、蓟 马（*Frankliniella schultzei*）、烟草褐蓟马（*F. fusca*）及西花蓟马（*F. occidentalis*）等均可进行持久性传毒。蓟马只能在幼虫期获得病毒。病毒需要在蓟马体内繁殖，葱蓟马经5～10 天变为成虫后才能传毒。烟蓟马最短获毒期为 15～30min，豆蓟马需 30min，时间长传毒效率升高。蓟马一旦带毒，传毒达 20 天以上，具终生传毒能力。病毒接种多在番茄叶表细胞浅表皮吸食时获取，一般经 4 天潜育即发病。番茄、瓜叶菊等外种皮带毒，不进入胚。

防治方法 ①选用抗番茄斑萎病毒病的品种，如瑞美兹、巴利佳、科瑞斯 728、普罗旺斯、飞腾、博尔特、艾美瑞等。②对种子带毒的，播种前用 0.5% 香菇多糖水剂 100 倍液浸种 25min，后洗净催芽播种，对控制种传病毒病有效。③发病地区要及时铲除苦苣菜、野大丽花及田间杂草。④番茄苗期和定植后要注意防治媒介昆虫——蓟马，由于蓟马获毒后需经一定时间才传毒，因此使用杀虫剂治虫防病有效。喷药时最好喷到茎基部把生活在根际部的蛹杀灭，效果更好。梅雨季前用药 1～2 次，以后蓟马增多，隔 10 天左右 1 次，以消灭媒介昆虫。⑤发现病株及时挖除。⑥药剂防治。参见番茄、樱桃番茄条斑病毒病。

番茄、樱桃番茄丛矮病毒病

症状 该病是我国对外制种的检疫对象，繁种单位要特别注意。苗期染病，5 天后初显环状坏死斑，叶片褪绿且迅速落叶，该病在茎组织发展很快，苗期施用氮肥过多，造成茎变软，在靠近地面处出现坏死斑，引起猝倒。系统症状为幼叶卷曲或顶部坏死，由此引致侧芽增生或出现丛生。病株下部叶片褪绿和变紫。果实除产生褪绿斑以外，还在成熟果实上产生环状或平行斑，使番茄矮缩或产生斑驳。

番茄丛矮病毒病症状

番茄丛矮病毒

病原 *Tomato bushy stunt virus*（TBSV），称番茄丛矮病毒，属番茄丛矮病毒科番茄丛矮病毒属病毒。

传播途径和发病条件 汁液传毒。该病毒进入寄主必须在土壤积水的条件下。侵染方法尚未明确，但似乎可通过损伤的根细胞侵入。TBSV 不能被消化，即使通过人、畜的消化道也不能改变其传染性，因此，有推断认为人和动物是该病毒传播途径之一。此外，TBSV 在河水中发现，污水和淤泥作为肥料时，有可能传播该病毒。

防治方法 ①通过检疫防止该

病传播蔓延是最有效的措施。②施用酵素菌沤制的堆肥或腐熟的有机肥，采用配方施肥技术，防止偏施、过施氮肥。③药剂防治。参见番茄、樱桃番茄条斑病毒病。

番茄、樱桃番茄巨芽病和丛枝病

症状 番茄、樱桃番茄巨芽病：病株新长出的叶片变小，顶部枝梢呈淡紫色，肥大，直立向上呈圆锥形，花柄肥大，花萼显著膨大，萼片联合呈筒状，在叶腋处长出 1 个淡紫色粗短肥大的腋芽，在腋芽顶上丛生若干个直立的不定芽，病株结果少或仅结出少量坚硬的圆锥形小果实。番茄、樱桃番茄丛枝病：染病初期，病株顶部叶片黄化变小，花瓣变绿后迅速变成叶片状，顶部枝梢不肥大，不直立向上，但往往在叶腋处长出大量腋芽，在腋芽上又长出许多纤弱的不定芽或纤细的腋芽，致病株呈丛枝状，不能结实。

病原 Tomato big-bud phytoplasma 称番茄巨芽植物菌原体和 Tomato rosette phytoplasma 称番茄丛枝植物菌原体，属细菌域普罗特斯菌门植原体属。电镜下观察在两病株韧皮部筛管及伴胞内都存在大量圆形或近圆形至椭圆形、哑铃形和不规则形等多形态的植原体。番茄巨芽植物菌原体大小（147 ～ 195）nm×（240 ～ 390）nm；番茄丛枝植物菌原体大小为 60 ～ 460nm，单位膜厚度约 11nm。

传播途径和发病条件 番茄巨芽病和丛枝病可通过嫁接传染，我国有人用病株做接穗分别嫁接到 20 株番茄植株上，其中 17 株表现上述典型巨芽病症状，3 株表现为丛枝病症状。经多次回接，结果无异。此外，采用小穗腹接法，分别把从两病株上采来的接穗嫁接到属于番茄巨芽病寄主范围的番茄、龙葵、曼陀罗、茄子、野茄、辣椒上；同时还用菟丝子自然嫁接到长春花、酸浆、翠菊、花生、商陆和苋色藜上。三次重复试验结果表明，对于番茄巨芽病，供试植物中，除酸浆、翠菊、花生、商陆外全部染病，而番茄丛枝病只有番茄、龙葵、长春花 3 种植物染病。

防治方法 ①把病芽放在四环素溶液内，浓度为 1000mg/kg，浸 2h，用清水洗净后，采用小芽腹接法嫁接在健康番茄上，防效优异。②生产上发现该病时，可在发病初期喷洒医用四环素或土霉素溶液 3000 倍液，隔 10 天左右 1 次，防治 1 ～ 2 次。

番茄巨芽病

五彩番茄丛枝病

番茄腐烂茎线虫病

症状 为害番茄、樱桃番茄时，主要为害茎部，茎的下部、中部及上部均有发生。初发病时外部症状出现在坐果后，植株叶色浅，朽住不长，叶片皱缩，略萎蔫，严重时全株萎蔫，坐果少且小，果实畸形，似枯萎病。仔细检查或折断侧枝或剖开病茎，可见髓部变褐呈糟糠状；有的茎上现褐色至黑褐色斑，形状不规则，剖检病茎似番茄髓部坏死状，但病部亦呈糟糠状，镜检病髓可见大量腐烂茎线虫。

病原 *Ditylenchus destructor* Thorne，称腐烂茎线虫，属动物界线虫门茎线虫属。

番茄腐烂茎线虫病田间受害状

腐烂茎线虫病危害樱桃番茄茎
分杈处内部症状

病原 形态特征、传播途径和发病条件、防治方法 参见番茄、樱桃番茄根结线虫病。

番茄、樱桃番茄根结线虫病

近年来我国保护地蔬菜面积不断扩大，长季节栽培、反季节栽培面积增长迅速，致番茄、樱桃番茄连作频频，据内蒙古、黑龙江、山东、江苏、辽宁、河北、河南及北京京郊调查，根结线虫的危害已成为保护地栽培中的突出问题。轻者减产20%～30%，严重的减产50%以上，甚至成为保护地蔬菜生产上的毁灭性病害。

症状 番茄、樱桃番茄很易染根结线虫病，主要为害根部，在侧根或须根上生浅黄色串球状根结，有时产生瘤状肥肿畸形根结，剖开根结可见乳白色洋梨状和线状小线虫。多在根结上部产生新根，再侵染后又形成根结状肿瘤。发病轻的地上部症状不明显，发病重的矮小畸形，结果少或不结果，气候干燥时打蔫，后枯死。

病原 *Meloidogyne incognita* Chitwood，称南方根结线虫，属动物界线虫门。病原线虫雌雄异形，幼虫细长蠕虫状。雌虫体白呈卵圆形或鸭梨形，体形不对称，颈部通常向腹面弯曲，排泄孔位于口针基部球处，会阴花纹呈卵圆形或椭圆形，背弓纹明显高，弓顶平或稍圆，背纹紧密或稀疏，由平滑到波浪形的线纹组成，一些线纹向侧面分叉，但无明显侧线，无翼，无刻点，腹纹较平或圆，光滑。雄虫细长，虫体透明，在样品中存在极少，交合刺细长，末端尖，弯曲成弓状。2龄幼虫长为375μm，尾长32μm，头部渐细锐圆，

南方根结线虫的卵囊和白色的卵

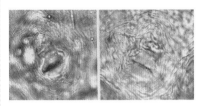

南方根结线虫会阴花纹（左）和花生根结线虫会阴花纹（右）（成飞雪）

南方根结线虫危害大番茄田间受害状
（8月摄于北京）

南方根结线虫为害大番茄根部产生的根结

尾尖渐尖，中间体段为柱形。番茄根上的根结初期白色，圆形，微透明。后期变褐，严重时多个根结连在一起，形成直径大小不等的肿瘤。晚期腐烂。根结上不再生出小侧根。南方根结线虫有4个生理小种，小种具有寄主专化性，而且不同小种对同一植株（品种）的致病力也不同，因此进一步将本地区南方根结线虫鉴定到生理小种在育种上是非常必要的。南方根结线虫在我国应存在于温暖地带，而现在在辽宁、黑龙江等寒冷的北方保护地内都已出现。目前许多常规蔬菜对根结线虫高度感病，而且在同一棚室内又经常出现连作现象，所以，在尚无抗病品种的情况下，需要采取综合防治措施，对其进行防治。

传播途径和发病条件 南方根

结线虫多以 2 龄幼虫或卵随病残体遗留在 5～30cm 土层中生存 1～3 年。条件适宜时，越冬卵孵化为幼虫，继续发育后侵入番茄根部，刺激根部细胞增生，产生新的根结或肿瘤。根结线虫发育到 4 龄时交尾产卵，雄线虫离开寄主钻入土中后很快死亡。产在根结里的卵孵化后发育至 2 龄后脱离卵壳，进入土壤中进行再侵染或越冬。在温室或塑料大棚中，单一种植几年番茄后，根结线虫可逐渐成为优势种。田间发病的初始虫源主要是病土或病苗。南方根结线虫生存最适温度 25～30℃，高于 40℃、低于 5℃都很少活动，55℃经 10min 死亡。田间土壤湿度是影响孵化和繁殖的重要条件。土壤湿度适宜既适合蔬菜生长，也适于根结线虫活动，雨季有利于孵化和侵染，但在干燥或过湿土壤中，其活动受到抑制。其为害砂土常较黏土重，适宜土壤 pH 值 4～8。

防治方法　①根结线虫为害严重的地区也可采用嫁接的方法防治番茄、樱桃番茄的根结线虫病，且可兼治番茄枯萎病、疫病、根腐病、青枯病等。方法是选用抗根结线虫病的砧木，用番茄果砧 1 号或从意大利引进的番茄抗性砧木 SIS-1 嫁接当地优良的番茄、樱桃番茄品种（接穗），采用靠接法进行嫁接，可有效地防止根结线虫和土传病害发生。接穗和砧木同时播种，待接穗和砧木长出 3 片真叶，子叶与第 1 片真叶间的茎粗为 3～4mm 时进行嫁接，切口选在子叶和第 1 片真叶之间，先在砧木苗上由上而下斜切 1 刀，切口长 1cm 左右，深度为茎粗的 2/5，然后在接穗相应部位由下而上斜切一刀，切口长度与深度同上，将两切口吻合，用特制塑料夹将接口夹住。嫁接后尽快把嫁接苗植入事先准备好的营养钵中，移入大棚或温室内，2～3 天内保持较高的温度和湿度，并适当遮光，避免阳光直射。嫁接后 7 天，将嫁接部位上方砧木的茎及下方接穗的茎切断一半，3～4 天再将其全部切断。②选用高抗根结线虫的番茄品种，如多米尼加、凯莱、罗曼娜、博尔特、艾美瑞、普罗旺斯、金棚 M5、金棚 M6、金棚 M18、金棚 M158、金棚 M213、拉比、浙杂 301、浙粉 302、莱红 2 号、仙客 1 号、仙客 2 号、仙客 5 号、仙客 6 号、耐莫尼塔、罗曼、春雪红、新试抗线 1 号、2 号等。法国品种 PIERSOL VFN 高度抗病。③采用营养钵和穴盘无土育苗。采用无土育苗是防治根结线虫的一种重要措施，能防止番茄苗早期受到根结线虫为害，且秧苗质量好于常规土壤育苗。④轮作。提倡水旱轮作效果好，最好与禾本科作物轮作。轮作试验表明，抗性番茄（多非亚）与感根结线虫病的黄瓜、甜瓜轮作，可起到减轻下茬损失、控制下茬根结线虫的作用。⑤提倡采用氰氨化钙与太阳能消毒防治法。该方法具防效高、成本低、无污染、操作安全等特点，是一项集成技术，组合了氰氨化钙消毒、太阳能利用、秸秆还田、高温发酵、高温杀菌、改良土壤等多种作用，可有效杀灭土壤中的线虫、土传病害病原菌、地下害虫等，可替代溴甲烷进行土壤消毒，实现蔬菜绿色生产。氰氨化钙（CaCN$_2$，又叫石灰氮）是一种高效的土壤消毒剂。它在土壤中与水反应变成氢氧化钙和氰胺，氰胺水解后生成尿素最后分解成铵。在碱性土壤中，产生的氰胺能进一步形成双氰胺。氰胺、双氰胺都能消毒、灭虫和防病。此外，氰氨化钙制剂中含氧化钙，遇水产生很多热，也具消毒作用。生产上利用6月中旬至7月下旬温室、塑料大棚闲置季节前茬收完后，立刻挖除根茬烧毁，把氰氨化钙每667m^{2}用50～100kg均匀撒在土壤表面，再撒4～6cm长的碎麦秸每667m^{2}用600～1300kg，翻地或旋耕深20cm以上。起垄，垄高30cm、宽40～60cm，垄间距40～50cm。覆地膜，四周用土封严。膜下垄沟灌水至垄肩部（每平方米灌水100～150kg）。要求20cm土层温度达40℃，维持7天，或37℃维持20天，如遇阴雨天适当延长覆膜时间，揭膜后翻地凉透。单用此法对根结线虫防效达69%，如此法加1.8%阿维菌素1000倍液灌根对芹菜根结线虫防效6%，接着种番茄，对第2茬番茄防效达80%。⑥生物防治。a.淡紫拟青霉主要用于土壤处理。该剂对根结线虫卵起作用，使其不能孵出幼虫。先在苗床上撒每克2亿活孢子淡紫拟青霉粉剂4～5g，混土层厚度10～15cm；定植时把粉剂每667m^{2}用2.5～3kg撒在定植沟内，使其均匀分布在根附近，然后定植。b.厚孢轮枝菌使根结线虫卵不能孵化或造成线虫死亡。每平方米苗床用每克2.5亿个孢子厚孢轮枝菌微粒剂3～4g混土均匀，然后育苗。也可把微粒剂每667m^{2}用2～2.5kg均匀撒在定植沟内，施药后覆土浇水。⑦化学消毒技术。随着溴甲烷的淘汰，各国加大了替代品的开发，目前正在登记和广泛使用的熏蒸剂有氯化苦、1,3-二氯丙烯、威百亩、棉隆及其混配剂，如氯化苦+1,3-二氯丙烯混剂，是目前替代溴甲烷的主要药剂。新开发的杀虫剂、杀线虫剂有辣根素（异硫氰酸烯丙酯），是从辣椒中提取的，可用于防治线虫、真菌及地下害虫，每平方米用20～27g可防治番茄、茄子、辣椒、芦笋、生菜、草莓及十字花科蔬菜的根结线虫和土传病害。

番茄、樱桃番茄根肿病

症状　根肿病主要发生在番茄、樱桃番茄的苗期，为害幼苗的根部。初发病时地上部症状不明显，定植后出现萎蔫，叶瘦弱细小、扭曲。拔出病苗可见幼根两侧生有稍肿大的短楔状凸起，即肿瘤。肿瘤大小、数量、形状均有差异，初白色，后变成黄褐色至暗褐色，最后腐烂，植株枯死。

病原　*Spongospora subterranea*

（Wallr.）Lagerh.，称马铃薯粉痂菌，属原生动物界根肿菌门。

樱桃番茄根肿病（郑建秋）

传播途径和发病条件　病菌以休眠孢子囊随病残体在土壤中存活越冬。条件适宜时，休眠孢子萌发产生游动孢子，借雨水或灌溉水传播，游动孢子从寄主幼根侵入，刺激寄主薄壁细胞形成肿瘤，在肿瘤细胞内又可产生休眠孢子囊和游动孢子。土壤湿度大，pH 值 4.7～5 的偏酸性黏土易发病。

防治方法　①保护无病区，不要从病区调运种苗。②重病区要进行 6 年以上轮作。③施用充分腐熟有机肥。④病穴及四周撒生石灰消毒。⑤发现病株浇灌 72% 霜脲·锰锌可湿性粉剂 700 倍液。

中国菟丝子为害番茄、樱桃番茄

症状　植株上有黄色丝状物缠绕茎叶部，致植株黄化，生长缓慢，严重影响生长。

病原　*Cuscuta chinensis* Lam.，称中国菟丝子，属寄生性种子植物。

传播途径和发病条件、**防治方法**　参见菟丝子为害辣椒。

中国菟丝子为害番茄幼株

分枝列当为害番茄、樱桃番茄

症状　番茄植株生长缓慢，明显矮于其他植株，在病株根部或其附近长出寄生性一年生杂草——瓜列当（分枝列当）。

病原　*Orobanche aegyptiaca* Pers.，称分枝列当，属寄生性种子植物。

分枝列当为害番茄

传播途径和发病条件　列当种子在番茄附近土壤中萌发，后附着于番茄根部，并从那里吸取营养。列当开花后产生非常小的种子，种子成熟后散落，而且还可随人、工具及水流传播。

防治方法 ①发现列当及时切除，并在切口上滴石油或饱和食盐水，引起列当根茎腐烂。②用10%草甘膦1份对水5～15倍涂抹列当花茎有效。

番茄、樱桃番茄春节期间常发病害

春节期间越冬一大茬番茄、樱桃番茄进入结果盛期，此时气温低、阴天多、棚内湿度高、温度变化大、光照弱，易发生烂花、烂果或绵疫病、软腐病或根腐病、枯萎病等多种病害。

番茄春节期间预防灰霉病、菌核病

防治方法 ①及时补充水肥，生产上这时不敢浇水，造成土壤干旱，缺水、缺肥影响果实转色，对此应及时冲施2次高钾型水溶肥，搭配1次平衡型肥料，如阿波罗963甲壳膨果素、灯塔冲施肥等，每667m²冲施5～8kg。浇水间隔时间不超过

15天，以小水浇为主。深冬地温偏低、根系活性差，营养供应欠佳，一是还要补充甲壳素100倍、乐多收全营养叶面肥200倍，养护叶片，增强光合作用；二是加强管理采取早拉晚放草苫，设置反光膜，应将转色果穗下的叶片保留1片叶，紧靠番茄果穗上部叶片不能疏掉，以利于番茄见光着色营养供应充足。此外，通风口下设挡风膜，以利于果实着色。②早春茬番茄疏除侧枝会保证番茄叶片制造的养分集中供应主枝生长。但疏除时间既不能过早也不能过迟。过早侧枝较小，侧枝叶片制造的养分大于消耗，当侧枝长到5cm时再疏除即可。对番茄每穗花下部的第一侧枝则应适当早疏除，否则其长势超过主枝，浪费大量营养，因此侧枝长到3cm时应及时疏除。也不能过迟，当侧枝长到5cm以上时就会与主枝争夺养分，长势甚至超过主枝，因此不能过晚，不要留桩。③番茄要合理点花，防止早僵晚裂。当花瓣绽放到大喇叭口时，花瓣颜色鲜亮黄色时是最好点花时期，点花要涂抹在穗轴与果柄连接处，对樱桃番茄只喷开花时间相当的花，千万不要重喷，不要喷到叶片上防止产生激素药害。大番茄每穗留果4个，对千禧等小果番茄单穗留果20个，一般早春茬长势弱第1穗留果2～3个即可，不可多留，防止坠秧。④对春茬番茄覆地膜及对直接定植的番茄定植后10～15天覆盖地膜，有利于番茄苗期根系生长，提早上市，提高产量。

⑤春节期间对症喷撒粉尘剂或烟雾剂预防病虫害发生。

番茄花脸果

症状 又称果实着色不良。红色的番茄果实从果肩上产生黄色的斑块，有的黄斑一直延长到果顶部，呈花脸状。也有的黄绿斑块相间，还有的表面有绿色的条纹，果实内部有褐色的条筋。寿光一带第 2 穗开始产生不规则形红黄绿相间小斑块，果肩部或果面也产生绿色斑块，有的像彩石，十分美丽。

番茄花脸果果肩上产生黄色斑块

番茄花脸果

病因 一是与品种有关，有的品种花脸多，有的品种小。二是与营养供应有关，遇有氮高、磷钾不足或缺硼时易发生。一种是营养生长过盛，叶绿素含量增加抑制了番茄红素的形成，造成番茄果面产生大量黄斑。另一种是缺硼、缺钾造成营养输送受阻，果实中由于缺少营养引起坏死褐变。还有一种番茄进入生长中后期，出现早衰，造成尚未成熟的果实在变红过程中，茄红素产生的量不够，致产生大量黄斑或绿条斑。三是与温度有关，果面温度低于 8℃或高于 32℃，不利于茄红素生成，造成果皮上残留褐色或绿色。夜温过高，呼吸强度大不利于营养物质积累，造成果实发育不良。四是光照、水分过强或过弱影响果实转色，当土壤干旱，植株蒸腾量大时，根系供给养分、水分不足果实难于转色。

防治方法 ①注意选择优良品种。②基肥一定以有机肥为主，每 667m² 施用鸡粪或鸭粪 15m³，番茄苗期冲施 968 激抗菌 40kg，促根养株培育壮株。当果实长到绿豆粒大小时喷施多聚硼 1500 倍液混芳润钙镁肥 800 倍液，进入果实膨大期冲施三元复合肥每 667m² 用 8 ~ 10kg，促果、膨果预防花脸。③果实发育期白天 25 ~ 30℃，夜间 13 ~ 17℃。注意保留果实上方 1 片叶遮阴。浇水以见干见湿为度，防止沤根、伤根。

番茄、樱桃番茄畸形花和畸形果

症状 番茄畸形花常见有两种

类型：第一种畸形花有 2～4 个雌蕊，具有多个柱头，称为多柱头花；第二种畸形花雌蕊更多，且排列成扁柱状或带状，这种情况常被称作雌蕊"带化"。这两种畸形花结出的果实则是畸形果。正常的番茄果实圆形或近圆形至扁圆形，4～6 个心室呈放射状排列。畸形果则是各种各样的，田间和市场上经常见到的有纵沟果、指突果、豆形果、菊形果及其他奇形怪状的乱形果等。乱形果果实顶部凹陷，凹凸不平，形状不规则，商品性差。畸形果中有的果面有深达果肉的皱褶，花柱痕狭长，心室数多且乱，整个果实椭圆、扁圆或偏圆形（称纵沟果）；有的呈不规则形或呈双果连体形（称多心形果）；有的在果实心皮旁或果实顶部出现指形物和瘤状物（称指突果）；有的心皮旁边开裂成洞，种子裸露，或花柱痕严重开裂后膨大呈杂乱无章的翻心状（称开沟果或翻心果）；有的心皮数减少，果实瘦长变尖（称尖形果）。

病因 畸形花的形成原因：主要是花芽分化期夜温低，尤其是第一花序上的花在花芽分化时夜间温度低于 15℃，容易形成畸形花。此外，强光、营养过剩也会形成畸形花。具体地说花芽分化期和雄蕊、雌蕊分化初期，温度过低，氮肥过多，高湿，日照不足，致营养过分集中输送到正在分化的花芽中，每个花芽分化的时间变长，细胞分裂过旺，心皮数目分化增多，开花后心皮发育不均衡很易产生畸形花。生产上番茄花芽分化期，棚室气温、土温上不去，水分不足，幼苗生长缓慢，节间过短，同样会延迟花芽分化时期，并生成畸形花芽，致出现较多的畸形花。此外，番茄花的萼片花瓣数量较多，子房形状不正也会产生畸形花。生产上常见的畸形花有两种类型，常发育成各种各样的畸形果，尤其是保护地发生频率很高，春茬大棚多出现在第 1 穗至第 3 穗花序上。

畸形果的形成原因：如指突果是在子房发育初期，因营养物质分配失衡，促使正常心皮分化出独立的心皮原基而形成的。菊形果是心室数目多，施用氮、磷肥过量或缺钙、缺硼时产生的。豆形果是营养条件欠佳，本应掉落的花虽经蘸花抑制了离层形成，勉强坐住了果，但因得到的光合产物少，长不起来或停止生长，就形成了豆形果。扁圆果、椭圆果、偏心果、双圆心果等畸形果发生的主要原因是在花芽分化及花芽发育时营养土中化肥过量，致土壤中速效养分含量过高，根系吸收的大量养分积累在生长点处，肥水过于充足，超过了花芽正常分化与发育的需要量，造成花器畸形，番茄心室数目增多，而生长又不整齐，因此产生以上畸形果。总之，畸形果多源于花芽分化期和雄蕊、雌蕊分化初期形成的畸形花。此外，植物生长素使用过量，也会产生畸形果。2011 年冬季阴天多，番茄生长受抑，一般第 1 穗果畸形、畸形果多，其原因之一是花芽分化不良，番

番茄正常花（右）和畸形花

樱桃番茄雌蕊带化形成的畸形果

番茄横裂型畸形

樱桃番茄畸形果

茄花芽分化早且快，一般幼苗2～3片真叶时第1穗花的花芽开始分化，4～5片真叶时，第2穗花花芽分化。秋延茬番茄多在8、9月的高温期定植，而早春茬多在低温寡照的12月底至翌年2月初定植，其气象条件较恶劣，对花芽分化不利，易产生畸形花和畸形果。

【防治方法】　番茄以收获果实为栽培目的，因此千方百计促进开好花、结好果为栽培目标。①选择耐低温弱光、果实皮厚、心室数变化小、畸形果发生少的品种。如吉粉2号、中杂10号、西粉3号、早丰、豫番茄1号、粤星、粤宝、多宝、粤红玉、中蔬4号、中蔬5号、辽粉杂3号、红牡丹、秋星、苏保1号、西粉903、L-402、毛粉802、中杂7号及2～3心室的小果型品种，一般不会出现畸形果。②苗期要防止过度低温、苗龄过长及多肥高温，这是防止畸形果的根本措施。幼苗花芽分化期，尤其是2～5片真叶展开期，即第一、第二花序上的花芽发育阶段，正处于低温诱发畸形果的敏感期，应确保这一时期的夜温不低于15℃，即夜温控制在15～17℃，白天温度24～25℃，以利于花芽分化。确保苗床氮肥充足，但不过多，要防止苗期营养过剩，每10m² 苗床施70～80kg优质土杂肥、0.4～0.5kg复合肥，如果苗期营养过多，尤其在低温条件下，番茄生长受抑，使输送和储藏到花芽的养分增多，细胞分裂旺盛，番茄形成更多的心室，就会产生大量畸形花和畸形果。育苗期避免土壤过干过湿。在低温季节育苗注意减少浇水量，在适温或高温条件下育苗，应尽量多浇水。定植后，白天保持 25～28℃，夜间 16～20℃。定植时间要掌握最低温高于 10℃再定植，不宜过早。③慎重使用植物生长调节剂。在苗期尤其是花芽分化期的 2～6 片叶时，应避免使用矮壮素、乙烯利等易产生畸形果的生长调节剂。定植后向第一花序蘸花时，要选晴天上午 10 时前、下午 3 时后进行，棚内温度以 18～20℃为宜，蘸花用 2,4-D 10～20mg/L 或番茄丰产剂 2号 10ml 对水稀释 50～70 倍。不得重复蘸花或药液过多，花蕾、未完全开放的花不要蘸。蘸花后要马上增加水肥，以保证果实生长发育正常。④发生畸形果后要马上摘除，以利于正常花果的发育。一般花序的头一朵花易产生重合花，应疏掉，可减少畸形果产生。⑤提倡喷洒天达 2116 壮苗灵 600 倍液，增产明显。

番茄、樱桃番茄果实大小不匀，坐果差

症状　番茄、樱桃番茄枝条分杈多，结的果实大小不匀，商品性不好。

病原　一是夏秋温度高，棚内经常处在 35℃以上，易产生高温障碍，造成花芽分化不良，点花也无济于事；二是营养供应不足，尤其是底部果实留果过多，遮阳网覆盖时间过长，夜温过高等原因引起植株养分消

耗大，积累少，易造成上部果穗发育不良，果实大小不匀。

防治方法　①选用商品性好的番茄、樱桃番茄品种。及时摘除上部多余的枝杈，在杈长到 8～10cm 时摘除较为合适，最好选择晴天以利于伤口愈合。防止营养不必要的消耗。②根据植株长势每 667m² 冲施硅肥 1～2kg 或芳润高钾型（20-10-30）水溶肥 5kg 或速藤高钾型（15-15-30）水溶肥 6kg。③叶面喷洒植物细胞分裂素 800 倍液＋高氮高钾型叶面肥 500 倍液，提高果实的商品性。④生产上应及时采取降温措施培育壮棵，给花芽分化供应充足营养，促进花芽分化正常进行。⑤番茄坐住果后及时疏果，凡无限生长型品种，在准备留 6～7 穗果基础上，第一、第二个果穗留果 3 个左右，再上也得留 4 个。因第一、第二穗果畸形果较多，第一次应该在坐住果后，把畸形的、过小的疏去留 4～5 个果，上边果穗留 5～6个，第二次在果长到直径 2～3cm 时，再把果形不好的，有伤残、病害、过小或过大的疏去，把果定住，疏果不宜太迟，以免过度消耗营养。

樱桃番茄果实大小不匀

番茄开花少、点不住花

症状 番茄开花较往年少，大不如往年，明显影响番茄产量。

症因 棚内连续的高温影响花芽分化的正常进行，造成番茄开花少。并且番茄在缓苗期正处在高温阶段，高温持续时间长，花芽分化不良，所以番茄开花量减少。点不住花与营养失调有关。营养大部分供茎叶生长，花蕾的营养不足就会造成花蕾瘦小或脱落，点不住花。

防治方法 ①适时点花防止产生畸形果。正确点花掌握在番茄雌花的花瓣完全展开，且伸长到喇叭口状时点花，点花过早易产生僵果，过迟易产生裂果。生产上要根据棚内温度适当调节点花药的浓度，不能重复点，以防产生畸形果。点花时要小心再小心，千万不要滴到嫩叶、嫩枝及生长点上，否则容易产生药害。②加强水肥管理，提高果品质量。番茄第四穗果膨大后进入了生长中后期，应适当增加钾肥，有利于果实膨大和着色，番茄对钙、硼也很需要，缺少就会产生脐腐病。生产上每穗果膨大时要增加钾肥，每 $667m^2$ 冲施高钾型肥料 30～40kg，促进膨果。每隔 5～7 天喷施 0.4% 硝酸钙水溶液，预防脐腐病。③科学通风，喷施化学药剂防旺长。加强肥水管理同时注意预防番茄植株旺长。晴天早午加大通风量，既可避免棚温过高，还能降低棚内湿度，白天棚温控制在 30℃ 以下，最好在 23～28℃，夜间控制

在 15～20℃，这时喷洒 15% 多效唑 1500 倍液或 40% 助壮素 600 倍液，可使番茄营养生长和生殖生长平衡、控制植株旺长，把开的花点住。此外番茄在开花前可用 5% 萘乙酸水剂 4000～5000 倍液喷花蕾，可增加雌花数量，增加坐果。也可在花蕾期喷 1 次 4% 赤霉酸乳油或水剂 10～15mg/L 促进坐果、防止产生空洞果。

番茄开花少点不住花

番茄、樱桃番茄转色不良

症状 植株上的果实，中间几穗要么是红中带黄，要么直接不转色，部分青皮果，还有果实出现筋腐果，每次采收，都会挑出大量的转色不良的次品果，采摘甚至超过半数不合格。秋茬番茄果实成熟时出现了果实颜色不均的情况，有的花脸，有的出现茶色果，有的出现绿背果。即果实成熟转色时红果面上出现了茶褐色或黄褐色，光泽变差，称为茶色果。绿背果是指果实成熟转色时，果肩部分仍残留着绿色斑块。

病因 ①温度不适，棚温 24℃

最适宜番茄红素形成，温度过高或过低都会影响番茄转色。②光照的影响，光照过强或过弱都影响番茄着色。③营养供应不匀或营养失调。一般在氮高，硼、钾缺乏时，很易产生花脸果。④偏施氮肥气温低时易诱发茶色果。⑤偏施氮肥缺少钾肥和硼肥或土壤干旱或环境温度偏高，阳光直射果面时，易诱发绿背果。⑥遭遇高温和肥水管理不当，2014年前期天气异常，温度偏高，5月份甚至出现了多年不遇的39℃以上高温天气，番茄茄红素正常合成的温度上限是32℃，如果大棚里较长时间超过这个温度，茄红素合成受阻，极有可能导致番茄、樱桃番茄转色不良，出现青皮果。⑦据刘占忠观察若温度过低也会影响樱桃番茄着色。

防治方法 ①根据种植茬口施足基肥每667m² 可用复合肥2袋。每667m² 施硼砂0.5～1kg做基肥，进入结果期不要偏施氮肥，要追施硫酸钾1～2次或叶面喷施0.2%磷酸二氢钾溶液。②提倡采用膜下暗灌，看天看地看番茄适时适量浇水，防止土壤干旱。③合理密植，采用单干整枝，防止阳光直射果面。④进入结果期后一定注意合理施肥，尤其是进入盛果期必须及时追施顺欣、肥力钾、果丽达等水溶肥，每667m² 5～8kg。防止因营养不足而影响果实转色。⑤根系受伤或土壤盐渍化等很多因素会导致土壤缺硼、锌等微量元素，但不一定是土壤缺素，因此，结果期应叶面喷施含氨基酸硼、锌、镁的叶面

肥，隔5～7天1次，连喷2次。⑥雾霾天气多，会对番茄、樱桃番茄转色造成影响，每次雾霾天气结束，必将有一股冷空气袭来，气温迅速下降，雨雪阴冷天气也影响番茄转色，因此番茄转色期做好温度调控：棚内气温控制在23～28℃，在这个范围内易形成番茄红素，利于果实转色，温度不能超过32℃，否则影响果实转色或形成日灼果。中午前后温度升高，可覆盖遮阳网或加大通风降低棚温。

番茄茶色果

樱桃番茄绿背果

番茄第三花序、第四花序空穗果多

症状 番茄陆续开花，连续结果，当第一花序果实膨大生长时，第

三花序、第四花序也开始开花坐果，大量营养供应正在发育的果实，养分争夺比较明显，造成第三花序、第四花序空穗果多。

病因 是管理跟不上造成的。一是高温控秧，下部留果过多。在秋延茬番茄坐果初期，气温高，番茄植株易徒长，很多人怕坐不住果，采取多留果控植株徒长的方法，有的第一花序留 5 ～ 6 个果，造成严重坠秧。但在早春茬番茄坐果初期，棚内温度还比较低，一旦遇到阴天，番茄植株长势弱，就会产生坐不住果的情况。二是疯狂打叶引起营养供应不足。番茄每张叶片能制造多少营养是一定的，底下的叶子打得太多了，营养供不应求，就会不断争夺上部叶片的营养，造成开花坐果困难。三是未能及时补肥。有人以为不膨果就不用冲施肥料，这是不对的。因为追肥要根据底肥消耗情况确定，生产上底肥用量大，有机肥都已经过腐熟，养分供应充足，追肥只追施生物菌肥养根防病即可。若底肥用量大但未经腐熟，就需要及时浇水追肥，或追施生物菌剂促进粪肥腐熟，减轻粪肥发酵造成的伤害。

番茄第三花序、第四花序空穗果多

防治方法 要想防止第三花序、第四花序空穗，在施足有机肥基础上要重点调节好番茄植株的营养供给。①前期不宜留果过多，可根据植株的长势选留第一花序结果数，一般以留 3 个为好。②尽量不要过早打叶，只需把植株下部老化叶片及时剪掉。③第一花序坐住果后，可冲施大量元素全水溶性肥料肥力钾或顺欣等，每 $667m^2$ 用 2.5 ～ 4kg。

番茄、樱桃番茄空洞果和棱角果

症状 空洞果是指果皮与果肉胶状物之间具空洞的果实。常见 3 种类型：胎座发育不良，果皮、隔壁很薄看不见种子；果皮、隔壁生长过快，心室少的品种及节位高的花序易见到；果皮生长发育迅速，胎座发育跟不上而出现空洞果。

棱角果从番茄果实外表看有棱角，横断面多角形，横剖，胎座组织不充实，果皮与胎座种子胶着部位间空隙过大，种子腔成为空洞，也是一种空洞果。

病因 分形态学和生理学两方面。形态学上心室数目少的品种易发生，一般早熟种心室数目少，晚熟种心室数目多。生理学方面主要指开花期前后受坐果激素、日照强度、环境温度、植株生长势等因素影响而形成空洞果。①激素的影响。开花前 2 天往花萼、花梗及花蕾上喷施激素后，果实发育速度比

番茄空洞果

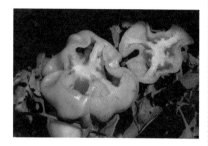

番茄空洞果横剖面

番茄棱角果（空洞果之一）

正常授粉果实快，且促进成熟，但胎座多发育不良，致子房室产生空洞。②遇有光照不足，光合产物减少，向果实内部输送的养分供不应求，随之形成空洞果。③日高温超过35℃，且持续时间较长，致受精不良；或在高温条件下发育的果实，呼吸和代谢作用加快，促使果肉组织的细胞分裂和种子成熟加快，与果实生长不协调时也会形成空洞果。④四穗果以上的果实或同一穗果中迟开花的果实，营养物质供不应求时，易形成空洞果。⑤需肥量多的大型品种，生长后期营养跟不上，碳水化合物积累少，也出现空洞果。⑥深冬栽培的番茄上部果穗进入膨果期时正处在入冬后的低温日照少的季节，生产上为促下部果实转色往往摘叶过度，引起光合能力下降，还有人在三穗果未成熟时就停止浇水施肥，造成土壤中营养难以满足番茄果实生长所需形成空洞果。⑦肥料使用不当，一是激素性肥料应用偏多，二是氮肥使用过多，钾肥少，授粉受精不良使果实膨大缓慢、果实内部得不到充实，出现空洞果。激素和氮肥都会使番茄果实膨大过快，加速空洞果的发生。

防治方法 ①选用心室多的品种。②做好光温调控，创造适合果实发育的良好条件。育苗期遇阴天弱光时，白天宜适当提温，夜间温度控制在17℃左右；在第一花穗花芽分化前后，要通过调温，避免持续10℃以下的低温出现，开花期要避免35℃以上高温对受精的危害，促进胎座部的正常发育。③合理使用生长调节剂。开花期采用振动授粉促花受精后，再喷施15～20mg/kg的防落素，有防落花、促果膨大之效。振动授粉可在早晨10时左右，植株开花散粉高峰期，用有弹性的小棍有节奏地振动番茄植株，促进授粉。也可在番茄开花期喷洒 4% 赤霉酸乳油 1000～4000 倍液喷花，具有防止产生空洞果、棱角果，促进坐果提高坐果率的作用。④加强肥水管理。番茄核桃大小时是需肥旺盛期，此时肥水一定要跟上，否则就会产生空洞果、空心果、僵果或小果。可随水冲施高钾全水溶性肥料，如潘塔水溶肥、高钾素、肥力钾等和生物菌肥 10kg 左右。注意减少激素的使用，防止果实膨大过快。加强水肥光照管理，补充营养，促果实正常膨大，防止氮肥施用过多，注重补充钾肥，合理分配氮磷钾。冬季栽培的进入深冬季节要保证棚内二氧化碳充足，只有这样才能保证植株营养供应充足，防止出现空洞果。7～9 月炎热夏季栽培的番茄，需要从各方面创造良好的环境条件，如采用间套作，适期早定植使坐果时间避开极端炎热天气；采用起垄栽培，据墒情于定植至开花坐果期浇小水或隔垄浇水，可增加田间空气湿度，提高坐果率。尤其是"三伏天"正值果实膨大期，要强化水分管理，夏季用地膜保湿抗干旱，同时起到尽快排涝的作用，但地膜上必须覆盖秸秆干草或盖土。⑤喷洒 60% 唑醚·代森联 1000 倍液 +0.01% 芸薹素内酯乳油 3000～4000 倍液防治疫病、青枯病兼防灰叶斑病可减轻空洞果发生。

番茄、樱桃番茄显网果

症状 又称网纹果、网筋果。果实近成熟期显症。果皮下维管束变黄呈网状，透过果皮可见到清晰的维管束，有的进入红熟期脐部呈放射状网筋很明显。病果采收后会很快软化，严重的果内呈水渍状，切开后有部分胶状物流出，即使果皮变红了，大部分胎座胶囊物也残留绿色，这种果实风味变差，保存时间短，商品性变劣。

番茄显网果

病因 主要原因是土壤缺水，育苗时已成老小苗，果实膨大期缺水，有的在果实膨大初期果皮就下凹，果肉变薄且显网，一旦造成这种伤害则很难恢复。

防治方法 ①为防止网筋果出现，要注意选择网筋果出现频率少的品种。②培育壮苗，定植时苗龄不宜过大，土壤水分要充足，防止土壤过干或过湿。

番茄、樱桃番茄心腐病和空心果

症状 番茄心腐病是近年才出现的，病症只出现在果肉内部，靠近果实中心部产生不整齐的褐色坏死块，直径 2 ~ 3cm，严重的褐色波及整个果肉，使果实品质低劣，外表却看不出。这样的病害也容易出现空洞果和果实着色不良。高温期的大棚番茄如秋棚番茄第 1 穗至第 2 穗果容易发生。

樱桃番茄心腐病病果

当有机营养不足，不能满足果实膨大需要时，虽然果皮长起来了，但内容物难以填充，造成空心果。

病因 高振华等认为，番茄心腐病可能与高温期水分温度不合适而妨碍根系对微量元素的吸收有关。高温干燥根系发育不良的植株容易发生心腐病。王会勤认为，造成上部果穗空心果多的原因：一是上部果实进入膨果期时，正处于入冬后的低温寡照季节，为促进下部果穗转色，很多人摘叶过度，或叶霉病、灰叶斑病发生重，光合能力下降，光合产物减少，供应果实生长的营养不足，空心果发生就多。二是后期浇水施肥减少，很多人在番茄还有 3 穗果未成熟时，就停止浇水施肥，土壤中的营养及水分难以满足番茄生长需求，产生空心果。三是氮肥使用过多钾肥少，生产上点花药浓度过高、施肥不当、阴雨天气

多、温湿度过高或过低或每穗果上留果太多都会出现空心果。番茄上部果穗空心果多，对产量和品质都造成严重影响。2012 年山东、河北一带空心果很多。

防治方法 ①生产上注意多补充钾肥，合理分配氮磷钾。番茄核桃大小时随水冲施潘塔水溶肥或高钾素、肥力钾等和生物菌肥 10kg。②及时防治灰叶斑病、叶霉病。③加强管理。注意通风，进入深冬季节保证棚内二氧化碳充足，当番茄剩余 2 穗果时，可停止施肥。保证番茄植株营养供应充足，建议合理留果，每穗以留果 4 个为宜，防止早衰和空心果。④科学使用植物生长调节剂，防止施用过量，避免空心果的产生。

番茄、樱桃番茄裂果

症状 据开裂部位和原因，番茄裂果有三种类型。①番茄纹裂果，是指在果柄附近的果面或果顶或果实侧面产生条纹状的裂果。常见有放射状纹裂或同心圆状纹裂。②番茄顶裂果，是指果实脐部及其周围果皮开裂，有时胎座组织及种子随果皮外翻，使果实成熟时果实脐部产生七翻八裂的裂果。③番茄横裂果，在果实侧面有果柄部向果顶部走向的弥合线条，轻者在线条上产生小裂口，重的产生大裂口，有的胎座、种子外露样子不好看。

病因 上述各种裂果都属生理病害，其病因不同。产生纹裂果，主

要是高温、日照强、土壤干旱等因素使果柄附近的果面产生木栓层、果实糖浓度上升渗透压增高，使果皮破裂；或长期干旱缺水，而果实停止膨大，突降大雨或灌大水，此时果肉细胞吸水膨大，而果皮细胞因为老化已失去和果肉同步膨大的能力而被胀破，产生放射状纹裂。至于同心圆状纹裂，则是木栓化的果皮因露水等易潮湿情况下，从果面的木栓层吸水而产生。至于顶裂果主要是畸形花花柱开裂导致的，花柱开裂的直接原因是开花时对花器供钙不足，若是夜温过低或土壤干旱就会影响对钙的吸收，产生顶裂。产生横裂果是因为在花蕊分化过程中，雄蕊不能从子房

樱桃番茄裂果

番茄纵裂果和横裂果

中分离出来，开花时雄蕊落在子房上，开花后果实开始膨大，雄蕊就嵌在里面，在果面上产生纵向走向的弥合线条，未能弥合之处就产生开裂。花芽分化时低温、氮多、缺钙时易产生横裂果。此外，激素使用不当，如浓度过高，点花过晚或中午高温时使用也可能造成裂果加重。

防治方法 ①选用不易裂果的品种，木栓层厚的果实易裂果。②施足腐熟有机肥，进行配方施肥，防止苗期氮、钾过多。③合理灌水，切忌过度控水后灌大水。防止土壤过干，以土壤湿度80%左右为宜。雨后及时排水，保护地风口要防止落进雨水。④番茄育苗期，尤其是花芽分化期，夜温不能长期过低，最低要保持8℃以上，春茬保护地不得定植过早。⑤为了防止顶裂果、横裂果，可喷洒0.5%氯化钙或高钙叶面肥、芸薹素内酯、细胞分裂素、甲壳素等，进行叶面追肥。有助于活化果皮细胞，减少裂果。⑥喷洒激素时注意及时调整浓度，产生激素药害时可喷施细胞分裂素600倍液混加1.8%复硝酚钠6000倍液。不要在中午高温时使用，点花时间以番茄刚开到喇叭口状时为好，高温季节要注意及时通风，防止高温为害。

番茄、樱桃番茄日灼

症状 日灼是一种生理病害。番茄、樱桃番茄果实的日灼，多发生在果实发育前期或转色期以前。日灼

后，形成有光泽近似透明的革质状，然后呈黄褐色斑块，而后变色部扩大，稍呈皱纹，干缩变硬，略凹陷，果肉部分也呈褐色块状，降低果实品质。随后，灼伤部位受病菌感染而生黑霉或腐烂，不能食用。

NS217加工番茄日灼

大番茄果实日灼

病因 一是日灼与环境因素有密切关系。当果实膨大生长时，天气干旱，土壤缺水，果实受强烈日光照射，引起果皮温度上升，加之蒸发消耗了水分，使果面温度过高而灼伤。果实向阳面与背阴面的表面温度相差愈大，日灼的程度也就愈严重。二是与品种特性有关。如枝叶生长不旺盛，叶稀疏而节间长，叶形小或裂片多而小，叶面积小，果穗大而果实外露、果皮薄的品种，容易发生日灼。三是与栽培技术有关。如稀植，或因病害、施肥不当而叶片大量早落或枯萎，使果实暴露在日光下，容易产生日灼；过度整枝，或者摘心时果穗上部未留叶片或留叶过少，也易引起日灼。

防治方法 ①番茄、樱桃番茄日灼发生严重的地区，可选择枝叶生长旺盛的品种，使叶片对果实有较好的遮盖作用。同时，适当密植，尤其是枝叶生长不甚旺盛的品种，要缩小株距，适当加大行距，以利于通风透光。②采用搭架栽培或合理间作套种，如番茄后期套种冬瓜，增加遮阴效果可减少日灼。③选择透水性好、持水力强的土壤，同时增施有机肥料，促进土壤供水均匀，减少日灼发生。④番茄定植时，将植株第1花序按背沟向畦方向栽植，这样以后生长的果穗有向同一方向生长的趋势，使果实大部分生长在畦的中间，减少日光照射，从而减少日灼果实的发生。⑤整枝要适度，摘心时，要在果穗上部留2～3张叶片，以防果实直接暴露在强烈阳光下，同时加强后期田间管理，增施肥水，以减少后期的日灼果实。

番茄、樱桃番茄秋季日光温室叶片翻卷

症状 番茄植株底叶翻卷，整个植株生长异常，导致干枯脱落，一般生长势强的植株易表现此类症状，多发生在8～9月。

番茄叶片翻卷

病因 番茄叶片翻卷是生理病害，由于气温过高、光照过强造成，还与植株叶片发生早衰有关。一是摘心和整枝过早。摘心过早易引起腋芽产生和叶面积减少，叶片中的磷酸输送不出去，造成叶片老化或限制根系发生数量和质量、影响水分养分吸收，并诱发叶片翻卷；摘除侧枝需长到7cm以上时进行，如打杈过早，叶片同化面积减少，植株地上部生长不良，也会诱发叶片出现翻卷。二是高温、强光、生理干旱引发卷叶，进入结果盛期，蒸腾作用旺盛、高温强光条件下，番茄吸收的水分弥补不了蒸腾作用的损失，造成植株体因水分亏缺，植株下部叶片易发生卷缩或翻卷。在日光温室中，生长中后期易出现这种情况，尤其是位居通风口处的叶片卷缩较重。三是氮肥施用过多，会引起小叶的翻卷，严重缺磷、缺钾、缺钙、缺硼都会引起叶片僵硬，叶缘卷曲。四是激素药害，花期使用2,4-D或防落素蘸花，浓度过大或洒在叶片上也会引发卷叶。五是保护地栽培的番茄，遇连阴雨或长期低温寡照而后暴晴或通风过急都能引起卷叶。

防治方法 ①施入优质有机肥，防止氮肥过量，避免过分干旱，在高温的中午不能浇水。②遮阳降温、调控温湿度，进入中后期要经常保持土壤湿润，棚内不可过于干燥。提倡采用遮阳网及其他遮光降温措施进行番茄栽培。③在番茄生长季节，应经济浇水，保持土壤含水量稳定，防止土壤过干过湿。露地番茄遇有中午下过雷阵雨后，除尽快排涝外，一定要在雨后用井水再浇一遍，这是因井水较凉，能降低地表温度，减少地面板结，土壤中不会缺氧，利于番茄水分与矿物质吸收，可减少卷叶或中毒，这就是进行涝浇园的好处。④为促进根系活力，可叶面喷施甲壳丰或丰收素或激抗菌1000倍液或10%美施乐叶面肥3000倍液+0.01%芸薹素内酯乳油3000～4000倍液。⑤整枝、打杈适度进行，腋芽长度超过7cm之后方可整枝，摘心宜早宜轻。最后一穗果上留2片叶摘心。⑥使用2,4-D或防落素浓度不要超标，不要把药液洒到叶片上。

番茄、樱桃番茄落花落果

症状 番茄、樱桃番茄落花落果保护地、露地均有发生，春夏秋冬四季均可出现，轻者零星发生，严重者整穗花果脱落。

病因 出现落花落果的原因有七。一是在花芽分化过程中，受不良环境条件制约，出现细胞分裂异常，花器发育不良，出现无柱头或花

樱桃番茄落花落果

柱短或花柱扭曲，子房畸形，胚珠退化等生理现象，造成花器不能正常授粉和受精。二是有的花虽发育较正常，尚可授粉，但若出现配子不孕，精卵细胞不亲和，会造成不能正常受精，致内源激素含量低，也会造成落花落果。三是外界环境温度低，当花期遇有夜温低于10℃时，造成花粉管不伸长或伸长迟缓，也不能正常授粉受精，也会造成落花。四是生产上白天温度高于34℃，夜温高于20℃或白天40℃高温持续4h以上，致花柱伸长过长离花药过远，造成子房萎缩，雌蕊、雄蕊生理受到干扰，不能授粉也会出现落花。五是遇有光照不足，温度偏低，光合作用不足，碳水化合物供不应求，致花、果生活力降低，造成落花落果。六是番茄开花授粉3～4天后开始膨大，7～20天膨大速度最快，这时果实不断吸取营养，此时遇有外界环境变化或管理跟不上，造成番茄果柄的形成层细胞分裂不充分，产生离层，造成落果。原因有三：①温度变化过大，肥水管理不当；②催红素如乙烯利使用不当；③品种原因。每年到

了番茄生产后期，菜农为了提早上市，使用乙烯利催熟，这也是引发大量落果的主要原因。七是进入雨季产生的落果主要是绵疫病、灰霉病引起的，天气时晴时阴，温度忽高忽低，棚内通风不畅，光照不足，造成棚内湿度过大，引起绵疫病、灰霉病流行，番茄果实受侵染，花瓣腐烂，果梗受害产生离层落果严重。

【防治方法】　①加强栽培管理，培育适龄壮苗。育苗期昼温保持25℃，夜温15℃，防止徒长或僵苗。②适期定植，以避免过早受冻，僵苗不发育，定植时要带土，避免伤根，利于缓苗。③番茄长到核桃大小时，进入需肥旺盛期，需要大量碳水化合物，可随水冲施高钾全水溶性肥料，如高钾素、肥力钾等，每667m²用5～7.5kg，并注意与平衡型肥料交替使用，注意补充生物菌肥10kg，养根补充营养。保证上部果实营养供应，还可喷施甲壳素或氨基酸配合细胞分裂素，防止落花、落果。④使用遮阳网覆盖，防止高温危害。⑤早春开花期气温低，用生长素喷花或涂抹。用5%萘乙酸水剂3000～5000倍液于开花期喷洒可促进坐果，防止落花提高坐果率，增产。⑥天气晴好时，适当加大通风量，通风排湿，点花操作完成后，尽快摘除残留在果面上的残花。阴雨天之前喷洒50%啶酰菌胺水分散粒剂1000倍液混加50%烯酰吗啉水分散粒剂750倍液，或40%嘧霉胺悬浮剂1500倍液混72%霜脲·锰锌500倍液，预防绵疫

病、灰霉病。也可用百菌清烟剂熏但连阴时要适当缩短熏烟时间，以防产生药害。

番茄、樱桃番茄蒂腐病

症状　此病是番茄、樱桃番茄生产上新发现的一种生理病害，主要发生在开花期和结果期，仅为害果实。初发病时花萼片上产生暗褐色不规则形坏死斑，后向果实扩展，造成幼果柄髓部变褐坏死，形成1个空洞，最后引起幼果变褐腐烂或脱落。

病因　尚未明确。据观察，花期连阴雨时间长，光照少，温度忽高忽低，尤其是喷洒植物生长刺激素以后，刺激果蒂髓部细胞增长速度过快，植株制造的光合作用产物及番茄、樱桃番茄根系吸收的水分和养分不能满足果实迅速膨大的需要，再加上温度偏低，正常生长发育不能得到保证，造成番茄髓部细胞死亡产生空腔。

番茄蒂腐病

防治方法　①采用测土施肥技术，施足腐熟有机肥，适时追肥浇水

以满足番茄、樱桃番茄对肥水的需要，可减少该病发生。②冬春茬、秋冬茬要适当增温、增加光照，增加根系生长活力，改善棚室通风透光条件。③开花结果期温度低或阴雨天气多，应停止使用2,4-D等植物生长素；有条件的可叶面喷施1%过磷酸钙或0.3%硫酸钾，以利于进入结果期的番茄、樱桃番茄补充和调节植株的钙、钾素营养。

番茄、樱桃番茄逗果和僵果

症状　番茄逗果是番茄、樱桃番茄、黄洋梨番茄生产上的重要生理病害。2003年发生普遍，发病率高的达36%以上，有些年份影响更大，应引起番茄生产上的重视。逗果主要发生在花期和坐果期，在果实膨大初期即可明显看出花序上的个别花虽然未落，但果实不能膨大，没有种子，只有樱桃大小的以果皮为主的小果，这种果称为逗果，又叫粒形果。生产上还有一种果实很小，发育不良，但仍有少量种子，比逗果大些，果实圆形或部分心室膨大，果实扁圆，这种果称为僵果。逗果和僵果均无利用价值。

番茄逗果和僵果

病因　一是花芽分化期温度过低，光照不足，使花粉或胚珠不能正常发育、不能授粉受精，果实原本坐不住，但使用了萘乙酸没有产生离层，这种果实先天不足，不能正常膨大而形成逗果。二是点花过早造成果实僵果，果实不能正常膨大。三是缺硼，造成花芽分化不良，影响番茄膨大。四是留果过多，营养供应不足。五是药害或气害。

防治方法　①连阴天温度低时，要加强保温增光，设置棚中棚或安装补光灯。②科学点花，当番茄花开到喇叭口状，颜色呈鲜黄时才可进行点花或喷花，不可过早。③花前喷施含硼叶面肥。④大番茄每穗留果4个即可。⑤注意防止药害。在番茄白熟期用40%乙烯利水剂800～1000倍液喷果，可促进果实早熟，提早转色。

番茄、樱桃番茄田土壤恶化（盐渍化）

症状　日光温室生长的番茄受盐类危害时出现幼苗老化，茎尖端凋萎，果实膨大时出现畸形，受盐害植株出现僵化，当土壤盐分浓度升到0.5%～1%时表现出叶小并萎缩，叶色深绿，叶缘翻卷，生长点处叶片表现出叶缘黄化和卷缩，中部叶片边缘产生坏死斑。根系发黄，不发新根，在土壤不缺水情况下白天出现萎蔫或枯死。

番茄田土壤恶化受盐害植株
僵化表土有红苔

病因　日光温室种植番茄生长期长、需肥量大，菜农为争取高产，盲目增施化肥，经过多年的化肥积累必然导致积盐的发生，施入的化肥番茄利用率仅为20%左右，大部分随水流失或被土壤固定，这部分占总施肥量的80%。据试验随水冲施尿素3天以后，1m以下的土壤水分含氮量增加80%以上，说明大部分尿素已流失，被土壤固定的易生成盐酸盐结晶物。被化肥污染的地下水矿物度高，易产生返盐现象，造成土壤积盐现象，造成地表出现白色结晶物，个别严重的出现青霉或红霉，实际上是磷、钾过剩滋生的微生物。土壤盐积化造成的恶果：一是土壤板结有机质匮乏，连年施用化肥，忽视有机肥，造成有机质缺失、土壤肥力衰退，透气性下降，土壤熟化慢，造成土壤板结，番茄根系发育不良；二是土壤盐渍化程度加重，过量施入化肥后，土壤中盐离子增多，pH值升高，使土壤盐渍化加重，妨碍番茄植株的根系正常吸收水分，影响生长发育；三是微量元素匮乏，日光温室番茄连作多年，不断消耗土壤中的硼、锌、钼、铜等微量元素，随种植年限增加，缺失微量元素加重，生产上虽然注意到这个问题，但每年缺素症仍然有不同程度发生；四是熟土层逐年变浅。

防治方法　①进行轮作。现在番茄一种就是好多年，笔者认为最多连种 2～3 年，然后与其他蔬菜轮作换茬，以减少连作产生毒素的毒害作用和根结线虫、土传病害发生。②增施有机肥。每 667m² 施有机肥 15m³ 以上和生物菌肥，如酵素菌类生物肥、优质圈肥、芽孢杆菌类生物肥等，只有这样才能改善土壤的团粒结构，增强土壤透气性及保水保肥蓄热能力，缓解土壤盐渍化。土壤出现板结时，可用免深耕喷洒土壤，方法是在土壤较湿时，每 667m² 用免深耕 200g，对水 100kg，用喷雾器喷在表土上。③施入微肥做底肥或叶面追肥。做底肥每 667m² 可施硫酸锌 1～1.5kg、硼砂 0.3～0.5kg、钼酸铵 0.1～0.2kg、硫酸铜 1～2kg、硫酸锰 2～3kg；叶面追肥可用 0.05%～0.2% 硫酸锌、0.1%～0.25% 硼砂、0.02%～0.05% 钼酸铵、0.1%～0.2% 硫酸锰叶面喷雾。④深翻土壤。每茬番茄种植时寻机深翻 30～50cm 以加深熟土层，提高保水保肥能力。⑤灌水和高温闷棚。每 667m² 施铡碎的麦秆 1000～1500kg 及氰氨化钙 150kg 均匀撒在田间，深翻 30cm，然后整畦灌水，高温闷棚 30 天，放风晾晒 10 天后定植，不仅改良了土壤，增加了土壤中有机质和氮素营养，还可杀死病菌和根结线虫。⑥定植前顺栽培行沟施 EM 菌肥或 EC 菌肥及酵素菌肥 100～150kg，施后小水顺沟浇灌或隔行浇水 1 次，也可随水冲施微生物菌原液每 667m² 用 2kg，定植后再冲施 2～3 次。⑦使用高效土壤改良剂松土精每 667m² 用 500～1000g，改良效果明显。

番茄、樱桃番茄连作障碍

症状　棚室设施条件下栽培番茄时常因设施有限、产品效益高而连年种植，就会发生番茄生长不良或缺株，即使施用肥料也不能完全改善，造成幼苗枯萎及烂根，生长点新生枝叶不能伸展或不正常，有的引起根腐病、立枯病、灰霉病、菌核病、枯萎病等。生产上番茄、茄子、甜椒、瓜类、姜等连作一次就会出现生长不良的问题。

番茄连作障碍

病因　每一种作物有它特别的需求及代谢，对土壤中营养种类、比例、水分及氧气需求依作物不同而有差异，在代谢上各种蔬菜略有差异，分泌物也有各自特点，由于上述原因，前作可能对后作产生影响。其原因，一是营养不足；二是土壤变酸性；三是前作残质，由于碳氮比高，分解时微生物大量繁殖，氮素被微生物吸收，常引起氮素缺乏；四是自毒性，作物根分泌有毒物质或残体分解释出、微生物释放出有毒物质，当土壤环境中这些物质达到某一临界浓度后，就会引起毒害作用；五是有机腐殖质缺乏，长期连作后土壤有机腐殖质减少，土壤团粒结构遭到破坏；六是土传病虫害严重起来，由于病原菌、害虫对某种作物具偏好性及专一性，例如为害番茄的病虫不一定都为害其他蔬菜，连作时病虫族群逐渐增加或一茬就增加很多，后茬将受该增加病虫为害，病虫个体可能存在土壤中或作物残体中，棚室设施栽培土壤病虫害初期较少，经长期连作后，病虫害的为害可能会因不当的管理而增加；七是盐类积累，由于作物的偏向管理，例如过量灌水和排水，使土壤营养被淋洗或土壤流失，过度施用化学肥料，尤其是短期蔬菜栽培过度施肥后造成盐分积累，在土壤表面形成白色盐类，严重的形成盐碱地。

防治方法 在防治策略上应遵循防重于治的原则。①轮作。防止连作障碍最有效的措施就是轮作，旱田与水田、豆科与非豆科、深根性与浅根性轮作，栽植作物要种类多，年年变化，保持土壤稳定。②推广茄果类蔬菜平衡施肥技术。施肥量以土壤养分测定结果和蔬菜需肥规律确定。一般每 $667m^2$ 氮肥施用量为纯氮 15kg，磷肥施用量 80mg/kg 以上、速效钾 180mg/kg 以上。必要时施用叶面肥，防止生理病害。保护地内应以有机肥为主、化肥为辅，有机氮与无机氮比应以 1：1 为好，农家肥与磷肥混合后进行堆沤使用，也可选用蔬菜专用有机肥或有机无机复混肥等。③增施微量元素。茄果类微肥配方以硫酸亚铁、硫酸铜、硫酸锌、硫酸镁、硫酸锰、硼砂按 2：1：2：1：0.5：1 的比例混合均匀后，每 $667m^2$ 底施 20kg，除施用有机肥和三元复合肥外，再施入 25kg 硫酸钙复合肥。④利用秸秆生物反应技术可防治土传病害，改善土壤结构，提高地温，增加棚内二氧化碳浓度。所谓麦秸反应堆技术，即每年 7～8 月正值高温季节，南北向挖沟，沟深 55cm、宽 70cm，长与温室种植行等长，挖好沟后填入麦秸至沟深 1/2 处踩压整平。然后在上面撒秸秆速腐菌种，如山东省秸秆生物工程技术中心生产的世明生物反应堆专用菌种，每 $667m^2$ 用 2kg。随后加第 2 层秸秆，再撒 4～5kg 菌种，并覆土 2～4cm 厚。沟中灌水，使秸秆湿透为宜，隔 30～40cm 打 1 孔，孔径 3～4cm，发菌 7～8 天后，再进行第 2 次覆土，厚 30cm。结合第 2 次覆土，每 $667m^2$ 施入腐熟圈肥 7500kg、鸡粪 $2.5m^3$。在做小高畦之前，再施入尿素 30kg、磷酸二铵 40kg、硫酸钾 10kg。小高畦做在施秸秆处，做完后再打孔，以利于好气性微生物发挥作用。⑤湿热灭菌法可有效地杀灭土壤中的线虫、真菌、细菌，有效地解决连作地的死苗难题。方法是于6月下旬～7月冬茬春茬蔬菜拉秧后，每667m²撒施生石灰100kg、生鸡粪或牲畜粪便10～15m³、植物秸秆3000kg、石家庄市格瑞林生物工程技术研究所生产的微生物多维菌种8kg、河北慈航科技有限公司生产的美地那活化剂400ml，用旋耕犁旋耕1遍，把秸秆、粪肥、菌种搅拌均匀，然后深翻30cm，浇透水，盖上地膜，扣严棚膜，保持30天后去掉地膜，耕1遍地，裸地晾晒7天，就可达到杀死病菌、活化土壤的效果，同时对多种根腐病、根结线虫病都有很好的防治效果。⑥施入生物菌肥法。先把多维复合菌种1kg与10kg麦麸拌和均匀，喷水5～6kg，堆闷5～6h，再加入鸡粪1m³、秸秆200kg，搅拌均匀，堆成高、宽各1m的发酵堆，外面盖上草苫，2～3天翻1次，一般翻倒3～4次，可做底肥或追肥使用。每667m²用该肥3t，对番茄茎腐病和晚疫病有很好的防治效果，增产25%以上。⑦用氰氨化钙进行土壤消毒。氰氨化钙遇水分解后所生成的气态单氰胺和液态双氰胺，对土壤中有害真菌、细菌、根结线虫等具杀灭作用，可防止多种土传病害及地下害虫为害。氰氨化钙分解中间产物除生石灰外，单氰胺、双氰胺最后都生成尿素，其突出作用是促进有机物腐熟，改良土壤结构，调节土壤酸性，消除板结，增加土壤通透性，降低蔬菜亚硝酸盐的含量。用氰氨化钙消毒方法：前茬蔬菜拉秧前5～7天，浇1次水，等土壤不黏时拉秧，每667m²用30～60kg氰氨化钙均匀撒在土表，旋耕土壤使氰氨化钙与地表10cm土层混匀，再浇1次水，覆盖地膜，高温闷棚7～15天，然后揭膜通风7～10天。定植前先用生菜籽检验能否正常出苗，能正常出苗即可定植。综上所述保护地连作障碍为害严重、成因复杂，各地应因地制宜地采取农业、生物、物理和化学等方法综合防治，减轻连作障碍造成的危害。⑧用申嗪霉素进行土壤消毒。先清园，把上茬作物的秸秆、根茬等杂物清理干净，施入下茬所需的腐熟农家肥，旋地20～25cm深，旋耕后打碎土块，耙压平整后做成种植畦。用微喷管或"旱地龙"管把水、药一体的药液均匀喷洒地面，水要喷足，每667m²用药1～1.5kg，喷完药后马上用塑料薄膜密封土壤四周用土压实，不得使气体逸出。定植后发现病株可用1%申嗪霉素悬浮剂500～1000倍液灌根，每株灌对好的药液250ml。⑨对常年连作的菜田先用棉隆消毒土壤。每年7～8月棚室闲置时清除干净，施入腐熟后的下茬有机肥，深翻土壤至25cm深，耙细。使土壤持水量达到60%～70%，保持7天。每667m²使用量为15～20kg，撒匀用旋耕机翻拌2～3次，然后浇透底水，使药剂与土壤充分接触再用不透气的塑料薄膜密闭 10～15 天。15 天后揭膜，当土壤不干不湿时旋耕 1～2 次。蔬菜定植前为使残留气体充分挥发，再通风 10 天，防止残留气体伤害蔬菜。⑩提倡利用芽孢杆菌生防菌防控土传病害，可修复连作障碍，减少使用化学农药。江苏农科院植保所田间试验表明，芽孢杆菌生防菌 B-1619、PTS-394 不仅可有效控制设施蔬菜土传病害引起的连作障碍，而且对植株有促生作用，值得在全国推广。

番茄、樱桃番茄植株下位叶发黄

症状 植株下部叶片出现发黄。

病因 一是根出现了问题，根系发育不良、地温过低、浇水大、沤根时间较长或在平时管理中有浇水施肥不当、一次性浇水施肥过大、土壤干湿变化剧烈都有可能造成伤根，引发植株下部叶片早衰发黄。二是番茄第 1 穗果下边的叶子不仅供应果实生长，还有养根的作用，果实未着色就

番茄下位叶发黄

把下边叶子去掉也会引起根系生长衰弱，吸收养分能力下降，使下部叶子变黄。

防治方法 ①护叶先养根，可使用氨基酸、海藻酸、甲壳素等养根性肥料，做到养根、补充营养并行，能促进根系尽快恢复。同时叶面补充中微量元素，如镁肥、锌肥等配施细胞分裂素、芸薹素内酯等，能缓解叶片黄化，同时注意调整棚室环境，保持合理温度，适时浇水，促植株健壮生长。②注意前期不宜留果过多，可据植株长势选留第一穗果的节位，以保留 3 个为好，尽量不要过早打叶，只需把下部老化的叶片及时去掉，第一穗花坐住后果实长到核桃大小时，进入需肥旺盛期，可适当冲施大量元素全水溶性肥料，如肥力钾、顺欣每 667m² 施入 2.5～4kg，防止叶片早衰变黄。

番茄、樱桃番茄早衰

近年番茄、樱桃番茄保护地生产发展很快，已实现周年生产。但在生产中常常出现早衰。

症状 植株矮小，茎秆细，侧枝少，下部叶片干边，上卷，中上部叶片黄绿相间花叶，叶片小且薄，颜色变浅或变黄，果实成熟晚，着色差，果实裂果、畸形，产量不高，严重的出现植株过早枯死。

病因 一是连作障碍，重茬栽培较普遍。如北京平谷区大兴庄、山东寿光有的一年四季种植番茄，有的

樱桃番茄早衰

已连续种植4～5年或十年八年造成生态失衡，土壤自净功能弱化，根结线虫等土传病虫害积聚，番茄出现生长发育障碍，生长点萎缩，新生枝叶生长弱，引发植株早衰。二是有机肥不足、化肥施用量过多，造成土壤板结，通透性低，盐积化日益严重。生产上每年每667m²投入有机肥3000kg左右，其余全靠化肥，不仅番茄产量不高，品质也上不去，造成番茄早衰。三是育苗期过早，有的前茬地腾不出来，只好使用徒长苗，定植后主根受抑，不定根又不能完全达到要求，影响水分和无机盐吸收，出现茎秆中空或早衰。四是密度偏大，造成光照不足，病害严重，着色差或畸形果多，尤其是深冬日照时间短、光照弱更加突出。再加上管理跟不上，打杈晚又没有及时去除下部老叶，都会引起植株早衰。五是整枝留果欠合理。采用单干整枝主蔓结果，由于重视前期产量单穗留果数多，下部结果集中，而上部常因营养供不应求，就不能坐果而出现植株早衰。进入6月大棚番茄管理跟不上也易出现早衰。六是昼夜温差过大特别是中午温度过高，如果高于33℃，持续时间过长，番茄易出现生长点扭曲，中下部叶片卷曲，特别注意果实膨大期或盛果期中午温度不要过高。七是浇水不匀，高温干旱本身易引起番茄早衰，这时需适当增加浇水次数，减少浇水量，采用隔垄或隔畦浇，保证果实膨大期对水分的需要。八是营养补充不及时，容易产生裂果或畸形果。在气温高、浇水次数增多的情况下要适时追施氮、磷、钾三元复混肥，并含有中量、微量元素的肥料，如伊露宝水溶肥N18-P6-K30用量2～4kg/次，隔7～10天1次，每季2～3次，隔1次清水冲施1次肥料。

防治方法 ①与非茄科作物实行3年轮作制，最好与豆科、禾本科作物进行轮作，也可进行换土改造，去老土，换新土进行改造。②增施有机肥，合理追肥，每667m²施优质有机肥3500～7000kg，进行配方施肥，挖定植沟，深施基肥，采用50%氰氨化钙+高温灭菌秸秆还田技术，改良土壤，消除连作障碍，适时叶面追肥。③适时育苗，根据茬口、苗龄及前茬腾地早晚安排育苗时间，春番茄苗龄60～70天，秋茬30～35天，秋冬茬40～45天。发现前茬腾地时间延迟时，采取加大育苗床面积，适当控制浇水，加大分苗株行距，采用营养钵育苗的，适当适时拉开钵间距离。④合理密植，适当留果，一般每667m²定植2000～3000株。冬春茬宜疏，秋茬适当密些，双行非封顶品种采用单秆整枝，可适当密些，株距 25 ～ 30cm；自封顶品种采取双秆整枝，株距 30 ～ 40cm，苗高 20 ～ 25cm，有 5 ～ 6 片真叶时定植，定植后浇足根水。⑤适时打杈，摘除老叶。打杈过早会抑制植株营养生长，适当晚些能增加同化面积，多制造养分，有利于果实膨大。第 1 次打杈在侧枝长到 7 ～ 10cm 时为宜，以后见杈就打，待第 1 穗果核桃大小时应及时摘掉下边的老叶，以利于通风透光。整枝时把第 2 穗果下部的 1 个侧枝留 2 片叶摘心，主蔓留 3 穗果，开花时留 2 片叶摘心。主侧枝开花坐果后再在 2 穗果下部留侧枝，主侧蔓留 2 ～ 3 穗果后打顶，防止早衰。番茄在深冬季节由于光照弱，温度低很易出现早衰，其中根系生长能力弱，加上地温低，土壤中的有效养分得不到充分吸收和利用。因此春节前后深冬期间养根促产十分重要。追肥可追施硫酸钾每 667m² 施用 15 ～ 20kg 或斯德考普（螯合态含硼、锰、铜、铁、锌、钼微量元素）提供均衡而全面的营养，浇水后须注意提高地温，通风排湿，在浇水前喷施 25% 烯肟菌酯乳油 1000 倍液或 25% 吡唑醚菌酯乳油 1500 倍液，防治疫病、灰霉病。同时加入 0.004% 芸薹素内酯水剂 2000 倍液或在开花期喷洒 0.1% 氯吡脲可溶液剂 100 倍液。

日光温室番茄、樱桃番茄坐果率低、精品果率低

症状　温室、大棚栽培的番茄、樱桃番茄出现坐果率低、精品果率低的情况，给菜农造成较大损失。

病因　一是我国北方种植的番茄、樱桃番茄冬季日光温室需要保持棚内温度和地温达到 12℃，菜农认识到地温是一个重要因素，为了达到这个标准提高棚内温度的措施有加厚草苫、盖浮膜、电灯增温、采用水枕头增温和挖排防寒沟防寒等，只有保证棚内有较高气温，才能有较高的地温，以气温促地温回升。二是合理浇水，一次性浇水过多，水温低，地温难于恢复，尤其是在深冬季节一次浇水过多很易造成沤根。冬季经常出现降雪、连阴、大风、久阴乍晴等不良天气，有时出现冰冻雨雪灾害，对日光温室番茄生长、产量及效益都有较大影响。三是冬季日光温室光照处在低温弱光条件下，实行弱光补偿是能否获取番茄高产的关键技术。四是日光温室生长期长、需肥量大，菜农为争取高产盲目增施化肥，经过数年化肥积累，已导致盐积化发生，成为影响保护地番茄生产发展的瓶颈。上述因素是造成日光温室坐果率低、精品果率低的主要原因。

日光温室番茄坐果率低

防治方法 ① 每 667m² 施 优质有机肥 5000 ～ 7000kg，增施微生物菌肥每 667m² 用 2 ～ 3kg，平衡施用化肥，将有机肥、磷肥、微肥和 50% 的钾肥、30% 的氮肥混匀后作基肥，并将其中的 2/3 均匀施入地表，然后翻入土中，其余 1/3 起垄时施在定植行内，其余 70% 氮肥和 50% 钾肥分别作为追肥使用。番茄进入盛果期后叶面喷 1% 尿素溶液 + 0.5% 磷酸二氢钾 +0.1% 的硼砂混合液 40 ～ 50kg，5 ～ 7 天 1 次，连喷 2 ～ 3 次有利于延缓衰老、延长采收期。②科学放风。不论越冬茬还是早春番茄控制在 20 ～ 28℃，及时排湿调节室内气体平衡。③冬季日光温室要增温。始终保持棚内温度和地温不低于 12℃，对地温更应重视，浇水后当天或第 2 天棚温要提高 2 ～ 3℃，才能保证地温得到提高，保根保秧保存活。④科学打杈，注意杈的生长速度，做到适时打杈，适当留茬 1 ～ 2cm。下部老叶逐渐打掉。采用双根双蔓整枝法或弓形整枝法。采用压秧法或剪株法或移栽法延长番茄结果。⑤用植物生长素提高坐果率。a. 用 2,4-D 10 ～ 20mg/kg。低温期用上限，高温时用下限。方法有 3 种。一是喷花，把药液装在小喷雾器内，喷壶对准开花的花序，用另一只手挡住枝叶。二是涂抹法，于上午 8 ～ 10 时，用毛笔蘸药涂到番茄花柄或花柱上，涂抹效果好。三是浸蘸法。b. 振动授粉。在大棚内利用手持振动器，在晴天上午对已开放的花朵进行振动促花粉散出，落到柱头上进行授粉。c. 利用熊蜂授粉，利用明亮熊蜂在阴天出来访花，番茄花期长，每 667m² 温室置放 2 箱熊蜂，于番茄开花期，把蜂群在傍晚时轻轻移入日光温室中央，蜂箱高于地面 20 ～ 40cm，蜂门向东南方向，静置 10min 后再把箱门打开。放蜂期间不要施农药。⑥高温夏季常出现坐不住果的情况。6 ～ 7 月定植的番茄，进入开花期正值气温最高的 7 ～ 8 月，光照强、温度居高不下、昼夜温差小对番茄生长发育不利，即使喷洒植物生长素，仍然难于坐住果时，当机立断覆盖遮阳网，也可在棚膜上抹泥浆应急；露地应起半高垄及时排灌水通过多浇水降温，浇水时间以早晨对降低地温提高坐果率更有效。选择耐热和抗番茄黄化曲叶病毒病（TYLCV）及 番茄斑萎病毒病（TSWV）的抗病品种，对提高坐果率效果好。⑦提高番茄的精品果率。精品就是商品性好的果实，生产精品非常重要。方法是：a. 摘除每穗花序的第 1 朵花，这朵花常比后面的花早开 2 天，后面的花开放时间基本一致，利于精品果的生产。b. 多点花、少留果、留好果。一般先点 7 ～ 8 朵花，幼果坐住后选留 4 ～ 5 个精品果。c. 追施钾肥促着色，果实坐住鸡蛋大小时每 667m² 每次冲施高钾复合肥 20 ～ 25kg，可促进果实着色。d. 科学用药防病虫害。番茄进入坐果期隔 10 ～ 15 天喷洒 560g/L 嘧菌·百菌清悬浮剂 600 ～ 800 倍液预防早疫病、晚疫病、叶霉病、叶斑病。⑧番茄开花初期喷洒 15% 多效唑可湿性粉剂 800～1000 倍液 1 次，可以矮化株高，提高坐果率，促进果实膨大、增产。

番茄、樱桃番茄4月后出现蕨叶或叶片扭曲

症状　4 月中旬后番茄出现蕨叶现象或上部叶片出现不同程度的扭曲。

病因　一是番茄在温度低于 15℃或高于 30℃时易引起落花落果，生产上需要用防落素蘸花进行防治。但由于春季气温不稳定，随气温升高防落素使用浓度需降低，棚内温度高于 26℃就不要再蘸花了，可在下午温度降到 24℃时继续蘸花，或蘸花时防落素滴到叶片上就会产生蕨叶现象，这是防落素药害。二是番茄生产上 4 月中旬后在一些比较矮的棚内，番茄的生长点或上部叶片出现不同程度的扭曲，出现这种情况是由于土壤中水分不足，加上夜温偏高，植株徒长，白天温度过高、通风不良、通风

樱桃番茄 4 月以后出现叶片扭曲

口偏小，中午的温度高于 30℃，就易出现叶片扭曲。别于病毒病引起的类似症状。

防治方法　①对防落素引起的药害可喷洒 0.01% 芸薹素内酯乳油 3000～4000 倍液或 3.4% 赤•吲乙•芸植物生长调节剂（碧护）7500 倍液或加入斯德考普（螯合态含 6 种微量元素）叶面肥，对调节生长、减少药害有一定效果。②若已进入果实膨大期，追肥时要少施氮肥，氮、磷、钾合理搭配，一次施肥量不宜太多，每667m² 追施 15～25kg。③通风口大小应适当，一般是棚面积的 1/10。若通风口过小，进入 4 月下旬后放不出风，造成棚温过高，可采用遮阳网遮花荫降温。

番茄、樱桃番茄果实产生皴皮果

症状　番茄果实变成褐黄色，果实果肩部的表皮粗糙，有的产生很多褐色至黑褐色小裂纹，表皮变得难看，菜农称之为皴皮果，也是一种裂果，影响果实外观、严重影响商品性。

樱桃番茄果面上有小裂纹，就是我们平时说的皴皮果。

病因　一是番茄、樱桃番茄不同，在番茄中品种之间有差异，有些品种很严重，果皮脆、果皮薄的品种发生重。据观察，果实发育易受环境温湿度变化影响的品种易发病，尤其是在阳光下果实受光部位常因受晒温

度升高，失水增加，干湿变化大或温差大，造成果肩部裂纹多发生皱皮严重。二是旱涝不均，遇有强烈干旱后常造成番茄的果实表皮紧，当肥水条件迅速转好时，果肉长得很快，但表皮适应跟不上，就会产生皱皮果。三是缺硼引起。硼是微量元素，在蔬菜生长发育过程中作用很重要，不仅能促进花芽分化，促进种子形成，还影响果实的品质，缺硼易造成落花、落果、花而不实，还容易形成皱皮果，降低了番茄、樱桃番茄的产量和质量。

大番茄绿果期开始产生皱皮果

大番茄皱皮果产生很多小裂纹同心状

防治方法 ①注意选用抗皱皮的优良品种。②精细管理，防止旱涝不均，防止在高温干燥条件或有风时放风口开得过大。去除过多叶片时，

要防止把果实暴露在阳光下，防止太阳直射，防止皱皮果发生。喷洒的农药浓度不宜过高，中午气温高时不要喷药。注意防止日灼。③叶面补充硼肥。补充硼肥的同时补充钙肥，以便更好地促进硼肥的吸收。叶面补施含有氨基酸和硼、钙的叶面肥，隔5～7天1次，防2～3次。④适时浇水不要让土壤太干。

大番茄皱皮果

症状 露地大番茄绿果期的果实出现高低不平的皱皮，使得番茄失去商品性。

病因 一是番茄果实发育受环境及田间温湿度变化影响大。在日光充足的地区果实受光部位常因受晒温度升高，失水增加，造成干湿变化大或日夜温差大的地区或田块发病重。二是旱涝不匀，遇有长期或强干旱后再进行浇水施肥，就会造成番茄果实表皮紧，当肥水条件马上转好时果肉长得快，但表皮紧就会形成皱皮果。三是管理跟不上，遇有气温高或干旱果实失水快，干燥的热风常使果皮皱缩。

大番茄皱皮果整个果面皱缩

防治方法 ①增施有机肥，改良土壤团粒结构，增强土壤保水保肥能力。②适时浇水，尤其是结果盛期，番茄需水肥量大，防止土壤缺水。③中午时不要喷药。④番茄生长期第一穗花蕾期、盛花期及结果期茎叶上均匀喷洒 0.7% 复硝酚钠水剂 1500 ～ 2000 倍液或在开花期花穗喷施 0.1% 氯吡脲可溶液剂 75 ～ 100 倍液，也可在定植后 10 天开始喷洒 0.004% 芸薹素内酯水剂 1500 ～ 2000 倍液，10 ～ 15 天 1 次，连喷 2 ～ 3 次，可提高坐果率，减少落花落果，促进果实生长均匀，增强抗病能力。

番茄嫩茎穿孔病和果实穿孔病

症状 主要发生在番茄距生长点 8 ～ 12cm 处的嫩茎或果实上。嫩茎染病，初生针刺状小孔，茎部由圆形变成扁圆形，造成针孔处裂开或不断变大，最后形成豆粒大小的穿孔状，下部至茎与上部生长点仅靠两边表皮的很小部分组织连接着，穿孔部位表皮开裂，韧皮部露出。染病株初穿孔处的嫩茎横截面输导组织及髓变黄，后变黑木栓化，形成秃顶株。果实染病后，果面上产生孔洞，从外面可看见果内的胶状物质。

病因 一是缺钙和缺硼引起或生长条件不良，造成植株生育盛期对钙和硼吸收受抑而引发体内元素失衡产生的。二是花芽分化阶段遇有低温、日照不足，尤其是夜温低，造成花芽发育不良，易形成穿孔果。部分番茄品种在育苗时遇有 3 ～ 4 天夜温低于 8℃ 或昼温低于 16℃ 持续 5 ～ 7 天易发生嫩茎或果实穿孔病。三是在日光温室中，遇有连续 3 ～ 5 天的阴雨低温天气与骤晴天气交替发生时，也可发病。

番茄嫩茎穿孔病病茎

番茄果实穿孔病病果

防治方法 ①增施优质有机肥和钙肥、硼肥。定植前多施腐熟鸡粪等有机肥，每 $667m^2$ 随整地施入硅钙肥 60kg，硼砂 1 ～ 1.5kg。②采用高畦或起垄栽培，有利于夜间保持地温。③采用番茄配方施肥技术，当遇有持续时间较长的气温、地温双低时，易出现土壤中钙、硼、铁等元素移动慢或吸收困难易发病，这时必须设法提高温度，早盖晚揭草苫，使最低气温在

10℃以上，地温 14℃以上，并随药喷洒含钙、硼的叶面肥，7～10天1次。④已见发病株出现时，继续喷洒 0.2%～0.3% 的氯化钙或硝酸钙救治，重点喷中上部茎叶，10天左右1次，共防 2～3 次。

番茄、樱桃番茄萼片干边

症状 番茄萼片从开花到果实红熟期萼片与花轴夹角从小于 90° 逐渐变化到大于 180°。基平型占 4.71%，上翘型占 1.18%，直立型占 17.65%，上卷型占 76.47%。番茄、樱桃番萼片有干边，影响精品果率。

番茄萼片干边

病因 一是品种特性。一般营养生长和生殖生长协调、长势旺盛的萼片干边发生轻，长势弱的生殖生长占优势的易出现萼片干边。植株根系发达的品种，根系吸收功能强，果实得到全面充足的养分，萼片发育好，产生干边可能性小。二是植株体内生长素问题，植株嫩茎及果实等部位是生长素分配的部位，若果实生长素不足，则可能造成萼片营养供应不足，

就会出现干边现象。三是棚室环境。如每年都要冲施鸡粪或施入饼肥，这些粪若未充分腐熟，在发酵时会释放出有害气体，也会造成干边，即菜农说的"熏干了"，若一次性冲肥过多，会直接或间接造成萼片干边。四是番茄早疫病、绵腐病、灰霉病等也可引起萼片干边。五是伤根，在平时管理中，若浇水施肥不当或一次性浇水施肥量过大，土壤干湿变化过大，都有可能出现伤根，引起干尖。

防治方法 ①选用生长旺盛的品种。②加强管理，土壤相对湿度在 60%～80% 为宜，番茄生长发育最适温度为 20～25℃，尽量避免高温和干旱，可减少萼片干边。③在点花药中加入 4% 赤霉素 1～1.5ml，樱桃番茄使用量为大番茄的 2/3，可防止干边。④必要时喷洒 50% 异菌脲可湿性粉剂 1000 倍液，防治早疫病、绵腐病、灰霉病等引起的萼片干边。⑤喷施铁肥混加氨基酸叶面肥，也要注意调整点花药配比，可适当增加赤霉素浓度，可减少萼片干尖。

番茄、樱桃番茄施用未腐熟鸡粪肥害

症状 一是施用鸡粪作基肥或误以为鸡粪已腐熟施用后出现了不同程度的烧苗情况。生产上一次性集中大量施用鸡粪或误以为已腐熟的鸡粪等有机肥，容易造成开花前的番茄出现烧根、烧苗、气害等问题，严重影

响番茄的产量和效益。二是人粪尿和化肥伤害。人粪尿或化肥一次施用过量时，造成土壤溶液浓度过高，当土壤总盐量超过 3000ml/L 时，番茄养分吸收受阻，细胞渗透力增大，根系吸水困难就会产生浓度伤害，如化肥干施后常造成伤害。此外，在碱性土壤中磷肥施用过多，常影响钙和微量元素的吸收，产生缺钙症状。钾肥施用过多也会妨碍钙肥和镁肥及硼肥的吸收，引发番茄出现缺钙、缺镁及缺硼症。

病因 施用鸡粪作基肥时一般能做到提前把鸡粪腐熟好才施入温室中，但有时会出现把没有完全腐熟的鸡粪误认为已完全腐熟而施入温室的情况，这种情况往往在番茄定植后才能发现。鸡粪含氮量较高，矿化程度亦高，在土壤中分解较快，但对培肥地力、改良土壤的效果较差。

未腐熟鸡粪为害番茄植株（左）和根系

防治方法 ①施用鸡粪作基肥，一般每 667m² 用量为 7000kg，不要过多，过多易引起土壤碱化。番茄生产上改一次性大量施用鸡粪等有机肥作底肥为分次分批施用，可满足番茄不同生育期对养分的需求。施用干鸡粪，最好提前 10 ～ 15 天，把干鸡粪施入 30cm 深与土壤充分混匀，并起垄，隔垄浇水，洇地造墒促鸡粪进一步腐熟，定植蔬菜前要求在土中完全腐熟。最好选用益生发酵鸡粪或 ETS 发粪宝菌群，先把粪肥摊开，均匀喷一遍发粪宝，高温阶段 3 天左右除臭，5 ～ 7 天腐熟，肥力倍增，灭菌杀虫。②定植后发现鸡粪没有完全腐熟应及时冲施腐熟剂进行补救。即含有酵母菌的复合微生物制剂 EM 菌可加快鸡粪的腐熟，每 667m² 冲施 EM 菌 2kg，可达到快速腐熟的目的。③加强通风，防止气害发生。冬季棚室密闭，鸡粪在腐熟过程中产生的氨气挥发不出去很易熏坏番茄秧苗，必须加强通风换气，尽快把棚内的氨气排出棚外。④番茄出现烧苗时可用生根剂灌根，促进根系生长，也可用 1.8% 复硝酚钠水剂 5000 ～ 6000 倍液或纳米磁能液 2500 倍液，能明显增强长势、提高抗逆抗病力。⑤鸡粪作追肥时，选晴天早晨进行，稀释时加入 2% 阿维菌素乳油和 50% 多菌灵可湿性粉剂稀释 4 ～ 5 倍，随水冲施，每 667m² 每次施入 500 ～ 750kg。⑥如用牛羊粪作基肥，棚内土壤通透性明显优于施用人粪尿和鸡粪的棚，很少有根结线虫为害，缺点是总肥效较低，一般以每 667m² 施入 8000 ～ 10000kg 为宜。

番茄、樱桃番茄筋腐病

症状 番茄、樱桃番茄筋腐

番茄筋腐病病果

樱桃番茄筋腐病病果症状

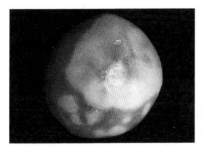

樱桃番茄筋腐病白变型病果症状

樱桃番茄筋腐病白变型病果

病是番茄果实的一种生理病害，分为褐变型和白变型两种。近年来保护地发病率急剧上升，尤其是褐变型筋腐病。从果实膨大前期开始发生，直至影响到果实成熟。褐变型筋腐病，靠近果皮的果肉及心室隔壁果肉中的维管束变褐、坏死，从果顶部到果洼，果实出现黑色条斑，严重时果肉的内壁变褐，在背光面较多，且伴随着色不良、着色不匀，称为褐变型。白变型筋腐病，果实着色不良，外观上看果实红色部分减少，病部具有蜡样的光泽，切开果实可见到果肉呈糠心状，果肉变硬，品质变劣，淡而无味。有的果皮部出现白条，又称白筋。

病因 国外大多数报道认为，番茄、樱桃番茄缺钾是番茄筋腐病发生的重要原因之一。沈阳农业大学做了番茄筋腐病发生的缺钾时期研究，结果表明番茄任何一个时期钾营养亏缺都可使筋腐果发生率上升，病情指数升高，产量降低，且低钾的时期越长，影响越大。尤其是番茄坐果期至采收期，钾亏缺的影响明显提高。这是因为缺钾后引起植株体内代谢发生变化，主要是碳和氮的代谢紊乱造成的。而王芳德同志认为是氮高钾低造成的。此外，还与品种和其他环境因素的关系十分密切。如日照和积温不足，土壤黏重板结或过砂，土壤湿度过大，长期连作，施用未腐熟的人粪尿以及 TMV 病毒或某些细菌的感染都会加重筋腐病的发生。

防治方法 ①选用筋腐病发生少的番茄、樱桃番茄品种。如中杂

7 号、新改良 98-8、西粉 3 号、绿亨 108 金樽番茄。②采用番茄测土配方施肥技术，培育壮苗。定植时每667m² 施入有机肥或生物活性有机肥4000kg（保护地应较露地增加 1 倍），再加过磷酸钙 10 ～ 20kg、硫酸钾25kg 以及尿素、硝酸铵等速效氮肥20 ～ 50kg。缓苗后第一穗花陆续开花坐果，这时番茄营养生长与生殖生长同时进行，所需养分逐渐增加。当第 1 穗果正在膨大，第 2 穗果有核桃大小时，既要满足第 2 穗果对养分的需要，又要供应第 3 穗开花坐果对养分的需要，达到番茄需肥高峰期。因此第 1 次追肥应在第 1 果开始膨大至核桃大小时，每 667m² 施硝酸铵15 ～ 20kg、过磷酸钙 25 ～ 30kg 或三元复合肥 25kg。第 2、第 3 穗果膨大到核桃大时也要追肥浇水，一般清水、肥水相间，每 6 ～ 7 天浇 1 次，以保持土壤湿润。大番茄 3 ～ 5 穗果打顶，可防止筋腐病发生。③坐果后 10 ～ 15 天内喷 1 次叶面复合肥，含钾、锌、铁、镁、钙等大量和微量元素，或磷酸二氢钾复合微肥，连施2 次。有条件的增施 CO₂ 气肥，可明显减少发病率。④选用透光性能好的农膜，适当稀植，改善光照条件；及时整枝疏果，防止果实营养供应不足；适时灌溉，防止浇水过量；调整好土壤的温湿度及氧气供应，温度高时，适当降低夜温，促进光合产物的运送和积累。⑤王芳德的防治方法是首先停止氮肥的使用，尤其是铵态氮的使用。可追施硫酸钾或低氮、低磷、高

钾复合肥，每 667m² 施 15 ～ 20kg，配合叶面喷施磷酸二氢钾 300 ～ 400 倍液，或斯德考普（螯合态含硼、锰、铜、铁、锌、钼微量元素），提供均衡全面的营养。同时浇水不宜过大，浇水后注意提高地温，通风排温。在浇水前可喷洒 36% 甲霜灵·代森锰锌悬浮剂防治疫病，同时加入 0.004% 芸薹素内酯水剂 1500 ～ 2000 倍液，对抑制或预防筋腐病有良效。

番茄、樱桃番茄茶色果和绿背果

症状　番茄茶色果和绿背果各地均有发生，是番茄果实成熟着色后显现出的不正常情况。茶色果，果实成熟后变红，但在红色果面上显露出褐色或污másrá褐色，致果实发污，光泽度差，影响果实外观。绿背果，多数番茄品种果实成熟后，粉色果果皮变为粉红色，红色果变为红色，黄色果变成黄色，但绿背果却在果实变成粉红色或红色后，果肩部或果蒂附近却残留绿色斑块或绿色区，一直不变红，看上去红绿相间，但绿色区果肉变硬，果味酸，品质下降。

病因　均是生理病害。茶色果多在偏施氮肥、气温低的条件下发生。因番茄果实着色变红阶段施用氮肥过多，叶绿素就要增高，致叶绿素分解推迟或减缓，影响茄红素、胡萝卜素在果实上形成。气温低于 16℃胡萝卜素形成慢，低于 24℃茄红素形成受抑，造成番茄着色不良，易出现茶

色果。绿背果多发生在偏施氮肥、缺少钾肥及硼素、土壤干燥条件下。

樱桃番茄茶色果

樱桃番茄绿背果

防治方法 ①合理施肥。采用配方施肥技术，注意氮、磷、钾配合，必要时喷洒含硼的复合微肥。②采用滴灌或喷灌，适时适量浇水，防止土壤过分干燥。③果实成熟期注意增光提温，白天棚温控制在 24 ~ 28℃，夜间 15 ~ 18℃。④提倡施用 0.01% 芸薹素内酯乳油 3000 ~ 4000 倍液或 1.8% 复硝酚钠液剂 5000 倍液，隔 10 ~ 15 天 1 次，连喷 2 ~ 3 次。

番茄、樱桃番茄果实变黄

症状 大番茄果实进入膨果期变白不是正常的成熟色，樱桃番茄上部果实成熟后颜色发黄、色暗也不是正常的成熟色，影响番茄、樱桃番茄果实正常转色，上市期延迟。

病因 一是这段时间温度高，光照强，影响番茄果实转色，这段时间温度和光照条件是制约大番茄、樱桃番茄转色的主要因素。二是养分供应不足，后期管理跟不上，土壤过于干旱也影响番茄转色。三是施肥不当，化肥使用过多，施肥不平衡，造成土壤中氮、磷、钾比例失衡，特别是番茄进入转色期，过量施用氮肥，钾肥施用不足，氮高钾低影响茄红素的形成，果实转色不均匀。

樱桃番茄果实变黄

防治方法 ①选用抗变白、变黄的番茄和樱桃番茄品种。大棚加盖遮阳网，根据温度和天气变化及时遮盖，避免强光、高温，温室加大通风量。②及时供应肥水防止干旱，加强中上部叶片的养护，以利于番茄茄红素的形成，促其转色正常。

番茄、樱桃番茄网纹果

症状 从果皮上可见到网状

纹，称之为网纹果。

病因 一是土壤过度干旱。二是磷钾肥吸收不足或磷钾肥在番茄体内运转缓慢，造成新陈代谢紊乱。番茄果实相互间或果实与茎叶之间所发生的争夺与果实成为养分流动中心有关，一般有机和无机物质是从浓度高处往低处移动，但在植物体内则相反地由低浓度处向高处转流，果实是碳水化合物和脂肪的集积场所，运来的可溶性的碳水化合物由于酶的作用变成不溶性的性状，储存在果实中；当两个果实互相接近时，因两者都将成为流动中心，当茎叶养分供给不足时，两者将进行剧烈争夺。经试验，番茄开花后20天左右，幼果与其他果实对碳水化合物的争夺是剧烈的，形成网纹果。三是药害。

樱桃番茄网纹果

防治方法 ①加强水肥管理，适时浇水，防止田间忽干忽湿。②叶面喷施甲壳素1000倍液或1.4%复硝酚钠水剂4000～5000倍液。③喷药时浓度要适当，防止影响果皮膨大。

番茄、樱桃番茄青皮果多

症状 近来某年春茬番茄、樱桃番茄进入采收期，很多菜农发现，番茄青皮果非常多，造成商品性大大降低，精品果变成了绿色青皮果，严重影响商品价值。

番茄青皮果多

病因 一是青皮果与品种特性有关。二是与该年气候异常有关。三是钾肥大量超标。据寿光市土壤肥料测试与研究中心测定，很多棚内土壤速效钾含量超过了2000mg/kg，是标准的5倍。生产上钾肥与硼肥之间存在拮抗作用，钾肥施入过多，严重影响番茄对硼肥的吸收利用，造成番茄严重缺硼而产生大量青皮果。

防治方法 ①选用抗青皮果的品种。②防止温度过低或过高。建议把棚内的温度控制在24～28℃。24℃有利于番茄红素形成，利于番茄正常转色。日温高于32℃，夜温高于28℃，昼夜温差超过15℃，番茄红色素的形成受到干扰和破坏，生产上要及时加强温度管理，适时通风，合理整枝，促果实转色。③定植前要进行测土施肥，生产上膨果期喜冲施高钾肥，氮肥常不足，影响果实转色，可在膨果期冲施高钾型水溶肥，并加入含镁的肥料，既能保证膨果上色，又能预防早衰。也可冲施根密密，每667m²用1桶或丰田A大量元素水溶肥20-10-30+TE 8～10kg/667m²，促转色，促棵膨果。

番茄、樱桃番茄徒长

症状 在节能型温室或简易温室中，早春种植的番茄出现叶片大，番茄植株长得很高，但果实少，果实不膨大，出现徒长或旺长。

番茄徒长苗

定植后的番茄徒长

病因 据山东、河北实地调查，这一茬番茄定植期多在1月下旬～2月中旬，如遇阴天、雾天较多，低温寡照，定植后缓苗慢，植株长势弱，为了促其生长，菜农多采取增加保温措施，早晨棚室内温度14～15℃，由于有大雾揭草苫时间较晚，等雾散去已到10时以后了，到中午棚温也未超过25℃，下午温度降到20℃时就要盖草苫，造成白天温度不高，夜间温度相对偏高，昼夜温差小，这个情况在缓苗期还可以，可是对已缓苗的大棚再继续这样管理就会出现徒长或旺长。对已缓苗的棚室昼夜温差必须达到10℃以上，尤其是要降低后半夜的温度很难实现，就发生了植株徒长。

防治方法 ①定植时水分不宜过大，幼苗已到了定植期，但天气又不是太理想情况下，定植时可改为小水保苗；也可定植后先不封穴，待缓苗后进行适当的中耕再封垄，比定植后马上封垄缓苗快。②对已缓苗的植株，在温度管理上要拉大昼夜温差，晴天早晨保持10～12℃，上午25～30℃开始通风，下午22℃关风口，傍晚18～20℃放草苫，到24点温度降到15℃，早晨保持在10℃左右。若阴天、雾天早晨在8℃以上，不影响植株生长。进入3月下旬后外界气温回升，夜间在去掉二层膜的前提下，适当减草苫数量。若温度还是降不下来，可在16点关风口，18点放草苫时，把棚膜留5cm宽的缝，以利于降低后半夜的温度，可防止植株旺长、促进果实膨大。

番茄膨果慢,前期产量低

症状 番茄生产上,若植株生长过旺,生殖生长不足,就会产生番茄膨果慢,近来某年有的番茄坐住果已70多天了,尚未膨大转红,造成前期产量低。正常的番茄在开花授粉3～4天后开始膨大,7～20天膨大速度加快。

番茄膨果慢前期产量低

病因 膨果慢和前期产量低的原因有三。一是番茄植株长势调控不当,中后期出现旺长,造成营养流向失衡。茄果类蔬菜生长前期从幼苗定植到坐住1个果,必须以控长为主,控水控肥,把昼夜温差拉大,培育壮秧,这时番茄以营养生长为主,要采取有效措施调控植株长势,防止植株营养生长过旺抑制生殖生长,造成花芽分化不良,出现果实膨大缓慢致前期产量低。二是浇完第二水后,就要控水控肥,保持土壤干燥,促根系深扎,抑制过旺的营养生长,待第1穗果长到核桃大小时再浇第三水,并开始追施氮磷钾大量元素肥料,如肥力钾或顺藤,以后每坐住1穗果,浇水冲肥1次,番茄的叶片与果实的生长是对应的,叶片展开对应雌花开放,叶片衰老对应果实成熟,生产上在果实未成熟前提早疏枝打叶是不对的。只有当果实即将成熟时,适当疏除部分病老叶。三是温度高低是决定番茄转色快慢的主要因素。注意拉大昼夜温差,早晨保持10～12℃,上午25～30℃,下午22℃,零点温度降至15℃。叶子是果实膨大的营养供应源,叶子少,叶果比过小,营养供应不足,膨果慢,果实小,前期产量也低。

防治方法 ①注意温度调控。早春茬番茄要加强保温,增加保温膜,防止棚内温度过低,影响花芽分化。秋延茬番茄定植后需适当遮阴,适时浇水,防止高温对花芽分化的影响。②调整植株长势,做到植株壮且不旺,合理浇水、中耕,调节番茄植株长势,结果期追施氮钾比例为1:2的全水溶性肥料,如肥力钾、固能、顺欣等2～3次,每667m²用5～10kg或随水冲施丰田A大量元素水溶肥20-10-30+TE8～10kg/667m²,促棵膨果。也可在盛果期冲施潘塔水溶肥高钾型11.5-10-35+2Mg,既能保证膨果上色,又能预防植株早衰,提高产量。

番茄、樱桃番茄芽枯病

1990年以来,夏秋栽培的番茄和近年栽培的樱桃番茄常发生番茄芽枯病,为害较重,是一种生理病害，应引起番茄、樱桃番茄生产上的重视。

症状 无论是番茄，还是樱桃番茄，都常出现植株顶芽枯萎，上部茎分权处变粗肿，有的在粗肿处产生一小孔，似虫孔，且从小孔处向上下扩展形成"丫"字形裂刻，裂刻边缘粗糙。芽枯的枯枝丛生，叶细小，很像病毒病，生产上对已坐住的果实影响不大。该病多发生在夏秋番茄或樱桃番茄上，严重的造成大幅度减产乃至全田毁灭。

番茄芽枯病

樱桃番茄芽枯病

病因 一是播期。河南4月25日、5月5日、5月15日分3期播种时，以4月25日早播的发病轻，5月15日播种的发病最重。二是与品种有关。生产上用洛番2号、毛粉

802、洛番1号、佳粉10号做试验，结果表明，洛番2号发病最轻，佳粉10号发病最重。三是秋延后番茄芽枯病的发生与品种、播期的关系试验表明，秋延后番茄播期越提前，芽枯病发生越重，洛番2号品种在秋延后栽培条件下也表现芽枯病发生轻。四是栽培方式不同，芽枯病发生情况也有明显差异。生产上采用高垄、覆盖并套种玉米栽培的夏番茄，芽枯病发生最轻。

防治方法 ①选用芽枯病发生轻的番茄、樱桃番茄品种。②适期播种。河南一带夏番茄以4月25日、秋番茄以7月25日播种最好。③提倡采用具有遮阳、保墒效果的玉米套种和覆盖方式，可使芽枯病明显减少。也可使用遮阳网覆盖，防止高温为害。④棚室栽培番茄、樱桃番茄的，中午注意通风，控制棚温在35℃以下。⑤喷洒0.01%芸薹素内酯乳油3500倍液。

番茄、樱桃番茄高温障碍

症状 塑料大棚或温室栽培的番茄，常发生高温为害。叶片受害，初叶退色或叶缘呈漂白状，后变黄色。轻的仅叶缘呈烧伤状，重的波及半叶或整个叶片，终致永久萎蔫或干枯。花芽分化时遇高温持续时间长，则表现为花小、发育不良或产生花粉粒不孕、花粉管不伸长、不受精、致落花或影响果实正常色素的形成及坐果。番茄遇有30℃高温，光合强

度下降，35℃时开花结果受抑制，结下的绿果或刚转成红果皮呈皱缩状，40℃以上产生大量落花落果。果实成熟时遇到30℃以上的高温，茄红素形成减慢，高于35℃茄红素难于形成，表面产生绿、黄、红相间的杂色果。

樱桃番茄高温障碍

病因　当白天温度高于35℃或40℃高温持续4h，夜间高于20℃，就会引起茎叶损伤及果实异常。

防治方法　①及时通风，降低棚内温度。②提前浇水或叶面喷水降温。③化学控制。喷洒0.1%硫酸锌或硫酸铜溶液可提高番茄植株抗热性，兼防日灼和裂果。④提倡使用遮阳网。⑤用2%的2,4-D钠盐水剂1000～2000倍液蘸花或浸花，防止高温落花，促子房膨大。

番茄、樱桃番茄低温冻害

症状　番茄对低温适应性较强，我国南方、北方都在千方百计进行全年生产或反季节栽培，以满足市场上周年供应的需要。有些地区在全年气温最低的12月至翌年2月育苗，有些在秋冬进行延后栽培，经常遇有气温过低，植株处在维持生长发育的状态，持续时间较长时，出现下述症状。一是子叶展开期遇低温，表现为子叶小或胚轴短，子叶上举或叶背向上反卷。花芽分化期遇低温，真叶小，暗淡无光，色较深，形成畸形花。定植期遇低温叶片呈掌状，叶色浓绿，根系生长受抑，易形成畸形果或果实着色不良。二是低温对番茄整个生育过程均能造成不利影响，如低温抑制茎叶生长，致苗弱叶片皱缩，叶绿素减少，出现黄白色花斑或呈黄化状态，植株生长迟缓、着花不良、萎蔫、局部坏死、坐果率低、果实朽住不长、膨大慢、品质产量下降等。三是引起植株群体生长发育不均一性，严重的叶片呈水渍状或果实上出现斑点，这些生理受损的组织易造成局部坏死或受病菌侵染或诱发低温型病害的发生，如早春、晚冬的猝倒病、根腐病、灰霉病、菌核病、叶枯病等。以上种种症状表明，番茄长期处在低温条件下就会发生低温生理病。

病因　番茄起源于热带，是高温类蔬菜，但经过长期适应，番茄已不耐高温多湿，在果类蔬菜中，它趋向于耐低温类蔬菜。气温高于10℃即能生长，13℃以上能正常坐果，生产上白天温度达到24～26℃，夜温13℃可充分发育。但当生产中气温低于13℃生长发育迟缓，低于5℃茎、叶停止生长，长时间低于6℃植株则死亡。在果实膨大过程中，番茄着色与胡萝卜素、茄红素形成快慢有关，低于16℃胡萝卜素形成慢，低于24℃茄红素形成受抑，造成番茄不易着色。地温以20～23℃最适，当地温低于13℃时，生长迟缓。低于8℃根毛受抑，低于6℃根系停止生长。低温引起番茄生理变化。如叶片呈水渍状，是细胞膜系半透性受损，导致细胞质外渗所致。冷害影响光合作用，低温和低温冷害扰乱了叶绿素合成系统的功能，致净光合产率下降，尤其是在光照弱，又有水分胁迫条件下，对光合作用影响更大，造成番茄叶片黄化，果实朽住不红。同时，低温影响根系对磷的吸收，妨碍对钙、钾、镁等营养元素的吸收和利用，使叶片黄化加剧。

番茄低温冻害

樱桃番茄低温雨雪冰冻害灾害

早在20世纪70年代，Lyons等提出细胞膜系统是低温冷害的首要部位。他们认为植物细胞膜在低温下由膜液晶状态转变成凝胶状态，膜收缩，这种变化引致细胞膜透性降低及系膜酶和酶系功能改变，导致细胞代谢的变化和功能紊乱，引起低温生理病和冷害。低温还可引起蛋白质谱系变化，如可溶性蛋白及酶类发生变化，产生抗冷蛋白。低温常导致植物细胞中可溶性蛋白质含量的增长，酶系更加稳定。但对热带起源的低温敏感植物，在引起冷害的温度条件下，往往能引起多种酶系结构、功能和数量的改变。低温锻炼能使植物的基因表达发生改变并有新的蛋白质合成。

【防治方法】　①选用耐低温弱光品种或早熟品种。近年我国植物抗低温基因工程已把鱼类抗冻蛋白基因成功地导入番茄，产生的融合蛋白具有抑制冰晶形成的作用，利用抗冷基因工程进行植物抗冷改良，培育抗冷品种。近年全国育出了一批既抗病毒病又耐低温弱光的早熟品种，各地可因地制宜选用。如江苏番茄2号、江苏番茄3号、绿番茄、晋番茄1号、河南5号、浙杂7号、早杂1号、吉农早丰、霞粉、兰优早红、夏星、粤红玉、津粉65、绿丹番茄、青岛早红、早霞、长春早粉、佳粉17号、毛粉802、长春4号等。②科学确定播种期，适时播种、定植。尤其是冬、春季或反季节生产的番茄，既要考虑气温和地温能否满足番茄生长发育所需，又要考虑番茄对低温适应能力。

种子虽在 11 ～ 40℃之间均可萌发，但发芽适温最好控制在 25 ～ 30℃。定植后白天控制在 24 ～ 26℃，夜间 18℃左右。地温 20 ～ 23℃最理想，最低 13℃。冬春大棚光线不足，最低温度可暂时降至 5℃，一般无大影响，但当最低温度降到 3℃时产量大减。番茄不同生育期对低温敏感性不同，前期对低温敏感，应设法满足，但生育后期，低温能促进上部果穗膨大，因此生产上需把地温控制在 16 ～ 18℃。③番茄苗期低温锻炼和蹲苗十分重要，一定要做好，选晴天定植。④在降温前喷洒植物抗寒剂每 $667m^2$ 200ml 或 3.4% 赤·吲乙·芸可湿性粉剂 7500 倍液，也可在浇水时加甲壳素或氨基酸 1000 倍液。

番茄、樱桃番茄2,4-D药害

症状 保护地栽培的番茄、樱桃番茄常出现 2,4-D 药害。叶片和果实较易受害。叶片受害常见有两种。一是局部或整棚受到 2,4-D 的蒸气熏蒸，特点是受害枝叶分布均匀。引起中上部的叶片增厚下弯或僵硬细长，小叶不展开，呈纵向皱缩，叶缘畸变，小枝或叶柄扭曲。二是部分叶片在 2,4-D 喷花时，直接遭受药雾伤害。叶片畸形严重，出现卷曲、细长或增厚，叶片、小枝及茎秆着药最多处常现黄绿色或浅褐色坏死，严重的产生隆起疱斑。果实受害，常从脐部开裂，产生畸形果。此外，番茄遇有低温也可产生类似的症状。

病因 2,4-D 药害是生理病害。引起 2,4-D 药害原因：一是浓度过高，超过了樱桃番茄所能容忍的限度；二是施用 2,4-D 后棚内温度过高，造成番茄、樱桃番茄在高温条件下产生严重药害。

番茄果实上的2,4-D药害

防治方法 正确掌握 2,4-D 的使用浓度和使用方法。①蘸花要适时。当天开的花蘸早了易形成僵果，晚了易裂果。前期气温低，花数少，每隔 2 ～ 3 天蘸 1 次，盛花期最好每天或隔天蘸。②喷花时要做好标记，防止重复蘸花，以免造成浓度过高，出现裂果或畸形果。③定植后气温 15 ～ 20℃，2,4-D 的浓度以 10 ～ 15mg/kg 为宜。即取 1ml 1.5% 2,4-D，加 1L 水即配成 15mg/kg，加 1.5L 水则配成 10mg/kg。气温升高后，据当时天气条件，浓度可降为 6 ～ 8mg/kg。④使用 2,4-D 时，防止直接蘸到嫩枝或嫩叶上，严禁喷洒。如田间花数量大，可改用防落素 25 ～ 40mg/kg 喷花，并注意喷花后适时浇水和追肥。⑤若用涂抹方法蘸花，用的药液较浓，要注意防止药液蒸气从容器口逸出而产生药害。⑥喷洒 1 次 0.004% 芸薹素内酯水剂 1000～1500 倍液，促进植株尽快恢复。

番茄、樱桃番茄缺素症（营养障碍）

症状　①缺氮。植株生长缓慢呈纺锤形，全株叶色黄绿色，早衰。初期老叶黄绿色，后变浅绿色，小叶细小，直立，叶片主脉由黄绿色变为紫色至紫红色，下部叶片更加明显，茎秆细，果实小，后期下部黄色叶片出现浅褐色小斑点。②缺磷。初叶背也显紫红色，叶片上出现褐点，叶片僵硬，叶脉变紫色，下部叶片上卷，老叶变黄，茎部细弱，叶尖变黑褐色枯死，结果受到明显抑制。③缺钾。发病初期叶缘出现针尖大小黑褐色点，后茎部也出现黑褐色斑点，后融合成片，叶缘呈鲜橙黄色，叶脉间逐渐变黄，最后叶片边缘开始枯萎。叶质地变脆，茎变硬或木质化，根系发育不良，幼果易脱落或畸形果多，无色泽，品位差，严重的整株早枯或死亡。④缺硼。小叶褪绿或变橘红色，生长点发暗或变黑，茎、叶柄、小叶柄变脆，叶片易落，根系发育不良变褐色，易产生畸形果，果皮上现褐色斑点。⑤缺铁。植株顶部叶片失绿后呈黄色，初末梢保持绿色，持续几天后，向侧向扩展，最后致叶片变为浅黄色。⑥缺锰。中部叶片或老叶呈浅绿色，后

番茄缺硝态氮症状

大番茄植株缺磷上中部叶片变成紫色

番茄缺钾叶脉间出现黄白色失绿，叶缘失绿向上扩展

番茄缺镁叶脉间呈块状黄化

番茄缺镁叶脉间变黄

番茄缺铁顶端嫩叶黄化

番茄缺硼叶柄形成不定芽（左）
和茎木栓化（右）

大番茄缺锰中上位叶片褪绿有
网纹浅绿色变黄

幼叶失绿，叶片上出现网状纹，脉间失绿也呈浅黄色，后期浅色区域出现坏死小斑点，逐渐变成大斑块。⑦缺镁。在第一个花房膨大期植株下部老叶出现失绿，叶脉间出现模糊的黄化现象，后向上部叶扩展，形成黄花斑叶，严重的叶片略僵硬或边缘上卷，叶脉间出现坏死斑或在叶脉间形成褐色块带，致叶片干枯或整叶至全株黄化。⑧缺硫。叶色呈淡绿向上卷曲，后心叶枯死或结果少，中上位叶色浅于下位叶，严重的变为浅黄色。⑨缺钙。植株瘦弱下垂，发病初期心叶边缘发黄皱缩，严重时心叶枯死，植株中部叶片形成大块黑褐色斑，后全株叶片上卷。

病因 ①缺氮。前茬施用有机肥或氮肥少，土壤中含氮量低、施用稻草太多、降雨多、氮素淋溶多时易造成缺氮。②缺磷。苗期遇低温影响磷的吸收，此外土壤偏酸或紧实易发生缺磷症。③缺钾。土壤中含钾量低或沙性土易缺钾；番茄生育中期果实膨大需钾肥多，如供应不足易发生缺钾。④缺硼。土壤酸化，硼素被淋失或石灰施用过量均易引起缺硼。⑤缺铁。土壤中磷肥多、偏碱，影响铁的吸收和运转，致新叶显症。⑥缺锰。锰多在植株生长活跃部分，特别是叶肉内，对光合作用及碳水化合物代谢都有促进作用，缺锰使叶绿素形成受阻，影响蛋白质合成，出现褪绿黄化症状。土壤黏重、通气不良、碱性土易缺锰。⑦缺镁。一般是土壤中含镁量低，有时土壤中不缺镁，但由于施钾过多或在酸性及含钙较多的碱性土壤中影响了番茄对镁的吸收，有时植株对镁需求量大，当根系不能满足其需求时也会造成缺镁。生产上冬春大棚或反季节栽培时，气温偏低，尤其是土温低时，不仅影响了番茄植株对磷酸的正常吸收，而且还会波及根对镁的吸收，引致缺镁症发生。此外，有机肥不足或偏施氮肥，尤其是单纯施用化肥的棚室，易诱发此病。⑧缺硫。在棚室等设施栽培条件下，长期连续施用没有硫酸根的肥料易发生缺硫症。⑨缺钙。原因参见番茄、樱桃番茄脐腐病。

防治方法 ①施用顺欣等大量元素水溶肥。采用配方施肥技术。经测定每生产1000kg番茄，需氮素3.45～3.72kg、五氧化二磷1kg、氧化钾6kg。为避免缺氮，基肥要施足，此外，也可施用绿丰生物肥50～80kg/667m²。温度低时，施用硝态氮化肥效果好。番茄需肥关键期为初果期和盛果期。一般城郊型土壤初果期氮肥最小指标为50mg/kg，盛果期60mg/kg，生产上测定是否缺氮，应在初果期、盛果期前1周，取10cm土层内土样，测其速效氮含量，当土壤中每缺1mg/kg速效氮时，应补施尿素0.5kg或碳铵1.25kg。生产上发现缺氮时，可立即埋施发酵好的人粪尿，也可将碳酸氢铵或尿素等混入10～15倍的腐熟有机肥中施于植株两侧后覆土、浇水。应急时也可在叶面上喷洒0.2%尿素。②缺磷时，育苗期及定植期要注意施足磷肥，培养土中要求有P_2O_5 1000～1500mg，在番茄定植前测定土壤中速效磷含量应达到40mg/kg，如不足，缺多少补多少，土壤中每缺1mg/kg速效磷，则应补过磷酸钙2.5kg。此外，也可叶面喷洒0.2%～0.3%磷酸二氢钾或0.5%～1%过磷酸钙水溶液。也可冲施阿波罗963养根素配合水溶性肥料肥力钾，补充营养，从根本上解决。③缺钾时，在多施有机肥基础上，施入足够钾肥，可从两侧开沟施入硫酸钾每667m²用15～20kg，施后覆土，也可叶面喷洒0.2%～0.3%磷酸二氢钾或1%草木灰浸出液。④缺硼时，叶面喷洒0.1%～0.2%硼砂水溶液，隔5～7天1次，共2～3次。⑤防止缺铁。pH值6.5～6.7时，不要再使用碱性肥料，改用生理酸性肥料。在碱性土壤中，施用磷肥过多易发生缺铁。生产上如缺铁症已发生，应喷洒0.5%～1%的硫酸亚铁水溶液或柠檬酸铁100mg/kg水溶液，5～7天1次，防治2次。⑥缺锰时，增施有机肥，科学施入化肥，防止化肥在土壤中浓度过高。应及时喷洒0.2%硫酸锰水溶液1～2次。⑦缺镁时，首先注意施足充分腐熟的有机肥或碧全有机肥，改良土壤理化性质，使土壤保持中性。必要时亦可施用石灰进行调节，避免土壤偏酸或偏碱。采用配方施肥技术，做到氮、磷、钾和微量元素配比合理。必要时测定土壤中镁的含量，当镁不足时，施用含镁的完全肥料。应急时，可在叶面喷洒1%～2%硫酸镁水溶液，隔 2 天 1 次，每周喷 3 ～ 4 次。此外，要加强棚室温湿度管理，前期尤其要注意提高棚温，地温要保持在 16℃以上，灌水最好采用滴灌或喷灌，适当控制浇水，严防大水漫灌，促进根系生长发育。⑧缺硫时，施用硫酸铵等含硫的肥料。⑨缺钙时，要据土壤诊断，施用适量石灰，应急时叶面喷洒 0.3% ～ 0.5% 氯化钙水溶液，每 3 ～ 4 天 1 次，共 2 ～ 3 次。此外，于坐果后每 667m^2 喷施绿芬威叶面肥 50g，对水 50kg，隔 10 天 1 次，共施用 2 ～ 3 次。或幼苗期每 667m^2 用 25g 番茄膨大素（8902 系列产品），蕾期前 10 天和盛果期每 667m^2 用 130g，用水溶解后对水 50kg，可促进番茄膨大，早上市 5 ～ 10 天，增产 20% ～ 50%。也可在番茄初花期喷洒 0.01% 芸薹素内酯乳油 3000 ～ 4000 倍液，10 天后再喷 1 次，可提高产量 10% ～ 30%。也可冲施含氮磷钾高的水溶肥，如肥力钾、顺欣平衡型一般每 667m^2 冲施 5 ～ 7.5kg。

番茄、樱桃番茄脐腐病

　　症状　又称尻腐病、贴膏药病。初发病时在幼果脐部及脐部周围出现水渍状浅褐色至暗褐色病变，果肉失水，顶部扁平或凹陷，有时病斑中央出现轮纹，果肉、果皮柔软。湿度大时病部常被链格孢等真菌寄生。

　　病因　是缺钙引起的生理病害。当生产上未重视补钙或土壤中有

效钙得不到补充，钙含量有所减少，且土壤中的钾肥或氮肥过多时，就会影响番茄、樱桃番茄对钙的吸收，造成缺钙。此外，土壤酸化也妨碍钙肥的吸收利用。生产上进入结果期遇有长期干旱、土壤供水不足或不匀、根系不能正常吸水也易诱发脐腐病。

绿果期的番茄出现缺钙症状

樱桃番茄缺钙脐腐病病果

　　防治方法　①选用抗耐病品种。采用测土配方施肥技术，施足腐熟有机肥，防止土壤中钾、氮含量过高，土壤中缺钙或酸化时应及时施用生石灰进行校正。②加强管理，适时均匀灌溉，尤其是坐果后果实膨大期不能缺水，有条件的采用有机无土栽培法或滴灌。③坐果前期开始喷洒 0.5% 氯化钙

或 1% 过磷酸钙、0.1% 硝酸钙等均有效。也可试用脐腐宁，每袋加水 60kg，于番茄、樱桃番茄坐果初期开始喷洒植株和果实，隔 10 ～ 15 天 1 次，连喷 3 ～ 4 次。④也可喷施氰氨化钙液剂 30L/667m²。⑤第 1、第 2 果膨大时，喷施含钙、含硼的叶面肥，如光合动力、硼尔美 + 钙尔美可有效防止脐腐病。⑥平衡施肥，膨果期不可连续冲施高钾肥，防止钾过量影响钙元素的吸收。⑦根据土壤墒情及时浇水，防止土壤干湿不均或过于干旱，保证根系吸收到充足的水分和养分。

番茄、樱桃番茄氮过剩症

症状 番茄氮过剩时植株呈倒三角形，节间长，茎叶徒长，植株软弱，开花不好，易落花落果，果实转色迟，且色泽不匀，果柄处的果实往往着色不良。严重的茎和叶柄上产生褐色坏死斑点，顶部茎畸形，有时茎节开裂，髓部变褐，影响正常生长发育。当生产上施氮过多且光照又不足时，还会引起番茄产生氨和亚硝酸中毒症。氨中毒症主要表现为叶片萎蔫，叶缘或叶脉间出现褐枯，茎部也会形成污斑。田间易出现亚硝酸危害，但大棚里出现较多，根部变褐，地上部出现黄化，但顶部叶仍保持绿色，中部叶黄化严重，基部叶和顶部黄化较轻。

病因 一是大棚、温室等保护地使用年限已很长，保护地施肥量比露地高 4 ～ 6 倍，90% 的肥料没得到利用，造成土壤盐渍化。或易分解的有机肥施用量大，造成氮素在土壤中积累。二是生产上偏施、过施氮肥，常会造成氮素过剩。三是大棚内温度高，无雨水淋洗，造成土壤中氮的积累过剩。

大番茄氮素过剩叶片上出现涡状扭曲

防治方法 ①采用番茄测土施肥技术，制订配方施肥计划，有效地控制氮肥施用量。②合理地进行氮、磷、钾、镁等配合施用，在地温低的苗期应少施或不施氨态氮化肥和尿素，施用硝态氮肥料能防止氨离子中毒现象出现。③在硝态氮含量高的老塑料温室中可施用稻草或其他作物秸秆。④地温较高时发现硝态氮过剩，加大灌水量可降低土壤中硝态氮的含量。

番茄、樱桃番茄硼过剩症

症状 下部叶缘变白，叶脉间发生不规则白斑。

病因 硼肥施用量过大，或用了含硼的污水灌溉。

番茄硼过剩叶脉间现不规则白斑

防治方法 严格控制硼肥施用量，每667m² 用量为 0.25 ～ 0.5kg，隔 3 ～ 5 年施用 1 次，土壤中水溶性硼含量过高时，施用石灰可减少硼为害。

番茄、樱桃番茄锰过剩症

症状 番茄锰过多造成植株细长瘦弱，叶柄和茎尤其是茎节附近易受害，造成叶片萎蔫，果实顶部枯死。下部叶片叶脉上生有黑色斑点。

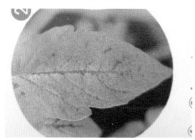

番茄锰过剩症造成植株细长瘦弱

病因 番茄锰中毒主要发生在母质含锰较高的酸性土中，尤其是土壤 pH 值小于 5 时，土壤水溶性锰或交换性锰明显增加，很易发生锰

过剩。

防治方法 酸性土壤出现锰过剩可用石灰进行改良，提高土壤 pH 值、降低锰的有效性，减轻锰的为害。生产上每 667m² 施入硫酸锰 1 ～ 2kg。

大番茄黄头顶

症状 上部叶片出现黄化，先从叶柄和叶片下部开始向叶尖蔓延，叶脉、叶肉都出现发黄的现象。果实染病，出现黄头顶。该症状与番茄斑萎病毒病相近，需注意鉴别。

病因 是一种生理病害。番茄根系受伤后，吸收各种营养元素的能力下降，造成叶片缺素，这就会出现生理性黄叶的情况，这种情况在山东冬季棚室中发生十分普遍，主要是肥水管理不当以致伤根、沤根造成的，植株长势弱，拉不动果实生长易显症。

大番茄黄头顶

防治方法 ①首先进行中耕，降低棚室内土壤湿度，提高透气性，促进根系恢复。②用 70% 噁霉灵可

湿性粉剂 1500 倍液和 33.5% 喹啉铜悬浮剂 1000 倍液＋氨基酸类生根肥料灌根，诱发新根生长。③施用顺欣、芳润等全水溶性肥料每 667m² 冲施 5kg，配施甲壳素 1kg，番茄开第 1 穗花时，每次浇水冲施，注意减量施用为宜。促进叶片叶绿素的合成，维持光合作用稳定，有机营养充足，促进根系恢复，下次浇水不可过大，防止再次伤根，从根本上解决番茄黄头顶。

番茄、樱桃番茄生理性萎蔫

症状 植株从外观看没有异常，茎的基部或根的表面也没有病斑，但剥开根部表皮，里面已经变成褐色，这种植株在连阴天后突然转晴

番茄生理性萎蔫

番茄成株生理性萎蔫

时，中午出现萎蔫，早晚尚可恢复，持续时间长后植株枯死。

病因 主要是持续时间长的连阴天造成土壤温度低于 12℃，叶片光合作用下降，根部得不到足够的营养，造成根的功能降低，吸收水分的能力减弱，转晴天气温突然升高，地温提升稍慢，当出现根系吸收的水分不能满足番茄、樱桃番茄蒸腾作用消耗的水分时，就会出现供水不足的情况，这样发生萎蔫的植株得不到及时恢复就会出现萎蔫，这时土壤中的病原菌就会趁机侵入，发生根腐。

防治方法 ①连阴天后突然转晴时，不要使棚内温度升得过快过高，应把草苫放下一部分进行适当遮阴，降低棚内的温度，减少蒸腾量，使植株有一个适应过程，一般中午的棚温也不要高于 25℃。②为了防止非侵染性病害转化成侵染性病害，喷淋或浇灌 2.5% 咯菌腈悬浮剂 1200 倍液，隔 5 ~ 7 天后再防 1 次。

番茄、樱桃番茄银叶病

症状 多发生在冬春季节棚室内栽培的番茄、樱桃番茄植株上，北方或气温较低的季节也可发生。发病初期叶片上部或大部分变成淡绿色，严重时全叶叶背变成灰色，生长变缓，叶片小，有的稍皱缩。

病因 是生理性病害，部分温室或露地发生。病因主要是植株顶部叶片受到低温伤害。保护地在早春遇有晴朗的夜晚，早晨卷起草苫后的棚

番茄银叶病

室通过辐射向外大量放热，棚室塑料膜内侧的气温低于地表面的温度，造成番茄植株顶部的叶片处在较低的温度下，如地表温度是17℃，这时番茄顶部的气温只有13℃，这种情况下有利于发生银叶病。露地番茄、樱桃番茄也会产生类似的情况，出现银叶病。

防治方法 ①选用耐低温的品种。②提高棚室上部空气层的温度。

番茄、樱桃番茄氨中毒和亚硝酸气为害

症状 番茄、樱桃番茄受氨气为害，主要为害叶片，严重的茎也受害。叶片受害初期似水浸状，干燥时变成褐色，病、健分界明显。当氨气浓度大时，毒害花器，造成花萼、花瓣初呈水渍状，后变黑褐色，干枯，花不能开放。为害茎时，茎也能变褐。土壤通气不良时氨气可伤及根系，造成生长点坏死，下部老叶脱落或全株干枯而死。亚硝酸气体为害的前期，其症状与受氨害相似，但当叶片干燥以后，受亚硝酸气体为害的叶缘或叶脉间变成不规则形白色斑块。

病因 产生氨害原因主要是施用未腐熟的鸡粪饼肥后，在大棚里高温高湿作用下迅速发酵产生氨气危害番茄等蔬菜。此外，直接在土表撒施碳酸氢铵、尿素也会产生氨气造成番茄叶片受害。可用pH试纸蘸棚内水珠测其pH值，当pH值大于8说明易产生氨气为害。

番茄大棚施氨超标，土壤通透性差，地温偏低致氨肥硝化过程受阻，造成亚硝酸态氮在土壤中大量积累，当土壤呈酸性时（pH值小于6）亚硝酸气体从土壤中溢出。大棚中亚硝酸气体浓度超过2mg/kg时，就会引发番茄受毒害，叶片上产生白色斑块。

番茄氨中毒

番茄受亚硝酸气为害出现白色斑块

防治方法 ①防止氨害。鸡粪、饼肥等有机肥必须充分腐熟后才能使用，尿素、碳酸氢铵应溶于水后使用或埋土穴施，不要偏施氮肥。大棚施肥前后应加大放风量，尤其是已出现氨害的更应及时放风。对受害轻的，中午需回帘遮光，促其生长。②防止亚硝酸气体为害。从防止保护地内土壤酸化和盐渍化入手，防止亚硝酸在土壤内积累，严防亚硝酸在酸性条件下气化。③对土壤酸化的可施入生石灰，把土壤 pH 值调到中性。④喷洒天达 2116 壮苗灵 600 倍液。

寿光番茄酱油果

2014 年寿光番茄栽培中暴发了番茄酱油果，严重影响了番茄果实质量。

症状 主要发生在果实上，果实表面现茶色或酱油色的斑块，病斑大小不一，只在果上显现，把果皮剥开后内部果肉颜色正常。初期果实表面颜色浅，很难被发现，后逐渐变成暗褐色至棕褐色，边缘明显，略微凹陷。多从果肩部开始发病，果实质地硬实，不变软，多发生在果实膨大期，生产上多在果实转色时才被发现，是番茄缺钙的一种表现。

病因 一是番茄缺钙造成番茄果皮细胞壁硬度下降，使果皮较薄，尤其是施肥不合理，生产上大量施用氮肥，果实膨大期又过量施用高钾肥料，增加了土壤中 NH_4^+ 和 K^+ 的含量，而 NH_4^+ 和 K^+ 对 Ca^{2+} 有很强的拮抗作用，从而降低了番茄对钙的吸收，造成植株缺钙。二是由钙在植株体内的运输特性决定的。钙在植株体内的运输主要靠蒸腾拉力，且很难在植株体内进行再次分配，因而果实中钙的含量远低于叶片，造成果实缺钙。而果实缺钙使果皮细胞壁的硬度降低，增加了发病概率。三是番茄转色期管理不当会影响番茄着色。茄红素形成最适温度 24℃，出现高于 28℃ 或低于 15℃ 都不利于转色，引发酱油果发生。

防治方法 ①进行综合防治，从加强管理入手，做到平衡施肥，防止偏施氮肥及过量施用钾肥，在果实膨大期，叶面喷施翠康钙宝 500 倍液、全硼液 1000 倍液。浇水后的 3 天内及时控温排湿，在控制好棚温基础上，排湿做得越好，棚膜的滴水越少，越有助于防止病害；在棚室前脸内侧薄膜上喷施杰效力（超级农药桶混助剂）2500 倍液，5～7 天 1 次，连喷 2 次，可减少棚膜滴水，减轻发病。②药剂防治。发病后用壬菌铜 500 倍液 + 四霉素 750 倍液 +80% 烯酰吗啉 800 倍液 + 百菌清 600 倍液进

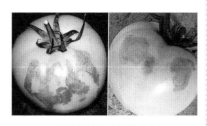

番茄酱油果（祝海燕）

行喷施。喷药后 3 ～ 5 天及时喷施芸薹素内酯（施丰）1500 倍液 + 阿米卡（鱼蛋白液肥）600 倍液 + 翠康钙宝 500 倍液有效。

雾霾天气对棚室种植番茄、樱桃番茄的影响

症状　受雾霾天气的影响，蔬菜出现徒长或衰弱，植株茎变细，叶色变浅，花开的整齐度差，花粉少，落花落果增加，一些地区的番茄苗期生长期延长，造成定植期推迟，由于雾霾中带有的毒素有臭气味，温室不能放风，否则颗粒物落到叶片上会使叶片受害。番茄叶片边缘黄化，叶缘上卷，根系须根少，植株长势弱。11 月末到 12 月初番茄第 1 穗果鸡蛋大小时温室前底脚出现冻害，出现生长停滞。

由于雾霾寡照带来低温，温室不能放风造成温室内高湿度，使番茄灰霉病、晚疫病的发生明显加重，由于植株抗性减弱使番茄枯萎病、根腐病、番茄黄化曲叶病毒病加重，严重的造成果类菜提前拉秧。据 2013 年 2 月沈阳市物价局监测：雾霾带来低温冷害造成番茄减产不低于 30%。大连普兰店的温室黄瓜，往年隔 1 天采收 1 次，而 2013 年 1 月有雾霾危害后隔 2 ～ 4 天采收 1 次，黄瓜从开花到采收常年 8 天左右，2013 年则 12 天左右，果类菜采收期推迟 10 多天。

症因　雾霾及雾霾带来低温的影响。雾霾天气时的空气相对湿度介于 80% ～ 90% 之间，空中浮游大量极微细的尘粒或烟粒，且持续时间较长，有效水平能见度小于 10km，市区内及楼群集中的地方严重，山区自然环境好的地方较轻。2012 年 12 月至 2013 年 2 月，雾霾寡照低温灾害性天气均超出历史记录，城市及周边较为严重，虽远离城市雾霾程度下降，但也造成温室内光照严重不足。2013 年 1 月，辽宁省部分地区有 12 ～ 19 天出现雾霾、降雪或阴天天气，部分地区反映连续晴天超过整 3 天的只出现过 1 次。持续多日的雾霾天气在危害人们健康的同时，也使得设施农业，特别是蔬菜生产减产，生育期延长或晚熟，部分农民收入、蔬菜价格和种类均受到严重影响。

防治方法　①改进放风方法。雾霾天气不宜放风，温室内必须放风时不能放侧风，只能放顶风，可有效防止病害发生。南风天要减少放风，以防冻害发生。雾霾天气过后要及时揭开棚室覆盖物，增加光照。加强草苫管理进行三段式放风。连续大雾天突然转晴后应在中午光照过强时，采用"隔一盖一"的方式盖草苫，下午再揭开，防止光照过强。②改进浇水方法。雾霾天气不要浇水追肥，严禁大水漫灌。铺设软管微喷，形成膜下软管微喷浇水方式。保证浇水后是晴天。实施水、肥、药一体化灌溉技术，水温提高到 13℃以上效果好。③合理调整种植结构，适当增加黄瓜种植，减少番茄种植，特别是 12 月到翌年

1月秧苗长势衰弱、生长停滞时，番茄要特别护理，防止雾霾寡照造成严重减产，恢复无望的要及时清除。④加强保温措施。如利用小太阳电炉、煤炉、暖气升温，也可使用大连生产的增温增肥燃烧块进行增温。用法参见本丛书《瓜类蔬菜病虫害诊治原色图鉴》分册，黄瓜、水果型黄瓜苗期低温冷害和冻害。⑤增加光照，清洁棚膜灰尘、整枝打杈时，要减少伤口，打杈后马上喷洒77%氢氧化铜可杀得叁千800倍液，后墙张挂反光幕或安装增光灯。⑥提倡喷洒3%磷酸二氢钾及含硼、锌、钙、镁等中微量元素光合动力叶面肥500倍液。

二、茄子病害

茄子猝倒病和成株根腐病

以前文献中的瓜果腐霉菌，主要引起幼苗期猝倒病，近几年发现山东、北京、河北、天津、重庆、四川、广西、海南、甘肃瓜果腐霉菌除引发猝倒病以外，还引起茄子、番茄、辣椒、黄瓜等成株期根腐病，给生产上造成严重损失。

症状 茄子幼苗期易得猝倒病。初发时，幼苗茎基部呈水浸状，接着病部变黄褐色，不久缢缩成为线状，病害发展迅速，在子叶尚未凋萎之前，幼苗即成片猝倒。受害严重的造成毁苗。

茄子根腐病主要发生在定植后，发病初期茄子植株先发生萎蔫，检视根茎基部出现水渍状腐烂，当病部扩展到绕茎部一周后造成整株萎蔫枯死，湿度大时病部长出白霉。

病原 *Pythium aphanidermatum*，称瓜果腐霉，属假菌界卵菌门腐霉属。

病菌形态特征、**传播途径** 参见番茄、樱桃番茄猝倒病。

防治方法 ①采用快速育苗或无土育苗法，加强苗床管理，看苗适时适量放风，避免低温高湿条件出现，不要在阴雨天浇水。②根据当地要求选用抗猝倒病品种。可选用紫圆茄、灯泡红、竹丝、南京紫丹、五叶茄、七叶茄等。③药剂处理种子和土壤。种子用68%精甲霜·锰锌水分散粒剂600倍液浸泡半小时，带药液催芽或直播。取过筛的营养土50kg加68%精甲霜·锰锌水分散粒剂20g，加2.5%咯菌腈悬浮剂10ml，充分混匀后装营养钵或铺在育苗畦上。或用68%精甲霜·锰锌水分散粒剂600倍液或69%烯酰·锰锌可湿性粉剂600倍液浸育苗盘或浇灌防治效果好。

茄子猝倒病症状

茄子根腐病
（左为病株；右为对照）

茄子立枯病和根腐病

症状 茄子立枯病主要发生在育苗中后期。初发病时幼苗茎基部产生椭圆形暗褐色病斑，后病斑凹陷，扩展至绕茎一周，最后缢缩干枯。早期病苗白天萎蔫，夜晚恢复，后随着病情的发展而逐渐枯萎死亡。

成株期发病引起根腐病，常于门茄花蕾期受侵染，被害株最初亦在茎基部产生椭圆形暗褐色病斑，后病斑凹陷，扩展至绕茎一周。茎基部感病后停止增粗，最后在茎基部形成严重的缢缩现象。随着病情的发展，到初果期时，病株表现出晴天萎蔫、阴雨天恢复的症状，一般可维持 20 天左右，但生长迟缓，最后死亡。现在发现在山东、河北、四川、江苏、北京、甘肃、西藏等地种植的茄子、辣椒、黄瓜、芥蓝、油菜等作物上发生，其中以山东、河北、北京等地种植的茄子、辣椒、草莓、白菜、油菜受害最为严重。

病原 *Rhizoctonia solani*，称立枯丝核菌，有性态为 *Thanatephorus*

茄子立枯丝核菌根腐病

cucumeris，称瓜亡革菌，属真菌界担子菌门亡革菌属。

病菌形态特征、**传播途径和发病条件**、**防治方法** 参见番茄、樱桃番茄立枯病和丝核菌茎基腐病。

茄子沤根

症状、病因、防治方法参见番茄、樱桃番茄沤根。

茄子沤根地上部症状

茄子褐纹病

茄子褐纹病在南北方均普遍发生，引起缺苗或果实腐烂，病果率高达 20%，留种地受害更重，在储运、销售过程中还可继续为害。

茄子幼苗立枯病典型症状

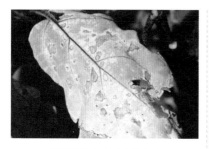

茄子褐纹病病叶上的病斑

茄子褐纹病病茎上的小黑点（分生孢子器）

茄子褐纹病病果的典型症状

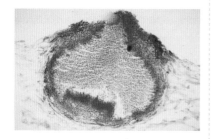

茄子褐纹病病菌分生孢子器和
分生孢子（贺运春）

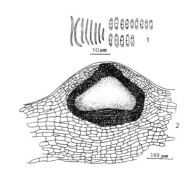

茄子褐纹病菌（李明远）
1—两种类型的分生孢子；2—分生孢子器

症状 茄子褐纹病主要为害茄子的叶、茎及果实，苗期、成株期均可被害。幼苗染病，茎基部出现褐色凹陷斑，致幼苗倒折。成株叶片初生苍白色小点，扩大后呈近圆形至多角形斑，边缘深褐，中央浅褐或灰白，有轮纹，上生大量黑点。茎部染病，病斑梭形，边缘深紫褐色，中间灰白色，上生许多深褐色小点，病斑多时联接成几厘米长的坏死区，病部组织干腐，皮层脱落，露出木质部，容易折断。果实染病，初现圆形或椭圆形稍凹陷斑，后逐渐由浅褐色变为黑褐色大块病斑。后期斑缘凸起更甚，斑上生许多黑色小粒点，排列成轮纹状。病斑不断扩大，可达整个果实，病果后期落地软腐或留在枝干上，呈干腐状僵果。

病原 *Phomopsis vexans*（Sacc. et Syd.）Harter，称茄褐纹拟茎点霉，属真菌界子囊菌门拟茎点霉属。有性态 *Diaporthe vexans*（Gratz），称茄褐纹间座壳菌，属真菌界子囊菌门间座壳属。

传播途径和发病条件 多以菌丝体和分生孢子器在土表病残体组织上或以菌丝潜伏在种皮内或以分生孢子附着在种子上越冬，一般存活2年。翌年，带菌种子引起幼苗发病，土壤带菌引起茎基部溃疡。越冬病菌产出分生孢子进行初侵染，后病部又产生分生孢子，通过风、雨及昆虫进行传播和再侵染，条件适宜时可引起流行。

病菌发育及形成分生孢子适温28～30℃；形成分生孢子器适温30℃；分生孢子萌发适温28℃。苗期潜育期3～5天，成株期7～10天。田间气温28～30℃、相对湿度高于80%，持续时间比较长或连续阴雨，此病易流行。南方6～8月的高温多雨季节，极易引起该病流行，北方7～9月的高温季节，遇有多雨潮湿年份，也能引起该病流行。此外，病情与栽培管理和品种有关，一般多年连作或苗床播种过密、幼苗瘦弱、定植田块低洼、土壤黏重、排水不良、偏施氮肥发病重。

防治方法 ①选用抗病品种，如茄号、快星、紫月等及引进的品种瑞马、安德列、布里塔、郎高等。②轮作倒茬。③种子消毒。用2.5%咯菌腈悬浮种衣剂10ml加35%精甲霜灵乳化种衣剂2ml，对水180ml包衣4kg种子。④采用营养钵育苗，每50kg营养土中加68%精甲霜·锰锌水分散粒剂20g及2.5%咯菌腈悬浮剂10ml拌匀装入营养钵或铺在育苗畦上，培育无病苗。

⑤结果后发病前喷洒32.5%苯甲·嘧菌酯悬浮剂1500倍液混27.12%碱式硫酸铜500倍液，预防效果好。也可喷洒66%二氰蒽醌水分散粒剂1200倍液或30%戊唑·多菌灵悬浮剂800倍液或21%硅唑·多菌灵悬浮剂900倍液或10%苯醚甲环唑微乳剂600倍液、70%代森联水分散粒剂600倍液、20%唑菌酯悬浮剂700倍液。该病潜育期较长，发病后再防效果差。

茄子炭疽病

症状 主要为害果实。果斑近圆形或椭圆形至不定形，稍凹陷，黑褐色，斑面生黑色小点及溢出赭红色黏质物，即分生孢子盘和分生孢子。本病与茄子褐纹病的区别在于其病征明显，偏黑褐色至黑色，严重时致茄果腐烂。叶片染病，产生不规则形病斑，边缘深褐色，中央灰褐色，后期病斑上长出黑色小粒点。

病原 *Colletotrichum gloeosporioides*（Penz.）Penz.，称胶孢炭疽菌，属真菌界无性型炭疽菌属。

茄子炭疽病叶片上的炭疽斑后期长出
小黑点（分生孢子盘）

茄子炭疽病病果上的典型症状

胶孢炭疽菌分生孢子盘和刚毛

有性态为 *Glomerella cingulata*（Stonem.）Spauld. et Schrenk，称葫芦小丛壳，属真菌界子囊菌门小丛壳菌属。

传播途径和发病条件 以菌丝体和分生孢子盘在病残体上越冬，也可以分生孢子附着在种子表面越冬。翌年由分生孢子盘产出分生孢子，借雨水溅射或小昆虫活动传播，进行初侵染和再侵染。温暖多湿的天气或株间郁闭、植地低洼易发病。

防治方法 参见番茄炭疽病。

茄子黄萎病

茄子是露地或保护地主栽蔬菜之一，随着茄子栽培面积扩大，茄子连作面积大，造成茄子黄萎病日趋严重，给菜农带来巨大经济损失。

症状 茄子黄萎病苗期发病少，多在门茄开花坐果后开始表现症状，且多自下而上或从一边向全株发展。叶片初在叶缘及叶脉间变黄，后发展至半边叶片或整片叶变黄。早期病叶晴天高温时呈萎蔫状，早晚尚可恢复，后期病叶由黄变褐，终致萎蔫下垂以致脱落，严重时全株叶片变褐萎垂以致脱光仅剩茎秆。本病为全株性病害，剖检病株根、茎、分枝及叶柄等部，可见维管束变褐，但挤捏上述各部横切面，无米水状混浊液渗出，别于青枯病。大丽轮枝菌在茄子上引起黄萎病的症状有 3 种类型：①枯死型，植株矮化严重，叶片皱缩、凋萎、枯死脱落。病情扩展快，常致整株死亡。②黄斑型，植株稍矮化，叶片由下向上形成掌状黄斑，仅下部叶片枯死，一般植株不死亡。③黄色斑驳型，植株矮化不明显，仅少数叶片有黄色斑驳或叶尖、叶缘有枯斑，一般叶片不枯死。

病原 *Verticillium dahliae* Kleb.，称大丽花轮枝孢，属真菌界子囊菌门轮枝孢属。

茄子黄萎病田间发病初期

茄子黄萎病初发病时典型症状

茄子黄萎病病株

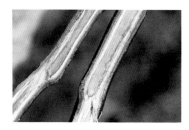

茄子黄萎病病茎剖面维管束变褐

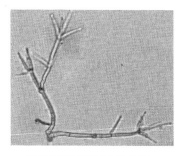

茄子黄萎病病菌分生孢子梗和
分生孢子（李宝聚）

传播途径和发病条件 病菌以休眠菌丝、厚垣孢子和微菌核随病残体在土壤中越冬，成为翌年的初侵染源。土壤中病菌可存活 6 ～ 8 年，在当地混有病残体的肥料和带菌土壤或茄科杂草，借风、雨、流水或人畜及农具传到无病田。翌年病菌从根部的伤口或直接从幼根表皮及根毛侵入，后在维管束内繁殖，并扩展到枝叶，该病在当年不再进行重复侵染。病菌发育适温 19 ～ 24℃，最高 30℃，最低 5℃；菌丝、菌核 60℃经 10min 死亡。一般气温低，定植时根部伤口愈合慢，利于病菌从伤口侵入。从茄子定植到开花期，日均温低于 15℃，持续时间长，发病早而重，如此期间气候温暖，雨水调和，病害明显减轻。地势低洼、施用未腐熟的有机肥、灌水不当及连作地发病重。有时冷凉天气，直接浇灌井水，会使地温降至 15℃以下，如此灌水 1 次也可导致该病发生蔓延。

防治方法 ①选用抗病品种。新选育的茄子较抗黄萎病的有浙茄 28、富农长茄、航茄 1 号、金刚茄子、京茄 2 号、龙杂茄 5 号、杂圆茄 1 号，引进品种有郎高、瑞马、安德利等。②播种前种子用 0.2% 的 50% 多菌灵可湿性粉剂浸种 1h，或 55℃温水浸种 15min，移入冷水中冷却后催芽播种。③与非茄科作物实行 4 年以上轮作，如与葱蒜类轮作效果较好，尤其与水稻轮作 1 年即可奏效。生产上已证实用托鲁巴姆为砧木嫁接茄子防治黄萎病的方法是可靠的，可推广。④深翻增肥，进行秋深翻秋整地，每667m²施优质腐熟农家肥5～6m³、磷酸二铵15～20kg、尿素10kg、钾肥10～15kg，切忌偏施氮肥和施生粪。⑤苗期用70%噁霉灵可湿性粉剂1500倍液或70%甲基硫菌灵可湿性粉剂700倍液喷雾，定植时每667m²用80%多菌灵可湿性粉剂2kg与50kg细干土混匀，进行定植穴内消毒。也可用辣根素颗粒剂（主要成分是异硫氰酸烯丙酯）每平方米用20～27g，进行土壤处理，可有效防治茄子黄萎病。有条件的定植田在前茬收获后沟施氰氨化钙（石灰氮）20～25kg进行高温闷棚处理，再用80%多菌灵可湿性粉剂1000倍液喷洒或灌根。⑥每667m²在定植穴内撒施鲁虹1号（含中、微量元素肥料）3～4袋，每袋500g加土25kg；也可在浇膨果水前用鲁虹1号1袋对水100kg，再加回生露Mn+Zn+B≥20g/L，氨基酸≥100g/L 2小袋（每袋30ml）进行灌根，每株灌对好的肥液150～200ml，可预防茄子黄萎病发生。也可施用NEB菌根，使茄子根系增多5～20倍，吸收水肥范围扩大几十倍，比嫁接苗根系还发达，抗病力强，还可分泌大量抗生素，杀死有害菌，使茄子少得枯萎病、黄萎病。如已发现黄萎病，用NEB灌根后病株迅速好转。使用方法是定植时每667m²施入NEB 5袋，拌肥或加水冲施，发病初期每袋NEB加水50kg浇灌。⑦适时定植，提高定植质量。10cm地温稳定在15℃以上

时选晴天早上或晚上定植，栽苗不要过深，实行地膜覆盖。⑧巧灌水肥。北方6月地温偏低须选晴暖天气浇水。地温低于15℃易发病。7～8月高温季节要小水勤浇，保持土壤湿润不干裂，防止地裂伤根，"门茄"坐住后追肥2～3次，冲施肥以依露丹高钾型（氮、钾比为1：2）最为适宜，每667m²每次冲施复合肥30kg即可。⑨药剂蘸根。茄子定植时用每克100亿活芽胞。枯草芽孢杆菌可湿性粉剂1500倍液取15kg蘸根或用1%申嗪霉素悬浮剂800倍液取15kg把根部蘸湿，半个月后再灌1～2次，每株灌250ml。也可用80%乙蒜素乳油1000倍液蘸根或灌根，防治黄萎病有效。⑩药剂防治。茄子在发病初期浇灌1%申嗪霉素悬浮剂800倍液或50%啶酰菌胺水分散粒剂1000倍液混50%异菌脲1000倍液或80%乙蒜素乳油1000～1200倍液或50%咯菌腈可湿性粉剂5000倍液、80%多菌灵可湿性粉剂1000倍液，使用多菌灵的可混入50%氯溴异氰尿酸可溶粉剂1000倍液，防效增强。⑪用棉隆和申嗪霉素熏蒸消毒法处理土壤，防治茄子黄萎病。棉隆特别适用于常年连茬种植的土壤消毒，使用量为每667m²用15～20kg，按30～40g/m²剂量均匀撒施，然后用旋耕犁翻拌土壤20～30cm深，翻拌2～3次，使药剂与土壤充分混匀，浇透水，使土壤与药剂充分接触。马上覆膜盖严，密闭10～15天。15天后揭膜，再把25cm往上的

耕层翻动 1 ～ 2 次，茄子定植前再散气 10 天后定植并施入 1% 申嗪霉素，用微喷管或"旱地龙"管把水、药一体药液均匀喷洒地面，水要喷足，每 667m² 用药 1 ～ 1.5kg，喷药后立刻用塑料薄膜密封土壤，定植后发现病株用 1% 申嗪霉素悬浮剂 800 倍液灌根，每株灌药液 250ml，防治茄子黄萎病效果好。沈阳农大用蛇床子素提取物（浓度为 8mg/ml），抑制黄萎病也很好。

茄子枯萎病

症状 茄子枯萎病病株叶片自下向上逐渐变黄枯萎，病症多表现在一二层分枝上，有时同一叶片仅半边变黄，另一半健全如常。横剖病茎，病部维管束呈褐色。此病易与黄萎病混淆，需检测病原区分。

茄子枯萎病坐果后开始发病

病原 *Fusarium oxysporum* f. sp. *melongenae* Mutuo et Ishigami Schiecht.，称尖镰孢菌茄专化型，属真菌界子囊菌门镰刀菌属。

传播途径和发病条件、防治方法参见番茄、樱桃番茄枯萎病。

茄子茄链格孢早疫病

症状 又称茄子黑斑病。主要为害叶、茎和果实，茄子苗期和生长中后期易发病。初在叶片上生近圆形或不规则形病斑，边缘褐色，中央浅灰色，病斑上具轮纹，直径 2 ～ 10mm，湿度大时病斑表面现灰黑色霉层，严重时引致叶片枯死。果实染病，产生圆形或近圆形凹陷斑，初果肉褐色，后长出黑绿色霉层，直径常大于 15mm。该病近年为害呈上升态势，危害普遍较重，已占茄子病害的 50%，应予重视。

病原 *Alternaria solani* Sorauer，称茄链格孢，属真菌界子囊菌门链格孢属。

传播途径和发病条件 病菌以菌丝体或分生孢子随病残体在土壤中或种皮内外越冬。当病菌的分生孢子落到茄子叶片上后，可从叶上的气孔、皮孔或直接穿过茄子表皮侵入，经 2 ～ 3 天潜育期后，病斑即出现，再过 3 ～ 4 天病斑上又产生孢子，借气流、雨水传播，进行多次再侵染，致病情加重。病菌发育温限 1 ～ 45℃，

茄子茄链格孢早疫病病叶

茄子茄链格孢早疫病病果

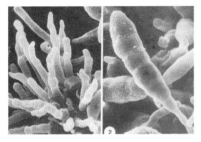

茄子茄链格孢的分生孢子梗和分生
孢子电镜扫描（康振生）

最适 26 ～ 28℃。茄子生长发育旺盛期看不到病斑，但到了生育中后期，又进入了雨季，肥料不足、生长衰弱易发病。雨天多、持续时间长发病重。

防治方法　①与豆科、十字花科蔬菜进行 2 ～ 3 年轮作。②注意清除病残体，深埋或烧毁。③种子用 52℃温水浸 30min 或 55℃温水浸种 15min，放入冷水中冷却后，催芽播种。也可用种子重量 0.4% 的 50% 异菌脲或 75% 百菌清可湿性粉剂拌种，把药和种子放入瓶子中盖好后滚动 72 次即可播种。④采用测土配方施肥技术，施足腐熟

有机肥或生物活性肥，保持茄子抵抗力。⑤发病初期喷洒 32.5% 苯甲·嘧菌酯悬浮剂 1500 倍液或 2.5% 咯菌腈悬浮剂 1000 倍液、250g/L 嘧菌酯悬浮剂 1000 倍液，隔 10 天左右 1 次，防治 2 ～ 3 次。⑥棚室保护地还可选用粉尘法，施用 10% 福·异菌粉尘剂 1kg 或康普润静电粉剂每 667m² 用药 800g，持效 20 天。

茄子链格孢拟黑斑病

症状　主要为害叶片和果实。多发生在茄子苗期和生长中后期。初在茄子叶片上产生不规则形至近圆形斑点，多出现在叶脉之间，斑上有细纹，直径 3 ～ 10mm，后期病部长出明显的灰黑色霉层，铺展状，十分醒目，致叶片提早干枯而死。果实染病，初生水渍状褐斑，后形成稍凹陷的圆形或不规则形黑斑，直径 15mm 以上，果肉变褐呈干腐状，后期收获的茄子果实发病率很高。近来该病呈上升的态势，应引起生产上的重视。

病原　*Alternaria alternata*(Fr.) Keissler，称链格孢，异名 *A. tenuis* Ness，均属真菌界子囊菌门链格孢属。

传播途径和发病条件　链格孢在自然情况下常生于茄子等多种植物的枯死部分或种子内外，或腐生在多种有机物质及土壤上，在基物表面产生黑色霉层。生产上苗期或成株期均可发病。条件适宜时产生分生孢子进行初侵染和再侵染。高温高湿对发

茄子链格孢拟黑斑病病叶

茄子链格孢拟黑斑病病果

病有利。河北、北京、山西、山东等省进入雨季，该病常大发生。尤其是大暴雨后茄株上病斑密布，病菌孢子数量多，造成茄株成片枯死。

防治方法 ①前茬收获后要特别注意清理田园，清理四周的环境，要求把带有病菌的植物全部清除以减少菌源。②实行与非茄科作物进行 3 年以上轮作，采用测土配方施肥技术，施足腐熟有机肥，增强抗病力。加强茄田管理，大暴雨后及时排水，严防湿气滞留。③种子用 52℃温水浸种 30min 或用种子重量 0.3% 的 50% 异菌脲或 75% 百菌清可湿性粉剂拌种。④发病初期喷洒 50% 异菌脲可湿性粉剂 1000 倍液或 56% 嘧

菌酯·百菌清悬浮剂 700 倍液、40% 百菌清悬浮剂 600 倍液，隔 10 天左右 1 次，连续防治 3 ～ 4 次。

茄子长柄链格孢叶斑病

症状　叶上初生圆形深褐色小点，扩展后呈圆形、近圆形至多角形赤褐色病斑，有同心轮纹，直径 0.5 ～ 3cm，多个病斑可相互融合成不规则大斑。子实体的分生孢子梗和分生孢子在病斑的正面。此病有时与早疫病混合发生、混合危害。

茄子长柄链格孢叶斑病

茄子长柄链格孢叶斑病后期症状

病原　*Alternaria longipes*（Ell. et Ev.）Mason，称长柄链格孢，属真菌界子囊菌门链格孢属。

传播途径和发病条件、防治方法参见茄子链格孢拟黑斑病。

茄子黑点子病

症状　茄子叶片上的病害比较多，菜农统称其为黑点子病。细分起来常见的有尾孢褐斑病、褐色圆星病、几种链格孢引起的叶斑病（早疫病），还有细菌引起的褐斑病等。

茄子黑点子病症状之一茄斑链格孢引起的叶斑病

病原　茄生假尾孢真菌侵入茄子叶片引起褐斑病，还有茄生尾孢侵入茄子叶、果引起褐色圆星病。此外，还有链格孢引起的茄子叶斑病，又称早疫病或黑斑病，由4种真菌侵入叶片或果实引起的茄链格孢早疫病和茄斑链格孢叶斑病、茄子链格孢拟黑斑病及茄子长柄链格孢叶斑病，上述病原都是真菌引起的。这4种真菌形态特征不同，需专门研究链格孢的真菌分类专家才能区别开来。至于茄子细菌性褐斑病病原，是一种细菌侵染茄子叶片引起的。

传播途径和发病条件　分别参见上述几种病害。

防治方法　①防治真菌病害，可选用75%百菌清可湿性粉剂800倍液混入70%甲基硫菌灵800倍液或50%多菌灵悬浮剂600倍液、32.5%苯甲·嘧菌酯悬浮剂1500倍液。②防治茄子细菌性病害，就得使用72%农用高效链霉素可溶粉剂3000倍液混50%琥胶肥酸铜500倍液，或75%百菌清可湿性粉剂500倍液混3%中生菌素500倍液、20%叶枯唑可湿性粉剂600倍液。这里需强调的是用药剂防治上述病害仅是一个方面，更重要的是必须加强管理，冲施氨基酸等叶面肥，提高茄子的抗病性，预防发病至关重要。

茄子菌核病

症状　整个生育期均可发病。苗期发病始于茎基，病部初呈浅褐色水渍状，湿度大时，长出白色棉絮状菌丝，呈软腐状，无臭味，干燥后呈灰白色，菌丝集结为菌核，病部缢缩，茄苗枯死。成株期各部位均可发病，先从主茎基部或侧枝5～20cm处开始，初呈淡褐色水渍状病斑，稍凹陷，渐变灰白色，湿度大时也长出白色絮状菌丝，皮层霉烂，在病茎表面及髓部形成黑色菌核，干燥后髓部变空，病部表皮易破裂，纤维呈麻状外露，致植株枯死。叶片受害也先呈水浸状，后变为褐色圆斑，有时具轮纹，病部长出白色菌丝，干燥后斑面易破。花蕾及花受害，现水渍状湿腐，终致脱落。果柄受害，致果实脱落。果实受害，端部或向阳面初现水渍状斑，后变褐腐，稍凹陷，斑面长出白色菌丝体，后形成菌核。

病原 *Sclerotinia sclerotiorum*（Lib.）de Bary，称核盘菌，属真菌界子囊菌门核盘菌属。

茄子菌核病初发病时丫杈处变褐

茄子菌核病病茎上长出白色菌丝纠结成菌核

茄子菌核病病茎上长出白色菌丝纠结在一起

长茄菌核病病果实上长出白色絮状菌丝

核盘菌形态特征（刘志恒）
1—菌落；2—子囊盘；3—子囊盘切片；
4—子囊和子囊孢子

传播途径和发病条件 主要以菌核在田间或塑料棚土壤内越冬。翌年春茄子定植后菌核萌发，抽出子囊盘即散发子囊孢子，随气流传到寄主上，由伤口或自然孔口侵入。有报道子囊孢子不能侵害健壮植株，但大多数子囊孢子的芽管可穿过失去膨压的表皮细胞间隙，直接侵入寄主体内，即为该病的初侵染。在棚内，病株与健株、病枝与健枝接触或病花、病果软腐后落在健部均可引致发病，成为再侵染的一个途径。该菌孢子萌发以16～20℃，相对湿度95%～100%为最适。在棚内低温、高湿条件下发病重。早春有3天以上连阴雨或低温侵袭病情加重。

防治方法 ①提倡施用腐熟有机肥或生物有机复合肥。塑料棚内栽培茄子覆地膜可阻止子囊盘出土，减少菌源。②药剂处理土壤。每 667m² 用 50% 多菌灵可湿性粉剂 4～5kg，拌干土适量，充分混匀撒于畦面，然后耙入土中，可减少初侵染源。③注意通风以降低棚内湿度，寒流侵袭时要注意加温防寒以防植株受冻而诱发染病。④发现病株及时拔除，带到棚外销毁。⑤药剂防治。田间始见子囊盘或发现中心病株后，喷洒 25% 咪鲜胺乳油 1500 倍液混加 25% 嘧菌酯 1000 倍液或 50% 啶酰菌胺水分散粒剂 1000 倍液混 50% 异菌脲 1000 倍液或 50% 嘧菌环胺水分散粒剂 800～1000 倍液、50% 乙烯菌核利水分散粒剂 600 倍液。轮换或交替使用，隔 10～15 天 1 次，连续防治 3～4 次。保护地可喷撒康普润静电粉尘剂每 667m² 用药 800g，持效 20 天。

茄子绵疫病

症状 茄子绵疫病主要为害果实、叶、茎、花器等部位。近地面果实先发病，受害果初现水浸状、暗绿色或黄褐色圆形斑点，稍凹陷，扩展后，果皮、果肉变褐色腐烂，易脱落。湿度大时，病部表面长出茂密的白色棉絮状菌丝，迅速扩展，病果落地很快腐败；茎部染病，初呈水浸状，后变暗绿色或紫褐色，病部缢缩，其上部枝叶萎垂，湿度大时上生稀疏白霉；叶片被害，呈不规则或近圆形水浸状淡褐色至褐色病斑，有较明显的轮纹，潮湿时病斑上生稀疏白霉；幼苗被害引起猝倒。

病原 *Phytophthora nicotianae* Breda de Hann，称烟草疫霉，属假菌界卵菌门疫霉属。

茄子绵疫病初发病叶片上的病斑

茄子绵疫病果实产生褐色大圆斑

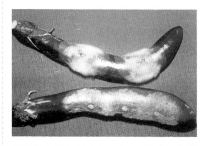

茄子果实绵疫病湿度大时病部长出絮状菌丝、孢囊梗和孢子囊

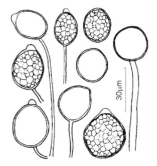

茄子绵疫病菌烟草疫霉孢子囊及孢子囊梗

传播途径和发病条件 病菌以卵孢子随病残组织在土壤中越冬。翌年卵孢子经雨水溅到茄子果实上，萌发长出芽管，芽管与茄子表面接触后产生附着器，从其底部生出侵入丝，穿透寄主表皮侵入，后病斑上产生孢子囊，萌发后形成游动孢子，借风雨传播，形成再侵染，秋后在病组织中形成卵孢子越冬。病菌生长发育适温 28～30℃，适宜发病温度为30℃，相对湿度85%，有利于孢子形成，95%以上菌丝生长旺盛。在适宜条件下，病果经24h即显症，64h即可再侵染。因此，高温多雨、湿度大成为此病流行条件。地势低洼、土壤黏重的下水头及雨后水淹、管理粗放和杂草丛生的地块发病重。

防治方法 ①选用抗病品种。如湘茄4号、湘杂早红、杂圆茄1号、承茄1号、航茄1号、航茄3号、兴城紫圆茄、通选一号、贵州冬茄、济南早小长茄、辽茄3号、丰研1号、四川墨茄、竹丝茄、青选4号等。②实行轮作，选择高低适中、排灌方便的田块，秋冬深翻，施足酵素菌沤制的堆肥或腐熟的有机肥，采用高垄或半高垄栽植；及时中耕、整枝，摘除病果、病叶；采用地膜覆盖，增施磷、钾肥等。③种子处理。用2.5%咯菌腈悬浮种衣剂10ml加35%精甲霜灵乳化种衣剂2ml，对水150～200ml，包衣4kg茄种。也可用68%精甲霜·锰锌水分散粒剂600倍液浸种30min后催芽。④培育无病苗。取大田土与腐熟有机肥按6∶4混匀，过筛。用50kg苗床土加入68%精甲霜·锰锌20g和2.5%咯菌腈10ml拌匀，装入营养钵或铺在育苗畦上，可防止苗期带病。⑤药剂蘸根。定植时先把722g/L霜霉威水剂700倍液配好，取15kg放在比穴盘大的长方形容器中，再将穴盘整个浸入药液中，把根部蘸湿灭菌，半个月药效过期后或进入雨季时，再用上述药剂灌根，隔15～20天1次，每次灌对好的药液250ml。⑥药剂防治。发病初期喷洒50%啶酰菌胺水分散粒剂1000倍液混加50%烯酰吗啉750倍液；或72.2%霜霉威水剂700倍液混77%氢氧化铜700倍液或687.5g/L氟吡菌胺·霜霉威悬浮剂600～800倍液、60%吡唑醚菌酯·代森联水分散粒剂1500倍液、68%精甲霜灵·代森锰锌水分散粒剂700倍液、52.5%噁唑菌酮·霜脲氰水分散粒剂1000～1200倍液、10%苯醚甲环唑水分散粒剂600倍液，从茄子坐果后或进入雨季开始喷药，隔10天左右 1 次，连续防治 2 ～ 3 次，注意轮换用药，防其产生抗药性。

茄子茎秆黑皮病

症状 保护地栽培的茄子常出现茎秆黑皮，造成发病部位以上枝叶萎蔫死亡，严重影响种植效益。茎秆黑皮病有的是绵疫病引起的，绵疫病多发生在茎秆上先产生稀疏白霉，后变成黑秆。有的是菌核病引起茎秆各个部位均有发生，一般主茎基部或侧枝 5 ～ 20cm 处，腐烂处长出白色絮状菌丝，后在茎腔内形成黑色菌核，茎部干枯而死。还有灰霉病为害茎叶造成的，灰霉病较易鉴别。病部溃烂大部分是灰霉病和菌核病混发造成的，危害较重。

病原 灰霉病是灰葡萄孢（*Botrytis cinerea*）引起的；菌核病是核盘菌（*Sclerotinia sclerotiorum*）引起的；绵疫病是烟草疫霉（*Phytophthora nicotianae*）引起的。

茄子茎秆黑皮病症状之一茄子绵疫病

传播途径和发病条件 这 3 种病都是在低温、湿度高的冬春大棚内发生，病菌侵染到茎秆上危害。

防治方法 ①进入这 3 种发病季节要注意提高棚温，适时适量放风降湿，防止灰霉病、菌核病、绵疫病发生。②用配制好的茄子点花药（2,4-D 和赤霉素）混 75% 百菌清 500 倍液刮除黑皮后涂抹，黑皮会很快愈合。同时注意全棚防治上述 3 种病害，勤拾残花，及时清理病残枝。③茄子点花药中掺入咯菌腈或全棚喷洒 50% 啶酰菌胺水分散粒剂 1000 倍液混 50% 异菌脲可湿性粉剂 1000 倍液，或 50% 咯菌腈可湿性粉剂 5000 倍液，均可有效控制。

茄子漆斑病

症状 主要为害叶片。病斑近圆形至圆形，四周深褐色或黑色，中央浅褐色。湿度大时，病斑四周处呈水渍状，病斑上生褐色或深褐色轮纹。发病后期病斑上长出白色子座，有的产生深绿色至黑色的分生孢子团。

病原 *Myrothecium roridum* Tode ex Fr.，称露湿漆斑菌，属真菌界无性孢子类。

传播途径和发病条件 该菌是温带、热带土壤中的寄生菌，多在气温偏高湿度大的情况下传播，是保护地危险较大的新病原菌。我国已在山东青州、北京大兴、辽宁海城发生。

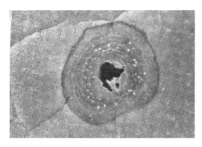

茄子漆斑病发病症状与
分生孢子（李宝聚）

防治方法 ①发现病株及时拔除，认真清除病残体。②棚室栽培的茄子、黄瓜、辣椒、冬瓜等都有可能传病。要特别加强温湿度管理，及时通风散湿，把相对湿度控制在70%以下。③发病初期用70%敌磺钠粉剂70份对细土30份，混入表土进行土壤消毒。

茄子白粉病

茄子白粉病与番茄、辣椒白粉病相比为害较轻，发生也较少，20世纪90年代，我国西藏、黑龙江、吉林、浙江、上海、湖南、湖北、四川、内蒙古相继发生了白粉病，有的还相当严重，如武汉冬、春保护地茄子发生了白粉病之后，夏、秋露地在5月天气明显转暖之后也容易发生白粉病，病株率为5%～30%。

症状 为害茄子叶片、叶柄，有时为害果实。叶片正面症状明显，背面少，初在叶面产生不定形褪绿小黄斑，近乎呈放射状地扩展，菌丝体在叶上形成白色至灰白色粉状霉斑，后成明显的白色粉斑。叶柄染病初生圆形白色霉斑，植株生长中后期大部分叶柄均被白粉覆盖。果实染病，先侵染果柄及果萼处，白色霉斑较大，近圆形至不定形。果面上一般无霉斑。

病原 有3～5种，主要有 *Oidiopsis taurica*（Lev.）E. S. Salmon，称辣椒拟粉孢，属真菌界子囊菌门无性型拟粉孢属，其形态特征参见辣椒白粉病菌。*Oidium melougena Zaprometov*，称茄子粉孢，也较常见，也属粉孢属，该菌菌丝体表生，无色，多分枝，不规则，以吸器深入寄主表皮细胞中吸取养分；分生孢子梗菌丝状，近无色，直立，不分枝；分生孢子单胞无色至微黄色，2～5个串生，短椭圆形，大小（23～38）μm×（15～20）μm。

传播途径和发病条件 茄子白粉病菌主要在病残体上越冬，也可在活体上以分生孢子越冬，成为翌年的初侵染源，通常在4～5月条件适宜时，病菌产生分生孢子，借气流传播，特别是在7月中、下旬，天气干旱时秋露地茄子白粉病很容易流行。

茄子白粉病发病初期病叶上的白色霉点

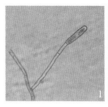

辣椒拟粉孢的形态（刘淑艳）

1—分生孢子梗；2—分生孢子（初生分生孢子和次生分生孢子）；3—分生孢子萌发产生芽管

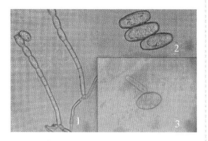

茄子粉孢的形态（刘淑艳）

1—分生孢子梗；2—分生孢子；

3—分生孢子萌发产生芽管

防治方法 ①合理用肥，避免密植，改善田间通风条件。②发病初期及时喷洒 75% 肟菌·戊唑醇水分散粒剂 3000 倍液混加 70% 丙森锌可湿性粉剂 600 倍液，或 25% 戊唑醇水乳剂 2000 倍液、4% 四氟醚唑水乳剂 667m^2 用 70 ~ 100ml 对水 45 ~ 75kg、12.5% 腈菌唑乳油 2000 倍液、20% 唑菌酯悬浮剂 900 倍液、25% 乙嘧酚悬浮剂 900 倍液。③保护地可选用烟雾法或粉尘法，方法参照番茄白粉病。

茄子灰霉病

随着茄子保护地栽培面积迅速扩大，茄子灰霉病已日趋严重。该病发生早，传播快，受害重，已经成为茄子生产中的重要病害。

症状 主要为害叶片、花及果实。叶片染病，多在叶面或叶缘产生近圆形至不规则形或 "V" 字形病斑，斑上有深浅相间的轮纹，初呈褐色水

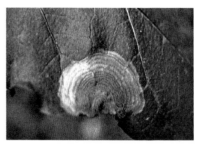

茄子灰霉病病叶片上的轮纹斑

茄子灰霉病病花萼、幼果粘连处长出灰霉

茄子茎上长满灰霉

成长茄子上的灰霉病典型症状

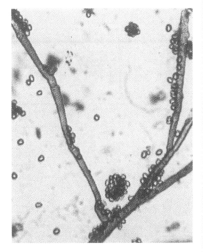

茄子灰霉病病菌灰葡萄孢的分生孢子梗和
分生孢子（李宝聚原图）

渍状，沿叶脉扩展，后期病斑中央开裂，湿度大时长出灰色霉状物，当病斑扩展到叶柄上时，造成叶柄折断。茎秆染病，初生褐色水渍状病斑，严重时常扩展至绕茎一周，湿度大时长出灰色霉层，严重的造成茎部腐烂。花器染病，多出现在柱头或花瓣边缘，产生黄色至褐色病斑，后期向花托扩展，严重时整个花朵萎蔫长出

灰霉。果实染病，侵染幼果和成长果实，多从花器扩展到果实上。常见有4种方式。一是通过带病的残留坏死花瓣向果面与萼片的夹缝中扩展，引起萼片及果蒂发病，在幼果果蒂周围产生局部水渍状黄褐色病变，后呈暗褐色，表面产生灰霉，进一步扩展到果肩或其他部位。二是通过幼果柱头进行传播，产生水浸状褐色至黄褐色病斑，表生灰霉，条件适宜时向果脐部扩展。三是直接侵染花萼萼片，引起果蒂部腐烂。四是果面受病果接触而传染。果实染病一般不脱落，有时产生黑色颗粒状菌核。

病原　*Botrytis cinerea* Pers. : Fr.，称灰葡萄孢，属真菌界子囊菌门葡萄孢核盘菌属。

传播途径和发病条件　病菌以菌丝体和分生孢子在病残体上或以菌核在土壤中越冬。在温室或露地主要靠分生孢子飞散传播。春季条件适宜时，菌核萌发产生菌丝体，菌丝体上长出分生孢子梗和分生孢子。分生孢子借气流、雨水、农事操作传播，分生孢子落到茄子植株上以后长出芽管，从伤口、气孔或直接侵入。经5～7天潜育发病后，病部又产生新的分生孢子进行多次再侵染。该菌喜低温高湿，最适感病期为始花至坐果期，相对湿度80%以上开始发病，高于90%进入发病高峰期，低于70%不利其发病。露地阴雨连绵、光照不足、气温偏低灰霉病严重发生，采收果实受害尤重。保护地连作多年、种植密度大、管理跟不上、有

机肥不足、氮肥偏多、放风不及时均易造成灰霉病流行。

防治方法 预防为主，综合防治。从生态及农业栽培措施和化学防治几方面进行综合治理。①选用耐低温弱光茄子品种，如黑丽人长茄、新优美长茄、美而精品、黑龙、迎春1号、春晓、紫龙4号、紫龙3号等。②生态防治。上午棚温升到30℃时开始放风，中午和下午继续放风，保持棚温23℃左右，降低湿度，当棚温降到20℃时关闭通风口，使夜间温度保持在15℃左右，阴天也要通风，通过温湿度调节降低叶片和果实结露量和结露持续时间预防灰霉病的发生。③实行苗床消毒，培育无病壮苗，加强光温、肥水调节等苗期管理工作。增施腐熟有机肥，注意调节磷钾比例。合理灌溉，浇水时间改在上午，采用双垄覆膜、膜下灌水或滴灌等栽培方式，移栽前施足基肥，移栽后进行地膜覆盖，阻止土壤中病菌的传播。在增加土温的同时减少土壤水分蒸发，降低空气湿度，减少灰霉病的发生和侵染。④带药点花。先配好3kg点花药液然后进行点花或涂抹，使花器均匀着药。茄子点花，留果多，但阴天点花不好，阴天光照不足，植株光合作用制造的有机物不够，这时点花会增加植株负担，造成畸形果多，膨果速度慢，甚至影响后期茄株的正常生长，出现早衰。生产上应选择晴天上午进行点花，这时温度适宜，植株光合作用旺盛，能制造充足的营养物质供果实发育。若遇阴天，应及时补充营养，可叶面喷施氨基酸、海藻酸、甲壳素等叶面肥，同时注意养根，提高根系活力。点花时应选择花朵完全开放的当天上午，这时点花效果最好，随着果实的生长，残花也易摘除。进行茄子点花，想通过点花防灰霉病效果较差。因为点花只是处理果柄处，作用面小，只能防其落花、落果。掺入药剂也是难起作用的，应通过摘花预防灰霉病的发生。⑤发现病花、病花根（病花基部）、病叶、病果及早摘除。初见病变时或连阴2天后，提倡喷洒每克100万亿孢子寡雄腐霉菌可湿性粉剂1000～1500倍液或2.1%丁子·香芹酚水剂600倍液、50%啶酰菌胺（烟酰胺）水分散粒剂1000～1500倍液，或50%嘧菌环胺水分散粒剂800～1000倍液、75%百菌清可湿性粉剂700倍液混加乙霉威500倍液、41%聚砹·嘧霉胺水剂800倍液。茄子对嘧霉胺、菌核净敏感，慎用。也可用16%腐霉·己唑醇悬浮剂800倍液，50%咯菌腈可湿性粉剂5000倍液混加50%异菌脲1000倍液混27.12%碱式硫酸铜500倍液，10天左右1次，连续防治2～3次。

茄子绒菌斑病

症状 主要为害叶片、叶柄和茎。叶片染病，初在叶背面产生白色霉斑，后霉斑逐渐扩大，颜色初为褐色，后变成棕黑色，病斑近圆形至不规则形，大小差异大，直径

3～10mm，叶片正面略褪绿。病情严重时，叶面也现霉层，产生圆形至不规则形浅黄色褪绿斑点或斑块，后期病斑融合枯死。叶柄、茎秆染病，产生椭圆形至不规则形褐色病斑，边缘明显。

病原 *Mycovellosiella nattrassii* Deighton，称灰毛茄菌绒孢，属真菌界子囊菌门菌绒孢属。分生孢子梗数根丛生或聚在一起，梗长110μm，宽3～7.5μm，浅至中度青黄色，具0～2个屈膝状折点，顶部钝圆，1～2个隔膜，孢子梗上长有分散而伸向一侧的突起，上着生分生孢子。分生孢子圆柱形至倒棍棒形，浅青黄色，直立，顶部

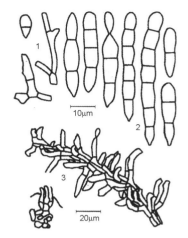

茄子绒菌斑病病菌（李宝聚原图）
1—分生孢子梗；2—分生孢子；
3—分生孢子产生构造

茄子绒菌斑病发病初期叶面
症状（李宝聚）

茄子绒菌斑病病叶背面

稍尖细至钝，基部倒圆锥形，具0～9个分隔，有时隔膜处缢缩，脐点1～2个，大小（15.6～62.4）μm×（6～10.8）μm。该菌孢子隔膜数多为1～4个，最多可达9个，且梗丛生或聚在一起，别于孢子分隔数多为0～1个，最多4个且梗散生的叶霉病菌。该菌菌丝生长温限15～35℃，最适生长温度25℃。茄子叶霉病病原过去误为褐孢霉，现发现是灰毛茄菌绒孢，并将茄叶霉病更名为茄子绒菌斑病。

传播途径和发病条件 病菌除可以菌丝和分生孢子在病叶上越冬外，分生孢子还可附着在温室架材、塑料膜等上存活越冬，成为翌年初侵染源。条件适宜时，病斑上产生分生孢子，借气流、灌水及农事操作传播，萌发的分生孢子产生芽管从茄子

叶背面气孔侵入，25℃时经 10～15 天潜育即发病，以后又产生分生孢子进行再侵染。温度低于 10℃或高于 35℃病情趋于停滞。生产上该病多发生在春保护地茄子生长中后期，气温升高、浇水多、棚内湿度过大、管理跟不上易发病或流行。

防治方法 ①选育抗病品种，实行与非茄科作物进行 2 年以上轮作。②播种前种子在阳光下晒 2～3 天，然后用 52℃温水浸种 25～30min，晾干播种。③清洁保护地。发病的棚室收获后清除病叶，集中烧毁。夏季可采用太阳能日光温室消毒法，密闭棚室数日，能杀死残存病菌。也可用硫黄粉熏蒸，每立方米用 2.4g 硫黄粉加 4.5g 锯末混匀后加煤火球点燃熏 1 夜。④对保护地茄子应加强温湿度管理，适时通风散湿，浇水改在上午，注意放风排湿。茄子结果后及时整枝打杈，增加通透性，增施钾肥、硼肥、钙等，提高抗病力。⑤发病初期喷洒 75%百菌清可湿性粉剂 700 倍液或 12.5%腈菌唑乳油 2000 倍液、25%戊唑醇水乳剂 2000 倍液或 25%三唑酮可湿性粉剂 2000 倍液、50%福·异菌可湿性粉剂 800 倍液、50%腐霉利可湿性粉剂 1000 倍液，隔 10 天 1 次，防治 3～4 次。⑥棚室或阴雨天可用 45%百菌清烟雾剂，每 667m² 用药 250～300g 熏 1 夜，翌晨通风效果好。

茄子褐色圆星病

症状 叶片上病斑圆形或近圆形，初期病斑褐色或红褐色，直径 1～6mm，病斑扩展后，中央退为灰褐色，病斑中部有时破裂，边缘仍为褐色或红褐色，病斑上可见灰色霉层，即病原菌的繁殖体。为害严重时，病斑连片，叶片易破碎或早落。

病原 *Cercospora solani-melongenae* Chupp，称茄生尾孢；*C.melongenae* Welles.，称茄尾孢，均属真菌界子囊菌门尾孢属。

传播途径和发病条件 以分生孢子或菌丝块在被害部越冬。翌年在菌丝块上产出分生孢子，借气流或雨水溅射传播蔓延。北方菜区，本病见于 7～8 月，南方只要有茄子栽培，本病全年皆可发生。温暖多湿的天气或低洼潮湿、株间郁闭易发病。品种间抗性有差异。

防治方法 ①加强肥水管理，合理密植，清沟排渍，改善田间通透性；增施磷钾肥，喷施喷施宝，每毫升对水 12L，提高植株抗病力。②因地制宜选用抗病良种。③及时喷药预防，发病初期开始喷洒 250g/L 嘧菌酯悬浮剂 1000 倍液或 75%百菌清可湿性粉剂 800 倍液混 70%甲基硫菌灵 800 倍液，或 75%百菌清 800 倍液混 43%戊唑醇悬浮剂 3000 倍液，10%苯醚甲环唑水分散粒剂 1000 倍液混 20%噻菌铜 600 倍液，或 47%春雷·王铜可湿性粉剂 700 倍液。由于茄子叶片表皮毛多，为增加药液展着性，应加入 0.1%青油或 0.1%～0.2%洗衣粉，雾滴宜细，确保喷匀喷足。隔 7～10 天 1 次，连续防治 2～3 次。

茄子褐色圆星病病叶

茄子棒孢叶斑病（黑枯病）病叶

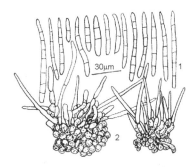

茄子褐色圆星病病菌茄生尾孢

1—分生孢子；2—子座及分生孢子梗

茄子棒孢叶斑病（黑枯病）

症状 茄子叶、茎、果实均可染黑枯病。叶染病，初生灰紫黑色圆形小点，后扩大成直径 0.5～1cm、圆形或不规则形病斑，周缘紫黑色，内部浅些，有时形成轮纹，致早期落叶。茎染病，初淡褐色，后呈干腐状凹陷，表面密生黑色霉层。果实染病，产生有紫色边缘的褐斑。

病原 *Corynespora cassiicola*（Berk. et Curr.）Wei，称山扁豆生棒孢，属真菌界子囊菌门棒孢属。

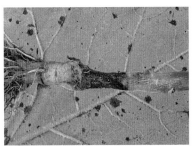

茄子棒孢叶斑病茎部受害状（李明远）

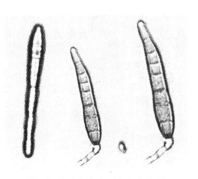

茄子棒孢叶斑病病原菌分生孢子
（李宝聚）

传播途径和发病条件 以菌丝或分生孢子附着在寄主的茎、叶、果或种子上越冬，成为翌年初侵染源。此菌在 6～30℃均能发育，发病适温 20～25℃。

防治方法　①种子消毒。播种前用 55℃ 温水浸种 15min 或 52℃ 温水浸 30min，再放入冷水中冷却后催芽。②加强田间管理。苗床要注意放风，田间切忌灌水过量，雨季要注意排水降湿。③发病初期开始喷洒 75% 百菌清可湿性粉剂 600 倍液或 22.7% 二氰蒽醌悬浮剂 600 倍液、50% 福美双可湿性粉剂 900 倍液、25% 咪鲜胺乳油 800 倍液，隔 7～10 天 1 次，连续防治 2～3 次。保护地喷撒康普润静电粉尘剂每 667m² 用药 800g，持效 20 天。

圆茄、长茄茄生假尾孢叶斑病

症状　病斑近圆形或稍呈角状，宽 2～4mm，暗灰色，边缘暗褐色至灰褐色，常围以不明显的浅黄色晕，并呈轮纹状。

病原　*Pseudocercospora solanimelongenicola*，称茄生假尾孢，属真菌界无性态子囊菌。子实体主要生在叶面，菌丝体内生。子座小，褐色，直径 30μm。分生孢子梗 5～10 根簇生，浅青黄褐色，顶部色泽较浅，宽度不规则，直立或弯曲，分枝，顶部钝圆至圆锥形平截，具隔膜 1～3 个，有时可见孢痕疤。分生孢子圆柱形至倒棍棒形，青黄色或浅青黄褐色，直立或稍弯曲，顶部钝，基部倒圆锥形平截。

传播途径和发病条件　病菌以菌丝体和分生孢子随病残体在土壤上越冬，条件适宜时产生分生孢子，借气流和雨水传播，进行初侵染和再侵染。病菌生长适温 27℃，最高 37℃。该病系高温高湿病害，6～7 月份气温高于 25℃，雨日多，田间湿气大易发病。

防治方法　①选用抗病品种。②采用测土配方施肥技术有利于提高抗病力。③加强管理，雨后及时排水。塑料温室科学放风至关重要。④发病初期喷洒 10% 苯醚甲环唑水分散粒剂 1000 倍液混 20% 噻菌铜 600 倍液，或 70% 代森联水分散粒剂 600 倍液，或 45% 精甲·王铜（禾本）可湿性粉剂 30g，对水 15kg，50% 甲基硫菌灵可湿性粉剂 600 倍液，隔 7～10 天 1 次，防治 2～3 次。

茄子茄生假尾孢叶斑病发病初期症状

茄子果腐病

症状　主要为害果实。染病果实出现形状不定的褐色斑，严重时茄子果实大部分变褐、坏死，病部表面密生大头针状小黑点，即病原菌分生孢子器。病斑上不出现轮纹，别于褐纹病。

茄子果腐病病果

病原 *Phoma solani* Halst，称茄属茎点霉；*Phyllosticta solani* El. et Mart.，称茄属叶点霉；*Diplodina destructiva*（Plowr.）Petr.，称明二孢壳孢属，均属真菌界子囊菌门。

传播途径和发病条件 三种真菌均以菌丝体和分生孢子器在病部随病残体遗落在土壤中或以分生孢子附着在种子表面越冬。条件适宜时，从分生孢子器中涌出大量分生孢子，借风雨溅射及小昆虫活动传播，从伤口或幼嫩表皮直接侵入，经7～8天潜育引起发病，一个生长季可进行多次再侵染。温暖、高湿或株间郁闭、湿气滞留常发病，发病适温为24～27℃。相对湿度高于85%、雨天多、多露发病重。

防治方法 ①茄子进入结果期后，出现阴雨多的天气，尤其是长江以南，应结合防治茄子褐纹病进行防治。②茄子果腐病突出的地区或田块应在发病初期喷洒78%波·锰锌可湿性粉剂600倍液或33.5%喹啉铜悬浮剂800倍液。

茄子蠕孢褐斑病

症状 主要为害茄子果实。初在果面上产生一个或几个褐色小斑点，后扩展成棕褐色椭圆形凹陷斑，病斑四周生紫色细线，大小28mm×19mm，病部果肉变软，湿度大时病斑中央现黑褐色霉丛，即蠕孢菌分生孢子梗和分生孢子。内蒙古8月下旬至9月上中旬发生，河南也有发生记载。

病原 *Helminthosporium solani* Durieu &Mont.，称茄长蠕孢，属真菌界子囊菌门茄长蠕孢属。

茄子蠕孢褐斑病病果

传播途径和发病条件 病菌以菌丝体或分生孢子在种子内外、茄子病残体内以及茄子的根颈或根内存活。该菌属弱寄生菌，生产上主要通过带菌种子或借气流和雨水飞溅及附着在农具上传播。发病适温为18～32℃。雨天多、湿度大易发病。采种茄子发病率高。长茄发病较圆茄重。

防治方法 ①选育抗病品种，注意选用无病种子。②种子消毒。播种前种子用55℃温水浸种15min，再置入凉水中冷却后催芽播种。③采用高厢深沟或起垄种植，雨后及时排水，防止湿气滞留可减少发病。④发病初期喷洒 20% 唑菌酯悬浮剂 800～1000 倍液或 30% 戊唑·多菌灵悬浮剂 1000 倍液、60% 多菌灵可湿性粉剂 700 倍液、10% 苯醚甲环唑水分散粒剂 600 倍液。

茄子茎腐病

2004 年茄子茎腐病在山东青州、寿光等地日光温室发生，发病速度之快，发生面积之大，为害之重，在山东省保护地茄子栽培中还是头一次。

症状 定植缓苗后不久即见发病。茄子地上部呈青枯状，茎基部靠近地面 3cm 处产生褐色凹陷斑，向上下和左右扩展，病斑可围绕整个茎的基部，形成褐色凹陷病斑，后病部干缩，湿度大时皮层腐烂，露出木质部。重病株叶片萎蔫，似缺水状，发病初期中午萎蔫，早晚恢复正常，数日后不再恢复，全株枯死，有些病株叶片仍保持绿色，检视根部未发现异常。别于尖镰孢菌茄专化型引起的茄子枯萎病。

茄子茎腐病病茎上分离出尖孢镰孢

病原 *Fusarium oxysporum* Schlecht.，称尖孢镰孢；*F.culmorum*（W.G.Smith）Sacc.，称黄色镰孢；*Phytophthora nicotianae*，称烟草疫霉，前两种属真菌界子囊菌门镰刀菌属，后者属假菌界卵菌门。

传播途径和发病条件 两种镰刀菌以菌丝体和厚垣孢子随病残体在土壤中越冬。病菌由根颈部或伤口侵入，引起发病。两菌菌丝在 10～15℃ 均能生长，尖孢镰孢菌生长最适温度为 20～25℃，黄色镰孢生长最适温度为 20～30℃，后者耐高温能力强，塑料大棚的高温环境满足这两种镰刀菌的生长和发育，易发病。雨天多、高湿的条件适合烟草疫霉侵染。

茄子茎腐病植株症状（李林）

茄子茎腐病病根茎部症状（李林）

防治方法 ①发现病株及时拔除，病穴用生石灰消毒。②对由镰刀菌引起的茎腐病，于田间初见病株时浇灌 80% 多菌灵可湿性粉剂 1000 倍液或 70% 甲基硫菌灵可湿性粉剂 700 倍液、54.5% 噁霉·福可湿性粉剂 700 倍液。使用多菌灵的可混施 2.5% 咯菌腈悬浮剂或 50% 氯溴异氰尿酸可溶粉剂 1000 倍液，防效明显提高。

茄子疫霉菌和腐霉菌根腐病

茄子生产上出现了疫霉菌和腐霉菌引起的根腐病，此病传染性强，一旦发病在棚内迅速蔓延，难于防治，严重的造成全棚茄子死亡。山东寿光菜农用各种方法防效不高，现创造了封锁方法，但尚需完善。内蒙古西部露地茄子也时有发生。

症状 初发病时仅见个别植株中午萎蔫，夜间、早上恢复，几天或十几天后不再恢复而死亡，拔出病株在主根近地面处有一圈膨大，底部的毛细根染病后变褐，病菌进入木质部危害向上输送水分的维管束；阻碍了地下水向上输送，造成上部叶片缺水而萎蔫。后期可见到一侧根染病后传到主茎根上，致主茎根上表皮呈水渍状，后向其他侧根蔓延，扩展很快，成为茄子生产上一大难题。

病原 *Pythium* sp.，称一种腐霉；*Phytophthora* sp.，称一种疫霉，均属假菌界卵菌门。有人发现烟草疫霉也为害茄子。

茄子腐霉菌根腐病病株

茄子疫霉菌根腐病病茎基部症状

传播途径和发病条件 该菌借助浇水和毛细根的相互交叉及人为活动传播，如拔出病株时根部的土壤落在其他地方即可进行传染，在一个棚中浇水是主要传播途径。

防治方法 ①采用封锁的方法，备生石灰适量。一是南北向封锁。在发病棵两边走道的中间，南北向从棚的北边至南边，用直板铁锨垂直深插 25cm，再将锨推向一边，使地面上裂开 1 条宽约 1cm 的缝，向缝中填满生石灰。形成一道深 25cm、宽 1cm 没有缝隙的生石灰隔墙，再在隔墙的上边地平面上撒一条宽 10cm、厚 1cm 的生石灰带。这样就在病棵的东西两侧形成了一道屏障，阻断了病菌向两边传播。二是东西向封锁，在发病棵南北两边也打两条隔离墙，使东西隔离墙和南北隔离墙连接，防止病菌南北向传播，须注意防止浇水时水流过病株处把病菌扩散，可将病株用水桶浇。三是地面封锁，把病株挖出后放在桶内带到棚外深埋，并在地表撒石灰消毒。②结合药剂进行防治，用药种类参见番茄、樱桃番茄绵疫病和牛眼腐病。

茄子霜霉病

症状 主要为害叶片。发病初期产生淡绿色水渍状小斑，后转成黄褐色至褐色大斑，受叶脉限制而呈角状斑，叶背病斑稍隆起，湿度大时斑面上长厚密的暗灰色霉层，即病原菌的孢囊梗和孢子囊。天气干旱时症状不明显。

茄子霜霉病病叶

病原 *Peronospora tabacina* Adam var. *solani* Zeng，称烟草霜霉茄变种，属假菌界卵菌门霜霉属。孢囊梗从气孔伸出，较短，大小（221～290）μm×（6.2～11.6）μm，上部叉状分枝 3～4 次。孢子囊长圆形至椭圆形，无乳突，大小（23～27）μm×（14～18）μm。

传播途径和发病条件 北方病菌以菌丝体或卵孢子在活体寄主上潜伏越冬。长江以南病菌可以孢子囊及游动孢子在寄主间借风雨辗转传播为害，无明显越冬期。日暖夜凉、多雨高湿的天气有利于该病发生。

防治方法 发病初期喷洒 0.3% 丁子香酚·72.5% 霜霉威盐酸盐 1000 倍液。

茄子匍枝根霉果腐病

症状 茄子匍枝根霉果腐病主要为害果实，幼果、成果均可发病。果实染病，初生水浸状褐色斑，后迅速扩展到整个果实，致果实、果柄变褐软化腐败，湿度大时病部表面产生灰白色霉层，后出现黑色毛状霉，似大头针状，病果多脱落，个别干缩成僵果挂在茄株上。

茄子匍枝根霉果腐病为害幼果

病原 *Rhizopus stolonifer*（Ehrenb.）Lind，称匍枝根霉（黑根霉），属真菌界接合菌门根霉属。

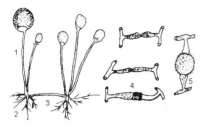

茄子果腐病病菌（匍枝根霉）
1—孢囊梗；2—侧根；3—匍匐丝；
4—配囊梗与原配子囊；5—接合孢子

传播途径和发病条件 病菌寄生性弱，分布十分普遍，可在多汁蔬菜的残体上以菌丝营腐生生活。翌春条件适宜时，产生孢子囊，释放出孢囊孢子，靠风雨传播，病菌则从伤口或生活力衰弱或遭受冷害等部位侵入，该菌分泌果胶酶能力强，致病组织呈浆糊状，在破口处又产生大量孢子囊和孢囊孢子，进行再侵染。气温23～28℃、相对湿度高于80%易发病。雨水多或大水漫灌、田间湿度大、整枝不及时、株间郁闭、果实伤口多发病重。

防治方法 ①加强肥水管理，适当密植，及时整枝或去掉下部老叶，保持通风透光。②防止产生日灼果，果实成熟后及时采收。③采用高畦或起垄栽培，雨后及时排水，严禁大水漫灌。④棚室要及时放风，防止湿气滞留。⑤发病初期喷洒86.2%氧化亚铜悬浮剂700倍液或53.8%氢氧化铜水分散粒剂500倍液、2.5%咯菌腈悬浮剂1000倍液。每667m² 喷对好的药液60L，隔10天左右1次，

防治2～3次。

茄子白绢病

症状 茄子白绢病主要为害茎基部。病部初呈褐色腐烂，并产生白色具光泽的绢丝状菌丝体及黄褐色油菜籽状的小菌核，严重时叶柄、叶片凋萎，最后干枯脱落或整株枯死。

茄子白绢病病茎基部的小菌核

病原 *Sclerotium rolfsii* Sacc.，称齐整小核菌，属真菌界子囊菌门小核菌属，有性态为担子菌门阿太菌属。

传播途径和发病条件 主要以菌核或菌丝体在土壤中越冬。条件适宜时，菌核萌发产生菌丝，从寄主茎基部或根部侵入，潜育期3～10天，出现中心病株后，地表菌丝向四周蔓延。发病适温30℃，特别是高温及时晴时雨利于菌核萌发。连作地、酸性土或砂性地发病重。在夏季灌水条件下，菌核经3～4个月就死亡。该病在高温多湿的6～7月易发病。

防治方法 参见番茄、樱桃番茄白绢病。

茄子赤星病

症状 茄子赤星病主要为害叶片。初褪绿生苍白色至灰褐色小斑点，后扩展成直径 3 ～ 8mm、中心暗褐色至红褐色、边缘褐色圆形斑，其上丛生很多黑色小粒点，即病原菌分生孢子器，小黑点呈轮纹状排列，病斑背面黄褐色。后期病斑相互融合成不规则形大斑，易破裂穿孔。

病原 *Septoria melongenae* Saw.，称茄壳针孢（茄赤星病菌），属真菌界子囊菌门壳针孢属。

传播途径和发病条件 病菌以菌丝体和分生孢子随病残体留在土壤中越冬。翌春条件适宜时，产生分生孢子，借风雨传播蔓延，引起初侵染和再侵染。温暖潮湿、连阴雨天气多的年份或地区易发病。

茄子赤星病病叶

防治方法 ①实行 2 ～ 3 年以上轮作。②选用早熟品种，如济南 94-1 早长茄、金园早茄 1 号、济丰

3 号大长茄、紫长茄 8591 等。③从无病茄子上采种。播种前，种子用 55℃温水浸 15min，或 52℃温水浸 30min，再放入冷水中冷却，晾干后播种；或采用 50% 多菌灵可湿性粉剂和 50% 福美双粉剂各 1 份、泥粉 3 份混匀后，用种子重量的 0.1% 拌种。④苗床消毒，苗床需每年更换新土；播种时，每平方米用 50% 多菌灵可湿性粉剂 10g，或 40% 多·福可湿性粉剂 4g 拌细土 2kg 制成药土，取 1/3 撒在畦面上，然后播种，播种后将其余药土覆盖在种子上面，即上覆下垫，使种子夹在药土中间。⑤加强栽培管理，培育壮苗。施足基肥，促进生长早发，把茄子的采收盛期提前在病害流行季节之前均可有效地防治此病。⑥药剂防治。结果后开始喷洒 10% 苯醚甲环唑水分散粒剂 600 倍液或 30% 苯醚甲环唑·丙环唑乳油 2000 倍液、50% 异菌脲可湿性粉剂 1000 倍液、75% 二氰蒽醌可湿性粉剂 700 ～ 800 倍液，视天气和病情隔 10 天左右 1 次，连续防治 2 ～ 3 次。

茄子花腐病

症状 主要为害花器和果实。花器染病后变褐腐烂，病花脱落或挂在枝上。果实染病后变褐软腐，果梗呈浅褐色或灰白色，病部组织水分消失逐渐干缩，湿度大时，病部密生白色或灰白色茸毛状物，顶生大头针状黑色孢囊梗及孢子囊。

茄子花腐病花器受害状

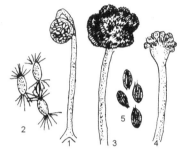

茄子花腐病病菌（茄笋霉）

1—大型孢子囊梗；2—孢囊孢子；3—小型
孢子囊聚生在孢囊梗顶端；4—孢囊梗顶端
的头状体和小梗；5—小型孢子囊

病原 *Choanephora mandshurica*
（Saito.et Nagamoto）Tai，称茄笋霉，
属真菌界接合菌门笋霉属。

传播途径和发病条件 、防治方法
参见甜椒、辣椒、彩椒湿腐病。

茄子斑枯病

症状 茄子斑枯病又称茄子斑
点病。主要为害叶片、叶柄、茎和果
实。叶背面初生水渍状小圆斑，后扩
展到叶片正面或果实上，叶斑圆形或
近圆形，边缘深褐色，中间灰白色，
略凹陷，病斑直径 1.5～4.5mm，后

期斑面上散生许多黑色小粒点，即病
菌分生孢子器。

病原 *Septoria lycopersici* Speg.，
称番茄壳针孢，属真菌界子囊菌门壳
针孢属。

传播途径和发病条件 以菌丝
和分生孢子在病残体、多年生茄科
杂草上或附着在种子上越冬，成为翌
年初侵染源。一般分生孢子器吸水
后，器内胶质物溶解，分生孢子逸
出，借风雨传播或被雨水反溅到茄子
植株上，从气孔侵入，后在病部产生
分生孢子器及分生孢子扩大为害。病

茄子斑枯病病叶

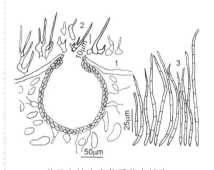

茄子斑枯病病菌番茄壳针孢
（白金铠原图）

1—分生孢子器；2—产孢细胞；
3—分生孢子

菌发育适温 22 ～ 26 ℃，12 ℃ 以下、27.8 ℃ 以上发育不良。分生孢子 52 ℃ 经 10min 死亡。高湿利于分生孢子从器内溢出，适宜相对湿度 92% ～ 94%，若湿度达不到则不发病。如遇多雨，特别是雨后转晴及茄子生长衰弱、肥料不足易发病。气温 20 ～ 25 ℃，潜育期 4 天左右。

防治方法 ①苗床用新土或 2 年内未种过茄科蔬菜的阳畦或地块育苗，定植田实行 3 ～ 4 年轮作。②从无病株上留种，并用 52 ℃ 温水浸种 30min，取出晾干催芽播种。③选用抗病品种。④高畦栽培，适当密植，注意田间排水降湿。⑤加强田间管理，合理施肥，增施磷钾肥，喷施多效好 4000 倍液或 1.4% 复硝酚钠水剂 3000 ～ 4000 倍液，可提高抗病力，避免种植过密，保持田间通风透光及地面干燥；采收后把病残物深埋或烧毁。⑥发病初期喷洒 10% 苯醚甲环唑微乳剂 1000 倍液混 20% 噻菌铜悬浮剂 600 倍液，或 75% 肟菌酯·戊唑醇 3000 倍液，或 70% 丙森锌可湿性粉剂 600 倍液，隔 10 天左右 1 次，防治 2 次。⑦保护地喷撒康普润静电粉尘剂，每 667m² 用药 800g，持效 20 天。

茄子褐斑病

症状 茄子褐斑病又称叶点病。主要为害植株的中下部叶片和果实。发病初期先在叶面上出现淡褐色水浸状小斑点，后扩展成不规则形或近圆形大小不等的病斑，边缘褐色至深褐色，中央灰褐色至灰白色，病斑中央散生有很多小黑点，四周有一圈较宽的褪绿晕圈，病情严重时，叶上病斑连成大片或病斑满布，引致叶片早枯或脱落。

茄子褐斑病病叶片上产生灰白色病斑

茄子褐斑病病果

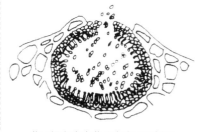

茄子褐斑病病菌分生孢子器剖面及分生孢子

病原 *Phyllosticta melongenae* Sawada，称茄叶点霉，属真菌界子囊菌门叶点霉属。

传播途径和发病条件 以菌丝体或分生孢子器随病残体在土下越冬。翌春产生分生孢子，借风雨传播，遇有适宜的发病条件，分生孢子萌发经伤口或气孔侵入，潜育期7～8天，可进行多次重复侵染，致病害不断加重。该菌喜高温高湿条件，发病适温24～28℃，相对湿度高于85%或连阴雨、多露利其流行。

防治方法 ①种子消毒。用50℃温水浸种25min，晾干后播种。或干种子用2.5%咯菌腈悬浮种衣剂用种子重量的3‰～4‰包衣，晾干后播种。②覆盖地膜，可减少初侵染。③合理灌溉。适时适量控制浇水，雨后及时排水，必要时把植株下部老叶去去，增加通透性。④采用配方施肥技术，增施有机肥，每667m² 施尿素70kg、重过磷酸钙37kg、硫酸钾25kg，影响茄子三要素依次为钾＞氮＞磷。每667m²单产1000kg，应施尿素55kg、重过磷酸钙23kg、硫酸钾22kg。生长中期冲施全水溶性肥料为主，如波力钾，配合阿波罗963养根素、根佳等养根性肥料，增强抗病力。⑤发病初期喷洒50%异菌脲可湿性粉剂1000倍液或10%苯醚甲环唑水分散粒剂600倍液、70%丙森锌可湿性粉剂600倍液。

茄子细轮纹病

症状 该病主要为害叶片。初在叶面上生褐色至深褐色轮纹斑，直径5～10mm，轮纹细密，从叶背面看病斑不明显，别于早疫病和褐轮纹病。

病原 *Phoma pomarum* Thüm，称仁果茎点霉或楸子茎点霉，属真菌界子囊菌门茎点壳孢属。

传播途径和发病条件 云南8月发病，病菌以菌丝体和分生孢子器在病残体上越冬。翌年产生分生孢子，从叶片侵入。生产上冬季清园不彻底、排水状况不良、偏施过施氮肥易发病。

茄子细轮纹病病叶上的轮纹斑
（摄于昆明）

防治方法 ①选用耐涝品种，如丰研1号、济南早小长茄、九叶茄等。②茄子收获后马上清除病残体，及时深翻，对减轻发病具重要作用。③加强田间管理，采用配方施肥技术，适时适量追肥，科学合理浇水，雨后及时排水，防止湿气滞留。④发病初期喷洒40%百菌清悬浮剂500倍液或250g/L嘧菌酯悬浮剂1000倍液，隔10天左右1次，连续防治2～3次。

茄子褐轮纹病

症状 茄子褐轮纹病又称茄轮纹灰心病。主要为害叶片。初生褐色至暗褐色圆形病斑，直径2～15mm，具同心轮纹，后期中心变成灰白色，病斑易破裂或穿孔。

病原 *Ascochyta melongenae* Padman.，称茄壳二孢，属真菌界子囊菌门壳二孢属。

传播途径和发病条件 病菌以分生孢子器和分生孢子在病残体上越

茄子褐轮纹病病叶

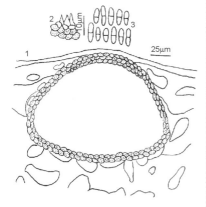

茄子褐轮纹病病菌茄壳二孢（白金铠原图）

1—分生孢子器；2—产孢细胞；
3—分生孢子

夏或越冬。翌春气温上升，空气湿度升高时，分生孢子器从孔口逸出大量分生孢子侵染叶片，随后进行多次再侵染。一般春、夏阴湿田块易发病。

防治方法 ①采用无病种子。②注意田间湿度，雨后及时排水和通风。要适当密植，在常发地块，应实行2～3年轮作。③发病初期开始喷洒20%苯醚甲环唑微乳剂1500倍液或47%春雷·王铜可湿性粉剂700倍液、50%异菌脲可湿性粉剂900倍液。棚室保护地可用45%百菌清烟剂，每667m²250g熏烟，隔7～10天1次，连续防治2～3次。

茄子黄褐钉孢叶霉病

症状 又称煤污病。主要为害叶片。叶上病斑多角形至不规则形，褐色至暗灰褐色，直径1～8mm，叶背和花器生灰绿色霉层，即病原菌分生孢子梗和分生孢子。

病原 *Passalora fulva*（Cooke）U. Braun & Crous（Crous et al.，2003），称黄褐钉孢，属真菌界无性

茄子黄褐钉孢叶霉病病叶

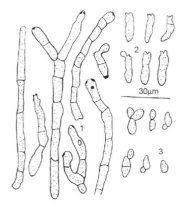

茄子叶霉病病菌
1—分生孢子梗；2—枝孢；3—分生孢子

型钉孢属。除为害茄子外，还为害番茄、甜辣椒、马铃薯等。

传播途径和发病条件 以菌丝和分生孢子在病叶上或在土壤内及植物残体上越过休眠期。翌春产生分生孢子，借风雨及蚜虫、粉虱等传播蔓延，荫蔽湿度大的棚室或梅雨季节易发病。2013年山东寿光春季气温低，棚室内浇水多，湿度大于85%，茄子叶霉病发生重，有的大棚发生猖獗。

防治方法 ①养根护叶提高植株抗病力，对根系发育不良的大棚，进入4月提倡施用吸收率高的水溶肥，如速藤、果酯达等，提高抵抗力。②采用高温抑菌法。茄子叶霉病发病适温为20～23℃，生产上可利用晴天中午的高温来抑制病菌的繁殖扩展，即在晴天浇水后于中午高温时段闭棚升温至38℃，维持1～2h后，再通风降温，这样能有效抑制该病，减轻危害。

③科学用药，于发病初期喷洒250g/L苯醚甲环唑乳油1000倍液、10%多抗霉素可湿性粉剂1000倍液、250g/L吡唑醚菌酯乳油1000倍液、75%百菌清可湿性粉剂600倍液、50%百·腐可湿性粉剂，每667m² 用75～100g对水常规喷雾或用20%百·腐烟剂点燃于夜间放烟，7～10 天1次，防治3～4次。现已发现本病对嘧菌酯已产生抗药性，应停用。

茄子煤斑病

症状 茄子煤斑病多见于棚室，主要为害叶片，从下向上扩展。初仅在叶表面形成直径2～3mm黄色小圆斑，后扩展到5～10mm或更大，黄褐色，在叶上密生灰褐色煤烟状霉，后病斑边缘为黄色，中间褐色，严重的叶片枯黄脱落。

病原 *Pseudocercospora deightoniiminter*，称酸浆假尾孢，异名 *Cercospora deightonii* Chupp，属真菌界子囊菌门假尾孢属。分生孢子梗浅褐色，簇生，分枝少，常弯曲，具隔膜2～5个；分生孢子单生，倒棍棒状，无色，有隔膜2～10个。除侵染茄子外，也能引致鸡蛋果叶斑病。

传播途径和发病条件 以菌丝体或分生孢子在病叶上越冬或越夏。翌年产生分生孢子，借风雨传播蔓延，进行初侵染和再侵染。气温24～28℃、湿度大易发病。本病属高温域病害。

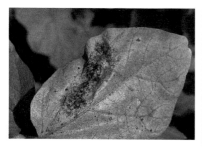

茄子煤斑病病叶

防治方法 ①加强棚室通风换气，适当降温排湿，防止湿气滞留，生产上浇水要适量，避免浇水过勤过多，防止高温高湿持续时间过长是防治该病的重要基础措施。②发现病株或点片发生时，喷洒 32.5% 苯甲·嘧菌酯悬浮剂 1500 倍液，持效 10～15 天，还可兼治早疫病、叶霉病。也可喷洒 75% 肟菌·戊唑醇水分散粒剂 3000 倍液，隔 10 天 1 次，防治 2 次。

茄子红粉病

症状 主要为害地上部或茎基部及果柄。初病部变褐，皮层腐烂，表皮内外生有粉红色霉状物，致植株黄化、矮小或萎凋后死亡，一般不落叶。

茄子红粉病果柄受害状

茄子红粉病病菌分生孢子和分生孢子梗

病原 *Trichothecium roseum*（Pers.）Link，称粉红单端孢，属真菌界子囊菌门无性型单端孢属。菌落初白色，后渐变粉红色。分生孢子梗直立不分枝，无色，顶端有时稍大；分生孢子顶生，单独形成，多可聚集成头状，呈浅橙红色，分生孢子倒洋梨形，无色或半透明，成熟时具 1 隔膜，隔膜处略缢缩，大小（15～28）μm×（8～15.5）μm，常黏结簇生在分生孢子梗顶端。病菌发育适温为 25～30℃，相对湿度 85% 左右。

传播途径和发病条件 病菌以菌丝、分生孢子在病株上、种子上、病残体上及土壤中越冬。翌年，苗期、成株均可染病，种子发芽时，分生孢子萌发长出芽管，从伤口侵入，引起发病。降雨多、相对湿度大易发病。

防治方法 ①实行 3～4 年以上轮作。②提倡施用酵素菌沤制的堆肥或得到生物肥、5406 菌肥等微生物肥料，可减轻发病。③发病重的地区，在定植前用 10% 放线酮适量与土混匀后撒入定植穴，然后定植。④发病初期喷淋 3% 多抗霉素水剂 800 倍液或 50% 甲基硫菌灵悬浮剂 600 ～ 700 倍液。

茄子软腐病

症状 茄子软腐病主要为害果实。病果初生水渍状斑，后致果肉腐烂，具恶臭，外果皮变褐，失水后干缩，挂在枝杈或茎上。

茄子软腐病病果

病原 *Pectobacterium carotovora* subsp. *carotovora*（Jones）Bergey et al.（*Erwinia aroideae* Towns.）Holland，称胡萝卜果胶杆菌胡萝卜亚种，属细菌界薄壁菌门。

传播途径和发病条件 参见番茄、樱桃番茄软腐病。

防治方法 ①实行与非茄科及十字花科蔬菜进行 2 年以上轮作。②及时清洁田园，尤其要把病果清除带出田外烧毁或深埋。③培育壮苗，适时定植，合理密植。雨季及时排水，尤其下水头不要积水。④保护地栽培要加强放风，防止棚内湿度过高。⑤及时喷洒杀虫剂防治棉铃虫等蛀果害虫。⑥药剂防治。雨前雨后及时喷洒 72% 农用高效链霉素可溶粉剂 3000 倍液或 90% 新植霉素 4000 倍液、25% 咪酰胺乳油 1500 倍液混加 25% 嘧菌酯 1000 倍液、33.5% 喹啉铜悬浮剂 800 倍液，隔 10 天 1 次，防治 2 ～ 3 次。

茄子细菌性褐斑病

症状 主要侵染叶片和花蕾，也可为害茎和果实。叶片染病，多始于叶缘，初生 2 ～ 5mm 不整形褐色小斑点，后逐渐扩大，融合成大病斑，严重时病叶卷曲，最后干枯脱落。花蕾染病，先在萼片上产生灰色斑，后扩展到整个花器或花梗，致花蕾干枯。嫩枝染病，由花梗扩展传染，病部变灰腐烂，致病部以上枝叶凋萎。果实染病，始于脐部。

病原 *Pseudomonas cichorii*（Swingle）Stapp，称菊苣假单胞菌，属细菌界薄壁菌门。菌体杆状，具极生鞭毛多根，能产生荧光色素，氧化酶反应阳性，生长适温 30℃，41℃不生长。

茄子细菌性褐斑病

传播途径和发病条件 病菌在土壤中越冬。主要通过水滴溅射传播，叶片间碰撞摩擦或人为操作也可传病，病原细菌从水孔或伤口侵入，发病适温 17～23℃，生产上该病多发生在低温期。

防治方法 ①与茄科作物实行 3 年以上轮作。②棚室栽培时要注意提高棚温和地温，避免低温、高湿条件出现。浇水时要防止水滴溅射，以减少传播。③发病初期喷洒 33.5% 喹啉铜悬浮剂 800 倍液混加 72% 农用高效链霉素 3000 倍液，或 50% 多福溴可湿性粉剂 800 倍液混 3% 中生菌素 800 倍液，或 10% 苯醚甲环唑 1500 倍液混加 27.12% 碱式硫酸铜 600 倍液，5 天喷 2 次。也可单喷喹啉铜 800 倍液，每 667m² 用对好的药液 50～60L，隔 7～10 天 1 次，连续防治 2～3 次。

茄子青枯病

症状 茄子青枯病发病初期仅个别枝上一张或几张叶片叶色变淡，呈现局部萎垂，后扩展到整株，后期病叶变褐枯焦，病茎外部变化不明显，如剖开病茎基部木质部变褐色。本病始于茎基部，后延伸到枝条，枝条的髓部大多溃烂或中空，用手挤压病茎横切面，湿度大时有少量乳白色黏液溢出，这是本病重要特征。

病原 *Ralstonia solanacearum* (Smith) Yabuuchi et al.，称茄青枯劳尔氏菌，属细菌界薄壁菌门。

传播途径和发病条件 病原细菌主要在土壤中越冬。翌年随雨水、灌溉水及土壤传播，从寄主根部或茎基部伤口侵入，在导管里繁殖蔓延。病菌生长适温 30～37℃，最高 41℃，最低 10℃，52℃经 10min 死亡。病菌在种子或寄主体内可存活 200 天左右，一旦脱离寄主只能存活 2 天，但在土壤中则可存活 14 个月至 6 年之久。高温高湿是此病发生条件，土温常较气温更重要。经观察，病田土温 20℃时，病菌开始活动，零星病株出现，土温 25℃时，田间出现发病高峰。

茄子青枯病病株

茄子青枯病病茎横剖面上溢出乳白色菌脓

防治方法 ①因地制宜选用柴荣 6 号、湘茄 4 号（湘杂 6 号）、湘杂7号、富农长茄、金刚茄子、引茄1号、湘杂早红等抗青枯病品种。实行与十字花科或禾本科作物4年以上轮作，最好进行水旱轮作。②结合整地，每667m²施消石灰100～150kg，与土壤充分混匀后定植茄苗。③及时拔除病株，防止病害蔓延，在病穴上撒少许石灰防止病菌扩散。④选用无病种子，适期播种，避过高温季节，可减轻发病。⑤茄子定植后发病初期喷洒每克10亿活芽胞枯草芽孢杆菌700倍液或每克1000亿活芽胞枯草芽孢杆菌可湿性粉剂1500～2000倍液或每克8亿活芽胞蜡质芽孢杆菌可湿性粉剂100～120倍液，或5%菌毒清水剂200倍液或47%春雷·王铜（加瑞农）600倍液混3%中生菌素800倍液，80%乙蒜素乳油1000～1100倍液或90%新植霉素可溶粉剂4000倍液或72%农用高效链霉素可溶粉剂3000倍液，10天左右1次，防治2～3次。⑥青枯病严重地区提倡采用赤茄、小西瓜（刺茄）、托鲁巴姆等作砧木，利用当地优良品种作接穗进行嫁接，防治青枯病效果好。日本1995年育成的台太郎（农林交台2号）抗青枯病能力和特鲁巴姆比卡相同。

茄子病毒病

病状 茄子病毒病常见有3种症状。花叶型，整株发病，叶片黄绿相间，形成斑驳花叶，老叶产生圆形或不规则形暗绿色斑纹，心叶稍显黄色；坏死斑点型，病株上位叶片出现局部侵染性紫褐色坏死斑，直径0.5～1mm，有时呈轮点状坏死，叶面皱缩，呈高低不平萎缩状；大型轮点型，叶片产生由黄色小点组成的轮状斑点，有时轮点也坏死。

病原 主要有烟草花叶病毒（TMV）、黄瓜花叶病毒（CMV）、蚕豆萎蔫病毒（BBWV）、马铃薯X病毒（PVX）等。TMV、CMV主要引起花叶型症状，BBWV引起轮点状坏死，PVX引起大型轮点。

茄子病毒病发病中期症状

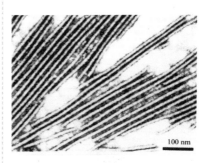

100 nm

烟草花叶病毒

传播途径和发病条件 TMV、CMV、PVX传播途径同番茄病毒病。BBWV主要靠蚜虫和汁液摩擦传毒。

高温干旱、管理粗放、田边杂草多、蚜虫发生量大发病重。

防治方法 ①选用耐病毒病的茄子品种或选无病株留种。②用 10% 磷酸三钠浸种 20 ～ 30min。③早期防蚜避蚜，减少传毒介体。塑料大棚悬挂银灰膜条，或畦面铺盖灰色尼龙纱避蚜。④及时防治为害茄子的叶螨。⑤加强肥水管理，铲除田间杂草，提高寄主抗病力。⑥喷洒 5% 盐酸吗啉胍可溶性粉剂每 667m² 用 800 ～ 1000g，对水 45 ～ 60kg，或 1% 香菇多糖水剂每 667m² 用 80 ～ 120ml，对水 30 ～ 60kg 均匀喷雾，或 20% 吗胍·乙酸铜可溶粉剂 300 ～ 500 倍液 +0.01% 芸薹素内酯乳油 3500 倍液，隔 10 天左右 1 次，防治 2 ～ 3 次。

茄子斑萎病毒病

症状 系统侵染，整株发病。苗期染病，植株生长缓慢，后叶片上出现黄绿不均花斑叶或形成斑驳状，老叶上产生不规则形暗绿色斑纹。植株矮缩，结果少或不结果。

病原 *Tomato spotted wilt virus*（TSWV），称番茄斑萎病毒，属布尼亚病毒科番茄斑萎病毒属病毒。

病毒形态特征、传播途径和发病条件参见番茄斑萎病毒病。

防治方法 ①选用耐病毒病的茄子品种，如吉茄 1 号、丰研 1 号。选无病株留种。②用 10% 磷酸三钠浸种 20 ～ 30min。③早期减少传毒介体。塑料大棚悬挂银灰膜条或畦面铺盖灰色尼龙纱避免介体昆虫传入和为害。④及时防治截形叶螨。⑤加强肥水管理，铲除田间杂草，提高寄主抗病力。⑥药剂防治。参见茄子病毒病。

茄子紫花病毒病

2015 年 4 月 10 日山东青州市遇有好几个大棚都发生了圆茄紫花病毒病，之后山东聊城、德州也有发生。

症状 茄子生长前期是茄子紫花病毒病发生较为严重的时期，花朵上产生紫花病毒。紫色花瓣上紫色不匀、有深有浅，有的产生小圆点。

病原 茄子紫花病毒。

茄子斑萎病毒病病叶和病果

茄子紫花病毒病病花

传播途径和发病条件　春季气温提升快，放风口加大了放风量，害虫数量不断增多，均有利于病毒病的发生。

防治方法　①培育健壮的根系，通过前期控水，后期使用生根、养根产品，春季地温不算太高，但浇水次数增加，应每浇一水或二水添加1次生根、养根类产品，如顺藤生根剂、壳贝佳甲克素等。②生产上注意调整生殖生长和营养生长平衡，防止气温升高，尤其是夜温升高较快且不易控制，造成植株旺长，对此应尽量拉大昼夜温差，适时、适量留果，若茄株旺可多留果，若是一般应晚留果。③棚室内出现高温干燥的环境，病毒病发生严重，一定要及时通风控温，如果温度降不下来，可在中午设置遮阳网或喷洒清水进行降温增湿。对底肥中氮元素充足的，提倡施用1～2次硅肥，预防徒长的出现，防止病毒病发生。④传毒主要有蚜虫和粉虱，要设置防虫网、粘虫板。防治粉虱提倡用240g/L螺虫乙酯（亩旺特）2500倍液。螨虫可用50%丁醚脲悬浮剂1300倍液+1.8%阿维菌素乳油1300倍液。蚜虫可用10%吡虫啉1500倍液或5%啶虫脒1500倍液。蓟马可用6%乙基多杀菌素悬浮剂1500倍液。⑤对紫花病毒发病前喷洒几丁聚糖（太抗）植物诱抗剂300倍液，连喷3次。或金病毒组合（病毒净+化毒丰）病毒净用1000倍液，化毒丰用300倍液，两者混合使用，间隔2～3天1次，连续防治2～3次（青岛诺可丰化工产品，主要成分

是沼泽红假单胞杆菌，能激活植株自身免疫，控制病毒）。

茄子根结线虫病

症状　根结线虫病主要发生于茄子根部，尤以支根受害多。根上形成很多近球形瘤状物，似念珠状相互连接，初表面白色，后变褐色或黑色，地上部表现萎缩或黄化，天气干燥时易萎蔫或枯萎。

病原　*Meloidogyne javanica* Treub，称爪哇根结线虫，属动物界线虫门植物寄生线虫。雌虫洋梨形，平均长1mm、宽0.5～0.75mm，内藏数百粒卵，在寄主体内营寄生生活；雄虫细长，圆筒形，长1～1.5mm、宽0.03～0.04mm，主要在土壤中活动和生活；卵椭圆形或肾脏形，大小0.08mm×0.03mm，在母体或卵囊中发育，孵化后，离开寄主易落入土中；幼虫不分雌雄，侵入寄主后才开始分化出雌雄。爪哇根结线虫有特殊的会阴花纹，其花纹于侧线处有明显切迹，把背和腹之间的线纹隔断，此线沿雌虫体从会阴处延至颈部，是与南方根结线虫区分的重要特征。

茄子根结线虫病病根

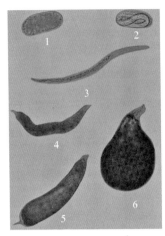

茄子根结线虫形态

1—卵；2—卵内的1龄幼虫；3—2龄幼虫；

4—3龄雌性幼虫；5—4龄雌成虫；

6—雌成虫

传播途径和发病条件 以成虫或卵在病组织里，或以幼虫在土壤中越冬。病土和病肥是发病主要来源。翌年，越冬的幼虫或越冬卵孵化出幼虫，由根部侵入，引致田间初侵染，后循环往复，不断地进行再侵染。茄根结线虫病在全国发生较普遍，以沙土或沙壤土居多。受害寄主除茄子外，黄瓜、甜瓜、南瓜、番茄、胡萝卜等也易感染。该线虫发育适温25～30℃，幼虫遇10℃低温即失去生活能力，48～60℃经5min死亡，在土中存活1～2年即全部死亡。

防治方法 ①日光温室茄子用氰氨化钙太阳能土壤消毒。处理时间为夏收后气温高的7～8月，此法能使地表土壤耕作层温度达到50℃以上，能有效地杀灭土壤中的线虫，兼治茄果类蔬菜的根腐病、枯萎病、黄萎病。方法是先翻地，按茄子株行距起垄，于定植前1个月左右，每667m² 用稻草或麦秸1300kg铡成4～6cm长的短秆，再加入70kg氰氨化钙浇透水后用旧棚膜盖严，进行高温高湿闷棚20～30天，使土壤耕作层土温达到50℃，可有效杀灭根结线虫。②轮作倒茬。目前黄瓜、番茄、芹菜、彩椒、茄子根结线虫较严重，这些高感蔬菜可与大葱、大蒜、韭菜、万寿菊等感病轻的蔬菜、花卉进行3年以上轮作，最好进行水旱轮作。③采用水淹法杀虫。对重病田灌水10～15cm深，保持1～3个月，使根结线虫窒息而死，可有效地抑制线虫的侵染和繁殖。④保护地换土。针对线虫主要集中在土表以下0～35cm的特点，把保护地有虫土换成无根结线虫的土壤层有较好效果。⑤采用茄子嫁接，用托鲁巴姆作砧木，选当前丰产的茄子品种作接穗进行嫁接，能有效地防治根结线虫。⑥药剂处理土壤。用10%克线丹颗粒剂，每667m² 用药4～6kg于茄子定植时开沟施药，药后50天防效80%以上且无残留，是一种理想的无公害杀线虫剂。可于定植时在定植穴（沟）内撒每克2亿活孢子淡紫拟青霉杀线虫剂，每667m² 使用2.5～3kg，使药剂均匀分散在根系附近，然后定植幼苗、覆土、浇水，防治根结线虫效果好。定植之前每667m² 用10%噻唑膦颗粒剂1.5～2kg、湿细砂10～20kg，与土壤拌匀，再定植。也可在天暖之后冲施 1.8% 阿维菌素乳油，每 667m^2 用 1～2kg。自己育苗的可用 0.5% 阿维菌素颗粒剂，每 667m^2 用 3kg 拌苗土。若是买来的苗子，定植时要用阿维菌素蘸穴盘。山东、河北一带，根结线虫在清明前后猖獗，适时防治十分重要，以后每隔 1～1.5 个月再冲施 1 次，可控制该虫为害。生产上也可选用 0.8% 阿维菌素微胶囊悬浮剂 0.96g/667m^2，防效好。

长茄大头红茄

症状 长茄生长出现异常，果实膨大缓慢，许多茄子长得像灯泡大小时，果皮开始转红，采收茄子时，一次就摘下红茄 250kg，只能贱卖，损失巨大。生产上茄子果皮一旦变红，果实就朽住不长了。该病多发生在茄子植株中上部，下部较少。

病因 一是与疏叶过度有关，植株上部叶片减少，造成中上部果实直接暴露在强光下，如再遇上天气晴好，光照强烈，提早转红的茄子更多。二是防治茄子茎秆黑皮病或"点花"药中含赤霉素造成植株体内赤霉素过量，出现植株体内激素失衡，也会加重茄子变红。三是茄子开花坐果前后肥水过大，植株出现旺长，影响花芽分化质量，花芽分化不良与膨果期营养流向失衡，也是造成大头茄的原因之一。

长茄产生大头红茄

防治方法 ①发现大头小红茄及时摘除。②合理疏枝打叶。采取少量多次，及时摘除中下部老叶、病叶、减少养分消耗，特别注意不能过度疏叶。③对长势过旺的茄株，可喷洒助壮素 750 倍进行控制。④冲施大量元素水溶肥料肥力钾高钾型时同时喷施光合动力叶面肥，补充中微量元素，保证植株营养均衡。⑤防止赤霉素施用过量。防治茎秆黑皮病时，也不要连续多次涂抹点花药。长茄生长特性与圆茄不同，要注意合理整枝，促进侧枝萌发结果。整枝要选晴天进行，加快伤口愈合，防止病菌从伤口侵入，必要时喷洒 75% 百菌清 500 倍混 3% 中生菌素 500 倍液或 72% 农用高效链霉素 3000 倍液。春节前后留果多易脱肥，要及时补充营养，随水冲施甲壳素、生物菌肥激抗菌 968，也可叶面喷施甲壳素或全营养叶面肥。结果盛期叶部病害早疫病、黑点子病、细菌叶斑病出现时喷洒 47% 春雷·王铜 600 倍液混 3% 中生菌素 800 倍液；褐色圆星病可用 75% 百菌清 700 倍液混加 25% 戊唑醇 2000 倍液。

茄子畸形花和畸形果

症状 ①畸形花，正常的茄子花，大而色深，花柱长，开花时雌蕊的柱头突出，高于雄蕊花药之上，柱头顶端边缘部位大，呈星状花，即长柱花。生产上有时遇到花朵小、颜色浅、花柱细、花柱短，开花时雌蕊柱头被雄蕊花药覆盖起来，形成短柱花或中柱花。当花柱太短，柱头低于花药开裂孔时，花粉则不易落到雌蕊柱头上，不易授粉，即使勉强授粉也易形成畸形果或果脱落。②畸形果，茄子果实形状不正，产生双子果或开裂。在保护地发生较多，在露地条件下主要发生在门茄坐果期。开裂部位

茄子畸形花

茄子指形果

一般始于花萼下端，为害较重。此外，还可产生果实形状不正、朽住不长的僵茄或萼下龟裂果、扁平果、毛边果等畸形果。

病因 ①畸形花，花的发育和形态受环境条件和植物体营养状态影响，茄子处在夜温高、光照弱的环境条件下，碳水化合物生成少，但消耗却很多，再加上营养条件，尤其是氮、磷不足时，花芽的各器官发育不良，易出现短柱花，形成畸形花或脱落。②畸形果，主要是温度低或氮肥施用过量、浇水过多，致生长点营养过剩，造成花芽分化和发育不充分而形成多心皮的果实或雌蕊基部开而发育成畸形果或裂果。茶黄螨、红蜘蛛和蓟马为害也易形成畸形果。此外，在露地栽培条件下，白天高温、干旱、晚上浇水时易发病，有时果实与枝叶摩擦，果面产生伤疤，浇水后果肉膨大速度快，容易引起开裂。在棚室保护地条件下，棚室中加热炉燃料燃烧不充分，产生一氧化碳，致果实膨大受抑制，这时浇水过量就会产生裂茄。

防治方法 ①茄子育苗选择肥料充足肥沃的土壤。气温控制在20～30℃，夜间20℃以上，地温不低于20℃，初期和中期注意防止低温，后期气温逐渐升高，又要防止高温多湿，昼夜温差不要小于5℃，保持土壤湿润，花芽分化早，日照长花芽分化快，利于长柱花形成。②培育壮苗。苗龄70～80天，要求茎粗短，节紧密，叶大叶厚，叶色深

绿，须根多，苗期温度白天控制在28～30℃、夜间18～20℃，同时注意光照。③苗子长到1叶1心时移植，使其在花芽分化前缓苗，使花芽分化充分。④定植前1天浇透苗床，第2天用叉子把苗叉起，把茄苗带土提起，尽量少伤根，这样定植后不仅缓苗快，还可防止落花落果及产生畸形果，此外，还可有效地预防黄萎病和僵果。⑤定植后，把10万单位的防落素配成30mg/kg水溶液，对门茄进行喷花，可有效地防止保护地或露地茄子产生裂果。⑥棚室栽培茄子进入高温季节，棚膜应逐渐全部揭开，防止高温为害或产生畸形花。⑦提倡施用0.01%芸薹素内酯乳油3500倍液。⑧害虫防治。参见茄果类蔬菜害虫。

茄子双子果

症状 茄子双子果又称双胴果、双子茄。茄子果实是靠细胞分裂和膨大而发育的，但在开花期以前细胞分裂已基本结束。开花后果实主要靠细胞的膨大而长大，这时必须把大量的营养物质运往已经确定的细胞中并积累起来，开花后为使果实正常膨大发育，首先必须授粉受精，形成种子，这时子房中生长素浓度提高，果实变成流通中心，吸收养分和水分，果实形成正常果实。但此过程稍有不适就会出现双子果。

茄子双子果

病因 茄子进入花芽分化期遇有低于15℃的低温、肥料过多、灌水过量等，致生长点的营养过多。过剩的养分供给分化、发育中的花芽，花芽的营养过剩，细胞分裂变得很旺盛，心皮数目变多。这些多心皮的子房，在发育过程中各个心皮不能整齐合一地接合在花托的中央，各个心皮和子房的发育变得不均衡，结果发育成双子果等畸形果。

防治方法 ①果实发育必需的营养是碳水化合物和氮、磷、钾等，它们是果肉细胞膨大所需要的细胞质和果汁的主要成分。为确保这些成分，茄株要有充足的光照和充分的光合作用，同时要把温度，尤其是夜温降低一些，经常保持茄子营养生长和生殖生长的平衡是很重要的。②茄子花芽分化期要保持温度适宜，土壤水分和营养不宜过多。要求白天温度控制在25～30℃，上半夜18～24℃，下半夜15～18℃，维持一定的昼夜温差，严防温度长期低于15℃或高于35℃。③早春光照应达到8h以上，尽量多见光。④定植前10天要通风降温炼苗，白天20℃，夜间

10 ～ 15℃，不要盲目抢早定植。

茄子凹凸果（空洞果）

症状 茄子凹凸果俗称空泡果，山东俗称疙瘩果。塑料大棚栽培的茄子较常见。茄子果实为浆果，开花受精后由子房膨大发育而成，果肉则由果皮和胎座及心髓等构成。其中胎座特发达，由海绵组织组成用于贮存养分和水分，是供食用的部分。凹凸果从外表上看，表面不光滑，有凹凸感，重量轻，用手捏发软。剖开后可见果肉和表皮之间有空洞或空泡。

病因 ①低温影响花芽分化和果实生长。低温持续时间长造成花芽分化不良，生产上出现连阴天后转晴时，虽然棚外气温很低，但只要光照充足，揭开草苫子后，棚内气温升高很快，由于茄子果皮先受热，在上午9 ～ 10 时果皮与果内湿度不同，持续时间长很容易出现果皮长得快，果肉长得慢的现象，造成茄子果实长凹凸果。②营养水平不足。冬季低温弱光阶段，生产上出现生理黄叶或发生叶斑病严重或打叶过早、过多时，造成植株有效叶面积减少，直接影响到光合作用，光合产物合成数量减少，易产生凹凸果。生产上茄子用肥搭配不合理或根系受伤，造成植株营养不足，尤其是偏施促根肥料，出现茄子生长发育所需的无机营养不足，或浇水过大，或冲施肥过量，出现烧根、烂根等情况，造成植物吸收无机营养或矿物质营养不足，都会产生很

多凹凸果。③点花药使用不当。生产上点花药浓度过大或点花时间过早，易造成果皮或果肉生长不平衡，从而形成凹凸果。

防治方法 ①选用不易出现凹凸果、果肉较致密的圆茄品种，如天津快圆等。②避免施氮过多，采用配方施肥技术，氮、磷、钾多种微量元素配合。③适时适量浇水，不要忽干忽湿。④调节好光照和温度，要光照充足，白天温度控制在25 ～ 30℃，上半夜 18 ～ 22℃，下半夜 15 ～ 18℃。

茄子凹凸果

茄子裂果

症状 果实形状变不规则形，表面产生裂缝，保护地发生较多，露地多发生在门茄坐果期。开裂部多始于花萼下端，为害较重。影响效益。

病因 一是温度低或氮肥施用过量，生产上浇水过多，致生长点营养过剩，造成花芽分化和发育不充分而形成多心皮的果实或雌蕊基部分开

而发育成裂果。二是茄子浇水不均匀，果实发育前期土壤干旱，造成果实木质化或后期遇大雨或浇水过量，造成果实内部迅速膨大，果皮生长速度跟不上，造成茄子开裂。

茄子裂果

防治方法 ①育苗时和定植后，白天气温控制在 20～30℃，夜间 20℃ 以上，地温 20℃，初期、中期防止低温，后期防止高温多湿，昼夜温差不宜小于 5℃，保持土壤湿润。②培育壮苗，苗龄 70～80 天，茎短粗，节紧密，叶大叶厚，叶色深绿，须根多。苗期白天控制在 28～30℃、夜间 18～20℃，同时注意光照。③定植前 1 天浇透苗床，定植时尽量减少伤根，尽快缓苗。④定植后喷洒 10 万单位的防落素配成 30mg/kg 水溶液，对门茄进行喷花，可有效地防止裂果。⑤果期膨大期，提倡冲施依露丹高钾型全营养水溶肥每次每 667m^2 用 100g 稀释 500～800 倍液，对水 50～80kg 叶面冲施，隔 7～10 天 1 次，每季 2～3 次。⑥适时浇水，严禁大水漫灌。

茄子脐部开裂

症状 露地栽培的茄子，有很多出现脐部开裂的情况，茄子顶部（又称脐部）裂开，种子暴露出来，果实不再膨大，影响商品价值。

茄子脐部开裂

病因 大部分茄子脐部开裂主要是缺钙引起的。一是浇水过多或大雨淋溶，把土壤中有效钙冲刷掉了造成钙素缺乏，这种情况雨季发生多。二是土壤中缺钙，这在温室、大棚中很普遍。三是土壤中氮肥施用过多，造成铵态氮积累过多，抑制了钙的吸收。四是茄子水分循环出现了障碍，一种是土壤干旱，植株缺乏水分供应，钙素不能被吸收运输，另一种情况是夏季大雨或浇水后，空气湿度极大，植株蒸腾作用受抑，根系不能正常吸收水分和钙素，造成缺钙。五是春节期间圆茄营养生长和生殖生长进入齐头并进的时候，常加大肥水，这时幼果或生长点处细胞分裂生长都十分迅速，遇有环境剧烈变化时，如茄子表面有露珠时放风大或喷药，表皮生长慢，内部生长快，幼嫩表皮常会被撑裂，出现裂果或蹦头。

防治方法 ①发病初期喷洒甲壳素 1000 倍液或 0.004% 芸薹素内酯 1500 倍液混加乐多收或芳润水溶肥，可大大提高植株抗逆性。或每 20 天喷洒 0.01% 天然芸薹素硕丰 481 溶液 1 次，促进根系生长发育，提高植株吸收能力。②在雨季或空气湿度大时，根外追施 0.3% 的铵钙镁溶液，每 3 ～ 7 天 1 次。③夏季大暴雨后地温下降太多，可进行涝浇园，提高地温。

日光温室茄子低温障碍

症状 秋末或早春昼夜温差大，白天 30℃，夜晚 6 ～ 8℃，持续几天，茄子生长受到威胁或低温伤害。北方茄子安全越冬十分关键，一般深冬时节，昼夜温差徘徊在 0℃左右，茄子遭遇寒害有一种本能的生存状态，茄株出现掌状花叶或老株叶片下垂卷缩。

病因 茄子是喜温作物，开花坐果期要求光强度在 2 万～ 4 万勒克斯才能正常生长。华北地区的塑料大棚有一部分达不到茄子生产标准要求，尤其是深冬栽培的茄子常遇有低温障碍。一是造成棚室极端最低气温常在 8℃以下，不能满足深冬茄子生长的要求。二是保温性能差，白天能达到正常温度，而晚上热能向外辐射太快，夜温急剧下降，早晨 8 时一直维持在 2 ～ 3℃，造成深冬在大棚里栽植的茄子气温低于 14℃，出现发

育迟缓，地温波动在 12℃左右造成茄子朽住不长，不死不活的状态，气温低于 10℃根系吸肥能力大大下降，生长停止，叶片变黄，生产上长时间霜冻或低于 6℃就会出现寒害症状，低于 2℃叶肉组织结冰，就会引发冻害。三是棚内光照较差，透光率只有 60% ～ 70%，难于达到 80% 以上，造成定植后的茄子生长缓慢或停滞，出现叶片皱缩，根系发育不良，土壤中的有机质和微量元素转化慢，无法满足茄子生长发育的需要。

茄子低温障碍产生的掌状花叶（孙茜）

防治方法 ①适合栽培茄子的温室长度达 60m，跨度不大于 6.5m，后墙高度 1.9m，后坡长 1.4m，脊高 3.1m，墙体厚度下宽 1m，上宽 0.8m，棚膜选用 EVA 转光膜或聚乙烯长寿无滴紫光膜，千万不要再选用聚氯乙烯膜，上覆 4 ～ 5 层牛皮纸被，只有达此条件的温室才能满足茄子深冬栽培的温度条件，才能防止出现低温障碍。②加强温度管理。茄子喜强光，喜温暖，白天 28 ～ 30℃，后半夜控制在

$13 \sim 18℃$，使昼夜温差达 $10℃$ 以上。及时调节放风口大小或拉放草苫。③水肥管理。茄子坐果前以控为主，坐果后果实成了生长中心，大量营养流入果实内，管理上满足肥水需要以促为主，冬季温室内冲施肥做到有机肥和化肥相结合、大水冲施与小水冲施相结合、生物肥与化肥相结合。门茄进入瞪眼期开始第 1 次追肥，每 $667m^2$ 追尿素 $9 \sim 11kg$ 或硫酸铵 $20 \sim 25kg$，当对茄膨大时进行第 2 次追肥，四母斗开始发育时进入茄子需肥高峰进行第 3 次追肥，每次追肥量同第 1 次，以后再追肥时量减半。方法也可采用敞穴施肥法。茄子果实期，叶面喷施伊露宝 N15-P5-K30 全营养高钾型水溶肥，每 $667m^2$ 次用量 $2 \sim 4kg$ 稀释 $500 \sim 800$ 倍液随水冲施，$7 \sim 10$ 天 1 次，每季 $2 \sim 3$ 次。也可用鲁虹冲施肥 A 含 N16-P6-K18、腐植酸等，每 $667m^2$ 施 $10 \sim 15kg$。

茄子植株出现早衰

症状　茄子茎细、叶小、叶黄，长势差、坐果少，果实发育不良，产量低，抗病抗逆能力降低，造成茄子植株衰老。

病因　施肥不当是茄株早衰的主要原因。一是基施有机肥不足，有机肥能长期供给茄子生长发育所需的各种营养，是长效肥，生产上出现有机肥不足常造成茄子生长中后期产生脱肥性早衰，这时即使再追肥也不能完全挽救早衰的情况。二是片面增施化肥造成氮肥过量，表层土壤板结、硬化、不渗水造成根系发育不良或受伤，植株长得不到充足的营养供应出现茄株瘦弱，发育不良而发生早衰。尤其是冬春季低温期长的棚室，茄子生长缓慢，过量使用发酵不完全的鸡粪就会出现烧根或产生氨害。气温升高后过量使用氮肥还会造成植株徒长，造成茄株过早衰老。三是一次性冲施过量肥料造成土壤溶液浓度增大，渗透阻力增加，根系吸水困难，影响根系生长，造成水分、养分供不应求，也会引发早衰。

茄子植株出现早衰

防治方法　①施足有机肥，每 $667m^2$ 施充分腐熟鸡粪或猪粪 $3000 \sim 6000kg$，磷肥全部混入有机肥，不要偏施氮肥，一般氮与钾比例为 3∶4。②当冬春低温棚内地温上不来茄子根系活动弱时，对土壤中矿物质营养吸收差时，常产生多种生理病害，因此生产上要及时合理冲施氮磷钾含量高的全水溶肥，可选顺欣、芳润、好力朴、灯塔等水溶肥，采用二次稀释法，少量多次，每 $667m^2$ 冲施 $5 \sim 7.5kg$，前期冲施平衡型的水溶肥，果实膨大期以高钾型为主，注意与平衡型交替使用。配施功能性叶面肥甲壳素，可选用阿波罗963养根素1kg，连续冲施2次，养根护根。③为防止早衰还需减少留果及早把对茄以下的果实摘除，恢复茄株生长势。此外，还可喷施含铁、含锌的叶面肥，补充微量元素，效果更好。

日光温室茄子坐果率低

[症状] 温室大棚栽培茄子有时出现徒长，出现坐果率低的情况，给菜农生产造成一定损失。

温室茄子坐果率低

[病因] 一是棚温太低。茄子是喜温蔬菜，15～35℃都可生长，适宜温度为22～32℃；低于20℃果实停止生长，低于15℃会落花。我国大部地区12月下旬至翌年3月初的冬季和早春季节，经常受寒流袭击，这段时间正值温室茄子开花结果期，有的温室因建造不科学，欠规范，采光角度不合理，保温措施欠佳等，造成棚温处在15℃以下，便会导致落花落果。二是光照不足，棚膜

上的水滴、草屑、尘土等会使棚膜的透光率下降30%左右。新膜在使用2天、5天、15天后，棚内光照会依次减弱14%、25%、28%。如果棚膜使用时间较长，膜上灰尘、草屑又多，就会使棚内光照过弱。茄子对光照有较强要求，光照过弱不但花期延迟，还会引起落花。三是营养不良。茄子喜肥耐肥，在低温弱光的冬季，因地温较低，土壤中的有机质和微量元素等转化慢，无法满足根部吸收，造成植株营养不良，导致落花落果。四是茄株进入开花期，这时若是高湿持续时间长，很易发生灰霉病侵染花瓣或侵入"瞪眼茄"，造成茄子凹陷腐烂，坐果率低。

[防治方法] ①适时播种，增温保温，用无滴膜能增加棚内光照强度，提高棚温，夜间加盖草苫保温防冻。上面再加一层塑料薄膜防寒，可提高棚温3～4℃。棚内吊上二幕可提高3℃。②春节期间进入茄子结果高峰期，要适当点花，但不宜留果过多，茄株制造的营养会优先供应果实，若留果过多，营养消耗过多就会发生歇茬或早衰。为了防止脱肥，提倡施用顺欣、好力朴、灯塔、芳润等全水溶速效肥，一是随水冲肥，二是叶面喷肥，首先冲施氮磷钾比例为20：20：20平衡型水溶肥，每667m²用7.5kg，再配施甲壳素，可选用阿波罗963养根素1kg，结果后期施用高钾型水溶肥与平衡型交替使用，效果更好，可提高坐果率。③喷防落素保花、保果。把浓度为20～50ml/kg

的番茄灵喷在花朵上，以喷湿为宜，隔 3～4 天 1 次；也可喷洒 1% 萘乙酸水剂 900 倍液。④防治灰霉病于发病初期喷洒 50% 啶酰菌胺水分散粒剂 1000～1500 倍液，7 天 1 次，连喷 2～3 次。

茄子鸡粪肥害

症状 近年施用鸡粪的越来越多，施用鸡粪出现烧苗的情况很常见。茄子是一种需肥量较高的蔬菜，尤其是对氮素的需要量较大，对土壤中氮素不足反应比较敏感，因此定植前要施足基肥，一般每 $667m^2$ 施用腐熟好的鸡粪或其他厩肥 7000kg，在门茄和对茄膨大时及时追肥。茄子虽然喜肥，但有机肥施用量不能过大，如果有机肥施用量过大或施用了生鸡粪或施用了以为腐熟好了的鸡粪，春季定植后地温升高时就会出现烧根的情况。

受未腐熟鸡粪为害的茄子受害株和根系受害状

病因 施用了生鸡粪或误以为已经发酵好的鸡粪或有机肥施用量过大，春夏地温升高后土壤中有机肥分解速率加快，土壤中的微生物消耗土壤中大量的氧气，造成根系因供氧不足而窒息，尤其是生鸡粪分解时还能释放大量的硫化氢、氨气及其他有害气体，这些气体对茄子根系都有致命的毒害作用。现已发现一次性大量地施用鸡粪等有机肥作基肥，会引起土壤 pH 值升高，常会使土壤变成碱性土壤或盐碱地，严重影响茄子产量和效益。

防治方法 ①生产上对茄子定植后出现烧苗的及时冲施腐熟剂，即含有 EM 菌的复合微生物制剂 2kg，加快鸡粪腐熟，同时加强通风，防止气害发生。提倡施用益生发酵鸡粪或激抗菌 968 肥力高发酵鸡粪，常温避光，每立方米用 1 瓶。因为菌肥中活的微生物怕高温和阳光。②生产上应改一次性施入为分次分批施用。每 $667m^2$ 施用 $12m^3$ 鸡粪作基肥时，可分 3 次施入，第 1 次在茄子定植前 25 天，施入 $6m^3$ 鸡粪作底肥，并结合 60kg 三元复合肥 N15-P15-K15 加 200g 硼肥、250g 硫酸锌一并施入土壤中，然后翻地作畦。第 1 次施肥为茄子前期生长提供了充足的养分。第 2 次是在茄子定植前 15～20 天，施入鸡粪 $3.5m^3$ 配合农作物秸秆生物反应堆技术进行发酵 15 天左右，待有机肥充分发酵腐熟后即可定植，地温可提高 2～3℃。第 3 次是在茄子定植后开花结果期把剩下的 $2.5m^3$ 鸡粪施入行间已挖好的沟穴中进行追肥，使茄子根系向下、向四周伸展，可增加茄子中后期产量，能满足茄子开花结果期对养分的需要。也可把第2、第3次施肥合在一起一并施用。茄子坐果多的也可冲施或喷洒进口全营养水溶肥伊露宝 N15-P5-K30 高钾型叶面肥，每 $667m^2$ 每次用 $2 \sim 4kg$，$7 \sim 10$ 天1次，每季 $2 \sim 3$ 次，增产效果明显。

茄子枯叶症

症状 $1 \sim 2$ 月，茄子中下部叶出现枯干，心叶少光泽，黑厚，叶片尖端至中脉间产生黄化，后逐渐扩展到整叶，有时茎秆断折，但维管束无黑筋。

茄子枯叶症叶出现枯干

病因 冬至前后土壤底墒不够或土壤中空隙大，因缺水而造成根系冻害；或施肥过多，土壤浓度过大，造成植株脱水后引起生理缺镁。

防治方法 ①冬前选择 20℃ 以上晴天浇足水，因水分持热能要比空气高，可提高地温，避免根系出现冻伤，随水冲施硫酸镁肥 20kg，可增强光合强度，缓解症状，浇后适当排湿，此间不必担心徒长。②定植后

10 天左右，喷洒 0.003% 丙酰芸薹素内酯水剂 $2500 \sim 3000$ 倍液均匀喷雾。

茄子芽弯曲、茄子花蕾不开放

症状 茄子芽弯曲：茄子秧顶端茎芽发生弯曲，秆变细，是正常茎粗的 1/3 或 1/4，植株长高生长暂时变缓或停止，侧枝增多或长粗。

茄子花蕾不开放：茄子子房不膨大，花蕾紧缩不开放。

茄子芽弯曲、花蕾不开放

病因 茄子芽弯曲的原因是低温、氮肥施用过量后引起的钾、硼素吸收障碍。

茄子花蕾不开放的原因主要是寒冷季节，茄子田缺水，空气干燥，轻质土壤，pH 值 $7.5 \sim 8$ 或以上，土壤出现自生硼有效性降低，土壤中有过量钙会吸附硼，诱使茄株缺硼，造成花蕾长时间不开放。

防治方法 ①防治茄子芽弯曲。按茄子配方施肥技术，防止施氮过量，有机肥本身含有硼，全硼含量在 $20 \sim 30mg/kg$ 之间，施入土壤后可随有机肥分解释放出来，提

高茄子地土壤供硼水平，生产上出现铵态氮过多，不仅导致茄子体内氮和硼比例失调而且会抑制硼的吸收。低温弱光时，每 667m² 追施硫酸钾 15kg 或在叶面上喷高钾营养液和 1000 倍硼砂水溶液，促进茄子生长、复壮，效果佳。②防治茄子花蕾不开放。a. 土壤基施持力硼，每 667m² 施 200 ～ 250g。b. 叶面喷施 0.05% ～ 0.1% 的速乐硼溶液每 667m² 用 50g，对水 50 ～ 100kg 喷雾。或喷洒 0.1% ～ 0.2% 的硼砂或硼酸溶液。

圆茄偏头果

症状 圆茄坐果后一端生长发育良好，另一端出现停止发育或发育缓慢，造成茄果一边大一边小，脐部偏向一侧，又称偏心果。

圆茄偏头果（胡永军）

病因 一是花芽分化不良，造成圆茄偏头，生产上短花柱出现多，有的柱头变黑，子房发育不正常，育苗期连阴天，光照弱光合产物不足明显影响花芽分化，缺硼、缺钙对花芽分化也有较大影响。二是蘸花药使用不当，加速了圆茄偏头的发生。目前，茄子的蘸花药主要有赤霉素、2,4-D，它们能促进果实生长，防止落果，生产上春秋与冬季使用浓度不同，长年使用同一浓度，因浓度不适就能引发圆茄产生偏头果，一般蘸花一侧对应的果实生长快，显然赤霉素的促长作用加速了果实的生长，利于本身花芽分化差的圆茄产生偏头果。

防治方法 ①幼苗长到 3 ～ 4 片真叶后，加强管理，拉大昼夜温差，促进花芽分化。②苗期遇阴雨，可在开花前喷施速乐硼 1200 倍液。③茄子开花时使用 85% 赤霉酸结晶粉 30000 ～ 80000 倍液或 20% 赤霉酸可溶粉剂 5000 ～ 20000 倍液或 4% 赤霉酸乳油 3000 倍液喷叶，促进坐果提高坐果率。④保护地栽培茄子用 2% 2,4-D 钠盐水剂 800 ～ 1000 倍液，或 85% 2,4-D 钠盐可溶粉剂 30000 ～ 40000 倍液，用毛笔或棉球蘸药液涂抹花蒂或花托，不能重复用药，以免产生药害。

长茄弯曲果

症状 长茄弯曲致商品性变劣。

病因 一是雌花花芽分化期生长条件不适，影响胎座组织发良不均衡，从而出现长茄果实弯曲或受精不完全，仅子房一侧的细胞受精，造成整个长茄发育不平衡产生弯曲。二是植株长势差，果实膨大期缺肥造成弯曲变形，营养生长过旺而生殖生长不足也会产生弯曲。三是果实膨大期，高温强光引起水分、养分供应不足产生弯曲果。四是正常生长的茄子遇有障碍物也会产生弯曲果。

长茄弯曲果（胡永军）

防治方法　①施足有机肥，每667m² 施入发酵好的鸡粪 7000kg，在花前补施硼肥，膨果期以追施含氮钾肥为主，不要脱肥，可随水冲施和叶面喷施伊露宝 N15-P5-K30 高钾型全营养水溶肥 800～1000 倍液，要防止茄株旺长，防止生殖生长欠佳造成果实弯曲。注意拉大昼夜温差，降低棚内温湿度，叶面喷施 15% 多效唑可湿性粉剂 600～800 倍液抑制旺长。②降低蘸花药浓度，夏季气温高要适当降低 2,4-D 和赤霉酸的浓度。③白天棚温控制在 30℃ 左右，夜间以 22℃ 为适，茄子光照强度补偿点为 2000lx，饱和点为 40000lx，在自然光照下，日照时间长，果实发育好。夏季日光温室种长茄苗期不要过度遮光，确保光照时间就可防止茄子果实发育不良。

茄子乌皮果

症状　又叫呆茄子、素皮茄了。茄子皮无光泽，颜色不鲜亮，从顶端果皮开始部分发乌，重者整个果面失去光泽，果皮弹性不好，有的花素苷含量低，果实变短，呈灯泡状。乌皮果果实含水率较正常果低，无商品价值。

病因　主要是水分供应不足引起的。茄子开花 15 天后茄子果实膨大盛期若是缺水，会出现果面不平滑，出现细微的凹凸变化，其上的角质层变皱，造成果面产生不规则反射、发乌。茄子在秋冬促成或半促成初期气温低，一般不产生。进入翌年 4 月后中午高温，进行大通风时，易产生乌皮果，梅雨期过后的高温干燥期乌皮果也急剧增加。从植株生长状况看，叶片大、生长发育旺盛的植株在高温干燥时缺乏水分，乌皮果明显增加。

茄子乌皮果无光泽果皮发乌

防治方法　①防治乌皮果在保护地要保持灌溉正常，从缓苗后到采收初期适当控水，防止徒长。②开始采收之后根据植株生长发育状况适当增加灌水量，以提高茄子产量和品质。土质、气候不同灌水量不同，如 3～4 月每月灌 3 次，5～6 月每月灌 10 次左右，乌皮果发生减少。③深翻土壤，增施有机肥，或通过嫁接扩大根系分布范围，生育旺盛时及早对茎叶喷洒 0.136% 赤·吲乙·芸可湿性粉剂，每 667m² 用 6 ～ 10ml 对水喷雾，可有效防止乌皮果。

茄子僵果

症状　又称僵裂果。果实不膨大，果顶部凹陷，变成坚硬的小果称为僵果。剖开僵果可见内部有空隙，基本无种子，胚珠特小，个别仅有十几粒种子，正常果实有 400 多粒种子，圆形茄子常见半面扩大不良，皮色无光泽，朽住不长，有时果实开裂，失去商品价值。

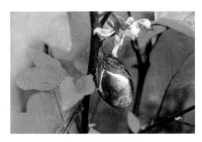

茄子僵果朽住不长

病因　开花前后遇 17℃ 以下低温或 35℃ 以上高温，出现不稔花粉，花粉虽能发芽，但花粉管伸长不良，授粉不完全，无法形成正常种子，或仅有少量种子，子房内的植物生长素含量不增加，刺激小，细胞伸长不良，果实不肥大。一般短果品种比长果品种容易产生僵果，肥料过足，氮元素浓度高，尤其是氨态氮

高，钾多易引发僵果。弱光、多湿条件也易产生僵果。在棚室中加温时燃烧不充分放出一氧化碳也会产生僵果。

防治方法　①白天控温 25℃，夜温 15℃，适时适量浇水追肥，高温强光或低温弱光期正处在茄子果实膨大期，这时氮、钾、硼肥吸收量增加，对磷的需要量则较少，这时若追入磷肥过多，就会影响茄子对钾、硼的吸收，出现果实朽住不长的僵化状态。生产上磷肥常施在定植茄苗根下，后期每次施入纯磷 2 ～ 3kg，不要过多。进入结果期注意巧施钾肥十分重要。有一位菜农 1999 年 7 月在茄子田中施入硝酸磷 120kg/667m²，出现大量僵果和裂果，1 个多月果实不膨大。改用钾、硼肥后 3 天就见效，1 次收获 1200kg，收入 800 多元，果实油亮，增产效果明显。②定植后 10 天开始喷洒 0.01% 芸薹素内酯乳油 3000 ～ 4000 倍液，促进果实生长均匀。③促进果实膨大，当茄子幼果长到蛋黄大小时，每隔 10 天用 30mg/kg 的膨果剂（主要成分细胞分裂素、氨基酸及铜、锰、锌、硼等微量元素）蘸果或喷雾 1 次，共 2 次，可促进果实膨大。也可用防落素 50mg/kg 蘸花，促果实膨大。

长茄僵果增多

症状　栽培的茄子不膨大，果顶部凹陷，后变成坚硬的小茄子，称为僵果。采摘到后期，长茄出现了僵果多的情况，这种情况影响到了长茄的产量和品质。

病因 经调查导致长茄出现僵果多的原因有六个：①留果过多影响了长茄的养分分配，随着长茄进入结果后期生产上出现了有果就留的情况，有的长茄一个枝条上留了6个茄子。多个果实分配叶片制造的相对有限的有机营养，造成膨果慢或幼果得不到足够的营养停止生长发育，这是留果过多引起的。②疏叶不及时，田间郁闭，影响了光合作用，制造的营养不足，在大量留果情况下，茄子就会出现僵果。长茄进入生长后期管理跟不上，抹杈疏叶也不进行了，茎秆上出现了大量分枝，又长出很多叶片造成田间十分郁闭，影响中下部叶片光合作用，降低了茄株整体光合效率，助长了僵果的产生。③长茄进入结果后期，肥料投入不够，叶片上出现缺素或早衰症状，使坐住的茄子僵果不断增加。④茄子结果期昼夜温差小，出现夜温过高茄株长势偏旺，造成长茄营养生长与生殖生长失衡。⑤温度低于17℃或高于35℃都会造成花芽分化不良、形成短柱花或造成授粉受精受抑。现在山东上市的茄子花芽分化期多处在定植初期的高温季节，这些花朵的质量不是很好。即使用点花药控制茄子坐果，果实也容易产生僵果。茄子是喜温蔬菜，要求昼夜温差不高于13℃，尤其是夜温不能过高，夜温一高造成碳水化合物过多，严重影响花芽的质量，易出现僵茄。⑥点花药使用不当。需要注意长

茄的点花药与圆茄不同。长茄点花药是在原来用于圆茄点花药基础上再添加赤霉酸才能起到与圆茄一样的效果，长茄点花药需要采用2,4-D和赤霉酸，赤霉酸的作用是促进长茄果实的拉长，配药时应该在原先用于圆茄的点花药2,4-D（温度15～20℃时，用40～50mg/L，温度20～25℃时用30～40mg/L）基础上，再添加赤霉酸，添加的量一定按0.5kg水中加入不超过5mL，这是关键技术。生产上花蕾期可用4%赤霉酸水剂喷叶，开花时喷1次，用量是10～50mg/L促进坐果增产。

防治方法 ①选用优良品种，提倡种植格丽娜761长茄。②加强管理。当前长茄夜温控制在15～20℃，早上揭开草苫时最低温度在13℃较为适宜。出现僵茄的植株往往都是营养供应不足，植株长势反而更旺，这就需要喷施40%助壮素水剂750倍液或50%矮壮素水剂1500倍液或15%多效唑可湿性粉剂600～800倍液控旺。喷施控旺剂时要一路小跑，防止喷药过多出现药害。③及时进行疏果疏叶，根据长茄长势，每个枝杈上留3个长茄最合适，其余全部摘除，把顶部及中部新生的无效分枝及时打掉，提高中上部功能叶的光合效率。茄子进入结果后期要及时疏除空枝及以下的病叶、黄叶，增加透光性，减少营养消耗，但下部老叶要留1/3以利于养根。④茄子进入深冬不管是越冬茬、冬春茬还是早春茬，茄子结果期点花时机很重要，生产上要

掌握好，不宜过早点花，若是花没有发育好就点住很容易产生僵茄，若是花瓣还没有露出花序，这样的花点住也容易产生僵茄，花瓣刚露出可点可不点，生产上最好掌握在花朵开放的当天进行点花效果最好，既可防止僵果，也可防止产生畸形果。

茄子僵茄增多

圆茄、长茄新叶坏死

春初棚室内茄子出现节间变短，严重的出现生长点坏死，又叫无头苗。

症状 正月定植的茄子，定植时就有生长点坏死的，由于冬季棚室内气温偏高，为了防止徒长，在苗床上只浇 1 次水，定植后生长点坏死的情况就加重了。

病因 主要是苗期控水严重，出现干旱的时间长，造成茄子吸收硼、钙等元素受阻，引发上部生长点坏死。再加上定植后缓苗慢，情况就更加严重，生产上又给茄株喷施了大量药剂造成茄株长势更差。

防治方法 ①叶面及时补充硼、钙。叶面肥是为茄株补充硼、钙

钙最有效的措施，同时配施氨基酸、甲壳素等，隔 5 天左右喷施 1 次。②调节棚室温度，促进恢复长势。当前棚室内茄子长势很差，应从调控温度入手，白天棚室内温度控制在 25～28℃，晚上温度提高到 18～20℃，促进茄子快速缓苗。③加强肥水管理，促进根系生长。浇水时配合施用生根性肥料，促进茄株根群的快速形成，生产上覆地膜不要太早，浇水后要进行划锄，使土壤中空气充足，对根系生长有利才能改变茄株长势。

茄子新叶坏死

茄子萼裂果和茄子摘花

症状 萼裂果：茄子果实从萼片处纵裂、木质化。发病重的裂口很长，果肉外露，多数向裂口一侧弯曲形成弯曲果。

茄子摘花：茄子属于花不易脱落的蔬菜，有的果皮从花萼处生出 1 条白色裂纹或引发灰霉病影响果实商品价值。

病因 一是植物生长调节剂用量过多，尤其是 2,4-D 药效强劲，易

促发萼裂果形成,凡是浓度过高或使用次数多或在低温时使用量大时都易出现萼裂果。茄子果实是从子房基部最先肥大的,顶端伸长能力弱。从萼片基部附近的子房开始伸长,当2,4-D过量时,萼片基部附近的子房急剧扩大发生开裂。正在开花或即将开花时喷花萼裂果多。二是短柱花比正常长柱花容易发生萼裂果。

茄子萼裂果果肉外露

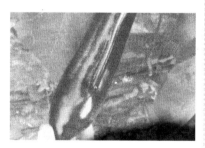

茄子摘花果实

防治方法 ①茄子定植后用10万单位的防落素配成30mg/kg水溶液,对门茄进行喷花,可有效防止保护地茄子产生萼裂果。②保护地正确使用2,4-D钠盐,用2%水剂800～1000倍液,或85%可溶粉剂30000～40000倍液,用毛笔或棉球蘸药液涂抹花蒂或花托,不能重复用药,以防药害。③定植后茄子开花时用4%赤霉酸乳油1000～4000倍液喷叶,促进坐果,提高坐果率,增加产量。也可喷洒促丰宝活性液肥2号600～800倍液。④及时摘花。点花时,选择花朵完全开放的上午点花效果好,随果实生长,残花易摘除。⑤摘花后出现伤口,可喷洒50%啶酰菌胺1500倍液或33.5%喹啉铜悬浮剂1500倍液。

茄子穿孔果

症状 茎、叶生长正常,结果期实上产生洞孔,从外面能看到果内胶状物质。

茄子穿孔果孔内可见胶状物

病因 一是花芽分化或发育期遇有低温、日照不足时花芽发育不良,易产生穿孔果。二是育苗期夜里温度低、施肥过多、土壤过湿等都易发生。

防治方法 ①创造良好的光照

环境条件。②在良好条件下育苗。

茄子嫩叶黄化

症状 幼叶呈鲜黄白色，叶尖残留绿色，中下部叶片产生铁锈色条斑，嫩叶黄化。

病因 多肥、高湿、土壤偏酸、锰素过剩，均会抑制铁素的吸收，造成新叶黄化。

防治方法 ①发病前，叶面喷硫酸亚铁 500 倍液或田间施入氢氧化镁和石灰，调节土壤 pH 值，补充钾素平衡营养，可满足或促进铁素吸收。②茄子开花期喷 0.1% 氯吡脲可溶液剂 100 倍液，可提高坐果率，增加产量。

茄子着色不良

症状 紫色品种的茄子在棚室栽培条件下果实颜色为淡紫色或红紫色，严重的呈绿色，且大部分果实半边着色不好，影响上市期和商品价值。

病因 茄子果实的紫色是由花青苷系统的色素形成的，其出现主要受光照影响，经试验用黑色塑料袋或牛皮纸遮光的果实是白色的。在紫色茄子坐果后，遇有阴雨寡照的天气多，持续时间长，常导致茄子果实得不到充足的阳光照射。因此，光照不充足及隐蔽在植株叶子下面的果实整个或半个面着色不好，这时果实靠果柄的基部细胞较嫩，缺乏光照

时，虽然能够产生色素，但茄子的颜色浅淡，尤其是在只能得到散射光，而照不到直射光时，着色最差。在棚室保护地，玻璃和塑料膜透过 320 ~ 370μm 波长的紫外线能力较差，因此也易造成茄果着色不良。尤其是早春或冬季栽培的茄子，在果实膨大期正处在光线比较弱的季节，这时生产的茄子着色不好。如果在此间再遇有高温干燥的条件或营养不良，着色更不好，且无光泽。此外，塑料膜污染，其上布有较多灰尘或经常附着水滴也会影响透光，不仅影响茄子光合作用，同时着色也受到影响。

茄子果实着色不良

防治方法 ①选用天津快圆茄、齐杂茄 1 号等耐低温品种，选择高燥透光良好的棚室栽培茄子。②使用透光性能好的 EVA 无滴膜，经常清除积在膜上的尘土。③合理密植，一般每 667m² 栽 3000 株左右，不可过密，以保证茄子中下部透光。适当疏枝，坐果后见花瓣残存在花萼或枝杈处，应及时拔除，防止感染灰霉病而影响着色。④根据棚室情况尽量早揭晚盖，延长光照时间，必要时可

采取人工补光。⑤因地制宜选用品种，在喜食绿色茄子地区，尽量选择绿茄。⑥采用配方施肥技术，合理施用有机肥，提倡施用平衡型顺欣、芳润全水溶肥料（氮、磷、钾为20：20：20），每667m²用5kg，再配施甲壳素1kg，或0.004%芸薹素内酯水剂1500～2000倍液，不仅可减少落花、落果，还可增产。⑦适时采摘。紫色品种整个果实表皮呈深紫色，白色品种呈乳白色即应采收。⑧疏枝摘心。茄子阶段结果习性较明显，疏枝应结合采摘进行，有目的地疏去老枝及旺发的腋梢，选4～6个强壮的腋梢作新枝培养，防止早衰。

茄子叶烧和果实日灼

症状 ①茄子日灼，主要为害果实。果实向阳面出现褪色发白的病变，后略扩大，白色或浅褐色，致皮层变薄，组织坏死，干后呈革质状，以后易引起腐生真菌侵染，出现黑色霉层；湿度大时，常引致细菌侵染而发生果腐。②叶烧。茄子育苗或棚室栽培茄子有时发生叶烧，特别是上、中部叶片易发病。发生叶烧后，轻则叶尖或叶缘变白、卷曲，重的则整个叶片变白或枯焦。

病因 ①日灼。茄子果实暴露在阳光下，致果实局部过热而引起；早晨果实上出现大量露水珠，太阳照射后，露珠聚光吸热，可致果皮细胞灼伤；炎热的中午或午后，土

壤水分不足，雨后骤晴都可致果面温度过高，引起日灼病。生产上密度不够、栽植过稀或管理不当易发病。②叶烧。主要是阳光过强或棚室放风不及时，造成棚室内光照过强，温度过高而形成高温为害。棚温高、水分不足或土壤干燥会加重叶烧发生。

茄子叶烧和果实日灼

防治方法 ①因地制宜选用早熟或耐热品种。如辽茄1号、早茄3号、内茄1号、济南小早茄、七叶茄、九叶茄、苏长茄、苏崎茄子、长茄1号、丰研1号、新乡糙青茄等。②采用遮阳网覆盖，避开太阳光直接照射。③在高温季节或高温条件下，要适时灌溉补充土壤水分，使植株水分循环处在正常状态，防止植株体温升高，以免发生日灼和叶烧。④合理密植，尽量采用南北垄，使茎叶相互掩蔽，使果实少受阳光直接照射。⑤育苗畦或棚室及时放风降温。⑥发生叶烧的棚室要加强肥水管理，以促进株生长发育正常。⑦必要时喷洒0.01%芸薹素内酯乳油3500倍液或0.7%复硝酚钠水剂2000

倍液，隔 7 天 1 次，共喷 2 ～ 3 次。

茄子落花、落叶、落果

症状 茄子开花后 3 ～ 4 天，花从离层处脱落，尤其是短柱花易脱落，一般落花不能结实。低温期下部叶黄化自落。高温期幼茄软化自落。

茄子落花

病因 开花前，茄子变成果实的子房已开始发育，进入开花时，发育仍缓慢地进行，授粉后发育又转旺盛阶段，此间遇有光照减少，持续时间长，易形成短柱花，不易授粉受精，没有受精的花，发育锐减，花从离层处脱落，造成落花。茄子花芽分化后不久，开始产生次生分生组织，随花芽发育逐渐形成离层，它是为保护脱落的伤痕而形成的组织，与落花无直接关联。难于授粉的短柱花，大部分都脱落。生产上即使是正常花，如果不进行人工授粉也会落花。总之，子房内生成的生长素多，生长素从子房向基部运送、养分从茎叶向子房供应充分，就不会落花。至于落叶、落果，主要是温度过低，氮磷施

入过量，土壤浓度过大，茄株因长期营养失衡而产生老化，都是缺锌引发的植株赤霉素合成量降低的后遗症，叶柄与茎秆、果柄与果实连接处，因缺少生长素而产生离层，造成茄子落叶、落果。

防治方法 在茄子现蕾期，每 $667m^2$ 喷 0.2% 硼酸和 1% 的硫酸锌混合液 50kg，能促进开花结果，减少落花落果。或叶面喷施 0.01% 芸薹素内酯乳油 3500 倍液或 0.7% 复硝酚钠水剂 1800 倍液或硫酸锌 700 倍液，或每 $667m^2$ 施硫酸锌 1kg，也可在茄株上喷绿丰宝含锌营养素，可防落促长。在茄子结果期，用 10% 的草木灰或 0.5% 磷酸二氢钾溶液加入 0.3% 的过磷酸钙浸出液喷施，可增强植株光合作用和作用强度，促叶大、花多、果实重。

大棚越冬茬长茄幼果 变褐朽住不长

症状 大棚里种植的长茄即使点了花，仍有很多幼果不膨大，摘下花瓣后看到幼果已经变成褐色，幼果上没有长出霉毛或腐烂，幼果表面看比较光滑，变成褐色不膨大，没有病菌侵染的迹象。

病因 现已发现茄子茎秆细弱，每根主枝上至少留了 4 个茄子。这是留果过多导致茄株长势弱了，而且很多茄株顶部新叶都出现黄化的情况，这说明茄根系吸收能力也变弱了，再加上普遍采用平畦，覆盖黑色

地膜造成根系发育不良，产生了该种生理病害。

防治方法　①科学养护根系。12月底棚室温度低、地温也较低，根系吸收能力弱影响了茄株生长发育，浇水时要防止伤根，同时要浇灌或冲施含氨基酸、甲壳素类的肥料，如肽藻素、光合动力等。以后再种越冬长茄时，采用起垄定植，种植行覆盖白色地膜，有利于提高地温，促根系发育。②合理留果。根据茄株长势，长势弱的茄株要适当少留，疏除较长的侧枝，只留短果枝，促进果实发育，减少畸形茄产生。③叶面追肥。注意给叶片补充营养，促进光合作用，同时注意补钙和硼等微量元素，可喷施氨基酸叶面肥氨基王金版1500倍液或氨基酸油质叶面肥光合动力500倍液。如测土发现缺大量元素，也可浇灌或冲施丽达或速藤新秀冲施肥5kg，经济有效。

长茄变褐朽住不长

拱棚长茄冲出满棚灯泡茄

症状　拱棚里原本种植的长茄，是利用上一茬老根复壮的，即剪

除老枝，利用萌发的新权进行结果。一般老根复壮返起来的茄子长势比较旺，茎秆上拔节近20cm，营养都供应到营养器官上去了，果实得到的营养过少，影响膨果。

病因　8月中旬冲施一袋硝酸钙，氮钙双补，老根复壮茄子长势本来就旺，再冲施含氮量如此高的肥料，就冲出了满棚的灯泡茄。

防治方法　①适当喷施叶绿素或矮壮素控长，抑制苗株过旺的营养生长。②增加点花药浓度，强制将营养向果实输送。③茄子进入生长后期用氮磷钾复合肥每667m² 施25kg，也可用速藤新秀冲施肥每667m² 冲施13kg或芳润大量元素水溶肥5kg，或好力朴水溶肥（20-20-20）5kg，效果较好。④养护根系。培土护根，大棚长茄多系平畦栽培，可把栽培行的土用铁锹培到茄株根部，厚为3～5cm，有条件的最好用沤制的腐熟秸秆或土杂肥培施，每株培2～3kg，其主要作用是覆盖裸露的根群，保护长茄根系。⑤及时整枝留果。茄子结果后期要及时剪除空枝和下部的病叶、黄叶以及增加透光性。

拱棚长茄冲施肥冲出满棚灯泡茄

进入后期挂果总数不要超过 3 ～ 5 个。茄子进入后期长势和结果能力明显减弱，可用 500 倍磷酸二氢钾混 6000 倍的复硝酸钠或光合动力 500 倍液浇灌。

圆茄、长茄黄泡斑病（虎皮斑病）

症状 常发生在初冬时节，在茄子生育中期，多在果实附近的几张叶片先产生叶脉间组织褪绿黄化，呈现出不规则状黄色斑块，叶脉仍保持绿色。有时叶片上还伴有橘黄、紫红等杂色，中间掺杂褐色斑点。

病因 生产中遇有低温、干旱或大量施用未腐熟的农家肥，或因怕茄子徒长而过分地控制水肥等，均易造成茄株出现不同程度的黄叶。

防治方法 ①种茄子的大棚选用无色透明塑膜，防止果实着色不良，每 667m² 栽植中熟品种 2500 ～ 3000 株，采用双干整枝，即对茄以上全部留 2 个枝秆，每枝留 1 个茄子，适时摘除下部老叶，适时在顶茄上留 2 ～ 3 片叶后打顶，每年 11 月份到翌年 4 月份需采取增加光照措施，安装反光幕。②采用变温管理。气温控制在晴天上午 25 ～ 30℃，下午 22 ～ 20℃，前半夜 15 ～ 18℃，后半夜 10 ～ 15℃，遇阴天温度可适当降低。③每 667m² 施腐熟有机肥 6000kg，2/3 撒施，1/3 沟施；在门茄瞪眼后开始追肥，每层果花谢后追 1 次肥，可冲施速藤新秀

或果丽达等冲施肥，能起到膨果作用。④茄子进入结果后期要及时疏除空枝及以下的病叶、黄叶，增加透光性，减少营养消耗，但下部老叶要留 1/3，以利于养根。

茄子虎皮斑病症状

圆茄嫁接口缢缩

症状 又称茄子瘦病。山东省青州一带圆茄种植区很常见，多发生在圆茄幼苗定植后 1 个月，发病后嫁接口以上的茎秆越来越瘦，逐渐变干出现茎秆缢缩或凹陷，因此当地菜农称其为瘦病。此外，嫁接口外生出不定根，失去了嫁接的作用。

病因 主要原因是嫁接时出了问题，接穗的砧木愈合不好，或砧木和接穗对合不平，或产生错位，使接口处不能很好地愈合，或嫁接夹子没有夹好嫁接伤口处，或嫁接后连阴雨雪天气。

防治方法 ①嫁接时砧木和接穗的切口边缘要对齐，再用嫁接夹子夹好。嫁接时选择晴天进行，要千方百计保证嫁接质量，发现嫁接口处愈合质量差，易造成嫁接苗形成僵小

苗。育苗工厂必须选用技术过硬的嫁接工人进行操作,提高嫁接质量,防止头重脚轻,接穗与砧木愈合要完整,才能防止嫁接口缢缩发生瘦病。②茄子采用劈接法嫁接,茄子砧木苗从 8~10cm 处截掉,千万不要太低。③对嫁接苗长势弱的要加强管理。④对嫁接口处长出不定根的一定要及时剪掉。

茄子嫁接后出现瘦病

嫁接口处长出不定根

茄子缺素症

症状 ①缺氮。叶片小而薄,下位叶淡绿色,严重缺氮时变成黄色且易脱落,果实小,易出现畸形。②缺磷。叶片小,表面光泽暗淡,颜色深,果实朽住不长,进入生长发育

中后期,下位叶易老化。③缺钾。下部叶片发黄,严重缺钾的叶脉间出现淡绿色至黄色斑点。④缺钙。上位叶顶部生长发育受阻,叶脉间变黄褐色。缺钙易发生顶腐病。⑤缺镁。下位叶片中脉附近的叶肉出现黄化,严重缺镁时叶脉间出现褐色坏死斑。茄子有长茄和圆茄两种,缺镁时叶脉间均出现褪绿黄化,长茄缺镁先沿叶脉附近黄化,再向叶肉发展;圆茄缺镁时叶周均匀褪绿黄化,叶脉仍为绿色,呈明显的网状花叶。茄子缺镁从门茄坐住就开始发生,进入盛果期发生最多,尤其是果实附近叶片上的症状最明显。⑥缺铁。多发生在植株顶端,顶部叶片发生黄化现象,这种黄化较均匀。⑦缺硼。顶部茎叶发硬,

茄子缺氮叶片变黄易脱落,果实小

茄子缺钾叶脉间斑点状失绿

茄子缺镁叶片中脉附近叶肉出现黄化

茄子缺磷下位叶黄化，上位叶暗紫色

茄子缺铁中上位叶脉间失绿黄化、
叶脉原色不变

茄子缺锰上部叶扭曲畸形，
新叶停长叶缘淡绿

茄子缺钙易发生顶腐病

茄子缺硼果皮木栓化变褐

严重的顶叶变黄，芽弯曲，停止生长。⑧缺锰。症状出现在中上部叶片上，叶脉间出现不明显的黄斑和褐色斑点，叶片容易脱落。

病因 ①缺氮。茄子对氮肥需要量较大，定植前施入基肥少于5000kg易缺氮。②缺磷。土壤偏酸、土壤紧实情况下，易发生缺磷症；低温持续时间长严重影响磷的吸收，因此生产上地温低也会缺磷。③缺钾。土壤中含钾量低或供钾不足或使用石灰肥料多，影响茄子对钾的吸收，常会发生缺钾。④缺铁。土壤呈酸性、多肥多湿条件下，常会发生缺铁症，当土壤中锰素过剩，铁的吸收常受到抑制，也会引起缺铁。⑤缺镁。在砂土上栽培的茄子缺镁一般是土壤供镁不足造成的，生产上施用钾肥过多、地温低或缺磷也都可能造成茄子缺镁。⑥缺锰。在碳酸盐类土壤或石灰性土壤及可溶性锰淋失严重的酸性土壤上易发生缺锰，富含有机质且地下水位比较高的中性土壤也会缺锰。生产中土壤通气不良、含水量高、过量施用未腐熟有机肥，也会出现缺锰症状。⑦缺硼。土壤酸化，硼素被淋失或施用过量石灰都易引起硼的缺乏；土壤干燥、有机肥施用少或施钾过量都易发生。⑧缺钙。土壤缺钙时易发生，或土壤中钙虽多但土壤盐类浓度高也会产生缺钙的情况，土壤干燥时或空气湿度低、连续高温时易出现缺钙，生产上施用氮肥、钾肥过多时也会出现缺钙。

【防治方法】 ①防止缺氮。定植前要施足腐熟好的厩肥或鸡粪5500kg，在门茄、对茄膨大时及时追肥。②防止缺磷。茄子定植前每667m^{2}施有机肥同时，施入磷肥25～35kg。③防止缺钾。基肥中施入硫酸钾15～25kg，均匀地撒在土壤表面，均匀地耙入耕作层。④防止缺铁。把酸性土调整到中性，可施用氢氧化镁或石灰，逐渐进行调整并改善多肥、多湿条件，土壤过湿时减少浇水，雨后及时排水。⑤防止缺镁。要注意把

酸性或碱性土改良为中性，增施有机肥并注意氮磷钾配合。应急时叶面喷洒0.15%硫酸镁溶液。⑥防止缺硼。腐熟有机肥中混入硼酸或硼砂，每667m^{2}用2kg，应急时叶面喷施0.1%～0.2%硼砂液。⑦防止缺锰。基肥中施入适量氧化锰或硫酸锰，应急时叶面喷洒0.2%硫酸锰溶液或0.08%高锰酸钾溶液。⑧防止缺钙。多施有机肥和过磷酸钙，应急时叶面喷洒0.3%～0.5%氯化钙水溶液，每周1次。提倡冲施全水溶性肥料，配施甲壳素效果好。

茄子氮过剩症

【症状】 茄子氮素过剩时植株徒长，节间拉长，叶片肥大，表面凹凸不平，叶色浓绿，严重时叶片向外翻并下垂，叶柄与茎间的夹角大，光照不足、低温和土壤水分过大，可引起氮素过剩症加重。氮素过剩易诱发氨中毒，在酸性土壤上，氮过多，碰到较低的温度，易诱发亚硝酸气体积累。生产上前期开花结果明显减少，果实畸形。严重时叶片发黄，脉间出现茶褐色斑点，容易落叶。

茄子氮过剩症叶色浓绿向外翻

病因、防治方法参见番茄、樱桃番茄氮过剩症。

茄子硼过剩症

症状 茄子硼过剩时老叶叶缘失绿黄化或焦枯，叶面上有棕色至黑褐色斑点或斑块。

茄子硼过剩症叶缘失绿黄化或焦枯，叶面上有斑点

病因 硼过剩症容易在母质含硼较丰富的酸性土上发生。硼中毒的临界指标一般为水溶性硼 4mg/kg。生产上施用硼肥过量或用污水灌溉也易引发硼过剩症。

防治方法 ①可土施石灰抑制硼的吸收，生产上以预防为主，严格控制硼肥施用量，土壤水溶性硼含量过高时，施入石灰可降低硼的为害。②采用测土施肥技术，防止土壤中硼过剩，防止硼中毒。

茄子锰过剩症

症状 茄子锰过剩表现在下部的老叶上，症状是叶脉变褐，沿叶脉两侧生有褐色斑点。

病因 土壤酸化、黏重，浇水过多，通气不良是茄子出现锰过剩，造成锰中毒的主要原因。

茄子锰过剩症下部叶叶脉变褐

防治方法 ①对酸化、黏重的土壤通过施入石灰和有机肥，把土壤 pH 值调到中性，科学浇水，注意保持设施内通气良好。②采用测土施肥技术，防止土壤中锰过剩，防止锰中毒。

茄子镁过剩症

症状 茄子施用硫酸镁过量引起叶脉间失绿，严重的产生小的不规则形边缘不整齐、大小不一的浅褐色斑点。

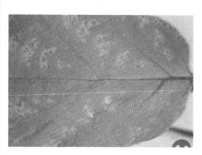

茄子镁肥过量产生的症状

病因 一般土壤有效镁（MgO）含量大于100mg/kg就会产生镁过剩症，茄子叶片全镁的测定指标多为0.2%～0.3%，高于这个含量为镁过剩。

防治方法 测土施肥，严格掌握镁肥施用量，防止镁肥超标。

茄子氨害和亚硝酸害

症状 ①氨害。多发生在中部叶片，初在叶面现大小不一、形状不规则的失绿斑，后渐变成黄白色至浅褐色。花受害时，花萼、花瓣呈水渍状变褐干枯。②亚硝酸害。叶片受害常见有慢性型和急性型两种。慢性型，仅叶尖、叶缘略黄化，后向叶片中部扩展，病部发白后干枯，病、健分界明显。急性型，叶片上产生很多坏死斑点，严重的斑点融合成片或干枯。以上两种气体从叶片气孔、水孔侵入叶片，造成危害。

病因 引起氨害主要是施用硫酸铵、尿素、碳铵等化肥过量或施用未腐熟的鸡粪以后，释放出的氨气含量高于$5×10^{-6}$，就会发生氨害。引起亚硝酸害主要是施用过量未充分腐熟的人粪尿或畜禽粪及化肥后，改土壤由碱性变成酸性时，造成硝酸化细菌活动受抑制，引起亚硝酸不能及时、正常地转换成硝酸态氮，释放出的亚硝酸含量超过$2×10^{-6}$时，就会发生亚硝酸害。

茄子亚硝酸害

防治方法 ①正确施用基肥和追肥，施用有机肥时，一定要施用腐熟的有机肥，不要偏施、过量施用氮素化肥，采用配方施肥技术，氮磷钾合理搭配。②棚室内追肥时不要用固体氮素化肥，发现棚室内有毒害气体时，应及时通风换气，必要时浇水。尿素、碳铵应埋施，硫酸铵还要深施。③应急时叶面喷施1%尿素或1%磷酸二氢钾，以减轻毒害。

甜椒、辣椒是我国传统蔬菜。彩色甜椒，是我国从荷兰、美国、以色列等国引入的，在上海、北京等城市郊区种植，并在全国得到迅速发展。彩色甜椒简称彩椒，颜色有红色、金黄色、橙色、紫色、奶白色、绿色等。彩椒的特点，一是果型大，果肉厚，单果质量 200 ～ 400g，果肉厚达 5 ～ 7mm；二是果皮光滑，色泽艳丽，果型方正；三是口感甜脆，营养价值高，适合生食；四是耐低温弱光，生育期长，可进行长季节栽培；五是彩椒可作为宾馆、饭店、酒楼的高档配菜和节日礼品菜，也可作为观光农业园区的栽培品种，是当前我国名特优蔬菜或称现代蔬菜。缺点是根系较弱，对土传病害抵抗能力也较弱，其病害有黑斑病、早疫病、疫病、病毒病等。

甜椒、辣椒、彩椒猝倒病和绵疫病

症状 猝倒病多发生在早春育苗床或育苗盘上，常见的症状有烂种、死苗和猝倒三种。烂种是播种后，在种子尚未萌发或刚发芽时就遭受病菌侵染，造成腐烂死亡。死苗是种子萌发抽出胚茎或子叶，在其尚未出土前就遭受病菌侵染而死亡。猝倒是在幼苗出土后、真叶尚未展开前，遭受病菌侵染，致幼茎基部发生水渍状暗斑，继而绕茎扩展，逐渐缢缩呈细线状，幼苗地上部因失去支撑能力而倒伏地面。苗床湿度大时，在病苗或其附近床面上常密生白色棉絮状菌丝，别于立枯病。生产上甜椒、辣椒易发生猝倒病，彩色甜椒发病较轻。绵疫病主要发生在成株期。果实染病，初生水渍状斑点，迅速扩展成褐色水渍状大斑，呈湿腐状，湿度大时，病部长出白色棉絮状霉层，最后病果腐烂。

病原 *Pythium aphanidermatum* (Eds.) Fitzp.，称瓜果腐霉，属假菌界卵菌门腐霉属。此外，*Phytophthora capsici* Le-onian，称辣椒疫霉；*P.nicotianae* Breda de Hann，称烟草疫霉，也可引起茄科蔬菜猝倒病和绵疫病。

传播途径和发病条件 病菌以卵孢子随病残体在土壤中越冬，可营腐生生活。条件适宜时，卵孢子萌发，产生芽管，直接侵入幼芽，或芽管顶端膨大后形成孢子囊，以游动孢子借雨水或灌溉水传播到幼苗上，从茎基部侵入，潜育期 1 ～ 2 天。湿度大时，病苗上产出的孢子囊和游动孢子进行再侵染。病菌虽喜 34 ～ 36℃高温，但在 8 ～ 9℃低温条件下也可生长，故当苗床温度低，幼苗生长缓慢，再遇高湿，则感病期拉长，很易发生猝倒病，尤其苗期遇有连阴雨天气、光照不足、幼苗生长衰弱发病重。育苗期如遇寒流侵袭，不注意放风则会加剧猝倒病的发生。当幼苗皮层木栓化后，真叶长出，则逐步进入抗病阶段。

彩椒营养钵有土育苗猝倒病病苗

甜椒果实绵疫病

防治方法 ①采用穴盘育苗可减少猝倒病的发生。按各地常规方法配制营养土，为了防治苗期猝倒病，每立方米营养土喷入30%噁霉灵水剂150ml或95%噁霉灵精品30g或54.5%噁霉·福10g，充分拌匀后装入穴盘或营养钵进行育苗。也可用50kg苗床土加53%精甲霜·锰锌水分散粒剂20g和2.5%咯菌腈悬浮剂10ml，拌匀后过筛装营养钵或撒在苗床上进行育苗。②种子处理。除常规浸种外，可把甜椒、辣椒及国产的彩椒种子（国外进口的彩椒种子已包衣）放入68%精甲霜·锰锌水分散粒剂600倍液中，浸种半小时后催芽或直播。③加强苗期管理。甜椒、辣椒播种后扣上小拱棚，约7～10天齐苗，白天适当放风，避免湿度过高，防止猝倒病发生。彩椒播后2～3天白天保持28～29℃，夜间20～22℃促进出苗。出土后为防止徒长适当遮阳降温，白天25～28℃，夜间18～20℃，天晴时应每天浇1次水，最好采用微灌，根据幼苗长势隔2～3天浇1次0.3%尿素液，次数不要过多，防止徒长。甜椒、辣椒、彩椒出现猝倒病、苗期疫病、根腐病时喷洒3%噁霉·甲霜水剂800倍液或72%霜脲·锰锌可湿性粉剂600倍液、2.1%丁子·香芹酚水剂700倍液、68%精甲霜·锰锌600倍液。

甜椒、辣椒、彩椒湿腐病

2002～2011年台湾、重庆、辽宁、福建、四川、北京都曾发生过湿腐病，重病田块病株率高达60%以上。

症状 辣椒苗期至初花期都易感染湿腐病，幼苗的幼叶、枝条顶端2～5cm幼嫩部位很易染病，初呈水渍状，湿度大或结露持续时间长扩展迅速，呈湿腐状腐败，病茎呈绿色软

辣椒湿腐病病叶、病枝和病果

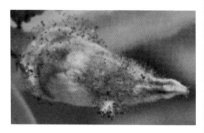

甜椒湿腐病病株上的幼果的霉层
（冯兰香）

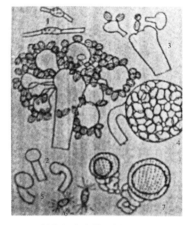

辣椒湿腐病菌瓜笄霉形态

1—菌丝中的厚垣孢子；2—孢子囊顶端膨大
为初生泡囊；3—小型孢子囊成熟后，次生
泡囊从初生泡囊上脱落；4—成熟后的大型
孢子囊；5—具囊轴的孢囊梗；6—成熟的大
型孢囊孢子，两端具数条附属丝；7—成熟
的接合孢子，表面有条纹

腐，表皮极易剥落；晴天或干燥时可见腐烂的嫩枝干枯后挂在茎顶，受害重的植株枯死。开花期以花器和幼果染病受害最重，花瓣最早染病，萎蔫或变褐腐烂。果实染病，果面产生褐色至黑色斑块，后变褐软腐，湿度大时密生病菌孢囊梗和孢子囊。

病原 *Choanephora cucurbitarum*（Berk.et Rav.）Thaxt.，称瓜笄霉，属接合菌亚门真菌。

传播途径和发病条件 病菌以菌丝体随病残体在土壤中越冬。翌年春天土壤中的病菌从伤口侵入地面上凋落或开始腐烂的花，并从病部产生大量孢囊孢子，进入雨季田间的孢囊孢子借风雨传播，侵入辣椒残花幼果进行初侵染，以后进行多次再侵染，使病情不断加重。高温多雨年份发病重。

防治方法 ①与禾本科作物进行轮作。②注意平整土地整修田间排灌系统，防止水淹，雨后及时排水，严防湿气滞留。③药剂防治。在辣椒开花初期至坐果中期出现病株时喷洒25%甲霜•霜霉威可湿性粉剂1000倍液或44%百菌清•精甲霜灵悬浮剂1000倍液、68.75%氟吡菌胺•霜霉威悬浮剂600倍液，隔5～7天1次，连续防治2～3次。保护地可用百菌清烟剂每667m² 用250g点燃熏一夜。

甜椒、辣椒、彩椒立枯病和茎基腐病

症状 甜椒、辣椒、彩椒立枯病常为害根茎部，多发生在苗期。播种后可造成烂籽、烂芽，造成不出土即枯死，地上出现缺苗断垄。出苗后发病，初在根茎基部产生长椭圆形坏死的褐色斑点，后扩展成灰褐色斑，当病部扩展至绕茎一圈时，茎基病部呈黑褐色坏死，后向上扩展，湿度大时病部长出蛛

辣椒立枯病病苗

彩椒茎基腐病病苗

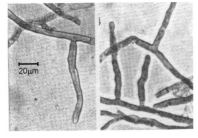

立枯丝核菌菌丝分枝处几乎成直角，
分枝处缢缩

丝状菌丝，病部稍缢缩，干燥时病茎缢缩明显，随其扩展，病部以上枯死。甜椒、辣椒、彩椒茎基腐病主要发生在结果期。初茎基部皮层外部病变不明显，但植株茎基部以上叶片呈全株性萎蔫，叶色变浅，后茎基部皮层逐渐变浅褐色，后变黑褐色，当扩展至绕茎基部一圈时，病部失水干缩，由于茎部木质化，缢缩不大明显。纵剖病茎基部，木质部颜色变暗，维管束不变色，横切面皮层不易剥离，根部及根系正常，无乳白色黏液溢出，别于枯萎病、根腐病及青枯病引起的萎蔫。后期地上部变黄褐色枯死，且多残留在枝上不脱落。该病病程较长，15天左右才枯死。

病原 *Rhizoctonia solani* Kühn，称立枯丝核菌，属真菌界无性型亡革菌属，有性态为担子菌门瓜亡革菌。

传播途径和发病条件 病原菌多以菌丝、菌核在土壤中或随病残体越冬，以菌丝直接侵入寄主气孔或表皮细胞。发病后由病部产生的菌丝，借雨水及灌溉水及农事操作传播蔓延进行多次再侵染。地温 16 ~ 20℃适其发病，土壤忽干忽湿，砂土或幼苗徒长、温度偏高易发病。

防治方法 ①采用传统育苗的，可选用无病土或基质育苗。施用腐熟有机肥，增施磷钾肥，防止土壤忽干忽湿，减少伤根，提高甜椒、辣椒、彩椒抗病力，减少立枯病和茎基腐病的发生。②进行土壤和种子处理。每 667m^2 用 54.5% 噁霉·福可湿

性粉剂 4g 对水至 1000 倍液喷洒苗床浅耙后播种。或用 95% 噁霉灵原药 1g，对水 3000 倍，喷洒苗床，也可把 1g 95% 噁霉灵对细土 18kg 拌匀或 3.3% 福·甲霜粉剂 24～36g 拌 18kg 毒药土撒施。待打好底水后取 1/3 拌好的药土撒在畦面上，播种后把其余 2/3 药土覆盖在种子上，防效明显。种子处理：用 68% 精甲霜·锰锌水分散粒剂 600 倍液浸种半小时，并带药液催芽播种；或用 10% 咯菌腈悬浮种衣剂 12.5ml，对水 0.05L，充分混匀后倒在 5kg 种子上，快速搅拌，直到药液均匀分布在每粒种子上，晾干播种。也可用 10% 咯菌腈干拌种剂按种子量 2g/kg 拌种。还可将种子湿润后用种子重量 0.3% 的 75% 福·萎可湿性粉剂或 50% 甲基立枯磷或 70% 噁霉灵可湿性粉剂拌种。③防治成株期茎基腐病用 2.1% 丁子·香芹酚水剂 600～800 倍液或 1% 申嗪霉素悬浮剂 800 倍液或 30% 苯醚甲环唑·丙环唑乳油 2000 倍液。

甜椒、辣椒、彩椒苗期灰霉病

症状 甜椒、辣椒和彩椒育苗期灰霉病已经成为许多省市传统育苗或现代育苗苗期毁灭性病害。发病重的地区或年份，秧苗成片死亡，严重的毁棚。典型症状是病苗色浅，幼茎、子叶和叶片发病处呈水浸状，子叶先端变黄，后扩展到着生子叶的幼茎。幼茎染病，病部缢缩灰白色，组织软化，表面生有大量灰色霉层，病部扩展绕茎一周时病苗折倒，其上端枝叶枯萎、腐烂或枯死。别于猝倒病。

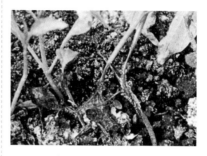

辣椒苗期灰霉病病苗

甜（辣）椒、彩椒幼苗灰霉病病菌
分生孢子梗和分生孢子

病原 *Botrytis cinerea* Pers. : Fr.，称灰葡萄孢，属真菌界子囊菌门葡萄孢核盘菌属。

传播途径和发病条件 病菌以菌丝、菌核或分生孢子在病残体上或遗落在土壤中越冬。分生孢子随气流或农事操作传播蔓延。低温多湿的大棚易发病。病菌发育温限 2～31℃，最适温度为 23℃，最适相对湿度在

95% 以上。冬春大棚或温室育苗，苗床湿度过高或遇有 1 周以上的连续阴雨天气，利于该病发生和蔓延。

[防治方法] 冬春大棚育苗要特别注意该病的发生。①选用赣丰 5 号辣椒等中抗灰霉病的甜椒、辣椒品种。当前可选用耐低温弱光的早熟品种。②加强苗期管理，冬春大棚要注意通风，浇水安排在晴天上午进行，适当控制浇水量，切忌浇水过量。③发现病苗及时挖除减少菌源，并及时喷洒 50% 啶酰菌胺水分散粒剂 1000 ～ 1500 倍液或 50% 啶酰菌胺水分散粒剂 1000 倍液 +50% 腐霉利可湿性粉剂 1000 倍液、41% 聚砹·嘧霉胺水剂 800 倍液、50% 嘧菌环胺水分散粒剂 600 ～ 1000 倍液或 2% 丙烷脒水剂 100 ～ 200 倍液、16% 腐霉·己唑醇悬浮剂 800 ～ 1000 倍液；棚内湿度过高时可改用康普润静电粉尘剂进行喷粉，每 667m² 用 800g，持效 20 天。

甜椒、辣椒、彩椒烧根

[症状] 甜椒、辣椒和彩椒烧根在苗期和成株期时有发生。发生烧根时，根尖变黄，不发新根，前期一般不烂根，表现在地上部生长慢，植株矮小脆硬，形成小老苗，有的苗期开始发生烧根，到 7 ～ 8 月高温季节才表现出来。烧根轻的植株中午打蔫，早晚尚能恢复，后期由于气温高、供水不足，植株干枯，似青枯病或枯萎病，纵剖茎部未见异常，别于上述两病。

辣椒苗期烧根症状

[病因] 主要是施用过量未充分腐熟有机肥，尤其是施用未充分腐熟的鸡粪或处在土壤供水不足情况下，很易发生烧根。

[防治方法] ①对外制种田及采种田一定要采用配方施肥技术，施用酵素菌沤制的堆肥或生物有机复合肥，可用人粪尿配制，最好不要用鸡粪，必须用时一定要充分腐熟好。配方比例每生产 1000kg 甜椒果实，需氮素 4.50kg、磷素 1.04kg、钾素 5.50kg，各地可据当地情况加减。②提倡施用惠满丰多元素复合有机活性液肥，每 667m² 用 450ml 稀释 400 倍或 0.004% 芸薹素内酯水剂 1800 倍液，喷叶 3 次。③已经发生烧根时，要增加灌水量，降低土壤溶液浓度。④使用地膜覆盖的制种田，应在进入高温季节后逐渐破膜，防止地温过高，必要时应加大放风量或浇水降温。

甜椒、辣椒、彩椒苗期沤根

[症状] 甜椒、辣椒苗期或反季节栽培时发生沤根，初白天萎蔫，早

晚复原，容易拔出，根部不发新根和不定根，根皮发锈，须根或主根部分或全部变褐至腐烂，后期植株萎蔫干死。

辣椒苗期沤根

病因 甜椒、辣椒生长发育适温 20～30℃，适宜地温为 25℃，温度越低生长越差，低于 18℃根的生理机能下降，生长不良，到 8℃时根系停止生长，此间低温持续时间长、连阴天多光照不足或湿度大就会发生沤根。

防治方法 ①选用耐低温、弱光照或早熟品种，如甜杂 1 号、甜杂 2 号、都椒 1 号、9179 辣椒、9198 辣椒、中椒 2 号、中椒 3 号、中椒 7 号、农发、辽椒 4 号、早丰 1 号、皖椒 1 号、湘研 1 号、湘研 4 号等。②因地制宜科学地确定播种期，培育适龄壮苗，育苗期昼温控制在 25℃，夜温 15℃以上，注意提高地温在 16～18℃以上，防止朽住不长。③施用酵素菌沤制的堆肥或腐熟有机肥及惠满丰液肥。④采用地膜覆盖。⑤定植前用 10mg/kg 的 ABT 4 号生根粉溶液浸泡甜（辣）椒根系后定植。⑥定植后加强水分管理，采用滴灌或

畦面泼浇，雨后及时排水，适时松土以利于提高地温，促进幼苗逐渐发出新根。也可用植物动力 2003，每毫升原液对水 1kg 喷雾有效。

甜椒、辣椒、彩椒镰孢根腐病

前几年山东、北京、辽宁等地保护地大面积发生甜椒根腐病，误以为是镰刀菌引起的，造成严重损失，后经鉴定是由疫霉和腐霉引起，前者用多菌灵、甲基硫菌灵防治，后者用烯酰吗啉、氟吗啉或其复配剂才能做到对症防治。

症状 腐皮镰孢根腐病主要为害甜（辣）椒、彩椒的根和根茎及地表以下茎基部，染病株发病初期白天出现萎蔫，晚上至翌晨恢复，反复十几天后全株萎蔫枯死。拔出病株可见茎基皮层呈水渍状，根皮淡褐色至深褐色，呈锈腐状，侧根基部变褐，手触病根皮层脱落或剥离露出暗色木质部，剖开病部维管束褐变，湿度大时病部可见略带粉红的白色菌丝，即病原菌分生孢子梗和分生孢子。发病重的根部腐烂，造成幼苗枯死，成株萎蔫死亡。该病与枯萎病、疫病症状相近，初发病时都呈萎蔫状，区别点有三：一是镰孢根腐病地下茎基部腐烂，缢缩不明显，但疫病呈水渍状缢缩明显；二是镰孢根腐病茎基部导管变褐色，疫病导管不变色；三是根腐病地下茎基部后期导管变褐色，但不向上发展，地上部茎的导管也不变色，别于枯萎病根不腐烂、导管变色

向上部发展。

病原 过去认为是茄病镰孢，现辽宁省鉴定主要病原菌有 *Fusarium oxysporum* Schlecht（称尖镰孢）、*F. solani*（Mart.）App.et Wollenw（称茄镰孢）、*F. acuminatum*(称锐顶镰孢)、*F.moniliforme* Sheld（称串珠镰孢）四种。均属真菌界子囊菌门镰刀菌属。

彩椒镰孢根腐病（左）

辣椒根腐病症状

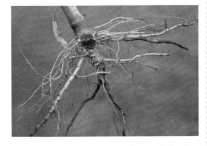

甜椒镰孢根腐病主根变成深褐色腐烂

茄镰孢大型分生孢子（400×）

传播途径和发病条件 生产上连年种植茄果类、瓜类蔬菜的大棚土壤中有 4 种镰孢生存，土杂肥也可带菌。生产上种植时间不断提早，甜（辣）椒或彩椒定植后，长期处在低温高湿或温差大条件下，当地温长期低于 12℃，寄主就会发生沤根，沤根持续时间长时，在土壤或有机肥里腐生的镰孢就会趁机从寄主根部伤口侵入，先在皮层细胞为害，后扩展到木质部引发根腐病。塑料大棚中春茬甜（辣）椒、彩椒的下果枝开花结果初期（山东一带的 4 月中下旬）开始发病，5 月上旬进入发病盛期，秋冬茬 9 月上中旬进入发病盛期（生产上因定植迟早，每年略有差异）。定植后气温不高，常因浇水过多土壤湿度大苗就可发病，后病部又产生大量分生孢子，在土壤中存活，也可在病株上存活为害，分生孢子通过水流传播蔓延，造成更大的危害。生产上管理粗放的田块易发病，大水漫灌或大暴雨后湿气滞留的黏土地发病重。

防治方法 ①实行轮作，该病是土传病害，其发病轻重与连作年限关系密切，生产上提倡与大葱、大蒜、百合等轮作，具明显防病作用。也可与十字花科蔬菜实行 3 年以上轮作，是防治根腐病重要农业措施。②种子处理，用次氯酸钠浸种预防根腐病。甜椒、彩椒播种前，先用 0.2% ～ 0.5% 的碱液清洗种子，再用清水浸种 8 ～ 12h，捞出后置入配好的 1% 次氯酸钠溶液中浸 5 ～ 10min，冲洗干净后催芽播种。③适期早播。采用测土配方施肥技术，按配方施用生物活性肥或腐熟有机肥，及时防治地下害虫。加强管理，防止因沤根或烧苗引起的根腐病。④严格进行土壤处理。定植前增施生物菌肥，增加土壤中的有益菌含量，如沟施或穴施根威、激抗菌 968 壮苗棵不死等生物菌肥，也可用肥力钾等全水溶性肥料。⑤注意控制浇水量，防止根系受伤。甜椒根系木质化程度高，根系再生能力差，生产上浇水量和时间要控制好，防止大水沤根，引起发病。⑥药剂蘸根和灌根。辣椒定植后，先把 2.5% 咯菌腈悬浮剂 1000 倍液配好，取 15kg 放入比穴盘大的容器内，再将穴盘整个浸入药液中把根部蘸湿，半月后，还可灌根 1 次或 2 次，每株灌 250ml。也可用 50% 多菌灵可湿性粉剂 700 倍液蘸根灭菌，防止根腐病发生。⑦试用棉隆和申嗪霉素熏蒸消毒法处理土壤，防治辣椒根腐病效果好，做法参见茄子黄萎病。⑧药剂防治。关键是早防早治，以防为主，田间出现中心病株时马上灌根，可选用 5% 丙烯酸·噁霉·甲霜水剂 1000 倍液或 2.5% 咯菌腈悬浮剂 1000 倍液混加 68% 精甲霜·锰锌水分散粒剂 600 倍液、50% 氯溴异氰尿酸可溶粉剂 1000 倍液、2.5% 咯菌腈悬乳剂 1200 倍液混加 70% 噁霉灵可湿性粉剂 1500 倍液，或 2.5% 咯菌腈 1200 倍液混 50% 多菌灵 500 倍液，或 3% 噁霉·甲霜水剂 600 倍液灌根，10 天左右 1 次，灌 1 次或 2 次。

甜椒、辣椒、彩椒腐霉根腐病

近年在甜椒、辣椒、彩椒生产上随着甜（辣）椒种植面积扩大和彩色甜椒（简称彩椒）的种植及反季栽培的大发展，生产上在气温高、湿度大的秋末频繁发生腐霉根腐病，有的与疫霉混合发生，造成很大损失，病株率 10% ～ 20%，严重的达 50% ～ 60%，成为生产上的严重问题。近几年山东、北京、辽宁、河北大面积暴发保护地甜（辣）椒、彩椒根腐病，起初都以为是镰刀菌根腐病，防治后效果不佳。后经鉴定主要是由腐霉和疫霉引起的腐霉根腐病和疫霉根腐病。

彩椒腐霉根腐病病株萎蔫状

症状　刺腐霉引起的甜椒、辣椒和彩椒腐霉根腐病主要发生在大棚秋茬和温室秋冬茬。大棚秋茬坐果后开始发生，温室秋冬茬定植后开始发生。有的在猝倒病发生之后定植时又发生腐霉根腐病，初发病时仅大苗茎基部及向上、向下 2～5cm 处呈水渍状，后变褐色至灰褐色或暗褐色，塑料温室湿度大时病部长出较厚的白色棉絮状霉，镜检为腐霉菌的孢子囊和孢囊梗。病株根部产生水渍状浅褐色至暗褐色腐烂，病株朽住不长，别于疫病。甜（辣）椒、彩椒疫病主要侵染地表以下的主根和根茎部，造成植株萎蔫坏死。疫霉菌菌丝细长、稀疏、无隔膜。

病原　*Pythium spinosum* Sawada，称刺腐霉，属假菌界卵菌门腐霉属。

彩椒腐霉根腐病，定植后病部现菌丝、孢囊梗和孢子囊

传播途径和发病条件　刺腐霉主要在菜田腐生或寄生，以菌丝体和卵孢子随病残体在土壤中存活和越冬，一般存于于 5～15cm 土层中。当甜（辣）椒或彩椒播种后，经过休眠的卵孢子萌发产生芽管或泡囊，当温度在 10～18℃之间卵孢子诱导萌发产生游动孢子，当温度高于 18℃时利其萌发产生芽管，侵染萌动的种子或幼株引起猝倒病的发生。长季栽培的彩椒从播种到收获需 150 天，其中转色期为 15～30 天。为了抢在春节前供应，多在 8 月上中旬播种，紫椒多在 8 月中旬播种，温室秋冬茬于 7 月中下旬播种，猝倒病发生轻，但易发生腐霉根腐病。2005 年 9 月笔者在北京顺义定点观察了温室秋冬茬国产彩椒大棚，由于这一带土壤黏重，定植时浇水多，有些涝，又遇几天连阴，发生了彩椒腐霉根腐病，病株率达 19%，引起了甜（辣）椒和彩椒生产上的注意。

防治方法　①华北及沿海地区甜椒、辣椒、彩椒温室冬春茬或日光温室冬春茬播种时间在 11 月下旬至 12 月中旬，大棚春茬在 1 月上旬，苗期处在低温期，要注意从管理入手，通过温湿度管理，防止高湿持续时间长，能避免或防止腐霉根腐病的发生。②华北及沿海地区栽培甜（辣）椒和彩椒的，大棚秋茬于 5 月上旬播种、6 月中旬定植，温室秋冬茬于 7 月中下旬播种、8 月下旬至 9 月上旬定植，这两茬定植后遇有高温、高湿持续时间长，管理跟不上有可能诱发刺腐霉根腐病。尤其是彩色甜椒根系弱，怕涝，对土传病害抵抗能力较弱，生产上土壤过干或过湿均不利于其生长，要求空气相对湿度为 60%～80%，土壤相对含水量为 80%，生产上注意满足其需要，可减轻发病。③药剂浸种。种子用 50% 烯酰吗啉可湿性粉剂 2000 倍液或 20% 氟吗啉可湿性粉剂 1000 倍液浸种 3h，再用冷水冲净后催芽播种。④药剂处理土壤。用辣根素颗粒剂（主要成分是异硫氰酸烯丙酯）每平方米用 20～27g 进行土壤处理，或每平方米用 69% 烯酰·锰锌可湿性粉剂 8～10g，对细土拌和药土，取 1/3 混好的药土撒在打好底水的 10m² 畦面上，播种后再把其余 2/3 药土覆盖在种子上，培育无病苗。⑤药剂蘸根。定植时先把 722g/L 霜霉威水剂 700 倍液或 2.5% 咯菌腈悬浮剂 1000 倍液配好，放在长方形大容器中 15kg，再把育苗穴盘整个浸入药液中，把根部蘸湿灭菌。⑥发病初期浇灌 50% 烯酰吗啉可湿性粉剂 2000 倍液，或 20% 氟吗啉可湿性粉剂 1000 倍液，或 66.8% 丙森·缬霉威可湿性粉剂 600～800 倍液、25% 嘧菌酯悬浮剂 1500 倍液混加 14% 络氨铜 500 倍液，或 5% 咯菌腈悬浮剂 1000 倍液混加 70% 噁霉灵可湿性粉剂 1500 倍液，隔 10 天左右 1 次，防治 2 次。⑦长季节栽培的甜椒、彩椒，大棚秋茬定植后进入高温高湿季节要特别注意加强温湿度管理，切忌温度忽高忽低、高湿持续时间过长，适时施肥，合理灌水，做好生态防治，提高植株抗病性。

甜椒、辣椒、彩椒疫霉根腐病

甜椒、辣椒、彩椒上的根腐病除镰孢根腐病、腐霉根腐病，近年又发现还有疫霉根腐病。腐霉菌、疫霉菌根腐病是毁灭性病害，在北京、山东、辽宁均有发生。

彩椒定植后苗期发生的疫霉根腐病

彩椒成株发生疫霉根腐病病茎基部和根部受害状

彩椒疫霉根腐病病苗基部长出的菌丝、孢囊梗和孢子囊

68% 精甲霜·锰锌500倍液加5% 咯菌腈
1000倍液灌根（左为防治区，右为对照）

症状　主要为害甜椒、辣椒、彩椒根茎部和根部。苗期染病，根茎部呈暗绿色水渍状猝倒或软腐，造成地上部凋萎或枯死。定植后染病从茎基或茎基上部 2 ～ 6cm 处出现环茎扩展的褐色斑，后皮层呈锈褐色腐烂，病部以上的枝叶迅速凋萎。病部略缢缩，维管束不变色，别于镰孢根腐病。

病原　*Phytophthora* sp.，称一种疫霉；*Phytophthora nicotianae* van Breda de Hann，称烟草疫霉，均属假菌界卵菌门疫霉属。

传播途径和发病条件　病菌主要以卵孢子、厚垣孢子或以菌丝体在甜椒、辣椒、彩椒植株根部越冬，也可在土壤里腐生，造成土壤中病残体（是主要的初侵染源）带菌率高，也可在棚室里栽培的甜（辣）椒、彩椒上存活。定植后主要侵染新生根和根茎部，是典型的土传病害。病菌也可随灌溉水传播，棚室内隔几天浇 1 次水为病原菌的传播、繁殖提供了条件，在大田还可通过雨水飞溅及农事操作传播。该菌侵染需要一定的

土壤湿度，一般土壤含水量达 40% 即可侵染发病。2005 年北京顺义区北雾镇秋延后彩椒定植后遇有气温 26 ～ 29℃，雨水多，土壤黏重，致大棚日光温室内土壤高湿持续时间长，浇过水后彩椒疫霉根腐病发生很重，造成 1/3 植株死亡。

防治方法　参见甜椒、辣椒、彩椒腐霉根腐病。

甜椒、辣椒、彩椒疫病

甜椒、辣椒、彩椒疫病是由辣椒疫霉菌引发的土传病害。20 世纪 70 年代以来全国普遍发生，危害相当严重，轻者减产 20% ～ 30%，重者毁种或绝收。近年来，随市场需求量增加，种植面积逐年扩大，尤其是保护地栽培甜椒、辣椒、彩椒面积逐年上升，疫病为害日趋严重，已成为生产上最大障碍。由于疫病发病周期短，蔓延速度快，常给防治带来很大困难。

症状　我国甜（辣）椒、彩椒疫病南北方不同。东南地区甜椒、辣椒、彩椒疫病，幼苗染病，侵染期在 1 ～ 5 片叶时，主要在根及茎基部发病，茎基部水渍状，暗绿色，后产生梭形病斑，病部软腐变褐缢缩，呈蜂腰状，造成幼苗折倒和湿腐，有时也呈立枯状死亡；6 叶期以后染病，主要为害主茎、侧枝和叶片。成株染病，多在茎基部和枝杈处发病，最初产生水浸状暗绿色病斑，后扩展成长

条形黑褐色斑，绕茎 1 周后病斑处的皮层腐烂、缢缩，与周围健康组织分界明显。染病部位以上的叶片由下向上逐渐枯萎死亡。根系被侵染后变褐色，皮层腐烂，导致植株青枯死亡。受害叶片病斑呈暗绿色水浸状，圆形至不规则形，边缘不明显，迅速扩展后致叶片枯萎脱落，出现秃枝。天气干燥时，病斑变褐色停止扩展。花、蕾受害后变黄褐色，腐烂脱落。果实蒂部先发病，也现暗绿色水浸状斑，稍凹陷，病斑扩展后，全果变褐软腐、脱落。雨后或湿度大时病果表面或果实内部均可产生稀疏的白色霉状物，若天气干燥时病果干缩，多挂在枝梢上，不脱落。

辣椒疫病大暴雨后田间出现的中心病株叶片呈水渍状

剥开果皮可见种子上、果皮内白色菌丝满布，造成种子带菌

甜椒疫病田间发病情形

彩椒疫病棚室内发病危害状

辣椒发生疫病茎基部变黑或折倒

棚内彩椒疫病茎基部染病变成黑褐色

彩椒疫病中心病株果柄水渍状变黑，
果实上布满白色菌丝

棚室内栽培的辣椒疫病茎部染病
变成黑褐色

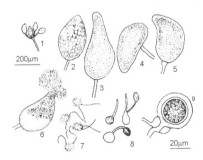

辣椒疫病病菌（辣椒疫霉）
（仿余永年原图）

1—孢子梗及孢子囊；2～5—孢子囊；
6—孢子囊释放游动孢子；7—游动孢子；
8—休止孢子萌发；9—藏卵器

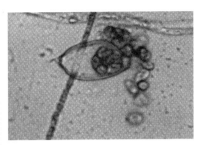

辣椒疫霉菌正在释放游动孢子

以甘肃地区、内蒙古西部为代表，疫病无论在保护地还是露地，盛果前发病的主要集中在根茎部，占90.5%～95.1%，进入盛果期以后，枝杈和近地面果实先发病，大棚椒发病占9.5%，明显高于地膜椒。田间呈现暴发型和蔓延型两种类型。①暴发型。在适宜条件下，越冬的卵孢子萌发侵染根系或地下部分，造成甜椒、辣椒、彩椒在短期内大面积枯死，除根系变褐腐烂青枯外，无其他症状，大雨或灌水后土壤积水情况下易发生，轻者病株率20%，重者达80%以上，毁灭性大，损失极为严重。②蔓延型。具有明显发病中心，发病部位主要集中在茎基、枝杈处，并产生黑褐色条斑。出现的时间在初果期后，并随着温度和垄内湿度的提高，蔓延速度快，高峰期出现在盛果期。病害暴发和蔓延取决于各自受控的环境条件，一般暴发后常伴随着大流行，暴发越烈流行越重，但不适的环境条件常使蔓延速度减缓或停止。山东省保护地栽培的甜椒、辣椒、彩椒主要发生在根茎基部或根部，很少像露地那样。苗期染病，根茎部呈暗绿色水渍状猝倒或软腐，地上部凋萎、枯死。成株染病，病株从茎基或茎基上部 3 ～ 6cm 处或茎部第 1 分杈处产生水渍状病变，后环绕茎秆表皮扩展呈黑褐色至黑色水腐状病斑，别于茎基部皮层锈褐色腐烂的根腐病。果实染病，多始于蒂部，湿度高时长出白霉。疫病株上病部明显缢缩，造成病部以上的茎、枝、叶萎蔫或全株迅速枯死折倒。

[病原] *Phytophthora capsici* Leoian，称辣椒疫霉，属假菌界卵菌门疫霉属。

[传播途径和发病条件] 病菌以卵孢子、厚垣孢子在病残体上和土壤内越冬，其中土壤中病残体带菌率高，是主要初侵染源。也可在保护地栽培的甜（辣）椒、彩椒上存活为害。主要侵染新生根或根茎部及茎部的韧皮部细胞。该病是典型的土传病害，同时也随水流传播，温室中浇水频繁时对病菌增殖和传播非常有利，田间传播主要靠灌溉水携带、水滴溅射、农事操作和接触传染。

甜椒、辣椒、彩椒疫病发生期各地不同，内蒙古西部、甘肃兰州一带保护地于 5 月底至 6 月初见到病株，6 月下旬进入发病高峰期，有的年份可延续到 7 月下旬至 8 月上旬。露地田间中心病株 6 月中下旬出现，7 月底或 8 月上旬进入发病盛期。8 月中旬后出现的发病高峰通常是灌水过量造成的。华北、山东一带甜（辣）椒、彩椒秋天定植后气温高，雨水多，温室内湿度大，或浇过大水的保护地，

疫病发生均严重，发病中心出现后几天内大片植株萎蔫或死亡，尤其是平畦栽植、密植管理粗放的连作地发病更重。江苏一带甜（辣）椒、彩椒疫病的发生和流行与田间温湿度呈正相关。在一般情况下，温度越高，湿度越大，发病流行越重。当旬平均气温在 20℃左右，旬平均降雨量 40mm以上或突然遇到大雨或暴雨，辣椒疫病即可暴发。江淮地区 6 ～ 7 月的梅雨季节以及 8 月中下旬的连续大暴雨，发病迅速（1998 年 6 月下旬发病率为 9% ～ 30%，1999 年 8 月下旬发病率达 18% ～ 87%），当旬平均气温在 22℃以上，田间湿度在80% 以上，辣椒封垄郁闭时发病蔓延快，1996 年发病严重的田块 5 月下旬由 5% 升到 36%，33 ～ 35℃以上受抑制。在适宜的环境条件下，灌水方式、灌水量、灌水时间与辣椒疫病的发生有直接关系，大水漫灌，易暴发流行，发病率一般为 15%，小水浅灌或滴灌发病轻，发病率仅为 5% 左右。高温季节中午灌水比早晚灌水发病重，大雨前或久旱猛灌发病重。浙江及华东地区疫病成株期见于 5 月初，高峰期多在 6 ～ 8 月，9 月上旬后随着气温下降病情减缓或停止。秋冬育苗期初见病株在 11 月初至 11 月下旬，流行于 12 月至翌年 1 月。发病盛期因田间管理条件的不同而存在着明显的差异，如灌水量大，气温高，易暴发流行。此外，贵州一些产区疫病病原菌单株培养时不产生卵孢子。品种与发病关系一般，尖椒较甜

椒抗病，甜椒比彩椒抗病性强。

[防治方法] 对甜椒、辣椒、彩椒疫病，因其流行速度特别快，发病周期短损失大，生产上必须采用预防为主的综合防治法。①从清洁田园入手，合理进行轮作，避免与茄果类、瓜类蔬菜连作，尽量与葱、蒜、百合等非寄主作物轮作或间作。②提倡采用氰氨化钙进行高温高湿闷棚，方法参见番茄、樱桃番茄根结线虫病，可有效地防治甜（辣）椒、彩椒疫病。采用测土配方施肥技术，提倡施用生物活性有机肥或腐熟有机肥，做到氮磷钾合理搭配，开花坐果期适时追肥增强植株抗病力。③选用抗耐疫病的新品种。甜椒抗疫病品种有南蔬椒王、康大 601、陇椒 5 号、中椒 6 号、沈研 6 号、沈研 9 号、翠玉甜椒、哈椒 6 号、安椒 15 号、京发大椒、特抗 1 号 F1、特抗 2 号 F1；辣椒抗疫病品种有中美 1 号辣椒、航椒 2 号、新尖椒 1 号辣椒、辣优 4 号、辣优 8 号、椒优 9 号、赣丰 5 号、湘研 9 号、湘研 20 号、亨椒 1 号、京椒 3 号等。④采用嫁接法防治疫病。⑤针对种子带菌传播，种子用 50% 烯酰吗啉可湿性粉剂 2000 倍液或 20% 氟吗啉可湿性粉剂 1000 倍液浸种 3h，用冷水冲洗后催芽播种。苗床可用 69% 烯酰·锰锌可湿性粉剂 8 ～ 10g 对无菌细土 15kg 混匀，也可用辣根素（异硫氰酸烯丙酯）每平方米用颗粒剂 20 ～ 27g 进行苗床消毒，培育无病苗。⑥针对土壤及土壤中病残体传病，采取土壤高温消毒，温室、大棚

在 6 ～ 8 月气温 35℃ 以上进行高温消毒，每 667m² 施入切碎的麦秸或稻草 500kg 及发酵好的有机肥 5000kg，然后翻地、灌水、覆膜，再盖严棚膜密闭 15 ～ 20 天。最好掺入氰氨化钙（石灰氮）50kg，进行氰氨化钙高温消毒效果更好。土壤消毒后 5 ～ 7 天，施入激抗菌 968 蘸根宝生物菌肥 20kg 效果更好。⑦针对苗木带菌传播，培育无病苗，定植时用 50% 烯酰吗啉可湿性粉剂 2000 倍液或 20% 氟吗啉可湿性粉剂 1000 倍液浇定植药水，每株浇对好的药液 250ml 或每 667m² 用上述药剂 2kg 与细土 25kg 混匀，撒在定植穴内与定植穴内土混匀，然后定植也有相当效果。进入雨季或出现发病中心后喷淋上述杀菌剂，隔 10 天左右 1 次，防治 3 ～ 4 次，能够控制该病的再侵染。⑧针对灌溉水传播，露地可选用高燥地块或山坡地，棚室采用高畦栽培，防止辣椒基部被淹，针对雨水反溅传播可采用行间覆膜，进行膜下滴灌，减少植株茎基部叶片与水直接接触。⑨也可在定植时进行药剂蘸根，先把 722g/L 霜霉威水剂 700 倍液配好，放在长方形大容器中 15kg，再把穴盘整个浸入药液中蘸湿灭菌。半月后用上述药剂灌根 1 次或 2 次，可控制疫病。⑩营养补充有利于向抗病方面转化，进入彩椒果实膨大期要以高钾型水溶肥为主，彩椒进入转色期后改用平衡型水溶肥以促进植株长势恢复，冲施顺欣或速藤水溶肥每 667m² 用 4kg，同时配合冲施阿波罗 963、

海藻酸等肥料可促进根系的生长，促进对氮磷钾的吸收，提倡叶面补施甲壳素1000倍液和0.004%芸薹素内酯1500倍液。⑪抗药性监测发现，河北定州、定兴、藁城甜（辣）椒主产地对嘧菌酯、霜霉威不敏感，说明已有抗药性，对烯酰吗啉、甲霜灵、霜脲氰还很敏感，说明尚未产生抗药性。防治甜（辣）椒疫病首选22.5%噁唑菌酮·30%霜脲氰（抑快净）水分散粒剂1000倍液，或60%烯酰吗啉（安克）水分散粒剂800倍液灌根，防效79.3%。也可用69%烯酰·锰锌水分散粒剂700倍液，或2.5%咯菌腈可溶液剂1000倍液混68%精甲霜·锰锌600倍液，或50%啶酰菌胺1000倍液混50%烯酰吗啉750倍液，或687.5g/L氟吡菌胺·霜霉威悬浮剂600～800倍液，500g/L氟啶胺悬浮剂1500～2000倍液，64%噁霉灵·代森锰锌可湿性粉剂500～600倍液、75%丙森锌·霜脲氰水分散粒剂1000倍液，100g/L氰霜唑悬浮剂2000倍液灌根，隔10～15天1次，防治2次，注意轮换交替用药，防止产生抗药性。

甜椒、辣椒"烂秆"和"烂脖根"

症状　甜椒、辣椒烂秆主要发生在春节前后，甜椒烂秆病时有发生，严重的椒棵只剩下了一根枝，其余全部烂掉，有的被摘掉了。主要由两种病害引起烂秆：一种是疫病，在冬季发生；另一种是菌核病，也在冬季发生。

烂秆部位多在地上部20cm左右，门椒所在的分权处，茎秆表面腐烂发黏，褐色至深褐色，掰开病秆内部也腐烂变褐，散发出轻微腥味，主要是疫病和菌核病在冬季棚室栽培发生的一种特殊病害，也有可能由甜椒细菌病害混发引起。辣椒疫病从茎部出现水浸状病变，后变褐色至黑褐色，温湿度适合时长出白色霉层，病部扩展到绕茎1周后，发病部位以上萎蔫死亡。至于菌核病发病部位是在距地面5～22cm处，茎部或茎分权处皮层腐烂，湿度大时也可长出白色菌丝，温湿度达到要求时纠结成油菜籽状小菌核，发病后期髓部解体成碎屑，对茎秆髓腔危害较重。

甜椒、辣椒及拱棚越夏彩椒死棵，很多菜农总是先提到辣椒"烂脖根"，烂脖根苗期就有，靠近地面的茎部出现一圈病斑，以后苗子就死了，再就是进入膨果期后开始大量结果时，也在茎基部产生水渍状病斑，产生烂脖根或死棵，主要是由辣椒疫病和辣椒茎基腐病造成的，也称辣椒死棵。

病原　甜椒、辣椒烂秆是由辣椒疫霉（*Phytophthora capsici*）和菌核病菌（*Sclerotinia sclerotiorum*）共同侵染引起的。辣椒疫病多从茎基部开始发病，病部出现水渍状软腐，病斑暗绿色，湿度大时病茎基部长出白色菌丝，病部以上倒伏。

烂脖根病原是共同侵染茎基部

的辣椒疫霉（*P.capsici*）和立枯丝核菌（*Rhizoctonia solani*）。立枯丝核菌以前属于半知菌类，现在它属于担子菌门亡革菌属（*Thanatephorus*），萌发时产生次生担孢子，其中瓜亡革菌（*T.cucumeris*）是立枯丝核菌的有性态。为害茄果类等多种蔬菜茎基部和根，造成根腐或烂脖根。

【防治方法】①防治疫病引起的烂秆和烂脖根都是从合理调控棚室温湿度入手，白天控制在 30℃，夜间控制在 15～17℃，及时开放通风口，浇水改在上午，防止植株上结雾持续时间长，浇水 2 小时后提温降湿，及时喷洒 50% 烯酰吗啉可湿性粉剂 750 倍液混加 50% 啶酰菌胺水分散粒剂 1000 倍液或 68.75% 氟菌·霜霉威悬浮剂 700 倍液。②防治茎基腐病，如用上述杀菌剂基本无效，必须选用对路的甲基立枯磷或乙蒜素灌根，也可用 1% 申嗪霉素悬浮剂 800 倍液或 30% 苯甲·丙坏唑乳油 1500 倍液灌根。③预防以上两种死秧可在缓苗后用菌核净 300 倍液涂抹茎基部，连涂两遍有效，可有效防治彩椒前期出现的烂脖根。

甜椒、辣椒、彩椒尾孢叶斑病（胡叶病）

【症状】甜椒、辣椒、彩椒尾孢叶斑病又称褐斑病、胡叶病。是生产上普遍发生、特别重要的叶部病害，占辣椒病害的 90%。主要为害叶片。叶上产生圆形、近圆形或不规则形病斑，中央灰白色，周围深褐色，边缘生黄色晕，叶背面病斑颜色与叶片正面相近，中央灰白色小斑点不明显。

甜椒尾孢叶斑病病叶上的典型症状

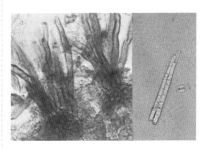

甜（辣）椒尾孢形态
分生孢子和分生孢子梗

【病原】 *Cercospora capsici* Heald. et Wolf.，称辣椒灰星尾孢，属真菌界子囊菌门尾孢属。

【传播途径和发病条件】 病菌可在种子上越冬，也可以菌丝块在病残体上或以菌丝在病叶上越冬，成为翌年初侵染源。病害常始于苗床。高温高湿持续时间长有利于该病扩展。

【防治方法】 ①采收后彻底清除病残株及落叶，集中烧毁。②与其他蔬菜实行隔年轮作。③发病初期喷洒 10% 苯醚甲环唑水分散粒剂 600 倍液或 70% 丙森锌可湿性粉剂 500～600

倍液、20% 唑菌酯悬浮剂 900 倍液、50% 腐霉利可湿性粉剂 1000 倍液，隔 7～10 天 1 次，连续防治 2～3 次。保护地提倡用 15% 腐霉利烟剂，每 667m² 用 300g 熏一夜。

甜椒、辣椒、彩椒匍柄霉叶斑病

症状 在苗期及成株期均可发生，主要为害叶片，有时为害叶柄及茎。叶片发病初呈散生的褐色小点，迅速扩大后为圆形或不规则形病斑，中间灰白色，边缘暗褐色，直径 2～10mm 不等，病斑中央坏死处常脱落穿孔，病叶易脱落。病害一般由下部向上扩展，病斑越多，落叶越严重，严重时整株叶片脱光成秃枝。

甜椒匍柄霉叶斑病病叶

彩椒匍柄霉叶斑病病斑

病原 *Stemphylium solani* Weber，称茄匍柄霉，属真菌界子囊菌门匍柄霉属。

传播途径和发病条件 茄匍柄霉以菌丝体或分生孢子丛随病残体遗落在土中或以分生孢子附着在种子上越冬。以分生孢子进行初侵染和再侵染，借气流传播。该病在南方无明显越冬期，全年辗转传播蔓延。黄河流域 4 月上中旬叶片上病斑增多，引起苗期落叶，成株期在 6 月上旬出现中心病株，随着雨水增多，病害迅速扩展，6 月中下旬进入高峰期，如遇阴雨连绵，造成严重落叶，病菌随风雨在田间传播为害。施用未腐熟厩肥或用旧苗床育苗，气温回升后苗床不能及时通风，温湿度过高，利于病害发生；田间管理不当、偏施氮肥、植株前期生长过盛或田间积水易发病。

防治方法 ①种子包衣。每 50kg 种子用 10% 咯菌腈悬浮种衣剂 50ml，以 0.25～0.5kg 水稀释药液后均匀拌和种子，晾干后催芽或播种。②加强苗床管理。用腐熟厩肥作底肥，及时通风，控制苗床温湿度，培育无病壮苗。③有条件的提倡与玉米、花生、大豆、棉花、豆类、十字花科等实行 2 年以上轮作。④加强田间管理。春季天气刚刚转暖，地温还不很高时，根系尚处在恢复阶段，这时不要大量冲施复合肥，防止根系受伤，应以全水溶性肥料为主，如肥力钾每 667m² 冲施 5kg，再配施阿波罗 963 养根素等 1kg，增强抗病力。⑤发病初期喷洒 75% 肟菌·戊唑醇水分散粒剂 2500 倍液或 32.5% 苯甲·嘧菌酯悬浮剂 1500 倍液混 27.12% 碱式硫酸铜 600 倍液，或 50% 异菌脲 800 倍液混 27.12% 碱式硫酸铜 500 倍液，或 32.5% 苯甲·嘧菌酯悬浮剂 1500 倍液混加 77% 氢氧化铜 700 倍液，隔 10 ～ 15 天 1 次，连喷 2 ～ 3 次。

甜椒、辣椒、彩椒黑点炭疽病

【症状】 甜椒、辣椒、彩椒黑点炭疽病主要为害果实，叶片、果梗也可受害。果实染病，初现水浸状黄褐色长圆斑，边缘褐色，中央呈灰褐色，斑面有隆起的同心轮纹，往往轮生许多较大的黑色小点，潮湿时，病斑表面溢出黏稠物，被害果内部组织半软腐，易干缩，致病部呈膜状，有的破裂。叶片染病，初为褪绿水浸状斑点，后渐变为褐色，中间淡灰色，近圆形，其上轮生小点。果梗有时被害，生褐色不规则形的凹陷斑，干燥时往往开裂。

【病原】 *Colletotrichum capsici*（Syd.）E. J. Butler et Bisby，称辣椒炭疽菌，属真菌界子囊菌门炭疽菌属。

甜椒炭疽病病叶

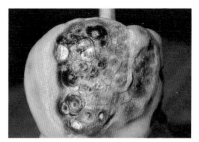

甜椒炭疽病及病斑上生有刚毛的
分生孢子盘

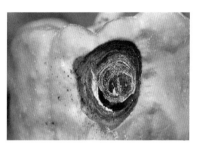

甜椒果实上的炭疽病

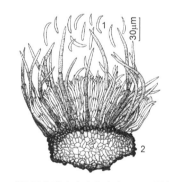

甜椒黑点炭疽病病菌（李明远原图）
1—分生孢子；2—分生孢子盘

【传播途径和发病条件】 主要以拟菌核随病残体在地上越冬，也可以菌丝潜伏在种子里，或以分生孢子附着在种皮表面越冬，成为翌年初侵染源。越冬后的病菌，在适宜条件下产出分生孢子，借雨水或风传播蔓延，病菌多从伤口侵入，发病后产生新的分生孢子进行重复侵染。适宜发病温度12～33℃，其中27℃最适；孢子萌发要求相对湿度在95%以上；温度适宜，相对湿度87%～95%，该病潜育期3天；湿度低，潜育期长，相对湿度低于54%则不发病。高温多雨时则发病重。排水不良、种植密度过大、施肥不当或氮肥过多、通风不好，都会加重此病的发生。

防治方法 ①种植抗病品种。甜椒如京甜3号、91号甜椒、中椒6号、京发大椒、长丰、茄椒1号、蒙椒3号、哈椒2号、哈椒6号、早丰1号、吉农方椒、九椒1号、皖椒1号；辣椒如紫燕1号、紫云彩色辣椒、国福406、早杂2号、天骄2号、天骄6号、江苏6号、辛香2号、汀研10号、湘研11号、湘椒2号、湘椒18号、新红奇辣椒、辣优4号、赣丰5号、湘研4号、湘研5号、湘研6号、京椒3号、航椒2号等较抗病。②选无病株留种或种子用68%精甲霜·锰锌水分散粒剂600倍液浸种半小时，带药催芽或直接播种。或进行种子包衣，每5kg种子用10%咯菌腈悬浮种衣剂10ml，先以0.1kg水稀释药液，而后均匀拌和种子。或用55℃温水浸30min后移入冷水中冷却，晾干后播种。也可用次氯酸钠溶液浸种，在浸种前先用0.2%～0.5%的碱液清洗种子，再用清水浸种8～12h，捞出后置入配好的1%次氯酸钠溶液中浸5～10min，

冲洗干净后催芽播种。③发病严重的地块实行与瓜类、豆类蔬菜轮作2～3年。④采用穴盘育苗，培育适龄壮苗。⑤加强田间管理，避免栽植过密；采用配方施肥技术，避免在下湿地定植；雨季注意开沟排水，并预防果实日灼。⑥发病初期喷洒32.5%苯甲·嘧菌酯悬浮剂1500倍液混27.12%碱式硫酸铜悬浮剂500倍液；或75%肟菌·戊唑醇水分散粒剂3000倍液混加70%丙森锌600倍液或50%咪鲜胺锰盐可湿性粉剂1500倍液、43%戊唑醇悬浮剂2000倍液、55%硅唑·多菌灵可湿性粉剂1100倍液、50%醚菌酯水分散粒剂2000倍液、30%戊唑·多菌灵悬浮剂700倍液、250g/L吡唑醚菌酯乳油1000～1500倍液、66%二氰蒽醌水分散粒剂1000倍液，7～10天1次，连续防治2～3次。此外，以下混配剂增效明显：农抗120与代森锰锌混配，咪鲜胺与甲基硫菌灵（甲基托布津）1:9混配，咪鲜胺与福美双1:9混配，丙环唑与甲基硫菌灵混配，丙环唑与福美双混配，戊唑醇与多菌灵8:22混配，增效明显。

甜椒、辣椒、彩椒红色炭疽病

症状 主要为害幼果和成熟果实。病斑黄褐色，水浸状，凹陷，病斑上密生橙红色小点，略呈轮纹状排列。湿润时表面现粉红色黏性物质。

病原 *Colletotrichum gloeosporioides*（Penz.）Saccardo.，称胶胞

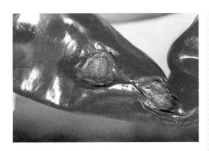

辣椒红色炭疽病病斑上的分生孢子盘

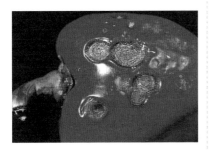

彩椒红色炭疽病病斑

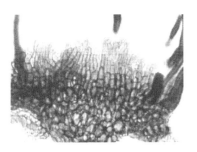

胶孢炭疽菌分生孢子盘及刚毛

炭疽菌，属真菌界无性型炭疽菌属。有性态为 *Glomerella cingulata*，称葫芦小丛壳，属真菌界子囊菌门小丛壳菌属。

传播途径和发病条件、防治方法参见甜椒、辣椒、彩椒黑点炭疽病。

甜椒、辣椒、彩椒黑色炭疽病

目前世界上已经报道的侵染辣椒的炭疽病有 17 种。

症状　叶片上初生水渍状病斑，圆形至近圆形，干燥后易破裂，上生轮生的小黑点即病菌的载孢体，果实成熟时发病病斑不规则形、褐色、稍凹陷，微具轮纹，上生黑色小粒点。

病原　*Colletotrichum nigrum*，称黑色刺盘孢或黑色炭疽菌，属真菌界子囊菌门炭疽菌属。载孢体盘状，暗褐色，刚毛暗褐色，分生孢子长椭圆形，大小（12～15）μm×（4～6）μm。有性态为小丛壳。

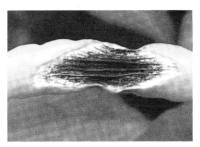

黑色炭疽病症状

传播途径和发病条件、防治方法参见甜椒、辣椒、彩椒红色炭疽病。

甜椒、辣椒、彩椒尖孢炭疽病

症状　叶片上的病斑近圆形，中央灰白色，边缘汇合成大斑，上生小黑点，即病原菌的载孢体，果实上的病斑圆形，淡褐色水渍状，后期凹陷，上生粉红色黏粒。

短尖孢炭疽病症状

病原 *Colletotrichum acutatum*，称短尖刺盘孢或尖孢炭疽病。载孢体盘状，表生，黑褐色，无刚毛，分生孢子梭形、无色、单胞，大小（10～16）μm×（2～4）μm。

传播途径和发病条件、防治方法参见甜椒、辣椒、彩椒红色炭疽病。

甜椒、辣椒、彩椒灰霉病

20世纪80～90年代番茄、茄子灰霉病猖獗为害，近年辣椒灰霉病在山东、河北、北京、辽宁为害甜椒、辣椒、彩椒日趋严重。

症状 甜椒、辣椒、彩椒灰霉病除苗期发病外，近年成株均可发生，植株叶、花、果、茎均常受害。叶片染病，从叶尖、叶缘处出现灰褐色腐烂，湿度大时长出灰霉。当病花掉落在叶片上后，造成叶片发病，掉落的病花接触到叶柄时，先产生褐色水渍状病斑，后病部缢缩变细致叶柄断折。花器染病，先产生褐色小斑点，致花瓣呈褐色腐烂，花丝、柱头随之变褐，后花梗与茎相连处沿茎扩

展蔓延产生灰色病变。果实染病，灰霉菌多从花蒂部、果脐及果面侵染果实，产生灰白色水渍状，后造成组织变软，致整个果实变成湿腐状，湿度大的可见密生灰霉。果染病后还出现了花脸型病斑，称之为鬼魂斑，初病斑圆形，直径1～2mm，外缘白色，有晕圈，中间有黑色小点，似鸟眼状，病斑中央凹陷，后病斑融合凹陷，果面呈干腐状，无法食用。

病原 *Botrytis cinerea* Pers. : Fr.，称灰葡萄孢，属真菌界子囊菌门葡萄孢核盘菌属。有性态为 *Botryotinia fuckeliana*（de Bary）Fuckel，称富克尔核盘菌。

辣椒灰霉病病叶

辣椒灰霉病叶尖、叶缘发生灰霉病症状

辣椒灰霉病病花萼、萼筒、梗上的灰霉

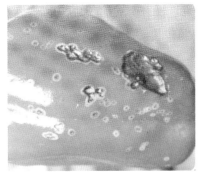

甜椒灰霉病发病后期果面呈干腐状
（李宝聚）

传播途径和发病条件 病菌可形成菌核遗留在土壤中，或以菌丝、分生孢子在病残体上越冬。分生孢子随气流及雨水传播蔓延，田间农事操作是传病途径之一。病菌发育适温23℃，最高31℃，最低2℃。病菌对湿度要求很高，一般12月至翌年5月连续湿度90%以上的多湿状态易发病。大棚持续较高相对湿度是造成灰霉病发生和蔓延的主导因素，尤其在春季连阴雨天气多的年份，气温偏低，放风不及时，棚内湿度大，致灰霉病发生和蔓延。此外，植株密度过大，生长旺盛，管理不当都会加快此病扩展。光照充足对该病扩展有很大

抑制作用。南方露地春播，低温多雨时也常严重发生蔓延。

防治方法 ①保护地甜（辣）椒、彩椒要加强通风管理，上午尽量保持较高的温度，使棚顶露水雾化；下午适当延长放风时间，加大放风量，以降低棚内湿度；夜间要适当提高棚温，减少或避免叶面结露。②发病初期适当节制浇水，严防浇水过量，正常灌溉改在上午进行，减低夜间棚内湿度或结露。③发病后及时摘除病果、病叶和侧枝，装入袋中集中烧毁或深埋。④棚室可选用10%腐霉利烟雾剂，每667m²每次250～300g熏烟，隔7天1次，连续或交替熏2～3次，也可喷撒5%百菌清粉尘剂或6.5%甲硫·霉威粉尘剂，每667m²每次1kg，隔9天1次，连续或交替防治3～4次。⑤种植密度不宜过大，每667m²栽3000～3100株，抑制该病扩展。⑥初见病变或连阴雨天后，提倡喷洒每克100万孢子寡雄腐霉菌可湿性粉剂1000～1500倍液或喷洒含0.5%亿芽胞/ml枯草芽孢杆菌BAB-菌株桶混液，防效高，或2.1%丁子·香芹酚水剂600倍液。⑦药剂防治。经过10余年抗药性监测发现，山东、河北主菜区灰霉菌已对多菌灵、腐霉利、异菌脲普遍产生抗药性，生产上应停用，现改用50%啶酰菌胺水分散粒剂1000倍液混50%烯酰吗啉水分散粒剂750倍液，或50%咯菌腈可湿性粉剂5000倍液混加50%异菌脲1000倍液加27%碱式硫酸

铜 500 倍液或 50% 啶酰菌胺水分散粒剂 1000 倍液 +50% 腐霉利可湿性粉剂 1000 倍液、41% 聚砹·嘧霉胺水剂 800 倍液、2.1% 丁子·香芹酚水剂 600 倍液，隔 10 天 1 次，防治 2 ～ 3 次。

甜椒白粉病病叶

甜椒、辣椒、彩椒白粉病

甜椒、辣椒、彩椒白粉病近年已上升为生产上的重要常发病害，无论是长季节栽培，还是反季节栽培，无论是甜（辣）椒，还是彩色甜椒，几乎每年均有大面积发生，造成黄叶、枯叶、落叶，果实变小，尤其是供元旦、春节上市的一旦出现白粉病，常造成较大的损失。

彩椒病叶上的白粉覆满叶背

症状 甜椒、辣椒白粉病仅为害叶片。老叶、嫩叶均可染病。病叶正面初生褪绿小黄点，后扩展为边缘不明显的褪绿黄色斑驳。病部背面产出白粉状物，即病菌分生孢子梗及分生孢子。严重时病斑密布，终致全叶变黄。病害流行时，白粉迅速增加，覆满整个叶部，叶片产生离层，大量脱落形成光秆，严重影响产量和品质。

病原 *Leveillula taurica*（Lev.）Arn.，称鞑靼内丝白粉菌，属真菌界子囊菌门。无性阶段 *Oidiopsis taurica*（Lev.）Salm.，称辣椒拟粉孢，属真菌界无性型拟粉孢属。该菌在叶片两面均可产生菌丝，但以背面为主；菌丝上有吸器。分生孢子梗从气孔伸出，大小为（121 ～ 289）μm×

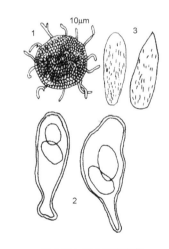

甜（辣）椒白粉病病菌
（鞑靼内丝白粉菌）

1—闭囊壳及附属丝；2—子囊和子囊孢子；
3—分生孢子

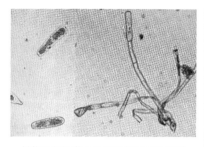

辣椒拟粉孢菌分生孢子梗和两种类型
分生孢子（李宝聚）

（5～7）μm。分生孢子无色，单个生于孢子梗顶端，常有两种类型：初生分生孢子火焰状，顶端尖，基部缢缩，表面粗糙，有疣状突起，大小（57～68）μm×（11～19）μm；次生分生孢子多为圆柱形，大小（55～68）μm×（8～16）μm。分生孢子两端萌发产生芽管，芽管菌丝状。有性世代闭囊壳埋生在菌丝中，近球形，直径140～250μm，附属丝丝状。闭囊壳内有子囊10～40个，子囊近卵形，大小（80～100）μm×（35～40）μm，其中多含子囊孢子2个，子囊孢子单生。

传播途径和发病条件 以闭囊壳随病叶在地表越冬。分生孢子在15～25℃条件下经3个月仍具很高萌发率。孢子萌发从寄主叶背气孔侵入。在田间，主要靠气流传播蔓延。分生孢子形成和萌发适温15～30℃，侵入和发病适温15～18℃。一般25～28℃和稍干燥条件下该病流行。分生孢子萌发一定要有水滴存在。有些地区6月始发，一直延续到10月中下旬。近年随保护地发展及长季节栽培甜椒、辣椒、彩椒的增加，白粉病发生相当频繁。华北一带9月中旬至11月上旬天气虽较干燥，但白粉病常猖獗发生，无论是管理粗放的地块，还是生产条件较好的地块，都很重。

防治方法 ①选用抗病品种，如通椒1号、茄椒2号、航椒2号等。②加强栽培管理，提高寄主抗病力。③对保护地要注意控制温湿度，防止棚室湿度过低和空气干燥。④药剂防治。该病初发生时零星出现，常未引起重视，且菌丝在叶片细胞间隙蔓延，都藏在叶片里面，等到产生繁殖体的时候，才钻出叶面，所以防治该病一定要早，千方百计把白粉病控制在点片发生阶段。甜椒、辣椒、彩椒进入坐果期以后，大雾或连阴雨天过后就大发生，最好掌握在正常年份发病前15天，关键是雨、雾天气一出现就喷药预防或封杀，可以收到事半功倍的效果。2008～2009年山东、河北抗药性监测已发现黄瓜白粉病对嘧菌酯普遍产生了抗药性，甜辣、彩椒上很可能产生抗药性。生产上建议用10%苯醚甲环唑水分散粒剂600倍液，或25%乙嘧酚悬浮剂800～1000倍液，或10%己唑醇悬浮剂2500～3000倍液，或75%肟菌·戊唑醇水分散粒剂3000倍液加70%丙森锌600倍液，或250g/L吡唑醚菌酯乳油1000倍液，或40%氟硅唑乳油6000倍液、430g/L戊唑醇悬浮剂2500倍液，或4%四氟醚唑水乳剂每 667m² 用药 70 ～ 100ml 均匀喷雾。防治白粉病的杀菌剂很多，生产上要讲究使用技巧。一是发病前用保护剂经济有效，发病后用内吸杀菌剂提高防效。二是轮换交替用药，防止产生抗药性。三是根据当前田间主要病害选择对路的杀菌剂进行兼治。

甜椒、辣椒、彩椒色链格孢叶斑病

症状 主要为害叶片。叶斑出现在叶的正、背两面，近圆形至长圆形或不规则形，直径 2 ～ 12mm，叶面病斑浅褐色至黄褐色，湿度大时，叶背对应部位生有密灰黑色至近黑色茸状物，病斑正、背两面均围以暗褐色细线圈，有的在外围还生浅黄色晕圈。

甜椒色链格孢叶斑病病叶

病原 *Phaeoramularia capsicicola*（Vassiljevskiy）Deighton，称辣椒色链格孢，异名 *Cercospora capsicicola* Vassiljevskiy，属真菌界子囊菌门色链格孢属。

传播途径和发病条件 病菌可在种子上越冬，也可以菌丝块在病残体上或以菌丝在病叶上越冬，成为翌年初侵染源。病害常始于苗床。高温高湿持续时间长，利于该病扩展。

防治方法 ①采收后彻底清除病残株及落叶，集中烧毁。②与其他蔬菜实行隔年轮作。③发病初期喷洒 2.5% 咯菌腈悬浮剂 1000 倍液或 20% 唑菌酯悬浮剂 800 ～ 1000 倍液、70% 丙森锌可湿性粉剂 600 倍液、77% 硫酸铜钙可湿性粉剂 500 倍液，隔 7 ～ 10 天 1 次，连续防治 2 ～ 3 次，采收前 7 天停止用药。

甜椒、辣椒、彩椒白星病

症状 主要为害甜椒、辣椒、彩椒叶片。苗期、成株均可发病。病斑近圆形至椭圆形，淡褐色、边缘紫褐色，直径 2 ～ 5mm，中央浅褐色、白色或灰白色，后期病斑上散生小黑点，即病菌的载孢体——分生孢子器。病斑中间有时脱落，发病严重的常造成大量落叶。

甜椒叶点霉白星病

病原 *Phyllosticta capsici* Spegazzini，称辣椒叶点霉，属真菌界子囊菌门叶点霉属。

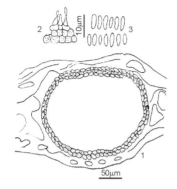

辣椒白星病病菌辣椒叶点霉

（白金铠原图）

1—分生孢子器；2—产孢细胞；
3—分生孢子

传播途径和发病条件 以分生孢子器在病残体上或混在种子上或遗留在土壤中越冬。翌年条件适宜时，侵染叶片并繁殖，借风雨传播蔓延进行再侵染。气温 25 ～ 28℃、相对湿度高于 85% 易发病。叶面有水滴对该病发生特别重要，利于病菌从分生孢子器中涌出，且分生孢子萌发及侵入均需有水滴存在。生产上雨日多、植株生长衰弱发病重。

防治方法 ①选用抗白星病的品种。②培育壮苗，适时定植，密度不宜过大。③加强肥水管理防止脱肥。④收获后彻底清除病残体。⑤发病初期喷洒 50% 异菌脲可湿性粉剂 800 ～ 1000 倍液或250g/L 苯醚甲环唑微乳剂 1500 倍液、75% 肟菌·戊唑醇水分散粒剂 3000 倍液，隔 7 ～ 10 天 1 次，防治 2 ～ 3 次。

甜椒、辣椒、彩椒斑点病

症状 此病保护地、露地均有发生，主要为害叶片、叶柄、茎秆、花萼及果实，多发生在开花结果后。叶片染病，初生水渍状小圆斑，后在叶两面产生边缘褐色、中央灰白色近圆形凹陷坏死斑，直径 2 ～ 3mm，病斑上散生黑色小粒点，即病菌的分生孢子器。湿度大时，病斑融合致叶片坏死，空气干燥时病斑脱落、穿孔。叶柄、茎秆染病，也产生大小不一的近圆形凹陷斑，边缘红褐色，中央灰白色，严重者枝叶干枯。果实染病，产生近圆形凹陷斑，中央灰白至灰褐色。病情严重时造成早期落叶，植株早衰。

病原 *Septoria lycopersici* Speg，称番茄壳针孢，属真菌界子囊菌门壳针孢属。

甜椒斑点病病叶

传播途径和发病条件 病菌以菌丝体和分生孢子器随病残体在土壤

中或多年生茄科杂草上越冬，种子也可带菌。越冬后产生分生孢子，借风雨传播进行初侵染，发病后病部从分生孢子器孔口涌出大量分生孢子，进行多次再侵染，使该病扩展蔓延。病菌生长温限 12～30℃，气温 22～25℃，相对湿度高于 90% 产生分生孢子，在有水滴时分生孢子释放。气温 25℃左右，相对湿度 95% 以上，光照较弱，该病易发生和流行。一般甜（辣）椒、彩椒进入生长中后期雨日较多或大雾，叶面结露持续时间长，植株瘦弱发病重。

防治方法 ①选用无病种子。种子用 2.5% 咯菌腈悬浮种衣剂按干种子重量 4‰～5‰ 进行种子包衣，晾干后播种。②采用无病土育苗。③重病地与非茄科蔬菜进行 3 年以上轮作。并注意清除茄科杂草。④提倡采用高垄或高畦栽培。采用测土配方施肥技术，施足有机肥，增施磷钾肥，后期适时适量追肥，严防后期脱肥，增强抗病力。雨后及时排水，防止湿气滞留。⑤发病初期喷洒 30% 戊唑·多菌灵悬浮剂 700 倍液或 10% 苯醚甲环唑微乳剂 600 倍液、50% 异菌脲可湿性粉剂 800～1000 倍液、70% 丙森锌可湿性粉剂 500～600 倍液，隔 10 天左右 1 次，防治 2～3 次。

甜椒、辣椒、彩椒叶霉病

甜（辣）椒、彩椒叶霉病发生逐年加重，造成减产、减收。由于该病发病初期症状与霜霉病极相似，容易造成误诊，常错过防治适期。

症状 甜椒、辣椒、彩椒叶霉病主要为害叶片。最初在叶片上表现为浅黄色不规则形褪绿斑块，叶背部初生浅白色霉层；不久叶正面为浅黄色至黄色大斑，且数量较多，不受叶脉限制，叶背部霉层逐渐变为浅灰色至黑褐色茸毛状霉，即病原菌的分生孢子梗和分生孢子，但病叶无明显变脆增厚和上卷现象，后期叶片也很少脱落。发病初期由下部叶片开始，发病严重时整片叶形成花斑，并且变黄干枯。经多点调查，该病发生时，一般甜椒较辣椒品种发病重，彩色甜椒较甜椒发病重，荷兰彩椒白公主、紫贵人发病重。

病原 *Passalora fulva*（Cooke）U. Braun & Crous（Crous et al.，2003）称黄褐钉孢，属真菌界子囊菌门钉孢属。

传播途径和发病条件 病菌主要以菌丝体和分生孢子随病残体遗留在地面越冬。第 2 年环境条件适宜时，病组织上产生分生孢子，通过风雨传播，在寄主表面萌发后从伤口或表皮侵入，病部又产生分生孢子，进

甜椒叶霉病病叶

甜椒叶霉病病叶背面的褐孢霉

行再次侵染传播。尤其是在植株栽培过密，田间生长郁闭，干湿交替或有白粉虱等虫害发生时，易感染此病，而且该病病菌孢子随风传播极为迅速。

防治方法 ①选用抗病品种。经试验表明，寿光长羊角椒、中蔬4号、中蔬5号、苏椒5号等品种表现抗病。②发现病株及时喷洒47%春雷·王铜可湿性粉剂700倍液封锁，必要时也可拔除，及时携出棚外，集中烧毁，以清除菌源。③加强管理。首先栽植密度应依照各品种特性及要求进行安排。其次，尽量避免忽干忽湿现象出现，严禁大水漫灌，注意降低田间湿度，尤其是保护地中的空气相对湿度。④药剂防治。发病前或发病初期喷洒32.5%苯甲·嘧菌酯悬浮剂1500倍液加77%氢氧化铜可湿性粉剂700倍液，或75%肟菌·戊唑醇水分散粒剂3000倍液，或50%咯菌腈可湿性粉剂5000倍液，30%氟硅唑微乳剂3000～4000倍液或430g/L戊唑醇悬浮剂3000～4000倍液，7～10天1次，连续防治2～3次。保护地可选用康普润静电粉尘

剂，每667m²用800g，持效20天，也可用45%百菌清烟剂，每100m³用制剂24～40g熏1夜。

甜椒、辣椒、彩椒茄链格孢早疫病

症状 甜椒、辣椒、彩椒早疫病主要为害叶片和果实。甜（辣）椒叶片染病，产生圆形或长圆形病斑，直径2～6mm，黑褐色，具同心轮纹，空气潮湿时上生黑色霉层。甜（辣）椒果实染病，产生圆形或近圆形黑斑，略凹陷。彩椒叶片染病，病斑较大，直径5～12mm，长椭圆或不规则形，边缘黑褐色，叶上病斑数个至十几个不等，严重的造成叶片枯死。彩椒果实染病，果面初现水渍状褐色凹陷斑，后扩展至2.5～3cm，长满黑霉。彩椒在保护地内生长期长达1年，果肉厚，受害常较甜（辣）椒重。随着彩椒播种面积扩大，栽培时间延长，造成彩椒茄链格孢引起的早疫病流行，为害也较甜椒严重，病果率高，造成减产。该病已上升到彩椒生产上的重要病害。

辣椒茄链格孢早疫病病叶

甜椒茄链格孢早疫病低温时病斑墨绿色

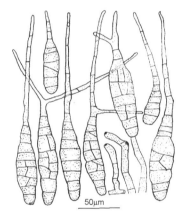

茄链格孢的分生孢子梗和
分生孢子（张天宇原图）

病原　*Alternaria solani* Sorauer，称茄链格孢，属真菌界子囊菌门链格孢属。

传播途径和发病条件　病菌以菌丝体在病残体上或以菌丝体及分生孢子在种子内外越冬。生产上播种带菌的种子，发芽后即侵染幼芽或幼苗，种子发芽后引发猝倒、茎腐或颈部病变，遇有多雾或连阴雨天气，病残体上的菌丝体产生大量分生孢子，侵染甜椒、辣椒、彩椒等多种植物的叶片和果实。分生孢子萌发直接侵入或通过伤口侵入，进行初侵染。发病后病斑上产生新的分生孢子，通过风、雨或农具传播。病菌生长温限为 1～45℃，适温为 26～28℃，相对湿度 80% 以上。日夜温差大、叶缘吐水、叶面结露持续时间长易发病。棚内湿度大、湿气滞留发病重。

防治方法　①与非茄科蔬菜进行 3 年以上轮作，选育适合当地的抗病品种。②选用无病种子或用种子重量 0.3% 的 50% 异菌脲或 75% 百菌清可湿性粉剂拌种。③采用测土配方施肥，施足腐熟有机肥，注意氮磷钾搭配，适时追肥，提高甜椒、辣椒、彩椒抗病力。④培育无病苗可减少发病。⑤发病前喷洒 250g/L 嘧菌酯悬浮剂 1000 倍液、50% 咯菌腈可湿性粉剂 5000 倍液、50% 异菌脲可湿性粉剂 1000 倍液、2.1% 丁子·香芹酚水剂 600 倍液、75% 百菌清悬浮剂 1000 倍液、10% 苯醚甲环唑微乳剂 600 倍液，根据病情轻重及雨日、雨量决定喷药次数。为了防止茄链格孢对上述杀菌剂产生抗药性和残留超标，生产上要做到轮换交替使用，每次选其中一种杀菌剂。⑥保护地栽培甜（辣）椒、彩椒时，可选用 45% 百菌清烟雾剂，每 667m² 用药 400g。也可选用康普润静电粉尘剂，每 667m² 用药 800g，持效 20 天。

甜椒、辣椒、彩椒辣椒链格孢叶斑病

症状　叶片染病，产生褐色圆

形至不规则形病斑，后病斑上生出黑色霉丛。果实染病，产生暗褐色稍凹陷的圆形或近圆形病斑，表面上生黑褐色霉层，即病原真菌的菌丝体、分生孢子梗和分生孢子。

病原　*Alternaria capsici-annui* Savulescu et Sanduville，称辣椒链格孢，属真菌界子囊菌门链格孢属。分生孢子梗单生或丛生，直或屈膝状弯曲，浅褐色，具分隔，不分枝或有时分枝，大小（12.0～68.5）μm×（4.5～6.5）μm。分生孢子短链生或单生，倒棒状，阔卵形，椭圆形或近椭圆形，褐色至深褐色，具横隔膜3～8个，纵、斜隔膜1～8个，主分隔处明显缢缩。成熟孢子中部1至数个分隔常加厚，黑褐色，孢身（30～62）μm×（13.5～21.5）μm。分生孢子刚形成时无喙，成长后顶细胞直接次生产孢或延伸产生假喙，假喙长（3.0～34.5）μm×（3.5～5.0）μm。该菌与链格孢（*A.alternata*）相似，但本种孢子大且在分生孢子中部1至数个主分隔加厚、色深。

传播途径和发病条件　辣椒链格孢菌以菌丝体随病残体在土壤中或种子上越冬。翌春，甜椒、辣椒、彩

彩椒辣椒链格孢叶斑病病叶

彩椒辣椒链格孢叶斑病病果

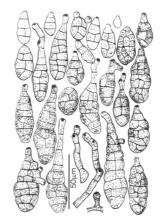

辣椒链格孢自然病斑上的分生孢子梗与分生孢子（张天宇原图）

椒结果期遇适宜温、湿度，借风雨传播即可进行初侵染，后病部又产生分生孢子，通过风雨传播，进行多次重复侵染，致病害不断扩大。

防治方法　①从无病的甜椒、辣椒、彩椒成熟果采种，种子用种子重量0.5%的50%异菌脲可湿性粉剂拌种。②采用测土配方施肥技术，施用腐熟有机肥4000kg，适时追肥，增强抗病力。③露地栽培的甜椒、辣椒、彩椒坐果期发病初开始喷洒32.5%苯甲·嘧菌酯悬浮剂1500

倍液或 50% 异菌脲可湿性粉剂 1000 倍液，75% 百菌清可湿性粉剂 600 倍液。隔 7～10 天 1 次，防治 2～3 次。④棚室栽培的要做好通风散湿，防止发病条件出现，并于坐果后发病前采用粉尘法或烟雾法杀菌。a. 粉尘法，于傍晚喷撒康普润静电粉尘剂，每 667m² 用 800g，持效 20 天。b. 烟雾法，于傍晚点燃 45% 百菌清烟剂，每 667m² 用 200～250g，隔 7～9 天 1 次，视病情连续或交替轮换使用。

甜椒、辣椒、彩椒枯萎病

症状 甜椒、辣椒、彩椒枯萎病于发病初期植株下部叶片大量脱落，与地面接触的茎基部皮层呈水浸状腐烂，地上部茎叶迅速凋萎；有时病部只在茎的一侧发展，形成一纵向条状坏死区，后期全株枯死。剖检病株地下部根系也呈水浸状软腐，皮层极易剥落，木质部变成暗褐色至煤烟色。在湿度大的条件下，病部常产生白色或蓝绿色的霉状物。

彩椒转色前发生枯萎病的症状

彩椒正在转色期发生枯萎病果实萎蔫

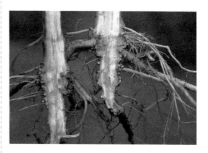

彩椒枯萎病根茎（部）纵剖面

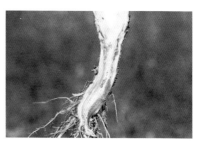

彩椒发生枯萎病后维管束变褐

病原 *Fusarium oxysporum* Schlecht. f. sp. *vasinfectum* Snyd. et Hans.，称尖镰孢萎蔫专化型，属真菌界子囊菌门镰刀菌属。

传播途径和发病条件 甜椒、辣椒、彩椒病茎带菌，枯萎菌可通过寄主的导管从病茎经过果梗到达果实，后随果实腐烂扩展到甜（辣）椒或彩椒种子上，生产上只要播种带菌的种子，出苗后即可发病，此外，也可以厚垣孢子在土中越冬，或进行较长时间的腐生生活。在田间，主要通过灌溉水传播，也可随病株土借风吹往远处。病菌发育适温 24～28℃，最高 37℃，最低 17℃。该菌只为害甜椒、辣椒和彩椒，遇适宜发病条件病程 2 周即现死株。潮湿或水渍田易发病，特别是雨后积水，发病更重。

【防治方法】 ①针对甜椒、辣椒、彩椒枯萎病、疫病多在开花结实期开始发病，应推行高垄双行栽培，合理密植；改善通风透光条件可减少发病。②提倡嫁接换根，防效高。③培育无病苗至关重要。④施足腐熟有机肥提高抗病力。⑤定植时先把 70% 噁霉灵可湿性粉剂配成 1500 倍液，取 15kg 放入长方形大容器中，再把穴盘整个浸入药液中蘸湿即可。也可用生物菌剂蘸根：激抗菌 968 苗宝 1000 倍液，蘸湿浸透即可。⑥发病初期浇灌 2.5% 咯菌腈悬浮剂 1200 倍液混 40% 多菌灵悬浮剂 500 倍液，或 72.2% 霜霉威水剂 700 倍液混 70% 噁霉灵 1500 倍，或 50% 咪鲜胺锰盐可湿性粉剂 1000 倍液，80% 多菌灵可湿性粉剂 1100 倍液，使用多菌灵的可混 50% 氯溴异氰尿酸 1000 倍液，隔 10 天左右 1 次，防治 2～3 次。

甜椒、辣椒、彩椒菌核病

【症状】 甜椒、辣椒、彩椒苗期和成株均可发病。苗期染病，茎基部初现水渍状浅褐色斑，后变棕褐色，迅速绕茎一周，湿度大时长出白色棉絮状菌丝或软腐，但不产生臭味，干燥后呈灰白色，病苗呈立枯状死亡。成株染病，主要发生在距地面 5～22cm 处茎部或茎分权处，病斑绕茎一周后向上下扩展，湿度大时，病部表面生有白色棉絮状菌丝体，后茎部皮层霉烂，髓部解体成碎屑，病茎表面或髓部形成黑色菌核。菌核鼠粪状、圆形或不规则形。干燥时，植株表皮破裂，纤维束外露似麻状，个别出现长 4～13cm 灰褐色轮纹斑。花、叶、果柄染病，亦呈水渍状软腐，致叶片脱落；果实染病，果面先变褐色，呈水渍状腐烂，逐渐向全果扩展，有的先从脐部开始向果蒂扩展至整果腐烂，表面长出白色菌丝体，后形成黑色不规则菌核。近年生产上菌核病也日趋严重，这与病原菌长期适应棚室内的高温高湿条件及土壤中菌核量大有关。

【病原】 *Sclerotinia sclerotiorum* (Lib.) de Bary，称核盘菌，属真菌界子囊菌门核盘菌属。

彩椒菌核病病果实上的菌丝阶段

辣椒菌核病分杈处菌丝纠结成鼠粪状菌核

传播途径和发病条件　主要以菌核遗落在土中或混杂在种子中越夏或越冬。翌年温湿度适宜时，菌核萌发产生子囊盘和子囊孢子，子囊孢子借气流传播到植株上进行初侵染，菌丝从伤口侵入，或其芽管直接穿过寄主失去膨压的表皮细胞间隙，侵入致病。以后，田间的再侵染主要通过病、健株或病、健花果的接触，也可通过田间染病杂草与健株接触传染。南方2～4月或10～12月菌核有两次萌发高峰期，北方多在3～5月。湖北宜昌一带，3月初辣椒定植在大棚后，棚内土壤里的菌核即萌发，抽出子囊盘，子囊盘成熟后稍遇振动即散出子囊孢子，3月底始见病株，4～5月进入发病高峰，6月以后随气温升高，病情渐趋缓和，但如遇有3天以上的连阴雨，病情又回升，7月下旬至8月上旬，辣椒收获时，菌核落入土中越夏，如遇有适宜寄主，越夏菌核亦可在10～12月萌发侵染。越夏或越冬的菌核成为翌年病害初侵染源。北方，菌核则在冬末春初萌发，成为北方冬春保护地茄科、葫芦科等多种蔬菜毁灭性病害。

防治方法　重点把好两个关键，一是土壤消毒关，二是栽培管理关。土壤消毒关：在播种或定植前，对棚室进行药剂消毒，杀死土壤中的菌核。栽培管理关：创造有利于寄主生长发育而不利于菌核病发生的条件，如选用抗病品种、采用测土配方施肥技术，有效地控制菌核病的发生。①与禾本科作物实行3～5年轮作。②及时深翻，覆盖地膜，防止菌核萌发出土。对已出土的子囊盘要及时铲除，严防蔓延。③进行土壤消毒。发病重的地区或大棚每50kg土，加入2.5%咯菌腈悬浮剂5ml、68%精甲霜·锰锌10g混匀后均匀撒在育苗床上，培育无病苗。或撒入定植穴中防治菌核病。④药剂拌种或温汤浸种。将种子装入干净的酒瓶，再按种子重量0.4%～0.5%的量加入50%多菌灵可湿性粉剂，或50%异菌脲可湿性粉剂，或60%多菌灵盐酸盐可溶粉剂，塞好瓶口，平放于地面用脚来回滚动100～150次，使药粉均匀附着在种子表面后播种。此外，对带菌种子也可用52℃温水浸种30min，把菌核烫死，后移入冷水中冷却。⑤生态防治。控制塑料大棚温湿度，及时放风排湿，尤其要防止夜间棚内湿度迅速升高，或结露时间变长，这是防治本病的关键措施；注意控制浇水量，浇水时间改在上午，以降低棚内湿度；尤其是在气温较低时，特别春季寒流侵袭前，要及时覆膜，或在棚室四周盖草帘，防止植株受冻。⑥发现病株及时拔除或剪去病枝，带到棚外集中烧毁或深埋。⑦发病后或土面上长出子囊盘时，喷洒50%咯菌腈可湿性粉剂5000倍液混50%异菌脲可湿性粉剂1000倍液加27.12%碱式硫酸铜悬浮剂500倍液，或25%咪鲜胺乳油1500倍液混加25%嘧菌酯1000倍液，或50%啶酰菌胺水分散粒剂1000～1500倍液、500g/L氟啶胺悬浮剂1500～2000倍液、50%乙烯菌核利水分散粒剂600倍液。隔10天左右1次，连续防治2～3次。⑧棚室也可选用康普润静电粉尘剂800g/667m²或用10%百·菌核烟剂或25%甲硫·菌核烟剂，每667m²每次300g熏治，隔20天左右1次。

甜椒、辣椒、彩椒死棵

菜农常把由辣椒疫霉引起的辣椒疫病，由丝核菌、镰刀菌引起的辣椒根茎腐病，以及由灰霉病引起的灰霉病、由核盘菌引起的菌核病，统称为甜椒、辣椒、彩椒死棵。其是茄果类生产上的重要病害。

症状 定植前后，根系容易受

甜椒死棵症状

伤，幼株抗性差，易发生根部病害，出现死棵，给生产上造成严重损失。

病原 死棵症状有类似之处，但病原菌不同。一是辣椒疫病引起的死棵，病原菌是辣椒疫霉。二是辣椒根茎腐病是由立枯丝核菌或镰刀菌侵染引起的。三是由灰葡萄孢引起的灰霉病和由核盘菌引起的菌核病。以上病原都是真菌引起的。这些真菌多在病残体或土壤中存活，温度偏低湿度大或持续时间长很易发病。

防治方法 防止死棵，主要靠综合防治。①施用腐熟有机肥，防止肥料伤根。甜椒、辣椒、彩椒生长周期较长，常施用大量鸡粪作基肥，多年来鸡粪多腐熟不充分，冬季换茬时施用后会继续发酵，常产生气害，释放热量，伤害根系，甚至造成死棵。防止肥料伤害可用激抗菌968、肥力高等提前1个月建堆腐熟，也可直接选用益生发酵鸡粪、大源发酵豆粕等商品有机肥，防止烧根死棵。②利用夏季歇茬期采用高温闷棚或熏棚进行土壤消毒、灭菌，效果好。③冬季选用药剂或生物菌肥进行处理，每667m²用敌克松5～7kg或高锰酸钾1.5～2.5kg，先撒在地面上，进行深翻，也可施激抗菌968壮苗棵不死或肥田生或金满田等生物菌肥。整好地后起垄，定植时先浇1次水，在水线之上定植。④药剂蘸盘。定植时用25%嘧菌酯1000倍液混70%噁霉灵2000倍液混甲壳素1000倍液，蘸盘。定植时穴施生物菌肥。定植后10天左右浇灌1次

68% 精甲霜·锰锌混 72.2% 霜霉威水剂 600 倍液。⑤注意控制浇水量，防止根系受伤。甜椒根系木质化程度高，根系再生能力差，浇水量、浇水时间掌握好，防止水大沤根，一般浇水不要超过 15 天。⑥及时追肥，可随水冲施肥力钾、灯塔、顺欣等全水溶性肥料 5 ～ 8kg，可用高钾型和平衡型轮流冲施，彩椒进入转色期，改用平衡型效果好。配合施用阿波罗 963 养根素 1 ～ 2kg 或灯塔生根剂 5kg，既补充营养，又养根。可大大增强免疫力，防止死棵。⑦越冬一大茬彩椒在春节期间进入转色期，白天 28 ～ 30℃，夜间 5 ～ 20℃利其转色，棚温低于 10℃，不利于转色。连阴天注意补充。春节期间温度低，为防累株，应进行疏果，有利于抗病性增强。⑧药剂防治。a. 防治辣椒疫引起的死棵，于发病初期浇灌 32.5% 苯甲·嘧菌酯悬浮剂 1500 倍液混 27.12% 碱式硫酸铜 500 倍液，或 72.2% 霜霉威水剂 700 倍液混 77% 氢氧化铜可湿性粉剂 700 倍液，或 100g/L 氰霜唑悬浮剂 2000 ～ 2500 倍液。b. 丝核菌引起的根茎腐死棵喷淋 30% 苯醚甲环唑·丙环唑乳油 2000 倍液，或 1% 申嗪霉素悬浮剂 800 倍液。c. 防治镰刀菌引起的死棵，可用 70% 多菌灵或甲基硫菌灵或 30% 噁霉灵可湿性粉剂 800 倍液灌根或消毒。d. 由灰葡萄孢引起的灰霉病、由核盘菌引起的菌核病防治药剂一致，可喷淋 50% 咯菌腈可湿性粉剂 5000 倍液混 50% 异菌脲

1000 倍液加 27.12% 碱式硫酸铜 500 倍液，或 50% 啶酰菌胺 1000 倍液混 50% 异菌脲 1000 倍液，隔 10 天左右 1 次，防治 2 ～ 3 次。

甜椒、辣椒、彩椒霜霉病

症状 甜椒、辣椒、彩椒霜霉病主要为害叶片、叶柄及嫩茎。叶片染病，病斑略呈浅绿色，不规则，叶背有稀疏的白色薄霉层，病叶变脆较厚，稍向上卷，后期叶易脱落。叶柄、嫩茎染病，呈褐色水渍状，病部也现白色稀疏的霉层。该病田间症状与白粉病近似，必要时需镜检病原鉴别。

甜椒叶背霜霉病病菌的菌丝、孢囊梗和孢子囊

病原 *Peronospora capsici* Tao et Li sp. nov.，称辣椒霜霉，属假菌界卵菌门霜霉属。

传播途径和发病条件 病菌以卵孢子越冬。翌年条件适宜时，产生游动孢子，借风雨传播蔓延，进行再侵染，经多次再侵染造成该病流行。一般雨季气温 20 ～ 24℃发病重。

防治方法 ①选用抗病品种，从无病地留种。②实行 2 年以

上的轮作。③清洁田园，病残体集中烧毁，及时耕翻土地。④按配方施肥，合理密植。⑤发病初期开始喷洒 0.3% 丁子香酚·72.5% 霜霉威盐酸盐 1000 倍液，或 32.5% 苯醚甲环唑·嘧菌酯悬浮剂 1000 倍液，或 60% 锰锌·氟吗啉可湿性粉剂 600 倍液，用 560g/L 嘧菌·百菌清悬浮剂 600 ～ 800 倍液、18.7% 烯酰·吡唑酯水分散粒剂 75 ～ 125g/667m²、66.8% 丙森·缬霉威可湿性粉剂 66.8 ～ 91.06g/667m²、66% 二氰蒽醌水分散粒剂 25 ～ 30g/667m² 对水 60 ～ 75kg，250g/L 双炔酰菌胺悬浮剂 30 ～ 40ml 对水 30 ～ 40kg，均匀喷雾，防治 1 ～ 2 次。⑥棚室保护地可选用 20% 百·福烟剂或 20% 锰锌·霜脲烟剂每 100m³ 用 25 ～ 40g。也可试用 50% 普霉清热雾剂。

辣椒黄萎病病株

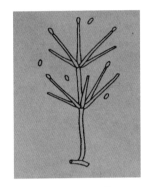

大丽花轮枝孢菌
分生孢子梗及分生孢子

甜椒、辣椒、彩椒黄萎病

症状 甜椒、辣椒、彩椒黄萎病多发生在生长中后期，初发病时，近地面的叶片首先下垂，叶缘或叶尖逐渐变黄，发干或变褐，脉间的叶肉组织变黄，茎基部导管变褐，且沿主茎向上扩展到数个侧枝，最后致全株萎蔫、叶片枯死脱落。该病扩展较慢，一般多造成病株矮化、节间缩短、生长停滞，造成不同程度的减产。

病原 *Verticillium dahliae* Kleb.，称大丽花轮枝孢，属真菌界子囊菌门轮枝孢属。

传播途径和发病条件 病菌以休眠菌丝、厚垣孢子和微菌核随病残体在土壤中越冬，成为翌年的初侵染源。多数报道种子内外带有菌丝或分生孢子，可以作为病害的初侵染源，但也有人认为种子不带菌。土壤中病菌可存活 6 ～ 8 年，混有病残体的肥料和带菌土壤或茄科杂草上的病菌，借风、雨、流水或人畜及农具传到无病田。翌年病菌从根部的伤口或直接从幼根表皮或根毛侵入，后在维管束内繁殖，并扩展到枝叶。苗期和定植后低于 15℃

持续时间长易发病。

防治方法 ①选育抗病品种，生产上单用从辣椒上分离到的辣椒菌株测定品种抗病性，有时不能全面反映其抗病性，应该同时选用从各种植物如棉花、茄子等上分离的对辣椒致病力不同的菌株，才能准确地测定出其对辣椒黄萎病的抗病性。②甜椒、辣椒黄萎病是典型土传病害，应与禾本科实行4年以上的轮作，有条件的实行水旱轮作。③提倡施用酵素菌沤制的堆肥或大量元素水溶性肥料。苗期或定植前喷50%多菌灵可湿性粉剂600～700倍液。④苗床或定植田用棉隆处理土壤。每平方米用40%棉隆10～15g与15kg过筛细干土充分拌匀，撒在畦面上，后耙入土中，深约15cm，拌后耙平浇水，覆地膜，使其发挥熏蒸作用，10天后揭膜散气，再隔10天后播种或分苗，否则会产生药害。⑤定植田每667m²用50%多菌灵2kg进行土壤消毒。或定植时先把54.5%噁霉·福可湿性粉剂700倍液配好，取15kg放入长方形大容器中，再把穴盘整个浸入药液中，把根部蘸湿即可。⑥适时定植。10cm深处地温15℃以上开始定植，最好铺光解地膜，避免用过冷井水浇灌；选择晴天合理灌溉，注意提高地温，生长期间宜勤浇小水，保持地面湿润。⑦及时治疗。发病初期浇灌50%啶酰菌胺（烟酰胺）水分散粒剂1000倍液混50%异菌脲1000倍液，或80%多菌灵可湿性粉剂1000倍液混加2.5%咯

菌腈悬浮剂1000倍液，防效有所提高。

甜椒、辣椒、彩椒白绢病

辣椒白绢病是南方辣椒种植区生产上的严重土传病害，2008年该病严重发生，福建省某县发生面积高达63.3hm²，占当年种植面积的41.3%，减产35.65万千克。

症状 植株近地面茎基部表皮初呈水渍状暗褐色病斑后凹陷，表皮长出白色绢丝状菌丝体，呈辐射状向四周扩展，病斑扩展到环茎基部一周后表皮腐烂，全株萎蔫，叶片凋萎，干枯脱落直至整株逐渐枯死。发病后期在病部菌丝上产生很多浅褐色至褐色油菜籽状小菌核。

病原 *Sclerotium rolfsii* Sacc.，称齐整小核菌，属真菌界子囊菌门小核菌属。有性态为 *Athelia rolfsii*（Curzi）Tu.&Kimbrough，称罗氏阿太菌，属真菌界担子菌门阿秦菌属。

传播途径和发病条件 病菌以菌核在土壤或混杂在种子里越冬。翌年当气候条件适宜时，菌核萌发长出

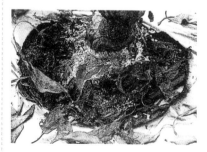

辣椒白绢病茎基部和地面上的白色菌丝和褐色小菌核

辣椒白绢病病菌菌丝和油菜籽状褐色菌核

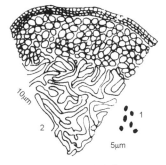

甜椒白绢病病菌
1—菌核；2—菌核的切面

菌丝，从辣椒根部或茎部侵入为害，造成植株基部组织腐烂，病株周围土壤中的菌丝可沿着地表蔓延到邻近株上，造成该病的扩展蔓延。菌核也可随雨水、灌溉传播。辣椒种子带菌是远距离传播的主要途径。2008 年 5 月 22 日在当地辣椒田发病，该病流行时段是 6 ～ 7 月，7 月底病情达高峰，8 月停滞下来。气温低于 20℃田间不再发病，25 ～ 30℃、相对湿度 85% 有利于其发生，相对湿度低于 75% 明显受抑制。5 ～ 6 月雨季来临，土壤湿度大气温较高有利于病害发生扩展。连作地且地势低洼发病重。土质黏重地块、缺肥地块、通风透光不好发病重。

防治方法 ①应与非茄科作物轮作，最好水旱轮作。②种子用 55℃温水浸种 20min 后用 30℃清水浸泡 4h，再用 1% 硫酸铜溶液浸种 5min。③深耕，选择土层厚、排灌方便中等以上肥力的沙壤土，结合整地每 667m² 施入消石灰 60kg，使土壤呈中性至微碱性。每 667m² 施充分腐熟有机肥 18000kg、过磷酸钙 45kg、硼砂 1.5kg、硫酸镁 5kg，穴施，并与田土拌匀种植。一般连畦带沟宽 110 ～ 130cm，双行合理密植。畦高 25 ～ 30cm，单垄，连畦带沟 90cm。④发现病株及时拔除，病穴撒消石灰灭菌，采收后马上清除病残体。⑤加强栽培管理提高抗病力，采用配方施肥做到氮、磷、钾平衡施肥。进入雨季及时排水，适时中耕、除草。⑥田间发现病株后马上用 50% 异菌脲可湿性粉剂 1 份，对细土 100 ～ 150 份，混匀后撒在病株根茎处。也可用 50% 啶酰菌胺水分散粒剂 1000 ～ 1500 倍液或 70% 噁霉灵可湿性粉剂 1500 倍液在茎基部淋施，每穴淋药液 250ml，隔 7 ～ 10 天 1 次，连续防治 2 ～ 3 次，农药交替使用效果好。

甜椒、辣椒、彩椒镰孢红腐病

症状 只见为害近成熟或成熟彩椒果实。初发病时现淡褐色水浸状斑，后变成褐色，大小形状不一，扩展后病部扩大至 1/4 果实或更大。湿度大时病部密生白色稍带粉色致密霉层，后期病果腐烂，有的脱落。

彩椒红腐病病果上的菌丝和分生孢子

病原　*Fusarium moniliforme* Sheldon，称串珠镰孢，属真菌界子囊菌门镰刀菌属。

传播途径和发病条件　以菌丝体在患病组织或遗落土中的病残体上越冬。翌年产生分生孢子，借雨水溅射传播，从伤口侵入致病，病部上不断产生分生孢子进行再侵染。夏秋保护地时有发生。棚内湿度大或湿气滞留易发病。

防治方法　①棚室保护地的甜（辣）椒、彩椒，定植后温度控制在20～30℃，地温20～25℃，湿度不高于85%，使其远离发病条件。②棚室或露地要精心养护，减少伤口可减轻发病。③必要时喷洒36%甲基硫菌灵悬浮剂600倍液或50%多菌灵可湿性粉剂600倍液。

甜椒、辣椒、彩椒根霉果腐病

症状　主要侵害甜椒、辣椒、彩椒果实。常侵染成熟或带伤口或裂口的近成熟果实，尤其是下部的果实

很易受害。发病初期不易被发现，后大片变软，并在病部长出成片白色霉层，最后又在白色霉层上产生黑色大头针状物，即该菌的孢囊梗和孢囊孢子。

彩椒根霉果腐病病茎枝上的匍枝根霉

病原　*Rhizopus stolonifer*（Ehrenb. ex Fr.）Lind，称匍枝根霉，属真菌界接合菌门根霉属。

传播途径和发病条件　该菌是弱寄生菌，可在多种植物上腐生，也可在棚室保护地内越冬。条件适宜时，病菌由伤口或生活力衰弱的部位侵入，分泌果胶酶，分解细胞间质，造成组织软化腐败，并产生大量孢囊孢子，借空气流动传播进行多次再侵染。23～28℃，相对湿度高于80%易发病。采收期多雨或湿度大发病重。

防治方法　参见番茄、樱桃番茄根霉腐烂病。

甜椒、辣椒、彩椒疮痂病

症状　甜（辣）椒、彩椒疮痂

病又称细菌性斑点病。主要为害叶片、茎蔓、果实，果柄也可受害。叶片染病，初现许多圆形或不整齐水浸状斑点，黑绿色至黄褐色，有时出现轮纹，病部具不整齐形隆起，呈疮痂状，病斑直径 0.5～1.5mm，多时融合成较大斑点，引起叶片脱落；茎蔓染病，病斑呈不规则条斑或斑块，后木栓化或纵裂为疮痂状；果实染病，出现圆或长圆形病斑，稍隆起，墨绿色，后期木栓化。

病原 *Xanthomonas campestris* pv. *vesicatoria*（Doidge）Dye，称野油菜黄单胞辣椒疮痂致病变种，属细菌界薄壁菌门。

传播途径和发病条件 病原细菌在种子上越冬，成为初侵染源。该菌与寄主叶片接触后从气孔侵入，在

辣椒疮痂细菌

细胞间隙繁殖，致表皮组织增厚形成疮痂状，病痂上溢出的菌脓借雨滴飞溅或昆虫传播蔓延。该病大流行规律：辣椒定植后，当连续两旬或三旬中有两旬平均气温≥18.5℃、旬降雨量≥11.1mm，植株就可出现病斑，该病的流行趋势与降雨量呈正相关。此病易在高温多雨的 7～8 月雨后发生，尤其是台风或暴风雨后容易流行，潜育期 3～5 天。发病适温 27～30℃、高湿持续时间长、叶面结露对该病的发生和流行至关重要。

防治方法 ①选用抗病品种，如甜椒的早丰 1 号、长丰；辣椒的湘研 3 号、湘研 5 号、湘研 6 号、湘研 16 号、湘研 20 号、湘运 3 号等。②种子消毒。用 3% 中生菌素可湿性粉剂 1000 倍液浸种 30min，用冷水冲洗后催芽播种。③农业防治：a. 与非茄科蔬菜轮作 2～3 年，结合深耕促使病残体腐烂分解，加速细菌死亡。b. 使用氰氨化钙（石灰氮）消毒，覆盖地膜，进行高温闷棚，杀死土壤中的病原菌。c. 消除病残体集中烧毁，防止用水或灌溉水冲刷造成再次污染。d. 采用高畦或起垄栽培，膜下灌水，防止辣椒底部叶片与水直接接触，防止雨水、灌溉水传播。

辣椒疮痂病病叶现黄褐色斑点

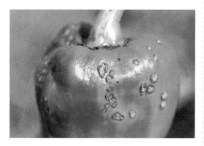

辣椒疮痂病病果上的黄褐色疮痂斑

e. 雨季注意排水，防止积水，降低空气湿度，大雨过后或田间结露时不要进地进行农事活动，防止细菌在高温高湿条件下快速繁殖和传播。f. 种植密度合适，及时整枝不要过密或过旺，防止摩擦产生伤口，防止细菌通过伤口传播。④药剂蘸根。定植时先把 33.5% 喹啉铜悬浮剂 800 倍液配好，取出 15kg 放入长方形大容器中，再将穴盘整个浸入药液中蘸湿灭菌。⑤药剂防治。发病初期喷洒 32.5% 苯甲·嘧菌酯悬浮剂 1500 倍液混 27% 碱式硫酸铜悬浮剂 500 倍液，或 72% 农用高效链霉素 3000 倍液混 77% 氢氧化铜（可杀得）500 倍液，或 33.5% 喹啉铜悬浮剂 800 倍液混加 72% 农用高效链霉素 3000 倍液，或 50% 多福溴可湿性粉剂 800 倍液混 3% 中生菌素 800 倍液，90% 新植霉素可溶粉剂 4000 倍液或 72% 农用高效链霉素可湿性粉剂 3000 倍液，7 天 1 次连续喷 2～3 次。⑥诱抗剂防治。在黄单胞菌侵染辣椒之前，在温室中使用植物抗病诱导剂 50% 苯并二唑水分散粒剂 40000 倍液喷雾，能使植株抗黄单胞菌的侵染。大田中每公顷使用该药剂有效成分 17～35g 进行喷雾，能减少发病，能有效地防止细菌侵染。

甜椒、辣椒、彩椒细菌性叶斑病

症状 主要为害叶片。初生不规则形、似油浸状黄褐色小斑点，扩展后变成红褐色至深褐色或铁锈色大小不一的病斑，有的呈膜质，形状不规则。干燥时病斑则多呈红褐色，发病条件出现后，该病扩展很快，严重的造成叶片大量脱落。细菌性叶斑病特点是病斑不规则、病、健交界处明显，病斑边缘不隆起，别于疮痂病。

辣椒细菌性叶斑病田间落叶状

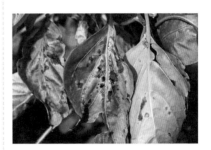

甜椒细菌性叶斑病病叶现油浸状
黄褐色斑点

黄色彩椒果实上的细菌性叶斑病典型症状

病原 *Pseudomonas syringae* pv. *aptata*（Brown et Jamieson）Young. Dye & Wilkie，称丁香假单胞杆菌适合致病变种，属细菌界薄壁菌门。

传播途径和发病条件 病菌可在种子及病残体上越冬。在田间借风雨或灌溉水传播，从甜（辣）椒叶片伤口处侵入。在甜（辣）椒与甜菜或白菜等十字花科蔬菜连作地发病重，雨后易见该病扩展。东北及华北通常6月始发，7～8月高温多雨季节蔓延快，9月后气温降低，扩展缓慢或停止。

防治方法 参见甜椒、辣椒、彩椒疮痂病。

甜椒、辣椒、彩椒青枯病

症状 甜（辣）椒、彩椒青枯病发病初期仅个别枝条的叶片萎蔫，后扩展至整株。地上部叶色较淡，后期叶片变褐枯焦。病茎外表症状不明显，纵剖茎部维管束变为褐色，横切面保湿后可见乳白色黏液溢出，别于枯萎病。

甜椒青枯病发病后期根茎部变褐

彩椒青枯病病株症状

彩椒青枯病病株横剖面现乳白色菌脓

病原 *Ralstonia solanacearum*（Smith）Yabuuchi et al.，称茄青枯劳尔氏菌，属细菌界薄壁菌门劳尔氏菌属。

传播途径和发病条件 病菌随病残体遗留在土壤中越冬。翌年通过雨水、灌溉水及昆虫传播。多从寄主

辣椒青枯病病株症状

的根部或茎部的皮孔或伤口侵入，前期处于潜伏状态，甜椒坐果后遇有适宜条件，该菌在寄主体内繁殖，向上扩展，破坏细胞组织，致茎叶变褐萎蔫。土温是发病重要条件。当土壤温度达到 20 ～ 25℃，气温 30 ～ 35℃，田间易出现发病高峰，尤其大雨或连阴雨后骤晴，气温急剧升高，湿气、热气蒸腾量大，更易促成该病流行。此外，连作重茬地或缺钾肥、管理不细的低洼排水不良地块或酸性土壤均利于发病。青枯病过去主要发生在南方，近年河南、河北、天津有日趋严重之势。

防治方法 ①选用抗病品种。如辣优 2 号、辣优 4 号、辣优 8 号、辣优 9 号，新丰 2 号辣椒、京甜 3 号、粤椒 3 号、国福 406、晶华椒 8 号、早杂 2 号辣椒、陇椒 5 号辣椒、通椒 1 号甜椒。②改良土壤，实行轮作，避免连茬或重茬，尽可能与瓜类或禾本科作物实行 5 ～ 6 年轮作；提倡施用 BB 专用肥（掺混肥）或海藻肥；整地时每 667m² 施草木灰或石灰等碱性肥料 100 ～ 150kg，使土壤呈微碱性，抑制青枯菌的繁殖和发展。③改进栽培技术，提倡用穴盘育苗，做到少伤根，培育壮苗提高寄主抗病力。④药剂蘸根。定植时先把 33.5% 喹啉铜悬浮剂 800 倍液配好，放在比穴盘大些的容器中，对水 15kg 左右，再将穴盘整个浸入药液中，把根部蘸湿灭菌，半个月后药效过期，还可继续灌根。隔半个月灌 1 次可有效控制青枯病，兼治枯萎病、根腐病等

土传病害。⑤发病初期或进入雨季开始喷洒每克 20 亿活芽胞蜡质芽胞杆菌可湿性粉剂 200 ～ 300 倍液或每克 10 亿活芽胞枯草芽胞杆菌可湿性粉剂 600 ～ 800 倍液。⑥发病初期浇灌 33.5% 喹啉铜悬浮剂 800 倍液混加 72% 农用高效链霉素 3000 倍液，或 32.5% 苯甲·嘧菌酯悬浮剂 1500 倍液混加 72% 农用高效链霉素 3000 倍液，或 3% 中生菌素可湿性粉剂 800 倍液，或 90% 新植霉素可溶粉剂 4000 倍液或 80% 乙蒜素乳油 800 ～ 1000 倍液。

甜椒、辣椒果实细菌黑斑病

症状 甜椒、辣椒果实成熟时，病果上产生暗绿色油渍状斑点，遇有多雨天气，整个果实除表皮外迅速腐烂；干燥条件下形成油渍状病斑，直径约 2 ～ 3cm 或更大，逐渐变成褐色，细菌性坏死斑明显。病部常被交链孢二次侵染，容易误作最初病原菌。该病在内蒙古为害较重，尤其是制种田。

病原 *Pseudomonas syringae* var. *capsici*，称绿黄假单胞菌，异名 *P.viridiflava*（Burkholder）Dowson，属细菌界薄壁菌门。

传播途径和发病条件 在田间脱落的病果或种子上越冬，成为该病传播的侵染源。生长期借灌溉水传播蔓延，雨后利于该病扩展，7 ～ 8 月高温多雨季节蔓延快，9 月以后气温下降，病害扩展停滞下来。

辣椒果实细菌黑斑病病果

防治方法 ①与非甜（辣）椒、白菜等十字花科蔬菜实行2～3年轮作。②平整土地。北方宜采用垄作，南方采用高厢深沟栽植。雨后及时排水，防止积水，避免大水漫灌。③种子消毒。播前用种子重量0.3%的50%琥胶肥酸铜可湿性粉剂拌种。④收获后及时清除病残体或及时深翻。⑤发病初期喷每克1000亿活芽胞枯草芽孢杆菌可溶剂1800倍液或80%乙蒜素乳油1000倍液或90%新植霉素可溶粉剂4000倍液或72%农用高效链霉素可溶粉剂3000倍液，隔10天左右1次，连续防治2～3次。

甜椒、辣椒、彩椒软腐病

症状 甜（辣）椒、彩椒软腐病主要为害果实。病果初生水浸状暗绿色斑，后变褐软腐，具恶臭味，内部果肉腐烂，果皮变白，整个果实失水后干缩，挂在枝蔓上，稍遇外力即脱落。

病原 *Pectobacterium carotovora* subsp. *carotovora*（Jones）Bergey et al.［*Erwinia aroideae*（Towns.）Holland］，称胡萝卜果胶杆菌胡萝卜亚种，属细菌界薄壁菌门果胶杆菌属。

辣椒果实上的软腐病症状

传播途径和发病条件 病菌随病残体在土壤中越冬，成为翌年初侵染源。在田间通过灌溉水或雨水飞溅使病菌从伤口侵入，染病后病菌又可通过烟青虫及风雨传播，使病害在田间蔓延。田间低洼易涝，钻蛀性害虫多或连阴雨天气多、湿度大易流行。

彩椒软腐病病果

防治方法 ①实行与非茄科及十字花科蔬菜进行2年以上轮作。②及时清洁田园，尤其要把病果清除带出田外烧毁或深埋。③培育壮苗，适时定植，合理密植。雨季及时排水，尤其下水头不要积水。④保护地栽培要加强放风，防止棚内湿度过高。采摘甜椒、辣椒、彩椒果实时果柄处和茎秆上必然产生伤口，湿度大时细菌从伤口侵入产生褐色腐烂时用33.5%喹啉铜悬浮剂200～300倍液混加72%农用高效链霉素500倍液涂抹伤口，全棚采收后喷1次喹啉铜800倍液或27.12%碱式硫酸铜水剂500倍液。⑤及时喷洒杀虫剂防治烟青虫等蛀果害虫。⑥药剂防治。雨前雨后及时喷洒10%苯醚甲环唑1500倍液混加27%碱式硫酸铜600倍液，或72%农用高效链霉素可溶粉剂3000倍液或90%新植霉素可溶粉剂4000倍液，50%氯溴异氰尿酸可溶粉剂1000倍液。

甜椒、辣椒、彩椒病毒病

症状　甜（辣）椒、彩椒病毒病常见有花叶、黄化、坏死和畸形等4种症状。花叶分为轻型花叶和重型花叶两种类型：轻型花叶病叶初现明脉轻微褪绿或现浓、淡绿相间的斑驳，病株无明显畸形或矮化，不造成落叶；重型花叶除表现褪绿斑驳外，叶面凹凸不平，叶脉皱缩畸形，或形成线形叶，生长缓慢，果实变小，严重矮化。黄化，病叶明显变黄，出现落叶现象。坏死，病株部分组织变褐坏死，表现为条斑、顶枯、坏死斑驳及环斑等。畸形，病株变形，如叶片变成线状，即蕨叶，或植株矮小，分枝极多，呈丛枝状。有时几种症状同在一株上出现，或引起落叶、落花、落果，严重影响产量和品质。

甜椒病毒病轻型花叶型示花叶和明脉

甜椒病毒病重型花叶型示浓淡绿色疱斑

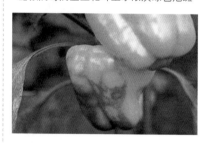

彩椒病毒病重型花叶示绿黄相间疱斑

甜椒病毒黄化型叶片在黄化部位
产生褐色坏死斑

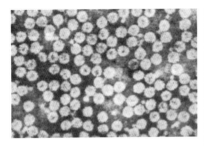

黄瓜花叶病毒（CMV）

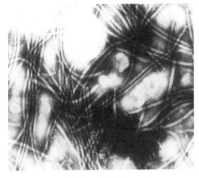

马铃薯Y病毒（PVY）

病原 甜（辣）椒、彩椒病毒病的病原世界各地报道的有10多种，我国已发现7种，包括黄瓜花叶病毒（CMV），占55%；烟草花叶病毒（TMV），占26%；马铃薯Y病毒（PVY），占13%；烟草蚀纹病毒（TEV），占11.8%；马铃薯X病毒（PVX），占10.4%；苜蓿花叶病毒（AMV），占2%；蚕豆萎蔫病毒（BBWV），占1.4%。其中CMV可划分为4个株系，即重花叶株系、坏死株系、轻花叶株系及带状株系。此外，吉林省还鉴定出当地主要病原是CMV、TMV、PVY等；广东鉴定出PVY、CMV、TMV；辽宁鉴定出

TMV、CMV、TEV、PVY等，可见我国各地病原不尽相同。

传播途径和发病条件 甜（辣）椒、彩椒病毒病传播途径随其病原种类不同而异，但主要可分为虫传和接触传染两大类。可虫传的病毒主要有黄瓜花叶病毒、马铃薯Y病毒及苜蓿花叶病毒，其发生与蚜虫和蓟马的发生情况关系密切，特别遇高温干旱天气，不仅可促进蚜虫传毒，还会降低寄主的抗病性。传播甜（辣）椒、彩椒病毒病的蓟马有茶黄蓟马（*Scirtothrips dorsalis* Hood）和棕榈蓟马（*Thrips palmi* Karny），最近又发现西花蓟马在北京温室内能把整个温室内栽培的甜（辣）椒、彩色甜椒传上病毒病。烟草花叶病毒靠接触及伤口传播，通过整枝打杈等农事操作传染。此外，定植晚、连作地、低洼及缺肥地易引起该病流行。

防治方法 由于甜（辣）椒、彩椒病毒病的病原种类多，可在多种作物上侵染，因此防治该病时要与四周病毒病发生作物一起进行，彻底消灭传毒害虫，控制、切断病原，进行健康栽培。其中选用抗病品种是基础，切断病原，减少侵染是关键，健康栽培增强植株抗病力是保障。①选用抗病品种。甜椒抗病品种有京甜3号、京发大椒、国福406、甜杂3号、甜杂4号、津福8号、特抗1号F1甜椒、特抗2号F1甜椒。辣椒抗病品种有津绿22号、辣优9号、江苏4号、京椒3号、航椒2号、航椒10号、赣丰5号、津福9号、汴椒红果

王辣椒、湘运 3 号、京辣 2 号、农大 082、新辣 10 号、呼椒 2 号。彩色甜（辣）椒中，紫色辣椒紫云耐病毒病，进口彩椒红罗丹、红苏珊等高抗病毒病，玛祖卡、富兰明高、塔兰多、纳索等品种抗烟草花叶病毒病。②种子消毒。把种子放入 55℃热水中，浸泡 15min 并搅拌，再用 30℃温水浸泡 10h，捞出放入 10% 磷酸三钠溶液中浸泡 20min。③清洁田园。整地前把枯枝落叶全部清净，并用 84 消毒液 150 倍液或 50% 氯溴异氰尿酸 1000 倍液消毒。④由于甜（辣）椒、彩椒根系浅，为减少移栽时伤根，缩短缓苗期，培育抗病能力强的壮苗，须采用营养钵育苗。⑤采用测土配方施肥技术。甜（辣）椒、彩椒生长期长，产量高，尤其长季节栽培时需肥量大，应以基肥为主，每 667m² 施入腐熟有机肥 7000kg。中后期适时追肥，必要时喷施硼、镁、锌等微肥。⑥适期定植。山东早春茬设施栽培于 4 月 5 日前定植，露地甜（辣）椒于 4 月 25 日前后定植。华北地区温室冬春茬彩色甜椒于 2 月下旬～3 月上旬定植，大棚春茬于 3 月下旬定植，大棚秋茬于 6 月中旬，温室秋冬茬于 8 月上旬～9 月上旬定植。⑦加强管理。定植后喷洒 1.8% 复硝酚钠水剂 6000 倍液，重点喷施基部，勤中耕松土，在浇足底墒水的基础上，当门椒长至核桃大小时浇第一水，以后遇旱浇水注意勤浇，浇小水，防止忽干忽湿，严禁大水漫灌，注意雨后及时排水。设施栽培的提倡采用地膜覆盖或覆银灰色避蚜网纱或银灰色尼龙膜条。气温高的夏季，提倡采用遮阳网和防虫网，防止传毒蚜虫，并注意改变田间小气候。及时铲除田间地头杂草。发现病株后大田及时喷施氨基酸类叶面肥或螯合态有机钾肥，5～7 天喷 1 次，增强抗性，重病株应及时拔除烧毁。⑧药剂防治。每年 5 月下旬～6 月上旬、6 月下旬～7 月上旬是传播病毒病的棉蚜等发生高峰期，也是灭蚜防病毒病的关键期，灭蚜可选用 10% 烯啶虫胺可溶液剂 2500 倍液或 15% 唑虫酰胺乳油 1200 倍液、50% 吡蚜酮水分散粒剂 4500 倍液。防病可在发病初期喷洒 20% 盐酸吗啉胍悬浮剂，每 667m² 用 200～300ml，对水 45～60kg 均匀喷雾，也可喷洒 20% 吗胍·乙酸铜可溶粉剂 300～500 倍液，1% 香菇多糖水剂 500 倍液。隔 10 天 1 次，防治 2～3 次。⑨为了提高对病毒病的防效，防止产生抗药性，提倡灭蚜杀虫剂与防病的杀菌剂复配使用。配方有上述杀虫剂 1 种 + 上述杀菌剂 1 种：如用 10% 吡虫啉 1000 倍液 +1.5% 硫铜·烷基·烷醇乳剂 1000 倍液或 10% 吡虫啉 1000 倍液 +7.5% 菌毒·吗啉胍水剂 1000 倍液兼防蚜虫和病毒病。也可选用上述杀虫药 1 种 +5% 菌毒清水剂 300 倍液 +1.5% 植病灵水剂 1000 倍液 + 硫酸锌 1000 倍液，喷淋全株。以上药剂 1 茬青椒只准用 1 次，提倡上述配方轮换交替使用，隔 7 天 1 次，连续防治 3～4 次。建议使用上述防治病毒病药剂同时加入 0.004% 芸薹素内酯水剂 1500 倍液，连续防治 2 ～ 3 次，防效倍佳。

甜椒、辣椒、彩椒番茄斑萎病毒病

症状 植株矮化、黄化，叶片上出现褪绿线纹或花叶并伴有坏死斑，茎上也有坏死条纹并可扩展到枝端。成熟果实黄化，伴有同心环或坏死条纹。

病原 Tomato spotted wilt virus（TSWV），称番茄斑萎病毒，属布尼亚病毒科（Bunyaviridae）番茄斑萎病毒属病毒。

辣椒番茄斑萎病毒病果实黄化有坏死条纹

辣椒番茄斑萎病毒病成熟果实黄化

传播途径和发病条件 病毒通过烟蓟马（*Thrips tabaci*）、西方花蓟马 [*Frankliniella occidentalis*（Pergande）]、烟褐蓟马 [*F.fusca*（Hinds）] 等自然传播，若虫能获毒，成虫不能获毒，但只有成虫能传毒。因此介体在若虫阶段由病株上取食而到成虫阶段才能传播。介体获毒后 22 ～ 30 天后侵染力最强，但是有的介体终生保毒，它们不能把病毒传给后代。此外，种子可带毒，进行远距离传播。北京已发现西花蓟马常把整个温室的甜（辣）椒传上番茄斑萎病毒，致甜（辣）椒严重发病，应引起生产上的重视。

防治方法 ①选育抗病品种，商品种子用 10% 磷酸三钠浸种 20min，洗净后播种。②发病地区要及时铲除苦苣菜、野大丽花及田间杂草。③青椒苗期和定植后要注意防治媒介昆虫——蓟马，由于蓟马获毒后需经一定时间才传毒，因此使用杀虫剂治虫防病十分重要，喷药时最好喷到茎基部把生活在根际部的蛹杀灭，效果更好。梅雨季前用药 1 ～ 2 次，以后蓟马增多，隔 10 天左右 1 次，以消灭媒介昆虫，可大大减少该病的发生和流行。④发病初期喷洒 20% 盐酸吗啉胍可湿性粉剂每 667m² 用 200 ～ 300g，对水 45 ～ 60kg 或 1% 香菇多糖水剂，每 667m² 用 80 ～ 120ml，对水 30 ～ 60kg，均匀喷雾，也可喷洒 20% 吗胍·乙酸铜可溶粉剂 300 ～ 500 倍液 +0.01% 芸薹素内酯乳油 3500 倍液，隔 10 天 1 次，防治 2 ～ 3 次。

辣椒脉绿斑驳病毒病和辣椒脉枯斑驳病毒病

2007 年，韩国把辣椒脉绿斑驳病毒病增补为检疫对象。我国最早在台湾发现，2002 年在黄河中游辣椒产区发现，海南省也有发病报道，其他地区分布情况不明。近年国家市场监督管理总局动植物检疫实验所还检测出了辣椒脉枯斑驳病毒。

症状 辣椒脉绿斑驳病毒病在叶片上产生斑驳，沿叶脉，尤其是主脉产生深绿色条带，沿叶脉两侧深绿，脉间色浅形成明显的脉带。有些辣椒品种叶片变小、变窄，皱缩畸形；有的还产生坏死环斑。辣椒茎枝上产生暗绿色条斑。辣椒幼株染病早期被侵染可造成植株矮小、落花、果实发育不良，带来很大损失。

辣椒脉枯斑驳病毒病侵染辣椒、茄子、番茄等蔬菜和龙葵、紫花曼陀罗、灯笼草等野生寄主，该病流行于西非，及亚洲印度、马来西亚，严重时辣椒产量损失达 54.5% ～ 64.3%，自然侵染辣（甜）椒，首先引起明显的系统明脉，叶脉扭曲，随后脉间褪绿成绿脉带，叶片普遍出现斑驳，严重时叶片变小、畸形、提早脱落。病果也有褪绿花斑，较小，畸形，并造成大量减产。

病原 脉绿斑驳病病原为 Chilli veinal mottle virus（ChiVMV），称辣椒脉绿斑驳病毒，属马铃薯 Y 病毒科，马铃薯 Y 病毒属。粒体线形，长 750nm，直径 12nm，无包膜。单分体基因组，核酸为线形正义单链 RNA。体外存活期 7 天，钝化温度 60℃，稀释限点 10^{-4}。寄主为辣椒、指天椒，由蚜虫以非持久方式传毒，也可由机械接种或嫁接传毒。种子不传毒。

脉枯斑驳病毒病病原为 Pepper veinal mottle virus（PVMV），称辣椒脉枯病毒。属于马铃薯 Y 病毒属。粒体线形，长 770nm，直径 12nm，无包膜。单分体基因组，核酸为线形正义单链 RNA。由棉蚜等多种蚜虫传毒，侵染茄子、番茄等蔬菜。

传播途径和发病条件 越冬病株、带毒杂草及病苗等，都是辣椒脉绿斑驳病毒的重要初侵染源，主要由多种蚜虫传毒，一个生长季节能进行多次再侵染，较干燥的天气适于发病。传毒蚜虫有棉蚜（瓜蚜）、桃蚜、花生蚜、绣线菊蚜、大橘蚜、无肘脉蚜、玉米蚜等。上述蚜虫以非持久性方式传毒，进行非持久性传毒时，蚜虫只要取食几秒至几分钟即可传毒，蚜虫获毒后立即传毒，不在蚜虫体内循环，无潜伏期，持毒不超过一小时。

防治方法 ①选用抗病品种。亚洲蔬菜中心已选出可在热带、亚热带用的抗病品种。②减少毒源。上茬收获后及时清除田间病残体、杂草、自生茄科蔬菜，以减少上述蚜虫数量。提倡辣椒与玉米、豆类等高秆作物间作，减少传毒概率。田间发现早期病株后立即拔除。③培育无病苗。选无病地区育苗。育苗床和大棚覆盖防虫网，防止蚜虫进入，提倡采用银灰膜避蚜，播种前在苗床上方30～50cm处挂银灰色薄膜条，苗床四周铺15cm宽的银灰薄膜，忌避蚜虫效果好，一旦发现病苗立马淘汰。④在发病地区，先在无病田操作，最后再在病田操作，田间操作用一次性塑料手套或用肥皂洗手，工具在病田使用后再经消毒后才能进入未染病田。⑤定植时，畦面用银灰膜覆盖，也可挂灰色膜条避蚜、治蚜。还可用灰色遮阳网，也可在地面架设黄色盆，内装0.1%肥皂水或洗衣粉水，诱杀蚜虫。⑥药剂防治传毒蚜虫。气温高于20℃地区，用50%抗蚜威可湿性粉剂2000倍液，抗蚜威熏蒸作用明显。也可喷洒21%增效氰·马（灭杀毙）乳油5000倍液，或10%醚菊酯（多来宝）悬浮剂1500倍液、20%吡虫啉（康福多）浓可溶剂3500倍液、25%噻虫嗪水分散粒剂5000倍液、22.4%螺虫乙酯悬浮剂3000倍液，防治桃蚜持效30天。棚

室可用5%啶虫脒可溶粉剂15g/667m^{2}或20%异丙威烟雾剂250g/667m^2，使用2～3次，每隔7天使用1次。

甜椒的番茄褪绿病毒病

症状　甜椒植株叶片呈现脉间黄化，变脆易折，严重的叶片呈黄褐色，甚至出现坏死。发病重的出现褪绿和黄化。典型症状是植株下部叶片黄化，叶脉浓绿而脉间褪绿，与缺素症非常类似，但引起损失多在30%～40%，减产明显。

病原　Tomato chlorosis virus（ToCV），称番茄褪绿病毒，属长线形病毒科。现已扩展到世界各地。传毒介体为粉虱，包括B型烟粉虱、Q型烟粉虱、温室白粉虱等。寄主为番茄、甜椒、番杏等。是我国发现的新病毒。

传播途径和发病条件　番茄褪绿病毒的传播介体烟粉虱食性杂，在多种作物及杂草上极为常见，生产上在保护地栽培条件下可以周年发生。现在我国在甜椒生产上一般不注意防治烟粉虱，近年ToCV的发生率有所

辣椒脉绿斑驳病毒病（商鸿生）

甜椒的番茄褪绿病毒病

提高，其对甜椒的危害会逐年增加，甚至造成严重损失。

防治方法 参见番茄黄化曲叶病毒病。

辣椒、甜椒轻斑驳病毒病

主要发生在北美洲、欧洲及澳大利亚、日本和中国部分地区。

症状 辣椒、甜椒受害后，叶片症状不明显或呈轻微褪色；病株生长缓慢，侵染越早植株矮化越严重；果实染病症状较重，病果变小畸形，果面斑驳，有时斑驳发展成坏死、稍凹陷的斑块，田间病株率往往达 100%。

病原 Pepper mild mottle virus（PMMoV），称辣椒轻斑驳病毒，为 RNA 病毒，质粒为直杆状，大小约 312nm×18nm，属烟草花叶病毒属。易通过汁液传播，可由污染的带毒种子传播，带毒率高达 29%，尚未发现生物介体传播。寄主范围窄，仅侵染茄科植物，但不侵染番茄，是辣（甜）椒特别是温室、大棚辣（甜）椒重要病毒病害。

传播途径和发病条件 根据中国农业科学院蔬菜花卉研究所南口农场的甜椒春大棚试验，地里从国外引进的甜椒品种植株叶片和果实，经血清学检测共鉴定出 3 种新病毒。共采集 36 份，辣椒轻斑驳病毒病在田间发生比例最大，检出率达 91.7%。

防治方法 参见甜椒、辣椒、彩椒苜蓿花叶病毒病。

辣椒轻斑驳病毒病

甜椒、辣椒、彩椒CaMV花叶病毒病

症状 系统感染辣椒，叶片表现轻微斑驳，有时表现略皱缩。幼苗染病产生系统性枯斑，但不致死。果实染病症状较明显，产生环斑或条斑及坏死斑点，发病早的，植株的生长发育会受到阻碍。

病原 Capsicum mottle virus（CaMV），称辣椒斑驳病毒。病毒粒子直杆状，有长短两种，多为（300～312）nm×15nm，少数为（90～105）nm×15nm，致死温度 90～100℃，稀释限点 1 亿～10 亿倍，体外保毒期 40 多天。我国新疆已分离到与澳大利亚报道的 CaMV 基

辣椒CaMV花叶病毒病

甜椒 CaMV 花叶病毒病果实上产生坏死斑

本一致的 CaMV，是烟草花叶病毒属的一个新成员。除感染辣椒外，还感染苋色藜及隐症感染昆诺阿藜、墙生藜、曼陀罗、千日红等，表现为局部坏死斑。

甜椒、辣椒、彩椒枯顶病毒病

症状　田间染病株整株矮缩，黄化蕨叶，不结实或果实小且朽住不长，人工接种叶产生枯斑，并发展成系统斑驳或坏死。

病原　Broad bean wilt virus（BBWV），称蚕豆萎蔫病毒辣椒分离物的一个株系，属豇豆花叶病毒科（Comoviridae）蚕豆萎蔫病毒属病毒。

甜椒枯顶病毒病

传播途径和发病条件　该病毒可由桃蚜（*Myzus persicae*）进行非持久性传毒，在矮牵牛、千日红、奎宁藜上的传毒率分别为 55.5%、44.4% 及 7%。其发生与蚜虫猖獗情况有关，特别是遇有高温干旱的天气，不仅利于蚜虫传毒，还会降低寄主的抗病性，地势低洼、定植晚的连作地易诱发此病。

防治方法　参见甜椒、辣椒、彩椒病毒病。

甜椒、辣椒、彩椒BCTV曲叶病毒病

症状　由甜菜曲顶病毒引起的甜（辣）椒病毒病，老叶叶缘向上卷曲，幼叶卷曲显著，叶柄明显下弯，发病早的植株明显变黄和矮化，结果少或不结果，即使坐果，果实变小，畸形，过早成熟，病株一般不能存活。

病原　Beet curly top virus（BCTV），称甜菜曲顶病毒，属双生病毒科（Geminiviridae）曲顶病毒属病毒。病毒质粒为双联体结构，粒子大小 18nm×30nm，在干燥病组织内可存活 4 个月至 8 年。

甜椒BCTV曲叶病毒病老叶叶缘上卷

甜椒BCTV曲叶病毒病

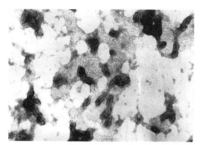

苜蓿花叶病毒

传播途径和发病条件 由多种病毒复合侵染引起，可经虫媒叶蝉及种子传毒。

防治方法 ①有条件的采用防虫网，防止叶蝉传毒。②选用无病种子，防止种子带毒。

甜椒、辣椒、彩椒苜蓿花叶病毒病

症状 茄门甜椒和耐湿辣椒染病后，初在叶上产生褪绿斑点和环斑，直径 1～2mm，后暗褐色，叶坏死；上位叶产生系统褪绿环斑或黄色斑驳，多沿脉扩展，心叶变小，稍扭曲、畸形；湿度大条件下，叶脉或茎部产生坏死条纹，果实上也产生褪绿花斑，植株稍黄化，矮缩。

甜椒苜蓿花叶病毒病

病原 Alfalfa mosaic virus（AMV），称苜蓿花叶病毒，属雀麦花叶病毒科（Bromoviridae）苜蓿花叶病毒属病毒。

传播途径和发病条件 AMV可通过辣椒种子传毒，在田间可通过桃蚜（*Myzus persicae*）传毒，汁液摩擦接种可侵染菜豆、豇豆、蚕豆、茄子、烟草、曼陀罗和昆诺阿藜，但不侵染番茄。

防治方法 参见甜椒、辣椒、彩椒病毒病。此外，对辣椒种子带毒的，播种前用0.5%香菇多糖水剂100倍液或1%水剂200倍液浸种20～30min，后洗净，催芽、播种，对控制种传病毒病有效。

甜椒、辣椒、彩椒丛枝病

症状 苗期染病，植株叶色发黄，病株矮小，很少分枝，易形成单枝，侧枝少，不结果或偶结1～2果。蕾期染病，病株矮化，仅为健株株高一半，叶窄长，叶面积小，仅是健叶1/4，叶片扭曲呈疙瘩节状，叶色变黄，叶肉变薄似缺素症。

叶柄狭长，是健株 2 倍，发病重的叶片仅剩叶脉，枝芽丛生呈"扫帚状"，茎秆带化，花序聚生或花器萎落，鳞片变成小叶。开花结果期染病，病株不明显，中下部叶片、椒角尚正常，仅侧芽少，中上部叶片狭窄皱缩不平，叶柄伸长，果枝短缩，心叶开张度小。该病与黄瓜花叶病毒引起的病毒病症状近似，应注意鉴别。

辣椒丛枝病

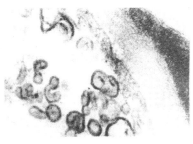

辣椒丛枝病韧皮部筛管细胞中的植物菌原体（7200×）（陈志杰原图）

病原 Pepper witches' broom，称植物菌原体（Phytoplasma），属细菌界软壁菌门。

传播途径和发病条件 辣椒丛枝病病原可通过大青叶蝉传播，经 25 天后显症，大青叶蝉在泡桐丛枝病病株上，充分饲毒后转移到辣椒上也可传毒。辣椒集中产区及大青叶蝉多、距泡桐树近的地块发病重。

防治方法 ①合理布局，要远离泡桐，采用小麦与辣椒间作，适期栽植，注意拔除病株。②及时防治叶蝉和三点盲蝽。③发病初期喷洒土霉素或四环素 3000 倍液。

甜椒、辣椒、彩椒根结线虫病

近年蔬菜根结线虫病已成为蔬菜生产中，尤其是保护地生产中的重要病害，过去对甜辣、彩椒危害不重，但随着种植年限的增加，种植面积的扩大，连作频繁，现在根结线虫对彩椒的危害突显出来，且有大面积扩展的趋势。

辣椒根结线虫病危害彩椒植株萎蔫状

彩椒根结线虫病发病时开花坐果期根上现小根结

彩椒根结线虫病根结及卵囊

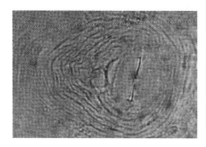

南方根结线虫会阴花纹

症状 苗期、成株期均可发病，苗期发病地上部无明显症状，检视根部，可见幼苗须根或侧根上产生灰白色根结，有的病苗主根略显肿大。成株染病，进入开花期病株萎蔫，像是镰孢根腐病或疫病，拔起萎蔫株，可见根上产生大量大小不一的根结，造成缺苗断垄或成片死亡。2006年笔者在北京市顺义区北雾镇彩椒田调研时发现，当彩椒上的根结变白时，地上部出现萎蔫症状，是彩椒生产上的毁灭性病害。

病原 *Meloidogyne incognita* Chitwood，称南方根结线虫，属动物界线虫门植物寄生线虫。病菌形态特征参见番茄、樱桃番茄根结线虫病。

传播途径和发病条件 南方根结线虫以二龄幼虫和卵随病残体留在土壤中越冬，能在土壤中生活 1 ～ 3 年。翌年春天温湿度适宜时，越冬卵孵化为幼虫，这时彩椒定植后从根部侵入寄主，刺激根部细胞增生产生肿瘤状根结。根结线虫发育到 4 龄时交配产卵，孵化的雄虫离开彩椒进入土中，不久即死亡。卵在根结里孵化发育，2 龄后开始离开卵壳进入土壤中寻找寄主进行再侵染或越冬。在田间主要靠病土、病苗传播，土温 25 ～ 30℃，含水量 40% 左右线虫发育迅速，土温低于 10℃ 幼虫停止活动，55℃ 经 10min 死亡，土壤疏松砂壤土、黏土、连作地发病重。

防治方法 ①轮作换茬。根结线虫发生严重地块提倡与大葱、大蒜、韭菜、百合、万寿菊等进行 3 年以上轮作，有条件的实行水旱轮作，必要时可种植速生叶菜类诱集线虫，收获时连根拔出把线虫带出田外，以减少对下茬为害。②及时清除病残根。前茬收获时连根拔出，彻底清洁田园，集中烧毁，切忌用病根沤肥或用病土垫圈。③选择无根结线虫的土壤或用消毒土育苗，提倡采用营养钵或穴盘无土育苗，如用常规方法育苗，苗床要喷洒 2125 土壤消毒剂，每 667m² 用药 1kg，深翻耙匀。④根结线虫为害严重的大棚提倡采用氰氨化钙夏季高温闷棚，于 6 月中旬前茬收获后每 667m² 用氰氨化钙 70kg，或 10% 噻唑膦颗粒剂 2kg，混入细砂 15kg 均匀撒在地面上，将杀虫剂和秸秆深翻 30～40cm，做成畦宽 80cm 的高畦或半高畦，畦高 30cm，畦距 40cm，在畦内大量浇水，使畦内保持明水，盖上地膜，然后封闭温室放风口进行高温闷棚处理，形成高温厌氧环境，使 20cm 处的地温保持在 50℃以上，持续 15～20 天，可杀死线虫还可兼治枯萎病、根腐病等土传病害。经高温处理后的土壤微生物受到破坏，应结合整地施入高效生物肥 4 瓶，可补充损失的微生物。⑤山东、山西、河北、京津菜区根结线虫在清明前后发生较重，每年清明之前用枯草芽孢杆菌 + 溶线酶（商品名"长歌"）每 667m² 用 2kg，定植时随水冲施，持效期 4 个月。也可用 1.8% 阿维菌素灌根，一般每 667m² 用 1～2kg，以后隔 1～1.5 个月再灌 1 次，可有效预防根结线虫蔓延。也可选用 0.8% 阿维菌素微胶囊悬浮剂 0.96g/667m²，杀线虫效果好，持效期长。

甜椒、辣椒、彩椒根肿病

【症状】 辣椒采收中后期植株地表茎基部出现扁圆形肿瘤，肿瘤表面灰白色，接近地表处发绿，产生许多小瘤状突起，肿瘤大小不一，直径 2～12cm。

【病原】 *Plasmodiophora* sp.，称一种根肿菌，属根肿菌目根肿菌科根肿菌属。镜检可见根肿菌的休眠孢子囊，似鱼肚块状，休眠孢子囊球形或卵形，球形孢子囊直径 2.7～5.4μm，

卵形孢子囊大小（4.9～5.5）μm×（3.7～4.2）μm。

辣椒根肿病病茎基部肿瘤呈绿色
（贾秀芬）

【传播途径和发病条件】 该病可通过雨水和灌溉水、土壤中的根结线虫、病区施入未充分腐熟的粪肥传播，也可通过带病植株进行传播。

【防治方法】 ①由于该病是新病害，应通过检疫防止该病扩大。播种前种子用 10% 氰霜唑悬浮剂 2000 倍液浸种 10min。②定植时用 50% 氟啶胺悬浮剂 300 倍液，对定植穴内土壤进行消毒处理，可有效防治根肿病。

甜椒、辣椒、彩椒烂果

近几年在大棚甜椒生产上，尤其是进口品种上甜椒烂果发生较重，据李林调查，个别地区的露地或保护地辣椒上也有发生，在山东邹平和聊城等地均有发生。2010 年该病在辣椒上为害较重，失去商品价值。

【症状】 病斑发生在果实上，近圆形，直径 1.5～6mm，后扩大，后期干燥时愈合，生橄榄绿色霉层。

【病原】 *Cladosporium capsici*

（Marchal et Steyaert）Kovacevski，称辣椒枝孢，属真菌界无性孢子类。子实体生在叶两面，多埋生。分生孢子梗多簇生，直立，上部屈膝状，孢痕明显，2～5个隔膜，大小（40～120）μm×（4～5.4）μm。分生孢子单生或链生，圆柱形，浅褐色，0～3个隔，大小（16～40.5）μm×（3.2～5.4）μm。

甜椒烂果（李林）

传播途径和发病条件 主要在花期传播，对后期果实为害大，雨日多发生重。

防治方法 花期之前或开花末期喷洒50%乙霉·多菌灵可湿性粉剂1500倍液或50%异菌脲可湿性粉剂1000倍液，可减少后期烂果。

拱棚越夏彩椒烂果柄

症状 彩椒根、茎、叶、果都正常，就是果柄处腐烂，湿度大时黏糊糊的，干燥时病斑发黑，烂到一定程度果实就从果柄处坠落。这种病几乎年年发生，十分普遍。但有时留在植株上的果梗伤口腐烂，腐烂处有臭味则是由细菌引起的腐烂病。

病原 *Fusarium* sp.，称一种镰刀菌，属真菌界无性态子囊菌门镰刀菌属。一般只产生大型分生孢子，镰刀形，浅色，顶端尖钝，圆形，底孢和脚孢明显，具2～4个隔膜，多为4个。

传播途径和发病条件 病菌随病残体在土壤中越冬，植株下部或近地面彩椒果实易染病，过度成熟果或具有生理伤口果柄易发病，温暖潮湿或采收期雨日多或田间浇水过多，空气湿度高发病重。

防治方法 ①加强管理，防止温度过高或湿度过大，注意减少伤口。②及时追肥，坐住果后冲施硅肥1～2kg或果丽达全水溶液肥每667m² 用5～8kg，配施963养根素1～2kg，增强抗病力。③发病之前或初发病时，喷洒50%多菌灵600倍液混加90%噁霉灵3000倍或50%氯溴异氰尿酸1200倍液，或75%百菌清500倍液+3%中生菌素800倍液。④对细菌软腐病菌引起烂果梗，可喷洒3%中生菌素可湿性粉剂600倍液或45%精甲·王铜可湿性粉剂30g，对水15kg喷洒或涂抹有效。也可用竹签或刀片先把病组织刮净，用77%氢氧化铜100倍液涂抹病部。

甜椒、辣椒、彩椒日灼病

症状 日灼是强光照射引起的生理病害，主要发生在果实向阳面上。发病初期被太阳晒成灰白色或浅白色革质状，病部表面变薄，组织坏死发硬；后期腐生菌侵染，长出灰黑色霉层而腐烂。北方蔬菜报记者李跃认为强光直接照射是造成日灼的主要原因，可是在一定情况下，即使辣椒藏在叶片下，由于地膜、反光幕等反射光聚光到果面，也会造成果实局部过热引起的灼伤；早上果实结露，太阳照射后，露珠吸热同样灼伤果面，若膨果期长期不浇水，土壤干旱，造成中微量元素吸收不足，果实缺水，果面的耐光性就会下降，出现日灼的概率就会变大。

辣椒日灼病

彩椒日灼病

病因 甜椒、辣椒、彩椒日灼病和脐腐病均属生理性病害。日灼主要是果实局部受热，灼伤表皮细胞引起，一般叶片遮阴不好，土壤缺水或天气干热过度、雨后曝热，均易引致此病。

防治方法 ①用地膜覆盖可保持土壤水分相对稳定，并能减少土壤中钙质等养分的淋失。②栽培上要掌握适时灌水，尤应在结果后及时均匀浇水防止高温为害，浇水应在9～12时进行。③选用抗日灼品种，如冀椒1号、冀研4号、冀研8号。④双株合理密植，使叶片互相遮阴，或与高秆作物间作，避免果实暴露在阳光下。⑤用遮阳网覆盖。

甜椒、辣椒紫斑病

症状 近年来，辣椒大面积发生叶片背面发紫现象，整株生长缓慢，有时植株顶部叶片沿中脉出现扇形紫色素，扩展后成紫斑。有的果实在绿果面上产生紫色斑块，斑块没有固定形状，大小不一。一个果实上紫色少则一块，多则数块，严重的半个果实表面上布满紫斑。很多大棚因为发生紫叶都拔园了。

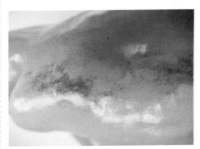

甜椒果实上的紫斑

辣椒果实上的紫斑

病因 相关研究者仔细观察病叶得出结论，这是植株缺磷的症状，不是侵染性病害，也不是病毒病，是辣椒生理性病害。尽管底肥中施了不少过磷酸钙，土壤中不可能缺磷，但并不代表椒株不缺磷，因为土壤中的磷被固定住了，根系无法吸收磷，因此椒株照样表现缺磷症状。生产上地温低于10℃，易造成辣椒根系吸收磷素困难。

生产上缺磷一般很少发生，但在深冬地温低时，根系吸收营养元素遇到障碍时易出现缺磷症状，尤其是在土壤酸化情况下，土壤中的磷易被铁、铝固定，失去活性就会出现缺磷。种植辣椒很少施用有机肥，基本以化学肥料为主，底肥施用尿素、过磷酸钙或其他氮磷化肥，进入结果期再冲施高钾复合肥，长期大量施用化肥会造成土壤酸化，当土壤 pH 值小于 6.5 时，土壤中的磷就会变成磷酸铁铝而被固结。生产上长期使用化肥，pH 值会继续下降，造成辣椒缺磷而发生紫叶，是一个由量变到质变的过程，当土壤严重酸化后，种什么都不长，施什么肥都无效，就会出现

施磷肥仍缺磷现象。

防治方法 ①尽快向土壤中施入生石灰改良土壤，每 667m² 施入过筛的粉碎好的生石灰 30kg。②增施有机肥增加土壤有机质含量，提高土壤对酸化的缓冲能力，使土壤 pH 值升高，改善土壤结构，利于根系生长发育。③提倡采用测土配方施肥，通过测土，准确了解当前氮、磷、钾比例，然后按专家给出的方案合理施用大量元素水溶肥。

菟丝子为害辣椒

症状 菟丝子缠绕辣椒茎，回旋缠绕辣椒地上部，其吸器伸入寄主茎或叶柄组织内，吸取水分和养分，致辣椒叶片变黄凋萎，严重时成团枯死。

病原 *Cuscuta chinensis* Lamb.，称中国菟丝子；*C.australis* R. Br.，称南方菟丝子，属被子植物门寄生性种子植物。

菟丝子为害辣椒

传播途径和发病条件 菟丝子种子可混杂在寄主种子内及随有机肥在土壤中越冬。其种子外壳坚硬，经

1～3年才发芽，在田间可沿畦埂地边蔓延，遇合适寄主即缠茎寄生为害。

防治方法 ①精选种子，防止菟丝子种子混入。②深翻土地21cm，以抑制菟丝子种子萌发。③摘除菟丝子藤蔓，就地烧毁。④锄地，掌握在菟丝子幼苗未长出缠绕茎以前锄灭。⑤受南方菟丝子为害的地方，可实行玉米与辣椒轮作。⑥推行厩肥经高温发酵处理，使菟丝子种子失去发芽力或沤烂。⑦生物防治。喷洒鲁保1号生物制剂，使用浓度要求每毫升水中含活孢子数不少于3000万个，每667m^{2}用2～2.5L，于雨后或傍晚及阴天喷洒，隔7天1次，连续防治2～3次。在喷药前，如破坏菟丝子茎蔓，人为制造伤口，防效明显提高。⑧荒坡、路边、河滩上的菟丝子在开花前每667m^{2}用95%草甘膦原药120g对水喷雾。

甜椒、辣椒、彩椒幼苗戴帽出土

症状、病因、传播途径和发病条件、防治方法 参见番茄幼苗戴帽出土。

辣椒幼苗戴帽出土

甜椒、辣椒、彩椒徒长

症状、病因、防治方法参见番茄、樱桃番茄徒长。

辣椒植株徒长

甜椒、辣椒、彩椒僵果

症状 又称石果、单性果或雌性果。发病早的呈小柿饼状，后期略长大些，皮厚肉硬，色泽亮，柄长，果内无籽或籽很少，果实朽住不长，即使条件得到改善，僵果也不长了。露地辣椒7月中下旬发生较多，越冬甜（辣）椒多发生在12月至翌年4月。

彩椒僵果发病早的果实呈小柿饼状

病因 一是春季栽培的常发生在辣椒的花芽分化期，即播种后约35天，植株受旱或温度低于13℃或高于 35℃。二是雌蕊营养不足或过剩形成短柱花，花粉不能正常生长和散发，雌蕊不能正常授粉受精而形成的单性果。三是这种果实缺乏生长激素，影响对锌、硼、钾等促进果实膨大元素的吸收利用，因此果实不能膨大，时间一久就形成了僵果。

防治方法 ①选用冬性强的品种。如湘研 15 号、太原 22 号、羊角王等。播种前种子用高锰酸钾 1000 倍液浸种并杀菌。②花芽分化期注意防旱，做到控水促根，防止不正常的花器产生。此期和授粉受精期，塑料棚等日光温室白天温度控制在 23 ～ 30℃，夜间 15 ～ 18℃，地温 17 ～ 26℃，土壤最大持水量不要超过 55%。③2 ～ 4 片真叶期分苗，分苗时用硫酸锌 800 ～ 900 倍液浇根，可增加根系长度，提高抗病力，把僵果率降低到最小。

甜椒、辣椒、彩椒高温障碍

症状 塑料大棚或温室栽培甜椒、辣椒、彩椒常发生高温为害。叶片受害，初叶绿素褪色，叶片上形成不规则形斑块或叶缘呈漂白状，后变黄色。轻的仅叶缘呈烧伤状，重的波及半叶或整个叶片，终致永久萎蔫或干枯。

病因 主要是棚室温度过高。当白天棚温高于 35℃或 40℃左右，高温持续时间超过 4h，夜间高于 20℃，湿度低或土壤缺水，放风不及时或未放风，就会灼伤甜椒、辣椒、彩椒叶片表皮细胞，致茎叶损伤，叶片上出现黄色至浅黄褐色不规则形斑块或果实异常，其影响程度与基因型及湿度和土壤水分等环境条件有关。田间在干旱的夏季，植株未封垄，叶片遮阳不好，土壤缺水及暴晒，也可引起高温障碍。

甜椒高温障碍

防治方法 ①因地制宜选用新丰 4 号、湘椒 18 号、津研 10 号等耐热品种。②通风，使叶面温度下降。③遮光。阳光照射强烈时，可采用部分遮阳法，或使用遮阳网防止棚内温度过高。④喷水降温。⑤移栽大田时采用双株合理密植，密植不仅可遮阳，还可降低土温，以免产生高温为害。⑥与玉米等高秆作物间作，利用花荫降温。

甜椒、辣椒低温冷害和冻害

症状 甜椒、辣椒在育苗或提早、延晚栽培过程中，经常遇到低温冷害和冻害侵袭。①低温冷害，棚室或露地甜椒、辣椒在生长发育过程中遇有轻微低温，出现叶绿素减少或在近叶柄处产生黄色花斑，病株生长缓慢，植株朽住不长；遇有冰点以上的较低温度，即发生冷害。叶尖、叶缘出现水浸状斑块，叶组织变成褐色或深褐色，后呈现青枯状，在低温情况下，甜椒、辣椒抵抗力弱，很容易诱导低温型病害发生或产生花青素，有的导致落花、落叶和落果。②冻害，遇有冰点以下的温度即发生冻害，冻害依受冻程度可分四种情况：一是在育苗畦中仅个别植株受冻；二是幼苗的生长点或子叶节以上的3～4片真叶受冻，叶片萎垂或枯死；三是甜椒、辣椒幼苗尚未出土，幼苗在地下全部冻死；四是植株生育后期或果实在田间或运输及储存过程中，遇有冰点以下温度，常常受冻，温度回升至冰点以上，才开始显症，初呈水浸状、软化、果皮失水皱缩、果面现凹陷斑，持续一段时间造成腐烂。

辣椒低温冻害

病因　一是播种过早或反季节栽培时，气温过低或遇有寒流及寒潮侵袭。甜椒、辣椒冷害临界温度因品种及成熟度不同，一般在5～13℃之间，8℃根部停止生长，18℃左右

根的生理机能下降。冷害的发生，取决于甜椒、辣椒对低温的敏感性及其细胞膜脂质含有脂肪酸的饱和程度，脂肪酸饱和度高，遇冷害易凝固，致膜脂质由液晶态转成凝胶态，使膜透性增强，从而不仅引起植株生理失调，还会引起原生质环流变慢或停止，造成细胞缺氧。二是生产上经常遇到虽在同一次寒流袭击下，但幼苗或成株受冻情况差别很大，这与品种、播期、施肥、覆盖物、放风、浇水、地理位置、地势等多种因子有关。如湖北京山市1992年采用大棚套小棚双层覆盖法在小拱棚上盖一层薄膜，大棚内气温降到 −7.1℃时，小棚内相应降到 −3.7℃，幼苗全部冻死，在小棚上加盖一层稻草帘的，大棚气温降到 −7.1℃时，小棚气温0.1℃，幼苗冻死率88％；小棚盖一层疏散的稻草，当大棚降到 −7℃时，小棚为3.8℃，受冻极轻，仅见0.5％植株受害。此外，果实遇0～2℃也能发生冻害，0℃持续12天，果面出现灰褐色大片无光泽凹陷，似开水烫过，12～15℃萼片萎缩、褪色或腐烂，4℃持续18天也可出现上述症状。在冷害临界温度以下，温度越低持续时间越长，受害越重。遭受冷害的甜椒果实，症状迅速发展。冷害临界温度以下的温度可分三档，低档温度下受害最重。据试验，果实遇 −7℃ 1h，转入21℃，50％以上果实在24h内产生凹斑，2h后凹斑更多，且60％以上果实皱缩，4h后，22％果实的果柄及萼片褪色，7天

后，91% 的果实腐烂。

防治方法 ①选用早熟或耐低温的品种。如中椒 2 号、中椒 3 号、中椒 7 号、甜椒 1 号、甜杂 2 号、农发、辽椒 4 号、早丰 1 号、早杂 2 号、9179、9198、湘研 1 号、湘研 4 号、91-20 等。②育苗期处在全年气温最低的 12 月至翌年 2 月的地区，一定要强调科学地适时播种、移植，这是最基本、重要的积极防冻措施。③苗床和定植地要采用分层施肥法，提倡施用酵素菌沤制的堆肥或生物有机复合肥或添加马粪等酿热物，以保持土壤疏松和地温提高，采用配方施肥技术，施用完全肥料或复合肥、促丰宝、惠满丰液肥等，不要偏施氮肥，以增强幼苗抗寒能力，培育壮苗。④采用热水循环温床法育苗。⑤采用双层膜或三层膜覆盖，要注意提高苗床或棚室地温，地温要稳定在 13℃ 以上，防止落叶、落花和落果。⑥低温锻炼，适期蹲苗。⑦甜椒、辣椒生长点或 3～4 片真叶受冻时，可以剪掉受冻部分，然后提高地温，通过加强管理，90% 以上的植株都能从节间长出新的枝蔓，继续生长发育，直至开花结果，上市期也迟不了多少。⑧生产上遇有寒流或寒潮侵袭，出现大降温天气时，要及时增加覆盖物或加温，土壤干旱的要浇水，寒流过后要千方百计把棚温和地温提高到 13℃ 以上，避免低温型病害发生和蔓延。一旦发生冻害上午要早放风、下午晚放风，尽量加大放风量，以避免升温过快，使寄主细胞间的冰晶慢慢融化成水，并被原生质吸收，这样就能大大减轻受冻的程度。⑨储运中或储藏窖中的甜椒果实受冻，宜采用变温及缓慢间歇加温处理，也会使冷害症状恢复，或冷害症状延缓出现。⑩幼苗移栽成活后，根据幼苗的生长情况喷施 3.4% 赤·吲乙·芸可湿性粉剂 7500 倍液或 10～20mg/kg 的多效唑溶液或 0.04% 芸薹素内酯水剂 3000～4000 倍液，或 1.8% 复硝酚钠水剂 6000 倍液，可增加抵抗力。此外，也可施用天达 2116 壮苗灵 600 倍液，增产 20% 左右。

甜椒、辣椒、彩椒落叶、落花和落果

症状 甜（辣）椒、彩椒落叶、落花、落果又称三落病，是我国甜（辣）椒、彩椒保护地和露地生产上的重要问题。前期有的先是花蕾脱落，有的是落花，有的是果梗与花蕾连接处变成铁锈色后落蕾或落花，有的果梗变黄后逐个脱落；有的在生长中后期落叶，使生产遭受严重损失。

甜椒落花

病因　一是光照不足引起落花落果，辣椒生长要求 8h 光照，光照强度 3 万～6 万勒克斯，辣椒进入始花期若遇连阴雨天，不能进行正常授粉，就不能正常坐果。栽植过密互相遮阴条件下，光合作用减弱，雄蕊萎缩，花粉发芽率降低，可引起大量落花。二是浇水过量或田间积水都能引起落花落果。遇干旱年份，田间相对湿度低于 50% 持续 5 天也会引起落花落果。三是追肥不当引起落花落果。在花芽分化期氮素肥料施用过量，容易产生落花落果，定植后蹲苗阶段如养分过多，易造成植株徒长，落花落果率上升。肥料用量过多或浓度过大易引起辣椒烧根，也会造成落花落果。四是选用的辣椒、甜椒品种不对路。五是病虫为害如疮痂病、细菌叶斑病为害容易引起落叶。六是温度过高或过低都会引起花器官发育过程中产生缺陷而引起落花。

防治方法　①增加光照，经常打扫棚膜上的尘土，增加棚膜透光性；适时整枝打杈，防止相互遮阳；提倡喷施增强光合作用的叶肥。②适时适量浇水，第 1 花序坐果前一般不浇水，但应中耕 1～2 次，开花结果期土壤湿度要保持在田间最大持水量的 75% 以上，相对湿度控制在 60% 左右，不要过高，浇膨果水不能过早或过量，当门椒 70% 以上似小枣大小时，才能浇水。③合理配方追肥，控制氮肥用量，采用配方施肥技术，控制营养生长与生殖生长平衡，追肥据底肥施肥量多少确定，且一次施肥量不要过多，当门椒坐住后每 667m² 每次追施三元复合肥 10～15kg，隔 7～10 天再追施高钾中氮低磷复合肥（氮∶磷∶钾为 15∶10∶18）15～20kg，可结合喷施含钙叶面肥。④选用耐低温弱光的品种。⑤细菌叶斑病、疮痂病发生初期或进入雨季及早喷洒 90% 新植霉素可溶粉剂 4000 倍液或 72% 农用高效链霉素可溶粉剂 3000 倍液或 77% 氢氧化铜可湿性粉剂 600～700 倍液，10 天 1 次，连续防治 2～3 次。⑥控制花期温度，白天 25℃左右，夜温 12～15℃，控制旺长。叶面喷施 1.8% 复硝酚钠 4000～5000 倍液、甲壳素 1000 倍液，有利于保花、保果。

甜椒、辣椒、彩椒花青素

症状　主要发生在叶片或果实上。果实表面出现紫的色素，致果实失去商品价值。叶片染病，多在顶部叶片上沿中脉出现扇形紫色素，后扩展成紫斑，别于病毒病。

病因　是生理病害，露地栽培甜椒、辣椒多在晚秋气温降低时始发；棚室或反季节栽培时，多出现在 1、2 月份低温期或 5 月以后进行侧面换气时，一般是在天窗或通风口换气时，冷空气从通风口吹入，在直接接触冷风的果实上易发生。延后栽培的棚室在秋凉时多在不加温的塑料棚中发生。主要是地温低于 10℃，造成植株的根系吸收磷肥困难，则出现花青素。

辣椒上出现的紫色素

防治方法 ①选用早熟耐低温的品种。具体品种参见甜椒、辣椒低温冷害和冻害防治方法中介绍的品种。②提高棚室温度，把地温提高到10℃以上，一般不再产生花青素。

辣椒"虎皮"病

症状 干辣椒色素要求保持鲜红色，但在生产中受各种因素影响，近收获期或晾晒干的干辣椒往往混有褪色个体，称之为"虎皮病"。常见的有4种类型。一是病果一侧变白，变白部位边缘不明显，内部不变白或稍带黄色、无霉层，称为一侧变白果。占50%以上。二是微红斑果，病果生褪色斑，斑上稍发红，果内无

辣椒虎皮病田间症状

霉层。三是橙黄花斑果，干辣椒表面现斑驳状橙黄色花斑，病斑中有的具1黑点，果实内有的生黑灰色霉层。四是黑色霉斑果，干果面具稍变黄的斑点，其上生黑色污斑，果实内有时可见黑灰色霉层。

病原 从一侧变白病果分离出少数 *Alternaria alternata*、*Penicillium* sp.、*Cladosporium* sp. 及 *Fusarium* sp. 等真菌，分别称细交链孢、青霉菌、芽枝菌和镰刀菌。但多数一侧变白果未分离出病原菌。微红斑果分离出 *Fusarium* sp.，是一种镰刀菌。橙黄花斑果、黑霉斑果上分离出 *Colletotrichum piperatum*，称炭疽病菌，产生的孢子较少。上述结果及通过虎皮病果诱发试验表明，干辣椒"虎皮"病的形成有病理和生理两方面原因，大多因果实存放条件不适，是生理因素引起，但也有炭疽病果。在室外储藏时夜间湿度高或有露水，白天日照强暴晒不利于色素保持，易发生虎皮病。

防治方法 ①选用从日本引进的干椒——三樱朝天椒或选用抗炭疽病的辣椒品种，如皖椒1号、早杂2号、湘研3号、湘研4号、湘研5号、湘研6号等，以减少因炭疽病引起的虎皮果。②选用成熟期较集中的品种，以减少果实在田间暴露的时间，"虎皮"果少。③加强对炭疽病、果腐病的防治。在辣椒坐果期喷洒50%氯溴异氰尿酸可溶粉剂1000倍液或50%福·异菌可湿性粉剂800倍液，每667m² 用对好的药液60L，

隔 7 ～ 10 天 1 次，连续防治 3 ～ 4 次。④及时采收成熟的果实，避免在田间雨淋、着露及暴晒。⑤利用烘干设备，及时烘干。

甜椒、辣椒、彩椒畸形果

症状 畸形果是甜椒、辣椒、彩椒生产过程中常出现的问题之一，有时病果率很高。主要表现为果实生长不正常，长得像柿饼或蟠桃，或果实呈不规则形。有的彩椒果实从脐部开裂，各自不规则向外扩大产生无胎座多瓣异形开花果或裂瓣果，有的形成指形果，里面几乎无种子或种子发育不良。畸形果是

彩椒（红色彩椒）果实呈扁平柿饼状

辣椒双子果

一种生理病害，越冬种植的甜椒、彩椒冬季和春季畸形果较多。

病因 一是前期温度偏低，春节前甜椒、辣椒、彩椒植株上留果多，生产上阴天多，光合作用弱，有机营养供应不到位，很容易影响甜椒、辣椒、彩椒的花芽分化。春节后这批在低温恶劣环境下完成花芽分化的花朵开花，很易产生畸形果。辣椒花粉萌发的适宜温度为 20 ～ 25℃，如果超出这个范围，花粉受精率就会下降，当温度低于 13℃时，花粉就不能正常受精，容易产生落花、落果或进行单性结实或产生畸形果，2012 年 3 月寿光出现的大量畸形果与 2011 ～ 2012 年春节前后的低温有很大关系。二是光照不足，光合产物

彩椒畸形果

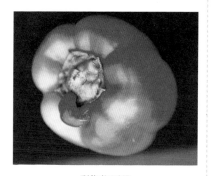

彩椒指形果

减少，果实得到的养分不足或不均匀，也易产生畸形果。春节前后连阴天多也是产生畸形果的重要原因。三是肥水不足，深冬时节人们以为冲施肥料会影响地温，常减少浇水追肥，有的只冲施氨基酸、腐植酸等养根肥料，致棚中土壤湿度不高，肥水供应欠足，生产上植株挂果多，营养消耗很大，根系吸收的营养供不应求，增加了畸形果出现的概率。

防治方法 目前对防止甜（辣）椒、彩椒畸形果没有好的直接解决办法，但做好预防，可明显减少畸形果的出现。①注意温度控制。秋季在甜椒、辣椒、彩椒开花坐果时，温度不宜过高，如果大棚内的温度超过35℃或者是32℃连续2h以上，甜（辣）椒、彩椒就会出现授粉或受精不良的情况。春节前后要注意避免大棚内的气温及地温过低，影响甜（辣）椒、彩椒坐果，生产上施用沃达丰菌物生态复合肥及丰产宝等生物肥，可促进春节前后甜椒正常坐果。②采用测土配方施肥技术，适时补肥。甜椒、辣椒、彩椒缺乏硼、钙等元素会导致畸形果，因此要经常注意喷洒含有硼、钙等元素的叶面肥或营养平衡剂，如叶面喷洒绿芬威3号以及硼酸或硼砂等。减少氮肥的施用量，增加钾肥，如磷酸二氢钾、硫酸钾等的施用量，及时喷洒甲壳丰或海力等营养平衡剂，有利于坐果。也可冲施肥力钾、灯塔、顺欣等全水溶性肥料5～8kg，配合阿波罗963养根素

1～2kg或灯塔生根剂5kg，既补充营养，又养护根系。也可通过叶面肥补充营养，浇水间隔不要超过15天。③注意控制植株长势。植株生长过旺，出现畸形果的概率会增大，可通过喷洒生长调节剂或进行整枝打杈等方式保护甜椒、辣椒、彩椒果实的正常生长。如果坐不住果，可能是植株生长过旺，可喷洒助壮素以及通过温度调控来保证植株的正常长势，以利于果实生长。④发现畸形果，要及时摘除，以利于正常花果生长。⑤喷施天达2116壮苗灵600倍液。

甜椒、彩椒皱皮果

症状 每年到甜椒成熟或彩椒转色时，棚内总会发现一些彩椒果肩部产生皱裂的果实，一旦产生裂纹，商品性就大大降低。

病因 ①棚内温湿度发生剧烈变化，后半夜或早上果皮上有露水。或放风量过大过急，造成果面温度骤降，容易出现皱皮果。②光照不足，透光率差。近年来经常遇有雾霾天气，持续时间长，光照时间达不到要求。③在植株上果实碰撞产生微小裂痕，随着果实膨大逐渐形成较大裂纹，尤其是果肩的裂纹明显。④缺硼造成生长点出现木栓化，果实靠近生长点的也常发生木栓化裂纹。

防治方法 ①选择皱皮果发生轻的甜椒、彩椒品种。②分段放风，将一次放到位改为分次放风，特别是彩椒进入转色期更要注意，上午拉开

草苫 1h，在棚内温湿度变化不大情况下，开小口子放风 20～30min，及时关闭通风口，隔半小时左右再通风 1 次，直到棚温升高到 28～30℃；下午棚温下降到 25℃时关闭通风口半小时后再次开小口通风，当棚温下降到 23℃左右时关闭放风口。③进行果实套袋，可保持果面温湿度稳定，防止农药喷到彩椒果实上，可减少皱皮果发生。彩椒长到核桃大小时，选择下方透气的塑料袋套在彩椒上，注意要把彩椒花针处的残花摘除，防止套袋后病菌从残花处侵入引起烂果。④开花前喷一遍含硼钙叶面肥，果实长到玉米粒大小时再喷一遍。⑤提倡覆盖地膜，进行膜下滴灌，可减少果面露水，防止皱皮果产生。⑥注意防止发生药害，减少皱皮果发生。⑦近年来我国东部地区、华北地区入冬以来，阴雨天气较少，但光照并不好，大棚、拱棚拉开草苫后提温速度要比往年差很多，主要原因是入冬以来雾霾天气较多，不仅影响棚温的提升，对彩椒的转色也造成了一定影响。据观察雾霾天气结束时，还会迎来一股冷空气，气温立刻下降，阴雪天气也会增多，生产上要加强调整。

辣椒皱皮果

甜椒、辣椒植株出现歇伏

症状　夏季高温季节，7 月下旬植株出现生长缓慢、叶片发黄，易产生薄皮小果，或产生畸形果或僵果，或落花落果，称之为歇伏。

病因　进入盛夏环境温度偏高，辣椒植株出现结果部位上移、距离主茎较远的现象，造成椒株长势衰弱。

防治方法　①辣椒苗期开始冲施硅肥，每 667m² 施 1～2kg，并结合叶面喷施，每隔 5 天 1 次，进入辣椒开花期，硅肥能增强花粉活力，显著提高坐果率。②进入 6 月份追施氮肥，以满足进入结果期对养分的需求，及时浇水保持土壤湿润，防止大水浸灌，注意防涝。③及时剪掉内腔枝和老弱病枝，摘除下部老叶，对三级分枝以上留 2 片叶打顶，对新长出的枝条留 1 果 1 叶后打顶。④及时向根部培土。⑤提倡采用剪枝再生法，改善椒株生长状态。在修剪前半个月，需要对椒株多次打顶，不让椒株形成新梢，促使下部侧枝提早萌动。在"四面斗"果枝的第 2 节前 5～6.7cm 处截断，弱枝重截，壮枝轻截，至 7 月中旬、8 月中旬全部修剪完。结合冲施果丽达、裕原硅肥、速藤新秀或木美土里冲施肥 2 次，过 4～5 天后即可促枝萌发，留选 2～3 个侧芽，抹去多余的侧芽，15 天后长出新叶的花蕾，进入 9 月可收获丰收果实。大棚可据椒株长势及当地气候决定剪枝时间，选晴天上午 9 时后把"四面斗"结果位置上端枝条剪断，再喷洒 50% 甲基硫菌灵 700 倍液，剪枝后加强追肥浇水。在此期间不宜松土，可向根部培土。保持较高的温度，促发新枝。9 月下旬后及时扣棚膜，然后覆盖草苫保温。

辣椒歇伏的植株

甜椒、辣椒、彩椒缺素症

[症状] ①缺氮。甜（辣）椒、彩椒缺氮，植株瘦小，叶小且薄，发黄，后期叶片脱落。②缺磷。苗期显症，植株瘦小发育缓慢。成株缺磷，叶色深绿，叶尖变黑或枯死，停滞生长，从下部开始落叶，不结果。③缺钾。花期显症，植株生长缓慢，叶缘变黄，叶片易脱落。进入成株期缺钾时，下部叶片叶尖开始发黄，后沿叶缘或叶脉间形成黄色麻点，叶缘逐渐干枯，向内扩至全叶呈灼烧状或坏死状；叶片从老叶向心叶或从叶尖端向叶柄发展，植株易失水，造成枯萎，果实小易落，减产明显。④缺钙。花期缺钙，株矮小，顶叶黄化，下部还保持绿色，生长点及其附近枯死或停止生长；后期缺钙，叶片上现黄白色圆形小斑，边缘褐色，叶片从上向下

辣椒缺氮叶瘦小，黄化从下向上扩展

辣椒缺磷下位叶叶脉间淡绿色

辣椒缺钾下位叶叶脉间变黄

辣椒缺镁下位叶叶脉间由绿色变成淡黄

辣椒缺硫上位叶色淡

彩椒缺硼叶色发黄，植株萎缩，
叶柄叶脉硬化

辣椒缺锌小叶病

辣椒缺镁叶脉间失绿

辣椒缺锰中上部叶脉间淡绿

脱落，后全株呈光秆，果实小且黄或产生脐腐果。⑤缺硫。植株生长缓慢，分枝多，茎坚硬木质化，叶呈黄绿色僵硬，结果少或不结果。⑥缺锌。顶端生长迟缓，发生顶枯，植株矮，顶部小叶丛生，叶畸形细小，叶片卷曲或缩缩，有褐变条斑，几天之内叶片枯黄或脱落。⑦缺镁。缺镁常始于结果期，下部叶片沿主脉两侧黄化，逐渐扩展到全叶，唯主脉、侧脉仍保持清晰的绿色，甜椒、辣椒、彩椒缺镁常始于叶尖，渐向叶脉两侧叶片扩展。坐果越多缺镁越严重，一旦缺镁，光合作用下降，果实小，产量低。⑧缺锰。表现为叶脉间失绿，叶面常有杂色斑点，叶缘仍保持绿色。⑨缺硼。表现在植株的上部，植株生长发育停止，叶柄和叶脉硬化，容易折断，叶片发生扭曲，花蕾脱落。

防治方法 参见番茄、樱桃番茄缺素症。

甜椒、辣椒、彩椒脐腐病

甜椒、辣椒、彩椒脐腐病是缺素症中由缺钙引起的一种生理病害。

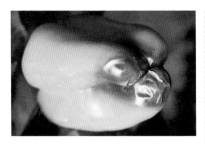

彩椒（黄色彩椒）缺钙脐腐病

田间缺钙整株甜椒果实发生脐腐病

甜椒缺钙顶端叶生长歪扭

症状 近年日光温室种植甜（辣）椒、彩椒过程中，发现甜椒、彩椒脐腐病相当普遍，给生产造成很大损失，轻者减产 5%～10%，严重的常达 20%。其症状是在果实脐部出现暗绿色的水渍状斑点，后迅速扩大，呈不规则的长条形，有时可扩展至近半个果实。染病组织皱缩，表面凹陷，但较坚实。后期腐生菌或弱寄生菌寄生后常变黑色。

病因 一是在高温干旱条件下，水分供应失常是诱发该病的原因之一。当植株在前期土壤水分充足，进入生长旺期水分骤然减少的情况下，原来供给果实的水分被叶片夺取，致使果实大量失水，引起组织坏死而形成脐腐。二是因植株不能从土壤中吸收足够的钙素，致使脐部细胞生理紊乱，失去控制水分的能力而发病。

防治方法 ①选用抗脐腐病的品种，如彩椒中的富兰明高。培育壮苗。提倡采用营养钵培育壮苗，在苗期促进幼苗的根系发育，幼苗 6 叶 1 心，苗龄 40～45 天时定植，定植时注意不伤根，提高根系的吸收能力。②合理施肥。在基肥施用中采用测土配方施肥技术减少氮肥的施用量，增加磷、钾肥，同时增加钙肥使用量。每 667m² 用腐熟有机肥 5000kg、复合肥 150kg、硫酸锌 1kg、硼砂 1kg、硫酸镁 1kg，并把这些肥料深翻入土 40cm。③采用高垄栽培，垄高 15cm，一方面可增加根系的透气性，促进根系发育，另一方面可防止积水引起沤根。④合理浇水。在浇水时采用小水勤浇，防止因大水漫灌引起的土壤忽干忽湿，从而使根系吸水能力降低。秋冬季采用地膜下浇水。⑤采用地膜覆盖，保持土壤水分的稳定，防止诱发脐腐病。⑥进入结果期后，合理进行叶面追肥。叶面补充含有氨基酸和硼、钙的叶面肥，提倡用螯合态"控旺分子钙"与"氨基王金版"叶面肥，隔5～7天喷1次，连喷2～3次。生产上要注意及时浇水，每667m²随水冲施硝酸钙10kg。也可选用强力高效钙600～800倍液于甜椒、辣椒、彩椒果实膨大期喷施。还可选用中国农科院研制的美林高效钙，15kg水中加入美林高效钙助剂5g后，再加入50g美林高效钙，待溶解后即可喷洒，隔5天再喷1次。

甜椒、辣椒、彩椒筋腐病

症状　保护地栽培的甜椒、辣椒、彩椒在生长后期果实上出现不规则褐色病变或产生畸形变色。一般常见的是产生褐色筋腐型不规则病变或产生条状病斑，病果实坚硬不易腐烂，切开病果果肉可产生褐色坏死性筋腐条纹，果实内的病斑着色也不匀，失去商品价值。

彩椒筋腐病病果上的褐色病斑（黄琏）

病因　一是多发生在冬季低温弱光条件下或植株出现徒长的栽培环境里，这时病株体内的碳水化合物不足或代谢失调，造成维管束木栓化或生产上施用氮肥过量，造成缺钾、缺镁或缺钙。二是塑料温室夜间温度高，持续时间长，也会出现碳水化合物供应不足，出现碳水化合物代谢扭曲或分布不均，出现糖分转化不均匀，也会产生缺钙引发的黑筋果或青斑果、白化果、透明玻璃斑果。三是保护地或露地施用了未腐熟的肥料，或密度过大或小苗定植或苗弱或缓苗期长或长季栽培的甜椒或彩椒生长慢易产生筋腐病。

防治方法　①选用抗筋腐病的品种。采用高畦、稀植。提倡与非茄果类蔬菜轮作。②增施有机肥或生物菌肥，配方施入氮磷钾肥或15：15：15的灯塔、顺欣等全水溶肥料7kg，配施阿波罗963养根素2kg，既补充营养，又养护根系。

甜椒、辣椒、彩椒氮过剩症

症状　速效氮多时，植株叶片肥大柔软，叶色浓绿，叶柄长，植株顶部的幼叶呈凹凸不平状，叶上有褶皱，功能叶片表现为中肋突起，下部叶片产生扭曲。光照不足，夜温高时

彩椒氮过剩症叶片厚叶柄长浓绿

氮素过剩症不一定出现叶片肥大症，只表现出叶柄长和叶片中肋突起的症状。生产上水分多，空气湿度大，夜温高和光照不足可使过剩症加重。

病因 施入氮肥过量或前茬施氮过多，土壤中常残留大量氮素能使氮肥转化成氨基酸，进而转化成生长素，刺激了植株幼叶的快速生长，尤其是连茬栽植辣椒，唯恐施肥不足，而大量施入氮肥，是造成氮过剩而产生中毒的主要原因。生产上育苗土加入过量氮素，就会造成秧苗烧根中毒。辣椒需维持一定的氮、磷、钾比例。养分吸收多是钾大于氮，氮又大于磷，甜椒、辣椒、彩椒尤为突出，这就造成碳代谢受抑制，出现开花结果不良，生产上由于钾不足，氮不能及时转化成氨基酸，造成氨积累或氨中毒。在磷钾缺乏条件下就会产生氮过剩症。

防治方法 ①采用甜椒、辣椒、彩椒测土配方施肥技术，多施发酵好的有机肥，严格控制氮肥用量，合理进行氮、磷、钾配合施用。甜椒形成每吨商品椒需氮 5.19kg、磷 1.07kg、钾 6.45kg，可根据甜椒、辣椒、彩椒产量水平和土壤肥力情况，确定每种肥料用量和比例，防止氮素过剩。②秸秆还田，增强土壤的通透性，防止硝态氮的产生及发生中毒现象。③注意及时灌溉，降低根系周围因氮过量而引起的中毒现象。温室内不施氨气、碳铵、硝铵等易挥发的肥料。尿素、三元复合肥等不易挥发的化肥，用作基肥时要与过磷酸钙和部分腐熟的有机肥混合后沟施或翻耕深埋。追施尿素、硫酸钾三元复合肥时，做到边追施边埋严，追肥后及时浇水，不要使用未发酵好的人粪尿。④通风换气，防止有害气体大量积累。⑤必要时叶面喷施伊露宝 15-5-30 高钾型水溶肥每 667m² 每次 100g，稀释 800 ~ 1000 倍，7 ~ 10 天 1 次，每季 2 ~ 3 次。

甜椒、辣椒、彩椒空秧

症状 大棚栽培的甜（辣）椒、彩椒在某一特定的阶段如果管理不当，就会出现植株生长旺盛，不结实或结实很少的现象，菜农称作空秧，会给甜椒、辣椒、彩椒的生产造成重大损失。

甜椒空秧不坐果或果特少

病因 甜（辣）椒、彩椒生长适温 15 ~ 30℃，空气相对湿度 60% ~ 70%，晴天光照充足，长势才好。但若遇到高温干旱或雨涝，或连续阴雨雾天，甜（辣）椒、彩椒就会出现植株徒长，坐果率大大降低。病因：一是缓苗期过长。棚室甜

（辣）椒、彩椒定植后的缓苗期一般是 6～7 天，这时棚室应不透风，气温维持在 30～35℃，夜间加盖草苫保温防冻，以加速缓苗进程。但在生产上这种人为控制密闭棚室保持高温高湿的时间若是过长，就会引起植株徒长，造成营养生长过旺，生殖生长受到抑制，就不坐果或坐果很少。二是通风不及时。缓苗后要及时通风，使棚温降到 28～30℃，以后每当棚温高于 30℃，都应及时放风，否则，由于棚室温度高，水分蒸发快，第 1 个果坐不住，养分不能集中供给门椒，且流向枝、叶，使植株不能及时由营养生长为主向生殖生长为主转变，造成营养生长过剩而形成空秧。

防治方法　①缩短缓苗期，缓苗期可由 6～7 天缩短至 5～6 天。②及时通风并适当降温，缓苗后及时通风降低温度，最初保持 28～30℃，以后逐渐降温，到开花坐果期保持到 20℃，当外界最低温度不低于 15℃ 时，昼夜都要通风，使生长健壮，节间短、叶片平展，坐果多。③加强肥水管理，缓苗后到门椒坐住前一般不浇水，当门椒长到枣大小时才可浇水并追肥。后随坐果数量增加和不断采摘还要增加施肥和浇水量。尤应注意多施磷钾肥和有机肥。④增加光照，防止遮光。低温季节光照弱，植株易徒长，要千方百计提高棚温和光照强度，如覆盖无滴膜，每年更换新膜或经常擦拭，适当降低栽植密度，防止相互遮光。⑤始花期遇到了干旱，可采用隔行或隔畦浇小水，可缓节旱情，增加田间空气湿度，就能提高坐果率。进入盛花期遇到了干热天气，可在下午或傍晚无风时进行田间喷水，也可施叶面肥以增加空气湿度，提高坐果率。⑥门椒长到 3～5cm 后，就要适当浇膨果水，但水量不宜过大。对椒和"四门斗"坐住后还要浇膨果水，同时冲施膨果肥，每 667m² 每次可冲施依露丹 N15-P15-K30 高钾型全营养水溶肥 2～4kg，每 7～10 天施用 1 次，每季 2～3 次，可提高果实膨大速度。⑦浇水后要提高棚温，上午达 33℃ 再放风，下午 25℃ 关闭通风口，早晨控制 12℃ 左右，次日上午 31℃ 时开始放风，第 3 天转入正常管理。⑧在辣椒开花初期喷洒 15% 多效唑可湿性粉剂 800～1000 倍液，有矮化株高、提高坐果率的作用。也可在定植后 10 天喷洒 0.004% 芸薹素内酯水剂 1500～2000 倍液，10～15 天 1 次，连喷 2～3 次，提高坐果率，减少落花落果，促果实生长，提高产量。

甜椒、辣椒、彩椒早衰

症状　植株矮小瘦弱，叶片小且稀疏，叶色无光泽，暗淡，果实成熟迟，产量低，严重时病株提前死亡。

病因　主要是有机肥施用不足，没有后劲，管理跟不上或后期脱肥或果实坠秧。

防治方法　①日光温室甜（辣）

甜椒早衰

椒生长期长需肥量大，每667m² 施有机肥 15m³、作物秸秆 1000kg，然后深翻于地下，每 667m² 日光温室配施 120～160kg 煮熟的豆饼或大豆、硫酸钾复合肥 80～100kg、磷酸二铵30kg、尿素 40kg，生物有机肥 EM 菌或 CM 菌或毛壳菌、激抗菌、酵母菌 60～120kg 均匀撒施于地面。并适当施入钙、镁、硫、铁、铜等大微量元素，深翻 30cm 达到土肥合一，以保证全生育期对肥料的需要。②2～3 月日光温室正处在盛果期，生殖生长大于营养生长，需水需肥占全生育期的 50%，这时的肥水供应对甜椒、辣椒、彩椒影响最重要，能提高坐果率，促进果实膨大，预防椒株早衰。进入 4 月以后天气转暖，肥料使用量、浇水量都要增加，间隔时间要缩短，适时落秧，改善通风透光条件，延长结果期，预防早衰夺高产。③适时整枝疏果，防止徒长，可明显提高产量。方法是第 1 批采果后，要把靠近基部生长的 4 大枝以上长出的8 枝条剪除，同时加强水肥管理，减少落花、烂果，可提高产量。及时摘除门椒和对椒，每株保留 4 个结果枝，

多余的主枝也不要。④摘除老叶、黄叶，既可减少营养消耗，又可防衰老。⑤及时追肥是防止椒株衰老的关键，采果后浇水间隔不要超过 15 天，每 667m² 可随水冲施肥力钾、灯塔、顺欣等全水溶性肥料 5～8kg，配合阿波罗 963 养根素 1～2kg，或灯塔生根剂 5kg，既补充营养，又养护根系，防止早衰。

甜椒、辣椒、彩椒土壤盐渍化障碍

症状 植株生长缓慢、矮化，叶缘初现白色枯边，向上卷，数天后叶缘呈黄白色直至干枯。

病因、防治方法参见番茄、樱桃番茄田土壤恶化。

辣椒土壤盐渍化障碍初现白色枯边上卷

甜椒、辣椒、彩椒下过雨后田间出现萎蔫

症状 甜椒、辣椒、彩椒根系比较浅，在夏季露地栽培由于气温高、地温低，水分蒸发快，进入结果期后植株需水量较大，生产上采用小水勤浇，

大雨后及时排涝，此间如遇有天气干旱后又下大雨就会出现植株萎蔫，轻者中午打蔫，早、晚恢复，严重时植株萎蔫或枯死。

病因 一是地势低洼，地下水位高，造成较长时间的积水，辣椒根系供氧受到抑制，造成甜椒、辣椒、彩椒不能正常呼吸，持续时间过长，就会出现甜椒、辣椒、彩椒全株萎蔫或窒息而死。二是久阴乍晴不宜浇水，因为这时气温高、地温低，浇水后容易因地温过低，根系吸水不足造成茎叶萎蔫。

下过雨后辣椒田间出现萎蔫

防治方法 ①露地种植甜椒、辣椒、彩椒要选择地势较高、排水好的田块，不要大水漫灌，雨后及时排水防止水淹，遇到热雨后除及时排涝外，一定要在雨后进行"涝浇园"，用井水再浇一遍，因井水相对较凉，能降低地表温度，减少地面板结，使土壤中氧气充足，有利于根系呼吸和对水分及矿物质吸收。也可在土壤稍干后，进行中耕松土，增加土壤的氧气供应量，促根系生长正常。②进行根外追肥，喷洒依露丹 N15-P15-K30 高钾型水溶肥 800 ～ 1000 倍液或 10% 美施乐叶面肥 3000 倍液 + 0.01% 芸薹素内酯水剂 3000 ～ 4000 倍液或 0.1% 福施壮诱抗素 15ml，对水15kg，隔5～7天1次，连喷2～3次，可减轻雨后出现萎蔫，促植株健康生长。

甜椒、辣椒、彩椒生理性黄叶

症状 一是浇水过大造成的黄叶，辣椒顶部嫩叶呈浅黄萎蔫，老叶暗黄。二是土壤过干造成的黄叶，造成下部老叶逐渐向上干黄、卷曲。三是施肥过量引起的黄叶，正常老叶肥厚，光泽强，叶色墨绿，大量施肥后叶背面皱褶突起，叶片不舒展，老叶逐渐脱落，新叶严重时卷曲闭合，全株叶黄脱落。四是气害引起的黄叶常使叶片迅速变黄，特点是叶脉间叶肉褪绿变黄，形成黄色斑驳，叶片上部或整个叶片褪绿黄化。五是药害造成的黄化，因药剂种类不同，症状差异大。

甜椒黄化病顶叶浅黄萎蔫

病因 ①浇水过大引起的黄叶，造成土壤中缺氧，毛细根受伤或死亡或造成缺素而引起黄化。②栽植偏旱的因前期温度低不敢浇水引起。③施肥量过大引起全株叶黄。④气害引起黄叶是施用了未充分腐熟的鸡粪或人粪尿，氮素在转化硝态氮过程中释放出大量氨气或硫化氢，造成气害引发的黄化。

防治方法 ①施用充分腐熟的鸡粪或人粪尿，冲施肥不宜一次用量过大可多次施肥。②增加放风次数，放风时间适当延长。③不论哪种原因造成的黄叶，对症防治方法为叶面喷洒细胞分裂素 300 倍液 +0.7% 复硝酚钠水剂 1500 ～ 2000 倍液或 1.8% 水剂 4000 ～ 5000 倍液。也可在辣椒开花初期喷洒 15% 多效唑可湿性粉剂 800 ～ 1000 倍液，提高坐果率，促果实膨大，增加产量。

甜椒、辣椒、彩椒肥害

症状 大棚种植的甜椒、辣椒、彩椒肥害症状有 3 种。一是未腐熟肥料造成氨气中毒，产生叶脉间黄化或叶缘产生水浸状斑纹或褪绿斑驳。二是未腐熟有机肥或化肥过量烧

辣椒氮过剩症顶叶卷，叶片拧转，花芽紊乱

根，造成受害甜椒、辣椒、彩椒根系变成褐色，不长新根，以后植株生长缓慢、叶片黄化。三是施用的叶面肥过量，造成叶片僵化、扭曲，变脆或畸形，茎部变粗，生长受抑。

病因 ①甜椒、辣椒、彩椒是对氨气敏感的蔬菜，当施用未腐熟肥料后，温室内氨气浓度达到 $5g/m^3$ 时，生长旺盛的中部叶片就会受害，叶肉组织变白或变黄，最后变褐干枯。当浓度达到 $40g/m^3$ 时经 24h，受害严重而枯死。生产上直接在温室地面撒施碳铵、尿素、鸡粪、饼肥或在温室内发酵鸡粪和饼肥，都会直接产生氨气。②是生产上配制营养土时，掺入了未腐熟的有机肥或鸡粪干。③对叶面肥副作用不了解，剂量一大就会产生肥害，抑制生长，严重的造成中毒。

防治方法 ①采用辣椒配方施肥技术，施用充分腐熟有机肥。施用前将其加水拌湿堆积后盖严塑料膜经充分发酵后再施用。②合理使用化肥，提倡用尿素、氮磷钾复合肥等不易挥发的化肥作基肥时，要与过磷酸钙和部分腐熟的有机肥混匀后沟施或翻耕深埋。③用尿素、硫酸钾复合肥追肥时，一定要边追施边埋严，追施后及时浇水，严禁在温室追施或冲施未发酵的人粪尿。④每天中午前后适当通风换气，防止有害气体积累。

甜椒、辣椒、彩椒激素药害

症状 甜椒、辣椒进入开花

期，喷施防落素不当造成叶片畸形。生产上目前使用的 2,4-D 和防落素由于浓度和温度较难掌握，很易造成甜椒、辣椒、彩椒发生药害，出现叶片畸形。

病因 甜椒、辣椒、彩椒是对生长素敏感的蔬菜，用生长素不当很易造成落花、落叶、落果或心叶卷缩，对产量影响大，尤其是对防落素、2,4-D、坐果灵、甜椒灵等都较敏感。生产上往花蕾上喷洒时，把药液喷到生长点或嫩叶上就可发生药害。坐果灵在花期喷洒能有效地促进花器分化，但过了这个时期再喷，促其分化的效果很小，而抑制生长的作用明显起来，造成幼果生长受抑，产生畸形果。2,4-D 蘸花能有效防止落花，但当沾染到嫩叶或嫩芽上就会发生药害，造成嫩芽、幼叶弯曲变形。

施用防落素造成甜椒叶片畸形

防治方法 ①正确使用植物生长调节剂。在辣椒开花期用 50mg/kg 防落素喷花能有效地防止落花落蕾，坐果率提高 10%。②也可选用萘乙酸 30mg/kg，即 5% 的萘乙酸水剂 5ml，对水 15kg，加助壮素水溶液 100mg/kg 即 750 倍液混合喷雾，控制生长和保花保果效果好。③用 2,4-D 防止保护地辣椒落花于定植后 20 天用 30mg/kg 的 2,4-D 蘸花，隔 7 ～ 10 天 1 次，共处理 4 ～ 5 次，可增产 13%。④在辣椒定植后 10 天喷洒 0.01% 芸薹素内酯乳油 3000 ～ 4000 倍液，隔 10 ～ 15 天 1 次，连喷 2 ～ 3 次，可提高坐果率，减少落花落果，促进果实生长均匀，增强抗病毒病能力。⑤在生长期、第 1 穗花蕾期、盛花期及结果期各喷 1 次 0.7% 复硝酚钠水剂 1500 ～ 2000 倍液，具调节生长、防止落花落果的作用。气温低时使用激素的高浓度，气温高使用低浓度，以防止产生畸形果。⑥一般促进型与抑制型植物生长素有抵抗作用不能混用。如生长素、赤霉素与脱落酸、矮壮素、乙烯利，三碘苯甲酸与细胞分裂素，细胞分裂素与青鲜素等都不能混用。乙烯利不能与波尔多液等铜制剂农药混用。一般在使用植物生长调节剂防止落花时，水肥管理要配合好，防止徒长或早衰十分重要。

甜椒、辣椒、彩椒氨害

症状 甜椒、辣椒、彩椒受氨害，多发生在中下部叶片上，初在叶片正面出现大小不一、不规则的失绿或水渍状斑块，后渐变为淡褐色至黄白色、干枯，为害花器时，花萼、花瓣呈水渍状，后变褐干枯。

辣椒氨气为害受害状

病因 生产上施用尿素、硫铵、碳铵等化肥或施用了未腐熟的鸡粪后，释放出氨气含量高于 $5×10^{-6}$ 时，即可发生氨中毒。

防治方法 参见番茄、樱桃番茄氨害。

甜椒、辣椒、彩椒温室气害

症状 温室气害除番茄、樱桃番茄介绍的氨中毒和亚硝酸气体为害以外，还有保护地加温引起的气害。当前我国多数保护地尚无固定的加温设备，生产上遇有频繁的寒流侵袭时，需进行临时加温，常产生一氧化碳或二氧化碳中毒。当一氧化碳气体浓度低时，只出现甜（辣）椒、彩椒生长受阻和花蕾脱落情况，至于叶片和其他部位受害症状不易发现。有害气体浓度较高时，叶子上就出现叶脉间褪绿或叶缘焦枯，称作慢性中毒，浓度继续升高，可造成叶片出现急性白斑症。二氧化硫气体的慢性中毒症在叶表面，出现与缺镁症类似的叶脉间黄化现象，叶背面常可见到褐斑。

彩椒温室气害

病因 由于加温设施主要还是炉子，由明火加温引起。

防治方法 加强管理，改用电、燃气等加温设施，可防止上述温室气害的发生。

四、酸浆病害

酸浆（*Alkekengi officinarum*）别名红姑娘、灯笼草、挂金灯、洛神珠等，属茄科多年生宿根草本植物。红果可生食。

酸浆辣椒枝孢褐斑病

症状 主要为害花萼和叶片，病斑近圆形，直径 1.5 ～ 6mm，后期病斑融合，湿度大时叶两面生橄榄绿色霉层，即病原菌分生孢子梗和分生孢子。

病原 *Cladosporium capsici*，称辣椒枝孢，属真菌界无性态子囊菌。菌丝体多埋生。分生孢子梗多根簇生，直立，上部屈膝状，孢痕明显，平滑，2 ～ 5 个隔膜。分生孢子单生或链生，圆锥形至椭圆形，浅褐色，0 ～ 3 个隔膜。除为害酸浆外，还为害辣椒等。

传播途径和发病条件 病菌以菌丝体在病叶、残体上越冬，翌年条件适宜时产生大量分生孢子，借风雨传播进行初侵染，分生孢子萌发产生芽管从气孔侵入，经几天潜育即发病，产生一批新病斑，病斑上的分生孢子不断进行再侵染。气温较高，湿度适中易发病，华北地区 8 月上旬至 9 月中旬进入发病盛期，雨日多发病重。

防治方法 ①收获后及时清除病残体，集中烧毁，以减少菌源。②7 月底以前喷 1 次 1:1:150 倍式波尔多液或 77% 波尔多液可湿性粉剂 600 倍液，15 天后再喷 1 次。

酸浆辣椒枝孢褐斑病花萼

酸浆假尾孢褐斑病

症状 主要为害叶片。病斑近圆形或扩散形，直径 3 ～ 8mm，浅褐色至灰褐色。湿度大时生出浅黑色霉状物，即病原菌的分生孢子梗和分生孢子。病情严重时，病斑融合连片，致叶色变黄，造成早期落叶。

病原 *Pseudocercospora diffusa*，称酸浆假尾孢，属真菌界无性态子囊菌。子座近球形，生在气孔下，褐色。分生孢子紧密簇生，青黄褐色，偶分枝，具齿突，屈膝状折点 1 ～ 2 个，隔膜 0 ～ 4 个。分生孢子圆柱形，直立或略弯，顶部钝，基部倒圆锥形平截，青黄色，具隔膜 2 ～ 9 个。

酸浆假尾孢褐斑病

传播途径和发病条件 病菌以菌丝体或子座在病叶上越冬，翌年条件适宜时产生分生孢子，借风雨传播。分生孢子可在水滴中萌发，长出芽管后从气孔侵入酸浆叶片，发病后又生出新的分生孢子进行再侵染。气温高、湿度适中易发病。北京、河北一带 8～9 月进入发病盛期。

防治方法 参见圆茄、长茄茄生假尾孢叶斑病。

酸浆黄萎病

症状 多在酸浆开花结果期开始发病。病株下部叶片变黄脱落，茎基部及根部皮层呈水浸状，纵剖茎部和根部可见维管束变色，后全株枯萎而死。该病病程较长，扩展缓慢，从发病至枯萎历时 20 多天。北方 7～8 月发生。

病原 *Verticillium dahliae*，称大丽花轮枝菌，属真菌界无性态子囊菌，轮枝菌属。病菌形态特征参见茄子黄萎病。该菌生长适温 20～22.5℃，高于 30℃不能生长，生长最适 pH 8～8.6。除为害酸浆外，还可为害茄子、番茄、马铃薯、棉花、黄瓜等多种植物。

传播途径和发病条件 病菌以休眠菌丝、厚垣孢子随病残体在土壤中越冬，是翌年初侵染源。有报道种子内外长有菌丝和分生孢子也可进行初侵染。条件适宜时，病菌从根部伤口或直接从幼根表皮、根毛侵入，后在维管束内繁殖，再扩散到枝叶。定植时气温低、根部有伤口易发病。

防治方法 ①选用抗病品种。②与非茄科蔬菜进行 4 年以上轮作。③施用腐熟有机肥。④发病初期浇灌 50% 啶酰菌胺 1000 倍液混 50% 异菌脲 1000 倍液，每株灌对好的药液 100ml。

酸浆黄萎病病株

酸浆茄链格孢叶斑病

症状 叶上病斑圆形或近圆形，褐色至黑褐色，直径 10mm 左右，略具同心轮纹，多个病斑常融合成不规则形大斑。

病原 *Alternaria solani*，称茄链格孢，属真菌界无性态子囊菌链格孢属。

病菌形态特征、病害的传播途径、防治方法参见番茄、樱桃番茄茄链格孢早疫病。

酸浆轮斑病

症状 苗期、成株均可发生，主要为害叶片和花萼。叶片染病，产生暗绿色至暗褐色病斑，后变成灰褐色，略具轮纹病斑，直径 2 ～ 8mm，中央色浅，后期病斑上产生黑色小点，即病原菌分生孢子器。病情严重时，多个病斑融合致叶片枯死。花萼染病，产生灰白色或灰褐色病斑，大小不一，后期也生小黑点，最后穿孔或破裂。

病原 *Ascochyta physalina*，称酸浆壳二孢，属真菌界无性态子囊菌，壳二孢属。分生孢子器生在叶面，散生或聚生，初埋生，后突破表皮露出孔口，球形。器壁膜质，由数层细胞组成，内壁无色，形成瓶形产孢细胞，单胞无色。分生孢子圆柱形，两端钝圆，初单胞，后中央生 1 隔膜，隔膜处缢缩。

传播途径和发病条件 病菌以菌丝体和分生孢子器在病株上或随病残体在土壤中越冬，条件适宜时从分生孢子器中涌出大量分生孢子，借气流传播进行初侵染和再侵染，直至秋末冬初。雨日多易发病。

防治方法 ①采收后及时清园，集中烧毁，减少菌源。②发病初期喷洒 50% 异菌脲可湿性粉剂 900 倍液或 10% 苯醚甲环唑微乳剂 600 倍液。

酸浆轮斑病病叶

酸浆叶点霉叶斑病

症状 病斑生在叶上，圆形至椭圆形，灰白色，边缘褐色，四周有黄褐色晕圈，大小 3 ～ 6mm，后期病斑上生出小黑点，即病原菌分生孢子器。

病原 *Phyllosticta physaleos*，称酸浆叶点霉，属真菌界无性态子囊菌。分生孢子器生在叶面，球形，内壁无色，产生瓶形产孢细胞，单胞无色，上生分生孢子。分生孢子椭圆形，两端钝圆，单胞无色。

传播途径和发病条件 、 防治方法 参见番茄、樱桃番茄茄链格孢早疫病。

酸浆叶点霉叶斑病病叶

酸浆菌核病

症状 苗期、成株期均可发病，为害茎叶各部位。茎染病，初生水渍状暗绿色至褐色病变，后在病部长出较密厚的白色菌丝，后期在菌丝上或茎中长出鼠粪状菌核。

病原 *Sclerotinia sclerotiorum*，称核盘菌，属真菌界子囊菌门核盘菌属。

病菌形态特征、病害传播途径和发病条件、防治方法参见番茄、樱桃番茄菌核病。

酸浆菌核病

酸浆根结线虫病

症状 酸浆栽培区植株出现萎蔫后，拔出病株，可见根的各部位长出大小不一的瘤状物，初为黄白色，后呈褐色，表面光滑，即根结。线虫在根结里寄生，吸收酸浆营养，造成地上部变黄，影响产量和质量。

病原 *Meloidogyne hapla*（北方根结线虫）和 *M. incognita*（南方根结线虫），均属动物界线虫门植物寄生线虫。

线虫形态特征、传播途径和发病条件、防治方法参见番茄、樱桃番茄根结线虫病。

酸浆根结线虫病

五、茄果类蔬菜虫害

番茄潜叶蛾

学名 *Tuta absoluta*（Meyrick），又名番茄麦蛾、番茄潜麦蛾等，属鳞翅目（Lepidoptera），麦蛾科（Gelechiidae）。

分布与危害 番茄潜叶蛾是一种起源于南美洲、对番茄产业具有毁灭性危害的世界性入侵害虫，发生严重时，导致番茄减产 80% ～ 100%，被称为番茄上的"埃博拉病毒"。2017 年 8 月，番茄潜叶蛾被首次发现入侵我国新疆，目前该虫已在我国新疆、云南、山西、甘肃、四川、内蒙古、北京、辽宁、山东等省（自治区、直辖市）定殖，呈扩展蔓延态势，严重危害番茄生产，一般可导致减产 20% ～ 30%，重者达 50% 以上，严重威胁"菜篮子"保供安全。于 2023 年 11 月 10 日，番茄潜叶蛾被纳入《一类农作物病虫害名录》管理。

番茄潜叶蛾

寄主 多食性害虫，已报道的寄主植物有 11 科 50 种，包括茄科、苋科、藜科、旋花科、豆科、锦葵科、菊科、十字花科、禾本科、葫芦科、大戟科的鲜食番茄、樱桃番茄、加工番茄、马铃薯、茄子、烟草、甜椒、水果酸浆（洋菇娘）、人参果、甜菜、菠菜、菜豆、五彩椒、珊瑚樱、龙葵，以及辣椒属、枸杞属、锦葵属等其他植物。

为害特点 番茄潜叶蛾主要以幼虫进行危害，可以在番茄植株的任一发育阶段和任一地上部位进行危害。既可潜食叶肉，也可蛀食果实，还能为害顶芽及嫩梢嫩茎。幼虫潜入叶片组织中取食叶肉，初期形成细小的潜道，通常早期不易被发现，隐蔽性极强；之后随着幼虫的生长，食量增加，潜道变宽变大，形成不规则的半透明斑，进而导致被害叶片皱缩、干枯。幼虫龄期比较大时，还可蛀食顶梢、腋芽、嫩茎以及幼果。蛀食顶梢时，常使番茄生长点枯死，形成不育植株，造成丛枝或叶片簇生。蛀食果实，形成孔洞，导致果实畸形，或招致病菌寄生、引发果实腐烂；尤其喜欢在果萼与幼果相接处潜食，导致果实脱落。

生活习性 发育经卵，1 龄、2 龄、3 龄、4 龄幼虫，蛹和成虫等阶

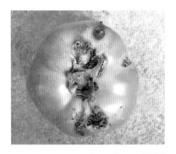

番茄潜叶蛾果实、叶片和植株受害状

段，在 14℃下完成 1 代约需 76 天，21℃下完成 1 代仅需 24 天。其中卵期 3 ～ 5 天，幼虫期 9 ～ 30 天，蛹期 6 ～ 20 天；成虫寿命雌虫 1 ～ 5 天，雄虫 6 ～ 15 天。一般完成 1 个生命周期约需 29 ～ 38 天，1 年可以发生 10 ～ 12 代，世代重叠。主要进行两性生殖，上午在 7：00 ～ 11：00 之间交配，单雌产卵 260 ～ 350 粒，羽化后的前 4 天的产卵量占总产卵量的 90%，可在温室、大棚内周年发生和为害。长距离扩散主要通过产品载体及交通工具、农产品贸易活动、人员跨区 / 跨境流动、异地调运、异地加工、异地处置等进行；短距离扩散主要是自主扩散，也可借助风力或水流或农事操作进行扩散。

防治方法 ①加强监测。日常巡查棚室时可使用性诱捕器进行监测，最简单的性诱方法就是在地上平铺一张蓝色粘虫板，上方放置一个诱芯，具备条件的可以使用三角形诱捕器，放置时应保证诱捕器尽可能与地面持平。在生产实践过程中也可以使用蓝色塑料盆盛水放置于地面，上方悬挂诱芯，可起到很好的诱捕效果。

②农业防治。选用无虫清洁苗；定植前及时清除茄科作物植株残体田间寄主龙葵、田旋花、灰绿藜等杂草；清洁农事操作。及时人工摘除虫果、虫叶，将带有虫体（卵）的枝条叶片，整枝打杈和疏花疏果后的残体，集中喷药或填埋销毁处理。秋翻冬灌，冬季低温冻棚，夏季高温闷棚。与非茄科作物倒茬轮作。

田间常见的番茄潜叶蛾监测方法

③ 物理防治。a.设置防虫网。在温室大棚入口、通风处挂置防虫网,形成人工隔离屏障,将害虫拒之门外,减少番茄潜叶蛾迁入和迁出,切断传播危害,时间为 4～6 月份、9～10 月份。b.蓝板诱杀。这是利用番茄潜叶蛾的趋蓝性原理而采用的

物理防治技术。在田间悬挂蓝色粘虫板,每亩悬挂 15～20 块,高出植株高度 10cm,20～30 天更换一次色板。c.灯光诱杀。灯光诱杀是利用番茄潜叶蛾对不同波长、波段光的趋性进行诱杀,有效降低虫源基数,控制害虫种群数量。交流电供电式杀虫灯两灯距离 120～160m,单灯控制面积 20～30 亩(1 亩 =667m^2);太阳能灯两灯距离 150～200m,单灯控制面积 30～50 亩。

④ 生物防治。保护利用草蛉、瓢虫、捕食螨(如烟盲螨)和姬小蜂、赤眼蜂等天敌。通过扩繁释放或人工助迁瓢虫、草蛉、捕食螨、寄生蜂等天敌防治。性诱剂诱杀成虫。选用三角形诱捕器或蓝色水盆或蓝板(打孔挂置诱芯),挂置番茄潜叶蛾专一性诱芯,每亩 1～2 套,4～6 周更换1 次。诱捕器及时更换粘虫板;蓝色水盆及时加水(为提高防效加入适量洗衣粉);及时更换蓝板。诱芯距离水面 1.5～2cm,将诱捕器放置于植株下部防治效果更佳。

⑤ 药剂防治。幼虫发生为害时,可喷施苏云金杆菌(Bt)100～150g/667m^2,或 60g/L 乙基多杀菌素悬浮剂 40ml/667m^2 或 17% 甲维盐·茚虫威悬浮剂 15～20g/667m^2,或 5% 甲维盐·虱螨脲 16～30ml/667m^2 等进行防治。如使用无人机施药,每亩药液量必须达到 3L 以上。使用化学农药时添加助剂可提高防治效果,应注意减少化学农药使用量。注意生物制剂需日落后施药,避免紫外线照

射；施药时要均匀细致，禁止超量使用；农药安全间隔期过后，方可采摘上市，避免造成农药残留超标。

幼虫危害严重时可采用闷棚技术，具体包括 5 个步骤：

a. 喷施药剂。全棚无死角喷施 5% 氯虫苯甲酰胺悬浮剂 1500 ～ 2000 倍液，或 17% 甲维盐·茚虫威悬浮剂 1500 ～ 2000 倍液，施药后进行番茄落架。b. 撒施碳酸氢铵。全棚均匀撒施碳酸氢铵，用量为 150kg/667m^2。c. 覆盖地膜。撒施碳酸氢铵的同时，全棚植株覆盖宽地膜，用土压严盖实。d. 密闭闷棚。关闭防风口，夏季高温闷棚、冬季低温冻棚，晴天连续 7 天以上。e. 揭开地膜。使用性诱捕器监测番茄潜叶蛾成虫 30 天以上，如未监测到成虫，方可清理植物残体。

番茄斑潜蝇

学名 *Liriomyza bryoniae*（Kaltenbach），属双翅目潜蝇科。斑潜蝇除番茄斑潜蝇外，具有重要性的还有三叶草斑潜蝇［*L.trifolii*（Burgess）］、线斑潜蝇（*L.strigata*）、美洲斑潜蝇（*L.sativae*）和南美斑潜蝇（*L.huidobrensis*）等。五种斑潜蝇形态极相似。

分布 中国、日本、欧洲、非洲、以色列。

寄主 茄科、葫芦科、十字花科等 36 科。嗜食番茄、瓜类、莴苣和豆类。是高杂食性害虫，是危险的六小害虫。

番茄斑潜蝇幼虫为害番茄叶片

番茄斑潜蝇成虫正在产卵

为害特点 幼虫孵化后潜食叶肉，呈曲折蜿蜒的食痕，苗期 2 ～ 7 叶受害多，严重的潜痕密布，致叶片发黄、枯焦或脱落。虫道的终端不明显变宽，是该虫与线斑潜蝇、南美斑潜蝇、美洲斑潜蝇相区别的一个特征。

生活习性 番茄斑潜蝇在台湾全年均发生，台湾凤山约年发生 25 ～ 26 代，在甘蓝上主要有两次发生高峰期，第 1 次在 3 ～ 6 月，4 月达到高峰；第 2 次高峰在 10 ～ 12 月，10 月进入高峰。种群密度上半年高于下半年，7 ～ 9 月雨季发生少，4 月和 10 月均温 25 ～ 27℃，降雨少适其发生。经试验 15℃成虫寿命

10～14天，卵期13天左右，幼虫期9天左右，蛹期20天左右；30℃成虫寿命5天，卵期4天，幼虫期5天，蛹期9天左右。咬破表皮在叶外或土表下化蛹，25℃条件下产卵量约183粒。在甘蓝上卵多产在真叶上，基部叶片上最多，偏喜成熟的叶片，由下向上，较有规律，少部分产在子叶上。该虫在田间分布属扩散型，发生高峰期全田被害。天敌有蛹寄生蜂 *Halticoptera circulus*（Walker）和 *Opius phaseoli* Fischer 等。

防治方法 ①加强检疫，疫区蔬菜、花卉严禁外调、外运。②生物防治。释放姬小蜂 *Diglyphus* spp.、反颚茧蜂 *Dacnusin* spp.、潜蝇茧蜂 *Opius* spp. 等，这3种寄生蜂对斑潜蝇寄生率较高。③提倡采用防虫网。育苗畦、生产大棚安装20～25目防虫网，阻止斑潜蝇潜入棚中产卵，防止其为害。④未安防虫网的适期喷洒杀虫剂防治。该虫卵期短、生产上要在成虫高峰期至卵孵化盛期或低龄若虫高峰期，某叶片上有若虫5头，虫道很小时喷洒昆虫生长调节剂。如15%唑虫酰胺乳油600～1000倍液或50%灭蝇胺可湿性粉剂1800倍液或1.8%阿维菌素乳油1800倍液或20%阿维·杀单微乳剂1500倍液、5%天然除虫菊素乳油1000倍液、25%噻虫嗪水分散粒剂1800倍液，也可在茄果类蔬菜定植时用1800倍灌根，更有利于对斑潜蝇的控制。发生高峰期隔5～7天1次，连续防治2～3次。

美洲斑潜蝇

学名 *Liriomyza sativae*（Blanchard），属双翅目潜蝇科。俗称蔬菜斑潜蝇、蛇形斑潜蝇、甘蓝斑潜蝇等。

分布 原分布在巴西、加拿大、美国、墨西哥、古巴、巴拿马、智利等30多个国家和地区。现已传播到我国，在广东、海南为害较重。

寄主 黄瓜、南瓜、西瓜、甜瓜、菜豆、芥菜、红豆、蚕豆、豌豆、番茄、辣椒、茄子、马铃薯、苜蓿、羽扁豆、蓖麻、曼陀罗等。严重的受害株率达100%，叶片受害率70%。

美洲斑潜蝇成虫（石宝才）

美洲斑潜蝇幼虫和蛹

为害特点　成虫、幼虫均可为害，雌成虫飞翔把植物叶片刺伤，进行取食和产卵，幼虫潜入叶片和叶柄为害，产生不规则蛇形白色虫道，叶绿素被破坏，影响光合作用，受害重的叶片脱落，造成花芽、果实被灼伤，严重的造成毁苗。美洲斑潜蝇发生初期虫道呈不规则线状伸展，虫道终端常明显变宽，别于番茄斑潜蝇。

生活习性　北京年发生 8～9 代，南方无越冬现象，周年发生。成虫以产卵器刺伤叶片，吸食汁液。雌虫把卵产在表皮下，卵经 2～5 天孵化，幼虫期 4～7 天。末龄幼虫咬破表皮化蛹，蛹期 7～14 天羽化为成虫。每世代夏季 2～4 周、冬季 6～8 周。

防治方法　近 10 多年来美洲斑潜蝇及南美斑潜蝇已由入侵初期的强势种群和主要防控目标，变成了温和种群和兼治对象，取得了显著的经济、生态和社会效益，成为我国阻击外来入侵有害生物的一个成功范例。①利用美洲斑潜蝇趋黄色习性，每 667m^2 安装 20～30 张含植物诱源的黄板诱杀成虫。②在化蛹高峰期进行大水漫灌，杀灭表土的虫蛹。③保护地栽培时，在春夏或夏秋换茬时，关闭棚室，高温闷棚 3～5 天，杀灭棚内田间及植株上残存的虫源，降低虫口基数，效果明显。④药剂防治。在成虫羽化始盛期选晴天早上露水干后至下午 2 时前成虫活动盛期杀灭成虫。也可在卵孵化盛期喷洒 75% 灭蝇胺可湿性粉剂 2500～3000 倍液或 2% 甲氨基阿维菌素苯甲酸盐微乳剂 2000 倍液、15% 唑虫酰胺乳油 600～1000 倍液、25% 噻虫嗪（阿克泰）水分散粒剂 1500 倍液、100g/L 虫螨腈悬浮剂 700 倍液。

番茄瘿螨

学名　*Eriophyes lycopersici* Wolff，属真螨目瘿螨科。瘿螨是植物寄生性螨类的重要类群，其危害仅次于叶螨，居第二位。因瘿螨体微小，一般不易察觉，为害后出现的症状常被误为病菌所致，防治上也多采用杀菌剂，所以效果甚微，给果蔬作物造成较大损失。番茄瘿螨是茄科蔬菜上的新害虫。

分布　贵州、河南等地。

番茄瘿螨为害番茄叶背和幼螨（右）

寄主　番茄、辣椒、茄子、马铃薯等。

为害特点　6～7 月辣椒和番茄生长的中后期，辣椒株枝端嫩叶向背面反卷，形成船型叶。同时茶黄螨混合为害，嫩枝僵滞，叶片和花大量脱落，减产 1/3～1/2。番茄嫩叶被害后，叶片反卷，皱缩增厚，随着番茄瘿螨虫口迅速增多，叶背渐现苍白色斑点，表皮隆起，最后产生灰白色毛毡状物。番茄新老叶片都可受害，老叶不卷曲，但质地变脆，失去光泽。对被害叶切片进行观察，发现毡物区表皮细胞和部分栅栏组织细胞已被吸干或仅留下少许叶绿素，大部分细胞坏死。毡状物即是坏死细胞组织、寄主胶状分泌物和螨蜕的混合体。

生活习性 生活史不详，田间5月中下旬至9月可见为害症状。成螨隐于叶背，在脉间叶肉表皮组织上吸食，潜于叶片刚毛下产卵繁殖。高温少雨气候下虫口密度大，为害烈。

防治方法 ①加强生活史研究，找出栽培控制措施，减轻为害。②药剂防治。掌握在为害始期至始盛期的6月上旬至7月中旬，成虫初发期喷洒10%浏阳霉素乳油1000倍液或10%虫螨腈悬浮剂700倍液、1.8%阿维菌素乳油1500～2000倍液、50%丁醚脲悬浮剂1000倍液、5%噻螨酮乳油1300倍液，在发生高峰期连续防治3～4次，每次间隔5～7天。

小绿叶蝉

学名 *Empoasca flavescens* (Fab.)，属同翅目叶蝉科。别名桃叶蝉、桃小浮尘子、桃小叶蝉、桃小绿叶蝉等。

分布 全国各地。

寄主 茄子、菜豆、十字花科蔬菜、马铃薯、甜菜、水稻、棉花、桃、杏、李、樱桃、梅、葡萄等。

为害特点 成虫、若虫吸汁液，被害叶初现黄白色斑点渐扩成片，严重时全叶苍白早落。

生活习性 年发生4～6代，以成虫在落叶、杂草或低矮绿色植物中越冬。翌春桃、李、杏发芽后出蛰，飞到树上刺吸汁液，经取食后交尾产卵，卵多产在新梢或叶片主脉里。卵期5～20天，若虫期10～20天，非越冬成虫寿命30天，完成1个世代40～50天。因发生期不整齐致世代重叠。6月虫口数量增加，8～9月最多且为害重。秋后以末代成虫越冬。成虫、若虫喜白天活动，在叶背刺吸汁液或栖息。成虫善跳，可借风力扩散，旬均温15～25℃适其生长发育，28℃以上及连阴雨天气虫口密度下降。

小绿叶蝉成虫

防治方法 ①成虫出蛰前清除落叶及杂草，减少越冬虫源。②掌握在越冬代成虫迁入后，各代若虫孵化盛期及时喷洒25%噻虫嗪水分散粒剂1500～2000倍液或20%异丙威乳油 800 倍液或 25% 噻嗪酮乳油 1000 ～ 1500 倍液、25% 吡蚜酮悬浮剂 2000 ～ 2500 倍液、10% 吡虫啉可湿性粉剂 1500 倍液、40% 啶虫脒水分散粒剂 6000 倍液、70% 吡虫啉水分散粒剂 7000 倍液。

棉叶蝉

学名 *Empoasca biguttula*（Shiraki），属同翅目叶蝉科。别名棉叶跳虫、棉浮尘子、二点浮尘子、茄叶蝉。

分布 全国各地。

寄主 棉花、茄子、马铃薯、豆类、白菜、烟草、番茄、甘薯、空心菜、南瓜、芥菜、萝卜、木棉、木芙蓉、锦葵、向日葵、芝麻、桑、葡萄、柑橘等 31 科 77 种。

为害特点 以成虫、若虫在叶背吸取汁液，叶受害后，先是叶片的尖端和边缘变黄，并逐渐向叶片中部扩大。为害严重时，从叶尖端及边缘由黄变红，后期还会由红变成焦黑色，最后叶片卷缩畸形，植株矮小，枯死。棉叶蝉除直接为害外，还传播病毒病。

棉叶蝉

生活习性 南京年发生 8 ～ 9 代，湖北 12 ～ 14 代，广东 14 代。世代重叠。以成虫和卵在茄子、马铃薯、蜀葵、木芙蓉、梧桐等的叶柄、嫩尖或叶脉周围及组织内越冬。在湖北、广东等地冬季仍见成虫在豆科作物上繁殖。5 月中旬至 11 月是为害期，其中尤以 10 ～ 11 月上旬为害最重。成虫白天活动，在晴天高温时特别活跃，有趋光性，一受惊扰，迅速横行或逃走。1、2 龄若虫，常群集于靠近叶柄的叶片基部，成虫和 3 龄以上若虫一般多在叶片背面取食，喜食幼嫩的叶片，夜间或阴天常爬到叶片的正面。在 28 ～ 30℃下卵历期 5 ～ 6 天，若虫期 5.6 ～ 6.1 天，成虫期 15 ～ 20 天。6℃以下进入休眠状态。

防治方法 ①选育抗虫品种。②适时早播，合理密植，增施磷钾肥和有机肥，促进茄子健壮生长。③注意调查茄叶蝉数量变化动态，当百片茄叶有虫多于 100 头或叶上已受害时，开始喷洒 25% 噻虫嗪水分散粒剂 1800 倍液或 2% 异丙威粉剂，每 667m² 用 2kg。④也可选用 25% 吡蚜酮可湿性粉剂 2000 倍液或 40% 啶虫脒水分散粒剂 6000 倍液、10% 吡虫啉可湿性粉剂 1500 倍液、25% 噻嗪酮乳油 1000 ～ 1500 倍液。

温室白粉虱

学名 *Trialeurodes vaporariorum*（Westwood），同翅目粉虱科。别名

Aleurodes vaporariorum。

分布 全国各地。

寄主 番茄、茄子、甜（辣）椒、彩椒、人参果、酸浆、芹菜、黄瓜、菜豆等各种蔬菜。

温室白粉虱成虫在叶背刺吸汁液
（石宝才）

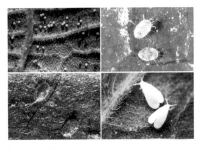

白粉虱卵、若虫、假蛹和成虫

为害特点 成虫和若虫吸食植物汁液，被害叶片褪绿、变黄、萎蔫，甚至全株枯死。此外，由于其繁殖力强，繁殖速度快，种群数量庞大，群集为害，并分泌大量蜜露，严重污染叶片和果实，往往引起煤污病的大发生，失去商品价值。

生活习性 安徽、浙江年发生4代，福建、湖南和四川4～5代，温室可发生10代，均以若虫于叶背越冬。越冬若虫3月间化蛹，3月下旬至4月羽化。世代不整齐，从3月中旬至11日下旬均可见。各代若虫发生期：第1代4月下旬至6月，第2代6月下旬至7月中旬，第3代7月中旬至9月上旬，第4代10月至翌年2月。成虫喜较阴暗的环境，多在内膛枝叶上活动，卵散产于叶背，散生或密集呈圆弧形，数粒至数十粒一起，每雌可产卵数十粒至百余粒。初孵若虫多在卵壳附近爬动吸食，共3龄，2、3龄固定寄生，若虫每次蜕皮壳均留叠体背。卵期：第1代22天，2～4代10～15天。非越冬若虫期20～36天。蛹期7～34天。成虫寿命6～7天。温室白粉虱对黄色有强烈趋性，不善飞翔，向外扩散迁移慢，在菜田多先点片发生，后逐渐蔓延扩散，虫口密度分布不均，成虫喜欢群集在茄果类等多种蔬菜植株上部嫩叶背面，并把卵产在嫩叶上，随菜株生长成虫向上部转移，成虫和初产的卵在上层嫩叶上多，稍下部叶片多为变褐色的卵，再下部多为初龄若虫和中老龄若虫及蛹。

防治方法 ①加强管理，使通风透光良好，可减轻发生与为害。利用涂有机油的黄色板诱杀成虫。每667m² 挂 10～20 块，经济有效。②生育期药剂防治。1～2龄时施药效果好，可喷洒70%吡虫啉水分散粒剂7000倍液或5%天然除虫菊素乳油1000倍液、25%吡蚜酮可湿性粉剂2000倍液、20%吡虫啉浓可溶剂 2500～3000 倍液、1.8% 阿维菌素乳油 1500～2000 倍液、25% 噻虫嗪水分散粒剂 1500～2000 倍液、25% 噻嗪酮可湿性粉剂 1200 倍液。3 龄及其以后各虫态的防治，最好用含油量 0.4%～0.5% 的矿物油乳剂混用上述药剂，可提高杀虫效果。单用化学农药效果不佳。③注意保护和引放天敌。

烟粉虱

学名 烟粉虱 [*Bemisia tabaci* (Gennadius)]，近年又出现新的 B 型烟粉虱，学名 *B.argentifolii* Bellows & Perring；Q 型烟粉虱及螺旋粉虱，学名 *Aleurodicus dispersus* Russell，属同翅目粉虱科。

分布 北京、河南、浙江、江苏、山东等地。螺旋粉虱分布在海南省。

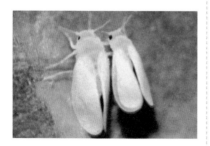

烟粉虱成虫（焦小国）

寄主 番茄、番薯、木薯、棉花、烟草、十字花科、葫芦科、豆科、茄科、锦葵科等。

为害特点 成虫、若虫刺吸植物汁液，受害叶褪绿萎蔫或枯死。2000 年烟粉虱、B 型烟粉虱暴发成灾，现在这些地区 Q 型烟粉虱正在扩大。为害蔬菜、花卉十分猖獗。

生活习性 亚热带年发生 10～12 个重叠世代，每代 15～40 天，几乎月月可见。种群发生高峰，夏季卵期 3 天，冬季 33 天，若虫 3 龄 9～84 天，伪蛹 2～8 天。成虫产卵期 2～18 天，每雌产卵 120 粒左右，卵多产在植株中部嫩叶上。成虫喜无风温暖天气，有趋黄性，气温 14.5℃ 开始产卵，气温升高产卵量增加，相对湿度低于 60% 停止产卵。B 型烟粉虱寄主更多，对蔬菜品质和产量影响更大。

图上部由左至右为烟粉虱成虫和拟蛹，下部由左至右为温室白粉虱成虫和拟蛹及阳具

提倡用黄板诱杀粉虱、蚜虫

防治方法　现在 Q 型烟粉虱对许多杀虫剂，尤其是对新烟碱类杀虫剂产生了极强的抗药性。对烟粉虱中国农科院蔬菜所、植保所和北京市农林科学院提出了以"隔离、净苗、诱捕、寄生和调控"为核心的粉虱类害虫可持续控制技术体系，目前该技术体系已在我国设施蔬菜主产区广泛应用于粉虱类害虫的防治。①培育无虫壮苗。育苗的棚室要和生产温室分开。育苗前发现有残余成虫要用吡虫啉或蚜虱净杀灭。②注意清洁田园，彻底清除田间杂草和残枝落叶，减少虫源。③避虫轮作。种植茄科、葫芦科、豆科蔬菜时，不宜连作，最好与葱蒜类、菠菜等绿叶蔬菜轮作，避虫效果明显。④采用黄板诱杀成虫。用含有植物诱源的黄板，每 20 ～ 30m² 一块，诱杀成虫有效。⑤采用防虫网覆盖栽培，防止烟粉虱侵入。⑥棚室内释放丽蚜小蜂、桨角蚜小蜂、蜡蚧轮枝菌进行生物防治，虫蜂比为 1：（2 ～ 3）。⑦药剂防治。烟粉虱发生初期及时喷洒 1.8% 阿维菌素乳油 2000 倍液，药后 3 天对 Q 型烟粉虱防效达 78.8%，或用 24% 螺虫乙酯悬浮剂 2000 倍液或 40% 啶虫脒水分散粒剂 3000 ～ 4000 倍液或 15% 唑虫酰胺乳油 1000 ～ 1500 倍液或 10% 烯啶虫胺水剂 2000 ～ 2500 倍液。对螺旋粉虱在蔬菜小苗期喷洒 25% 噻虫嗪水分散粒剂 2000 倍液校正防效达 80%，用 1000 倍液防效可达 95% 以上。烟粉虱很易产生抗药性，生产上要注意选取不同类型、作用机制不同的农药品种，轮换用药。还可选用 22% 螺虫乙酯·噻虫啉（稳特）悬浮剂，防治烟粉虱，每 667m² 用 40ml 对白粉虱、烟粉虱持效 21 天，兼治蚜虫、蓟马、叶螨。200g/L 氯虫苯甲酰胺（康宽）悬浮剂 3000 ～ 5000 倍液。

茄蚤跳甲

学名　*Psylliodes balyi* Jacoby，属鞘翅目叶甲科。

分布　贵州、云南、台湾。

寄主　茄子。

为害特点　成虫食害茄子叶片，产生很多虫咬斑痕，严重的穿孔，影响光合作用。幼虫蛀根为害。把皮层食成弯道，隧道内充满虫粪，对产量影响大。

茄蚤跳甲成虫正为害茄子叶片状

生活习性　贵阳年发生 2 代，以老熟幼虫在土中越冬。翌年 4 月中旬化蛹，4 月下旬开始羽化，5 月上旬至 6 月下旬进入羽化盛期，田间成虫数量大，为害严重。成虫产卵前期 20 多天，产卵始期为 5 月中旬，6 月中旬至下旬进入产卵盛期，卵于 6 月下旬孵化，6 月底至 7 月上旬进入孵化盛期，致田间幼虫数量多，为害重。7 月中旬老熟幼虫化蛹。7 月下旬第 1 代成虫陆续羽化，8 月成虫再次达高峰，8 月中旬、下旬第 1 代卵孵化，9 月下旬至 10 月上旬以第 2 代老熟幼虫在茄根附近土中越冬。成虫寿命 80 ～ 100 天，成虫善跳，但一般不转移，受惊扰时才跳至它株，喜欢集中在心叶处取食。成虫可多次交配，交配 1 次需 0.5h，每次产卵少则 3 ～ 5 粒，多达 20 粒，1 年产卵 50 ～ 60 粒，多的百余粒，产卵期 1 个多月。卵多产在土表或土缝中，散产或堆产，初孵幼虫从地下茎部钻入茄株，啃食地下茎和根的皮层，幼虫老熟后从茄根内爬出入土，在茄根附近 9 ～ 12cm 深的土层中作土室化蛹。天敌有狩蜂、麻雀、蚂蚁、步行虫、螳螂等。

防治方法 ①收获后及时拔除茄秆，集中沤肥或烧毁。同时耕翻土地可消灭部分越冬幼虫。②保护利用天敌。有条件的饲养狩蜂、螳螂释放在田间。③每年 5 ～ 6 月和 8 月成虫发生期于清晨喷洒 1% 甲氨基阿维菌素苯甲酸盐乳油 1500 ～ 2000 倍液或 22% 氰氟虫腙悬浮 600 ～ 800 倍液、20% 氰戊菊酯水乳剂 1000 ～ 1200 倍液。④根部受害严重时，可用上述药剂浇灌。

褐点粉灯蛾

学名 *Alphaea phasma*（Leech），鳞翅目灯蛾科。别名 *Thyrgorina phasma* Leech。

分布 湖南、贵州、四川、云南。

寄主 南瓜、茄子、菜豆、辣椒等 55 科 111 种植物。

为害特点 幼虫啃食寄主植物叶片，并吐丝织半透明的网，可将叶片表皮、叶肉啃食殆尽，叶缘成缺刻，受害叶卷曲枯黄，继变为暗红褐色。严重时叶片被吃光，严重影响生长。

褐点粉灯蛾幼虫

生活习性 昆明年发生 1 代，以蛹越冬。翌年 5 月上旬、中旬开始羽化产卵，6 月上旬、中旬孵化。幼虫共 7 龄，幼虫一般嚼食寄主植物的叶片，为害颇烈。初龄幼虫，常在寄主植物上用白色细丝织成半透明的网，幼虫群集在网下取食，将叶片表皮、叶肉啃食殆尽，有的叶缘被食成缺刻。叶片受伤后，卷曲枯黄，继变为棕褐色。有时，幼虫将几个叶片用丝纠缠一起，隐居其中为害。自第 3 龄幼虫后，取食量特别大，扩散力加强，蔓延为害其他植株。老熟幼虫结茧化蛹前，从为害处爬下植株，寻找结茧化蛹场所（如地面落叶下、土墙壁及其角落的洞穴缝隙中、室内堆放的书籍或折叠的衣服里、窗户和门框上等隐蔽处）。化蛹后，蛹体末端有时附有蜕皮。茧由体毛和丝组成。成虫一般夜间活动。羽化后的成虫，除栖息于寄主植物上外，有时也可在室内窗框、墙壁上及室外窗户上发现。成虫在野外寄主植物叶片上交尾后，雄蛾不久死亡；雌蛾产卵一般选择叶背面，产后静伏于卵块上，经一段时间方离开，最后死亡。据室内观察，雌蛾产卵共 5 次。每头雌蛾产卵时间延续 1 周左右，共产卵 500 余粒，卵经 10 ～ 23 日孵化。褐点粉灯蛾的天敌，据初步调查，在幼虫期主要有小茧蜂（*Rhogas* sp.），幼虫期和蛹期有寄生蝇（*Myxexoristops bicolor* Villcneuve）、白僵菌等。

防治方法 参见红棕灰夜蛾。

芝麻天蛾

学名 *Acherontia styx*（Westwood），属鳞翅目天蛾科。别名鬼脸天蛾。

分布 北京、河北、河南、山东、山西、陕西、浙江、江西、湖北、广东、广西、云南等地。

寄主 芝麻、茄子、马鞭草科、豆科、木樨科、唇形科等植物。

为害特点 以幼虫食害叶部，食量很大，严重时可将整株叶片吃光，有时也为害嫩茎和嫩荚，发生数量多时，对产量有很大的影响。

生活习性 河南、湖北等地年发生 1 代，在江西、广东、广西年发生 2 代，广东以南年发生 3 代，在各地均以末代蛹在土下 6 ～ 10cm 深的土室中越冬。湖北一代区成虫于 6 月上旬出现，6 月中旬、下旬为产卵，7 月中旬、下旬为幼虫为害盛期，8 月上旬至 9 月上旬老熟幼虫入土化蛹越冬。二代区，第 1 代幼虫出现在 7 月中、下旬，第 2 代幼虫出现在 9 月。三代区 7 月上旬发生数量多。幼龄幼虫晚间取食，白天栖息在叶背；老龄幼虫昼夜取食，常将叶片吃光。成虫昼伏夜出，有趋光性，受惊后，腹部环节间摩擦可吱吱发声。幼虫随龄数的增加有转株为害的习性。卵散产于寄主植物的叶面或叶背。

芝麻天蛾成虫和低龄幼虫

防治方法 ①成虫盛发期可用灯火诱杀。②幼虫盛发时，提倡使用 25% 灭幼脲悬浮剂 700 ～ 800 倍液或 10% 吡虫啉可湿性粉剂 1500 倍液、40% 辛硫磷乳油 1500 倍液。

地中海实蝇

学名 *Ceratitis capitata*（Wiedemann），属双翅目实蝇科。

分布 亚洲、伊朗、巴基斯坦、叙利亚、土耳其、印度、非洲、美洲、欧洲、大洋洲等80多个国家和地区。是我国规定严禁传入的一类危险性害虫。是重要的检疫对象。

寄主 番茄、茄子、辣椒、甜橙、柠檬、芒果、香蕉、木瓜、番石榴、苹果、梨、桃、李、杏、花卉等250多种栽培或野生植物。蔬菜田间受害少，番茄等茄科蔬菜常是地中海实蝇携带者。

为害特点 成虫把卵产在果实上，幼虫在果实内蛀食果肉，致果实腐烂、变质。

地中海实蝇成虫

生活习性 全国年发生2～16代，以蛹和成虫越冬。翌春雌成虫把产卵管刺入果皮成一空腔，卵产在腔中，每雌可产卵100～500粒，每次产卵3～9粒，每天平均可产卵6～21粒，初孵幼虫侵入果内为害，末龄幼虫即脱果入土化蛹。该虫适应性强，繁殖快，随水果调运或旅客携带作远距离传播。

防治方法 ①该虫可以幼虫或蛹随农产品及包装物传播，对旅客携带的水果、茄果类蔬菜及进口的果品苗木、种子，严格进行检疫，严防传入。②严格检疫措施，严禁从疫区进口水果及茄果类蔬菜。

红棕灰夜蛾

学名 *Polia illoba*（Butler），属鳞翅目夜蛾科。别名苜蓿紫夜蛾。

分布 黑龙江、内蒙古、河北、甘肃、江苏、江西等地。

寄主 茄子、莙荙菜、胡萝卜、甜菜、草莓、枸杞、菊、茼蒿、菜豆、草食蚕、豌豆、苜蓿、大豆、豇豆、桑、黑莓等。

为害特点 幼虫食叶成缺刻或孔洞，严重时可把叶片食光。也可为害嫩头、花蕾和浆果。

红棕灰夜蛾成虫

生活习性 吉林、银川年发生2代，以蛹越冬。翌年吉林第1代成虫于5月上旬出现，6月上旬出现第1代幼虫，8月上旬第2代成虫始见，交配产卵常把卵产在叶面或枝上，每雌产卵 150 ～ 200 粒；银川第 1 代成虫 5 月中下旬出现，第 2 代成虫于 7 月下旬至 8 月上旬出现，1、2 龄幼虫群集在叶背食害叶肉，有的钻入花蕾中取食，3 龄后开始分散，4 龄时出现假死性，白天多栖息在叶背或心叶上，5、6 龄进入暴食期，每 24h 即可吃光 1 ～ 2 片叶子，末龄幼虫食毁草莓的嫩头、蕾花、幼果等，影响草莓翌年产量。幼虫进入末龄后于土内 3 ～ 6cm 处化蛹。成虫有趋光性。幼虫白天隐居叶背，主要在夜间取食，受惊扰有蜷缩落地习性。天敌有齿唇茧蜂、蜘蛛、蓝蟌等。

栖息在茄子叶片上的绿色
红棕灰夜蛾幼虫

防治方法　①成片安置黑光灯，进行测报和防治。②人工捕杀幼虫。③幼虫 3 龄前喷洒 5% 氟铃脲乳油 600 倍液、1.8% 阿维菌素乳油 1500 ～ 2000 倍液、20% 氰戊菊酯乳油 1000 ～ 1500 倍液、22% 氰氟虫腙悬浮剂 600 ～ 800 倍液。

黄斑大蚊

学名　*Nephrotoma* sp.，属双翅目大蚊科。别名土大蚊、切蛆、蚕豆切蛆等。

分布　宁夏、内蒙古、河南、山东、江苏等地。

寄主　蚕豆、苜蓿、麦类、黄瓜、茄子、辣椒、番茄、草莓等。该虫还可为害西瓜苗。

为害特点　幼虫在地下为害蚕豆、黄瓜、茄科蔬菜、草莓及西瓜等种子和幼苗根茎部，阴雨天幼虫钻出地表切断贴地的叶柄或食害嫩叶。

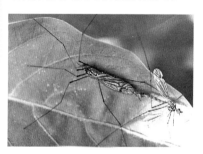

黄斑大蚊雌雄成虫正在交尾

生活习性　甘肃省和山东聊城市年约发生 3 代，以中龄及老熟幼虫入土 8 ～ 15cm 处越冬。翌年 3 月下旬开始活动，取食秧苗根部及新出土嫩芽，4 月下旬开始化蛹，蛹期 5 ～ 10 天，5 月上旬、中旬成虫大量羽化，经 5 ～ 8h 交配产卵（平均产卵量 269 粒，卵期 5 ～ 8 天），6 月是 1 代幼虫为害期，7 月中旬 1 代成虫出现，成虫寿命 5.6 ～ 6.5 天，8 月又进入 2 代幼虫为害期，幼虫期

45～50天。2代成虫羽化后9月间第3代幼虫出现，为害至9月下旬，天气变冷时入土越冬。越冬代幼虫期可达6～6.5个月。

防治方法 ①早春越冬幼虫开始为害时，在土表撒施2.5%辛硫磷粉剂或2.5%敌百虫粉剂药土，然后锄或耙入土中或灌水，使药液渗入土中。②必要时用3.2%苦·氯乳油1000～1500倍液逐株浇灌。③发现为害时，可在地面堆放拌有低毒农药的新鲜菜叶，诱集幼虫，集中消灭。

辣椒实蝇

学名 *Bactrocera latifrons* (Hendel)，属双翅目实蝇科。

分布 云南、台湾等。

寄主 辣椒、茄子、番茄、黄瓜、蛇瓜、苹果、香蕉、洋桃、咖啡、番石榴、荔枝、芒果、甜橙等。

辣椒实蝇雌成虫

生活习性 该虫主要以幼虫和卵随寄主果实、包装物传播，成虫产卵在寄主果实里，幼虫在果实中成长，靠人把含有卵和幼虫的果实从一地带到另一地，进行传播蔓延。

防治方法 ①加强检疫果实和包装物。注意检查卵、幼虫和蛹，不仅对果实进行检疫，还要对包装物进行检查。②发现寄主果实中感染此虫时，可采用熏蒸或高、低温方法进行处理。

棉铃虫

学名 *Helicoverpa armigera* (Hübner)，异名 *Heliothis armigera* Hübner，鳞翅目夜蛾科。别名棉铃实夜蛾。

分布 几遍全国各地。20世纪90年代以来在棉花上大暴发，在蔬菜上为害更为严重。

寄主 番茄、樱桃番茄、五彩番茄、茄子、甘蓝、白菜、芦笋、菜苜蓿、南瓜、蜜本南瓜、小南瓜等蔬菜及豆、玉米、甜玉米、人参果、黄秋葵、甜瓜、西瓜、菜用仙人掌、枸杞、牛蒡等农作物。

为害特点 以幼虫蛀食番茄植株的蕾、花、果，偶尔也蛀食茎，并且食害嫩茎、叶和芽。但主要为害形式是蛀果，是番茄的大害虫。蕾受害后，苞叶张开，变成黄绿色，2～3天后脱落。幼果常被吃空或引起腐烂而脱落，成果虽然只被蛀食部分果肉，但因蛀孔在蒂部，雨水、病菌易侵入引起腐烂、脱落，造成严重减产。

棉铃虫成虫栖息在地面上

钻入樱桃番茄果实内蛀害的棉铃虫幼虫

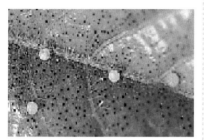

棉铃虫卵

棉铃虫幼虫正在蛀害大番茄果实

棉铃虫低龄幼虫和成长幼虫在
番茄茎上的栖息状

土室中的棉铃虫蛹

棉铃虫幼虫蛀害樱桃番茄果实上的蛀果孔

烟青虫成虫与棉铃虫成虫的区别

生活习性 内蒙古、新疆年发生 3 代，华北 4 代，长江流域 4～5 代，长江以南 5～6 代，云南 7 代。以蛹在土中越冬。在华北于 4 月中下旬开始羽化，5 月上中旬为羽化盛期。1 代卵见于 4 月下旬至 5 月末，以 5 月中旬为盛期。1 代成虫见于 6 月初至 7 月初，盛期为 6 月中旬。第 2 代卵盛期也为 6 月中旬，7 月为第 2 代幼虫为害盛期，7 月下旬为 2 代成虫羽化和产卵盛期。第 4 代卵见于 8 月下旬至 9 月上旬，所孵幼虫于 10 月上中旬老熟，入土化蛹越冬。成虫于夜间交配产卵，95% 的卵散产于番茄植株的顶尖至第四复叶层的嫩梢、嫩叶、果萼、茎基上，每雌产卵 100～200 粒。卵的发育历期 15℃ 为 6～14 天，20℃ 为 5～9 天，25℃ 为 4 天，30℃ 为 2 天。初孵幼虫仅能啃食嫩叶尖及花蕾成凹点，一般在 3 龄开始蛀果，4～5 龄转果蛀食频繁，6 龄时相对减弱。早期幼虫喜食青果，近老熟时则喜食成熟果及嫩叶。一头幼虫可害 3～5 果，最多为 8 果，蛀果数随番茄青果密度及降雨量而变化。幼虫共 6 龄，在不同温度下发育历期：20℃ 为 31 天，25℃ 为 22.7 天，30℃ 为 17.4 天。老熟幼虫在 3～9cm 表土层筑土室化蛹，预蛹期约 3 天，蛹的发育历期 20℃ 为 28 天，25℃ 18 天，28℃ 13.6 天，30℃ 9.6 天。棉铃虫属喜温喜湿性害虫，成虫产卵适温在 23℃ 以上，20℃ 以下很少产卵；幼虫发育以 25～28℃ 和相对湿度 75%～90% 最为适宜。在北方尤以湿度的影响较为显著，当月降雨量在 100mm 以上、相对湿度 70% 以上时为害严重。但雨水过多造成土壤板结，则不利于幼虫入土化蛹，同时蛹的死亡率增加。此外，暴雨可冲掉棉铃虫卵，也有抑制作用。成虫需在蜜源植物上取食作补充营养，第 1 代成虫期与番茄、瓜类作物花期相遇，加之气温适宜，因此产卵量大增，使第 2 代棉铃虫成为危害最严重的世代。

预测预报与防治指标 测报方法：一是成虫诱测。自 4 月中旬至 9 月底，可设置黑光灯或用性诱剂诱捕盆（取直径约 20cm 的盆，置入 0.1% 中性皂水或清水添加少许洗衣粉。诱芯置于盆中央距水面 1～2cm 处。诱捕盆在番茄田中的设置应高出植株 20cm，共设三盆，盆距 30m），每天日出前检查诱到的雌、雄蛾数。二是查卵和幼虫。诱测到第 1 头成虫后，即开始在番茄田定点定株调查。查第 1 代卵时，每双行 10 株为一样点，共取 200 株，样点呈平行线排列，要检查全株，每 3 天 1 次；查第 2、第 3、第 4 代卵时，每双行 4 株为一样点，共取 100 株，样点呈平行线排列，每株只查顶尖至第四复叶层之间的卵数，每隔 1 天 1 次。每次记录后，将查到的卵抹去。在各代发生期间，调查 2～3 次各龄幼虫数及被蛀果数。

根据测报调查的数据，参考当地防治指标，可确定是否需要采取防治措施。

防治方法 ①农业防治。一是

压低虫口密度。棉铃虫 95% 的卵产于番茄的顶尖至第四层复叶之间，结合整枝，及时打顶和打杈，可有效地减少卵量，同时要注意及时摘除虫果，以压低虫口。二是在 6 月中下旬 2 代发生盛期，适时去除番茄植株下部的老叶。既不会影响产量，又因改善了通风状况，可预防和减轻病虫害的发生与流行。三是早、中、晚熟品种要搭配开。早熟品种要尽早移植，以避开 2 代棉铃虫的为害。四是在菜田种植玉米诱集带，能减少番茄田棉铃虫的产卵量，但应注意选用生育期与棉铃虫成虫产卵期吻合的玉米品种。②提倡用防虫网防治棉铃虫，方法参见美洲斑潜蝇。利用频振式杀虫灯，防治茄果类蔬菜棉铃虫，兼治地下害虫效果好。③生物防治。在 2 代棉铃虫卵高峰后 3 ~ 4 天及 6 ~ 8 天，连续 2 次喷洒每克 100 亿活芽胞苏云金杆菌可湿性粉剂 200 ~ 300 倍液或 16000IU/mg 苏云金杆菌水分散粒剂 600 ~ 800 倍液或棉铃虫核型多角体病毒（NPV），每 667m² 用 133 亿个多角体病毒，即可达到满意效果，致幼虫大量染病死亡。也可用赤眼蜂防治棉铃虫，于菜田棉铃虫产卵高峰期，把人工繁育的松毛虫赤眼蜂寄主柞蚕的卵黏成卵卡，每张纸卡黏上 15 粒，每粒出蜂 60 只，放蜂 3 天后寄生率 65%。④药剂防治。关键是用药时期要求抓住卵孵化盛期至 2 龄盛期，即幼虫未蛀入果内之前施药。提倡喷洒 5% 氯虫苯甲酰胺悬浮剂 1000 倍液或 10% 虫螨腈悬浮剂 1200 倍液、240g/L 甲氧虫酰肼悬浮剂 1800 倍液或 2% 甲氨基阿维菌素苯甲酸盐可溶液剂 3000 ~ 4000 倍液或 100g/L 三氟甲吡醚乳油 700 ~ 1000 倍液、22% 氰氟虫腙悬浮剂 600 ~ 800 倍液。提倡滴施 20% 氯虫苯甲酰胺悬浮剂每 667m² 滴悬浮剂 40ml，防治辣椒田棉铃虫。滴后 7 天开始发挥药效，药后 17 天防效达高峰，持效 27 天。⑤药剂蘸盘防虫时，可选用氯虫苯甲酰胺、甲氨基阿维菌素苯甲酸盐等具内吸作用的杀虫剂，可兼杀粉虱、蓟马等。

烟青虫

学名 *Helicoverpa assulta*（Gue-née），鳞翅目夜蛾科。别名烟夜蛾、烟实夜蛾。

分布 华北、华中、华东及全国大部分烟田及菜田，新疆、西藏也有分布。

寄主 甜椒、彩色甜椒、辣椒、番茄、樱桃番茄、南瓜、黄秋葵、甜玉米等。

为害特点 以幼虫蛀食蕾、花、果，也食害嫩茎、叶和芽。果实被蛀引起腐烂而大量落果，是造成减产的主要原因。

生活习性 全国均有发生，代数较棉铃虫少，在华北年发生 2 代，黄淮地区 3 ~ 4 代，西南、华南 4 ~ 6 代，广东 7 ~ 8 代，以蛹在土中越冬。成虫卵散产，前期多产在寄主植物上中部叶片背面的叶脉处，后期产在萼

烟青虫为害大番茄青果的蛀果孔

烟青虫成虫

正在向辣椒果实蛀孔的烟青虫幼虫

烟青虫绿色型幼虫

片和果上。成虫可在番茄上产卵，但存活幼虫极少。幼虫昼间潜伏，夜间活动为害。发育历期：卵 3 ～ 4 天，幼虫 11 ～ 25 天，蛹 10 ～ 17 天，成虫 5 ～ 7 天。

防治方法 参见棉铃虫。

苜蓿夜蛾

学名 *Heliothis viriplaca* Hüfnagel，鳞翅目夜蛾科。别名大豆叶夜蛾。

分布 国内分布偏北，长江为其南限，东、西、北均靠近国境线，四川、西藏均有发生。

苜蓿夜蛾成虫栖息在叶上

苜蓿夜蛾幼虫

茄黄斑螟老熟幼虫从蛀果孔爬出来

寄主　番茄、樱桃番茄、马铃薯、豌豆、大豆、苜蓿、甜菜、甘薯、玉米、花生、棉、麻等。

为害特点　幼虫食叶、花蕾、果实及种子。

生活习性　分布在我国北方地区，年发生2代，以蛹在土中越冬。每年6月第1代成虫羽化产卵，卵期约7天。幼龄幼虫有吐丝卷叶习性，在内取食，长大后则不再卷叶，蚕食大量叶片。第1代幼虫7月间入土做土茧化蛹，成虫于8月羽化产卵。第2代幼虫除食叶外，并大量蛀食豆荚等果实，为害严重，9月间幼虫老熟入土做土茧化蛹越冬。成虫需吸食花蜜作补充营养，并有趋光性。幼龄幼虫受惊有向后逃逸习性，大龄幼虫遇惊扰即弹跳落地。

防治方法　①利用杀虫灯、黑光灯或糖醋盆诱杀成虫。②幼虫发生期，掌握在3龄前喷洒5.7%氟氯氰菊酯乳油1000倍液或15%茚虫威悬浮剂3000倍液。

茄黄斑螟

学名　*Leucinodes orbonalis* Guenée，鳞翅目螟蛾科。别名茄螟、茄白翅野螟。

分布　台湾、浙江、广东、广西、华中、华东和西南。

寄主　茄子、龙葵、马铃薯、豆类。

为害特点　在我国长江以南的华中、华南和西南地区，茄黄斑螟是茄子上的重要害虫。幼虫为害蕾、花并蛀食嫩茎、嫩梢及果实，引起枝梢枯萎、落花、落果及果实腐烂。秋季多蛀害茄果，一个茄子内可有3～5头幼虫；夏季茄果虽受害轻，但花蕾、嫩梢受害重，可造成早期减产。近年该虫为害呈加重趋势。尤其第3代8月中下旬为害秋茄最烈。

生活习性　在武汉年发生5代，以幼虫越冬。5月开始出现幼虫为害，7～9月为害最重，尤以8月中下旬为害秋茄最烈。成虫夜间活动，但趋光性不强。25℃下每雌可产卵200粒以上，散产于茄株的上部、中部嫩叶背面。卵的发育历期20～25℃为8～13天，30℃5～7天，35℃以上2～3天。在武汉7～8月，幼虫历期10～15天，预蛹期2～3天，蛹期8～12天。夏季老熟幼虫多在茄株中上部缀合叶片化蛹，秋季多在枯枝落叶、杂草、土缝内化蛹。

防治方法　①茄子收获后，要清洁菜园，及时处理残株败叶，以减少虫源。②用性诱剂防治茄螟。成虫出现后，茄田设置诱捕器，把江苏金坛激素研究所开发生产的100μg性诱剂滴在2cm²滤纸上，放入诱捕器中诱杀茄螟成虫。5 ~ 10 月架设黑光灯、频振式杀虫灯诱杀成虫。③幼虫孵化盛期喷洒 200g/L 氯虫苯甲酰胺悬浮剂 3000 倍液或 150g/L 茚虫威悬浮剂 2500 倍液、25g/L 多杀霉素悬浮剂 1000 倍液、240g/L 氰氟虫腙悬浮剂 550 倍液、24% 甲氧虫酰肼悬浮剂 1500 倍液、3% 甲氨基阿维菌素苯甲酸盐微乳剂 2800 倍液。

马铃薯块茎蛾

学名 *Phthorimaea operculella* (Zeller)，鳞翅目麦蛾科。别名马铃薯麦蛾、烟潜叶蛾。

分布 云南、贵州、四川、广东、广西、湖南、湖北、江西、安徽、河南、甘肃、陕西、山西、台湾。

寄主 马铃薯、茄子、番茄、樱桃番茄、彩色甜椒、青椒等茄科蔬菜及烟草等。

为害特点 幼虫潜入叶内，沿叶脉蛀食叶肉，余留上下表皮，呈半透明状。严重时嫩茎、叶芽也被害枯死，幼苗可全株死亡。田间或储藏期

马铃薯块茎蛾幼虫潜入叶内为害

马铃薯块茎蛾成虫

可钻蛀马铃薯块茎，呈蜂窝状甚至全部蛀空，外表皱缩，并引起腐烂。

生活习性 分布于我国西部及南方，以西南地区发生最重。在西南各省年发生 6 ~ 9 代，以幼虫或蛹在枯叶或储藏的块茎内越冬。田间马铃薯以 5 月及 11 月受害较严重，室内储存块茎在 7 ~ 9 月受害严重。成虫夜出，有趋光性。卵产于叶脉处和茎基部，薯块上卵多产在芽眼、破皮、裂缝等处。幼虫孵化后四处爬散，吐丝下垂，随风飘落在邻近植株叶片上潜入叶内为害，在块茎上则从芽眼蛀入。卵期 4 ~ 20 天，幼虫期 7 ~ 11 天，蛹期 6 ~ 20 天。

防治方法 ①药剂处理种薯。对有虫的种薯，用二硫化碳熏蒸，也可用 90% 敌百虫可溶化粉剂 600 倍液喷种薯，晾干后再储存。②及时培土。在田间勿让薯块露出表土，以免被成虫产卵。③药剂防治。在成虫盛发期可喷洒 5% 虱螨脲乳油 800 ~ 1000 倍液。

大造桥虫

学名 *Ascotis selenaria* (Schiffermüller et Denis)，鳞翅目尺蛾科。

分布 吉林、北京、河北、山东、河南、湖南、湖北、浙江、四川、安徽、江苏、贵州、广西、福建、陕西。

寄主 茄子、青椒、彩色甜椒、白菜等蔬菜。

为害特点 幼虫食叶、嫩茎。

大造桥虫幼虫

大造桥虫成虫

生活习性 北京、河北、山东、江苏、浙江、四川、吉林等地均有发生。6 ～ 9 月幼虫零散发生，以蛹在土中越冬。

防治方法 必要时喷洒 25% 灭幼脲悬浮剂 800 ～ 1000 倍液或 1.8% 阿维菌素乳油 1500 倍液。

马铃薯瓢虫

学名 *Epilachna vigintioctoma-culata* Motschulsky，鞘翅目瓢虫科。别名二十八星瓢虫。

分布 黑龙江、吉林、辽宁、甘肃、河北、山东、山西、河南、江苏、浙江、福建、内蒙古、四川、云南、西藏。

寄主 马铃薯、茄子、青椒、彩色甜椒、菜用大豆、豆类、瓜类、玉米、白菜等蔬菜。

为害特点 成虫、若虫取食叶片、果实和嫩茎。被害叶片仅留叶脉及上表皮，形成许多不规则透明的凹纹，后变为褐色斑痕，过多会导致叶片枯萎。被害果上则被啃食成许多凹纹，逐渐变硬，并有苦味，失去商品价值。

马铃薯瓢虫成虫（石宝才）

生活习性 我国东部地区、甘肃、四川以东、长江流域以北均有发生。在华北年发生 2 代，武汉 4 代，以成虫群集越冬。一般于 5 月开始活动，为害马铃薯或苗床中的茄子、番茄、青椒苗。6 月上中旬为产卵盛期，6 月下旬至 7 月上旬为第 1 代幼虫为害期，7 月中下旬为化蛹盛期，7 月底或 8 月初为第 1 代成虫羽化盛期，8 月中旬为第 2 代幼虫为害盛期，8 月下旬开始化蛹，羽化的成虫自 9 月中旬开始寻求越冬场所，10 月上旬开始越冬。成虫以上午 10 时至下午 4 时最为活跃，午前多在叶背取食，下午 4 时后转向叶面取食。成虫、幼虫都有残食同种卵的习性。成虫假死性强，并可分泌黄色黏液。越冬成虫多产卵于马铃薯苗基部叶背，20 ～ 30 粒靠在一起。越冬代每雌可产卵 400 粒左右，第 1 代每雌产卵 240 粒左右。卵期第 1 代约 6 天，第 2 代约 5 天。幼虫夜间孵化，共 4 龄，2 龄后分散为害。幼虫发育历期第 1 代约 23 天，第 2 代约 15 天。幼虫老熟后多在植株基部茎上或叶背化蛹，蛹期第 1 代约 5 天，第 2 代约 7 天。

防治方法 ①提倡采用防虫网防治二十八星瓢虫，兼治其他害虫。②人工捕捉成虫。利用成虫假死习性，用盆承接并叩打植株使之坠落，收集灭之。③人工摘除卵块。此虫产卵集中成群，颜色鲜艳，极易发现，易于摘除。④用苏云金杆菌"7216"防治马铃薯瓢虫。用"7216"菌剂原粉含孢子 100 亿 /g，每 667m² 用 10kg，于马铃薯瓢虫大发生之前喷撒到茄果类、瓜类、豆类有露水植株上，防效 37.5% ～ 100% 或喷洒 2.5% 鱼藤酮乳油 1000 倍液，提倡 6% 乙基多杀霉素悬浮剂 1000 倍液。⑤药剂防治。要抓住幼虫分散前的有利时机，喷洒 240g/L 氰氟虫腙悬浮剂 700 倍液或 25% 噻虫嗪水分散粒剂 1800 倍液或 20% 啶虫脒水分散粒剂 3000 倍液或 80% 敌敌畏乳油 900 倍液、40% 辛硫磷乳油 1000 倍液、2.5% 高效氯氟氰菊酯乳油 1000 ～ 1500 倍液、20% 氯虫苯甲酰胺悬浮剂 4500 倍液。

茄无网蚜

学名 *Acyrthosiphon solani* (Kaltenbach)，同翅目蚜科。别名茄无网长管蚜。

分布 东北、内蒙古、青海、河北、山东、河南、四川。

寄主 茄科蔬菜、豆类、甜菜等多种农作物。

为害特点 成虫和若虫吸食蔬菜汁液并传播病毒病。

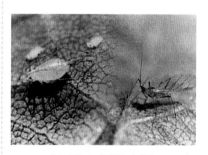

茄无网蚜无翅蚜和有翅蚜

生活习性 在植物叶背面取食后，叶面常出现白点。此种蚜虫虽发生量和直接为害不大，但可传播马铃薯、甜菜和烟草病毒病。

防治方法 参见桃蚜。

瘤缘蝽

学名 *Acanthocoris scaber* (Linnaeus），半翅目缘蝽科。

分布 华东、华中、华南、西南等地。

寄主 主要为害茄子、辣椒、番茄、马铃薯等茄科蔬菜，也可为害瓜类、蚕豆、蕹菜等。

瘤缘蝽成虫（吴鸿）

为害特点 以成虫、若虫刺吸茄果类蔬菜茎、叶、花、果实等幼嫩部位汁液，致产生变色斑点、秃尖、落叶、落花等症状，严重的造成整株成片干枯。

生活习性 南方年发生 1 ～ 2 代，以成虫在枯枝落叶丛中或土块下越冬。翌年 4 月上中旬出现，每年 6 ～ 10 月受害重。多把卵成块产在甜椒、辣椒、彩椒等茄科蔬菜叶背，每块卵块数十粒，多为 20 粒左右，孵化后的若虫、成虫群集为害，刺吸汁液，尤以中午最多，夜间栖息在叶背面。有假死性。

防治方法 ①采取大面积轮作，清除田间杂草和枯枝落叶。②及时摘除卵块、人工捕捉大龄若虫，集中杀灭。③若虫孵化盛期及时喷洒 40% 啶虫脒水分散粒剂 3500 倍液或

6.3% 阿维·高氯可湿性粉剂 4000 倍液或 24% 氰氟虫腙悬浮剂 800 倍液，隔 10 天 1 次，防治 1 ～ 2 次。

茶黄螨

学名 *Polyphagotarsonemus latus*（Banks），蜱螨目跗线螨科。别名侧多食跗线螨、黄茶螨、茶半跗线螨、茶嫩叶螨。

分布 全国各地，华北、长江以南受害重。

寄主 黄瓜、番茄、樱桃番茄、茄子、甜椒、彩色甜椒、辣椒、落葵（木耳菜）、茼蒿、蕹菜、苋菜、芥蓝、西芹、樱桃萝卜、白菜、豇豆、菜豆、马铃薯、大棚秋西瓜等多种蔬菜。

被茶黄螨为害后的辣椒植株症状

被茶黄螨成螨、若螨为害的茄子果实

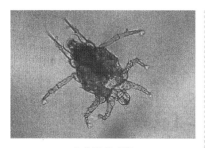

茶黄螨雄成螨

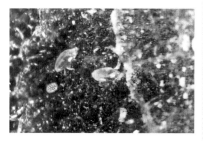

茶黄螨雌成螨和卵（陈秉恕）

为害特点　成螨和幼螨集中在作物幼嫩部分刺吸为害，受害叶片背面呈灰褐或黄褐，具油质光泽或油浸状，叶片边缘向下卷曲。受害嫩茎、嫩枝变黄褐色，扭曲畸形，严重者植株顶部干枯。受害的蕾和花，重者不能开花、坐果。果实受害，果柄、萼片及果皮变为黄褐色，失去光泽，木栓化，最终导致茄子龟裂，呈开花馒头状，味苦而涩，不堪食用。青椒受害严重者落叶、落花、落果，大幅度减产。受害番茄叶片变窄，僵硬直立，皱缩或扭曲畸形，最后秃尖。由于螨体极小，肉眼难以观察识别，上述特征常被误认为生理病害或病毒病。

生活习性　在热带及温室条件下，全年都可发生，但冬季繁殖能力较低。在北京地区，大棚内自5月下旬开始发生，6月下旬至9月中旬为盛发期，露地蔬菜以7～9月受害重，茄子发生裂果的高峰在8月中旬至9月上旬。冬季主要在温室内越冬，少数雌成螨可在冬作物或杂草根部越冬。以两性生殖为主，也能孤雌生殖，但未受精卵孵化率低。卵散产于嫩叶背面、幼果凹处或幼芽上，经2～3天孵化，幼螨期约2～3天，若螨期2～3天。对茶黄螨发育繁殖的最适温度为16～23℃，相对湿度为80%～90%。世代发育历期在28～30℃时4～5天，18～20℃时7～10天。成螨活泼，尤其是雄螨，当取食部位变老时，立即向新的幼嫩部位转移并携带雌若螨，后者在雄螨体上蜕1次皮变为成螨后，即与雄螨交配，并在幼嫩叶上定居下来。由于这种强烈的趋嫩性，所以有"嫩叶螨"之称。卵和幼螨对湿度要求高，只有在相对湿度80%以上才能发育，因此温暖多湿的环境有利于茶黄螨的发生。

防治方法　①提倡用胡瓜钝绥螨防治茶黄螨，方法参见截形叶螨。②茶黄螨生活周期较短，繁殖力极强，应特别注意早期防治。各种作物第1次用药时间：青椒为5月底或6月初，晚春早夏茄子为6月底或7月初，夏播茄子为7月底或8月初，或在初花期打第1次药，以后每隔10天1次，连续防治3次，可控制为害。可选用下列药剂和浓度：茄子、甜

（辣）椒上发生茶黄螨、茄子上发生截形叶螨时，提倡喷洒 240g/L 螺螨酯悬浮剂 4000 ～ 6000 倍液或 100g/L 虫螨腈悬浮剂 800 ～ 1000 倍液、3% 阿维菌素微乳剂 2800 倍液、15% 唑虫酰胺乳油 600 ～ 1000 倍液，但番茄、茄子、黄瓜幼苗敏感，须慎用。此外，还可选用 0.3% 印楝素乳油 800 倍液或 1% 苦参碱 2 号可溶液剂 1200 倍液、1.2% 烟碱·苦参碱乳油 1500 倍液、25% 吡·辛乳油 1500 倍液、20% 哒·螨醇可湿性粉剂 1500 倍液、1.8% 阿维菌素乳油 1500 倍液、3.3% 阿维·联苯菊酯乳油 850 倍液。茶黄螨猖獗地区，提倡喷洒 15% 唑虫酰胺乳油 1000 倍液，防治茶黄螨，兼治蚜虫、蓟马。也可用 240g/L 螺虫乙酯（亩旺特）悬浮剂 4000 倍液防治茶黄螨，每季不超过 2 次，对若螨、卵触杀效果好，但对雌成螨杀死速度慢，但可使雌成螨绝育。

花椒凤蝶

学名　*Papilio xuthus* Linnaeus，鳞翅目凤蝶科。别名柑橘凤蝶、黄凤蝶、燕尾蝶、春凤蝶、橘狗。

分布　山西、浙江、江西、福建、台湾、四川、广东、广西。

寄主　花椒、柑橘。有报道为害茄子、黄柏、枳壳、芸香、佛手、吴茱萸等。

为害特点　幼虫食叶，影响生长。

生活习性　我国东部地区发生，年发生 2 代，南方年发生 3 ～ 6 代，台湾为 6 代。以蛹越冬，翌年 5 月下旬至 9 月幼虫为害。成虫白天活动，把卵产在叶背或叶尖上，初孵幼虫把叶食成小孔，长大后一日能食几张叶片。受惊扰时，幼虫由前胸前缘伸出黄色至橙黄色肉质臭角，放出臭味驱敌。幼虫老熟后吐丝化蛹。

花椒凤蝶成虫

花椒凤蝶幼虫

防治方法　一般不必单独防治，见到时顺手捕捉之。

截形叶螨（茄子叶螨）

学名　*Tetranychus truncatus* Ehara，真螨目叶螨科。

分布　全国分布。

寄主　茄子、玉米、豆类等。

为害特点 以成螨、若螨在叶背刺吸寄主汁液，并在叶端或叶缘吐丝结网，受害后叶上现灰白小点或褪绿，老叶先受害，逐渐向上扩展，严重时在株顶端吐丝结团，致叶片呈锈褐色、枯焦、脱落，造成植株早衰。

截形叶螨成螨和卵

生活习性 年发生 10 ～ 20 代，在华北地区以雌螨在枯枝落叶或土缝中越冬，在华中地区以各虫态在杂草丛中或树皮缝越冬，在华南地区冬季气温高时继续繁殖活动。早春气温达 10℃以上，越冬成螨即开始大量繁殖，多于 4 月下旬至 5 月上中旬迁入菜田，先是点片发生，随即向四周迅速扩散。在植株上，先为害下部叶片，然后向上蔓延，繁殖数量过多时，常在叶端群集成团，滚落地面，被风刮走，扩散蔓延。

据中国农业科学院蔬菜花卉研究所观察塑料棚内叶螨种群消长包括初现、上升、高峰和下降 4 个阶段。连续 2 年叶螨种群于 5 月下旬初现，种群数量很少。进入 6 月种群数量开始上升。2008 年 6 月进入高峰期。2009 年进入高峰时间为 7 月中旬。有报道呼和浩特黄瓜上截形叶螨

于 5 月下旬开始出现，6 月上旬增长缓慢，6 月末达到高峰。长春 7 ～ 8 月进入高峰期。这与当地气象条件、地理差异、有效积温有关。塑料棚内均较露地严重，叶螨基数是造成种群数量消长的主要因素之一。

防治方法 ①加强棚室管理适时适量放风，减少螨的基数，尽量延迟其发生。②北京市农林科学院与北京绿菜园蔬菜专业合作社于 2013 年 6 月把人工养殖的 30 万只小花蝽释放到延庆区康庄的 227 个蔬菜大棚中，捕食红叶螨、蚜虫、白粉虱、蓟马，获得成功。③发生初期 5 月下旬至 6 月上旬及时喷洒 1.8% 阿维菌素乳油 2500 倍液，兼治烟粉虱和蓟马。

朱砂叶螨和二斑叶螨

学名 朱砂叶螨：*Tetranychus cinnabarinus*（Boisduval），真螨目叶螨科。别名棉红蜘蛛、红叶螨。

二斑叶螨：*Tetranychus urticae* Koch，真螨目叶螨科。是蔬菜上的重要害虫。

分布 北京、天津、河北、山西、辽宁、河南、山东、江苏、安徽等地，已成为菜田主要害螨。

寄主 本种过去误订为棉叶螨，实为棉叶螨的复合种群的种类之一，常与朱砂叶螨混合在一起为害茄子等茄果类蔬菜。

为害特点、生活习性参见截形叶螨。

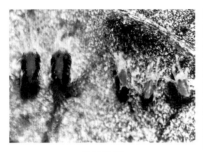

朱砂叶螨

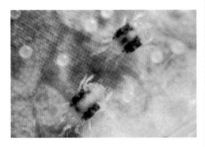

二斑叶螨成螨（虞国跃）

防治方法 ①提倡释放胡瓜钝绥螨进行生物防治，先把袋装的胡瓜钝绥螨固定在番茄植株或架杆上，就可释放出捕食螨，消灭害螨。要求在害螨低密度时开始使用，不要再使用杀螨剂或杀虫剂，1周后可控制害螨为害。也可释放小花蝽捕食红叶螨或烟粉虱或蓟马，效果好。②害螨发生初期开始喷洒50%丁醚脲悬浮剂1000～1500倍液或240g/L螺螨酯悬浮剂4000倍液，每个生长季节不要超过2次，防止产生抗药性。也可喷洒3%阿维菌素乳油2500～3000倍液、100g/L虫螨腈悬浮剂600～800倍液、3%甲氨基阿维菌素苯甲酸盐乳油5500倍液，15

天左右1次，防治2～3次。③天旱年份为害猖獗时将会更加严重，2011年山东、河北、北京较往年气候干旱，发生面积相对较大，若持续高温干旱，红叶螨发生危害将会更加严重，在栽培管理上要适时灌水，增加田间湿度，促进蔬菜生长可控制叶螨为害。叶螨5～6天就完成1代，气温25℃，相对湿度70%繁殖最快，虫口数量猛增。叶螨发生危害初期至若螨始盛期是防治适期，及时喷洒43%联苯肼酯（爱卡螨）悬浮剂3000倍液。提倡与噻螨酮、溴虫腈、乙螨唑等杀螨剂混用或轮用，防其产生抗药性。

神泽叶螨

学名 *Tetranychus kanzawai* Kishida，属蜱螨目叶螨科。

分布 辽宁、吉林、山东、陕西、江苏、湖南、浙江、台湾、福建。

寄主 茄子、草莓、豆类、西瓜、丝瓜、辣椒、芋、人参、苋菜、苹果、梨、茶、桑、枸杞、苜蓿、棉花、樱桃、槐、柳及禾本科杂草。

为害特点 成螨、若螨栖息于叶背为害叶片，幼作受害后出现小斑点，叶片失绿，发生数量多时，整个叶片变黄，引致落叶。

生活习性 北方年发生10代左右，台湾年发生21代，以雌成虫在缝隙或杂草丛中越冬。5月下旬绽花时开始发生，夏季是发生盛期，增殖速度很快，冬季在豆科植物、杂

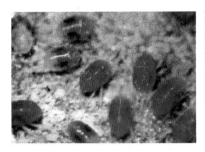

神泽叶螨成螨

草、茶树近地面叶片上栖息，全年世代平均天数为 41 天，发育适温 17 ～ 28℃，卵期 5 ～ 10 天，从幼螨发育到成螨约 5 ～ 10 天。降雨少、天气干旱的年份易发生。天敌有塔六点蓟马、钝绥螨、食螨瓢虫、中华草蛉、小花蝽等，对叶螨种群数量有一定控制作用。

〔防治方法〕 对叶螨应采取"预防为主，防治结合；挑治为主，点面结合"的防治原则。①收获后及时清除残枝败叶，集中烧毁或深埋，进行翻耕。②注意监测虫情，发现少量叶片受害时，及时摘除虫叶烧毁，遇气温高或干旱，要及时灌溉，增施磷钾肥，促进植株生长，抑制害螨增殖。③提倡用胡瓜钝绥螨控制茄子害螨，在释放前 5 ～ 10 天进行 1 ～ 2 次清园，用 0.3% 印楝素乳油 800 ～ 1000 倍液防治茄田害虫；用 0.1 亿 CFU/g 多黏类芽孢杆菌细粒剂 600 倍液灌根 2 次，防治青枯病等细菌病害；用 50% 氟吗啉·锰锌 1000 倍液防治真菌性病害，把害虫密度降至每叶虫口数低于 5 头，且在释放后 20 ～ 30 天

内有效控制病害严重发生，这是释放捕食螨后能否达到长期控制害螨为害降低生产成本的关键。释放时间一般在清园后 5 ～ 7 天内选晴天或多云天气下午 4 时释放，阴天可全天释放，雨天不可释放，捕食螨从出厂到释放不得长于 7 天。方法是先把装有捕食螨的包装袋（又称释放器）从侧面剪掉斜边为 1 ～ 2cm 的直角三角形 1 个，然后把其固定在植株中下部叶片背面的叶脉上，每 10m² 释放 2 ～ 3 袋，每袋 300 只，释放 20 ～ 30 天后，茄子上的红叶螨、茶黄螨虫口减退率高达 90%。捕食螨先捕食卵，释放后 20 ～ 30 天才能见效。④没有释放捕食螨的田间出现受害株时，有 2% ～ 5% 叶片出现叶螨，每片叶上有 2 ～ 3 头时，应进行挑治，把叶螨控制在点片发生阶段，是防治螨害的主要措施。提倡喷洒 0.3% 苦参碱 6 号可溶液剂 1200 倍液或 99.1% 矿物油乳油 300 ～ 400 倍液。⑤当叶螨在田间普遍发生，天敌不能有效控制时，应选用对天敌杀伤力小的选择性杀螨剂进行普治。在茄子、辣椒等蔬菜上使用时，每 667m² 用 240g/L 或 24% 螺螨酯悬浮剂 35 ～ 50ml，对水 45 ～ 60L 喷雾，每个生长季使用次数不超过 2 次，害螨数量仍较高时，可与哒螨灵、阿维菌素等混合使用。也可喷洒 1% 甲氨基阿维菌素乳油 1800 倍液或 1.8% 阿维菌素乳油 1500 倍液、50% 丁醚脲悬浮剂 1250 倍液、15% 浏阳霉素乳油 715 倍液、5% 噻螨酮乳油 1000 倍液、15% 哒螨灵乳

油 1500 倍液。许多新杀螨剂连续使用数次，敏感性大幅度下降，因此要注意轮换交替用药。

甜菜夜蛾

[为害特点] 近年甜菜夜蛾为害秋延后辣椒已由过去的偶发性害虫，变成了常发性害虫，受害株率高达 50%～70%，减产 20% 左右。

江苏沿海地区年发生 5～6 代，以第 4 代为害辣椒、花椰菜为最重。2006 年 4 月底为害春大棚辣椒，8 月上旬～9 月上旬第 4 代发生时正值秋延后辣椒和花椰菜育苗期，幼苗着卵率高，第 5 代继续为害，椒苗百株虫量高达 300～500 头。1、2 龄幼虫在叶背或心叶内取食为害，3 龄后幼虫分散为害，致叶片成缺刻或孔洞，严重的仅残留叶脉，晴天 9 时后潜于心叶或土缝中，18 时后取食。

[防治方法] ①在甜菜夜蛾孵化盛期至幼虫钻果前用每克 300 亿 PIB 甜菜夜蛾核型多角体病毒 9000 倍液经济有效。②掌握在 3 龄前喷洒 5%

甜菜夜蛾幼虫

甜菜夜蛾成虫

氯虫苯甲酰胺悬浮剂 1000～1500 倍液或 100g/L 三氟甲吡醚乳油 800～1000 倍液、5% 多杀霉素悬浮剂 1200 倍液、1% 甲氨基阿维菌素苯甲酸盐乳油 1800 倍液、12% 虫螨腈·甲维盐悬浮剂有效成分 1.2g/667m^2，药后 9 天防效 90%，持效 10～15 天。此外还可选用氟虫双酰胺水分散粒剂 3000 倍液、20% 氟苯虫酰胺水分散粒剂 3000 倍液、15% 唑虫酰胺乳油 1000 倍液、15% 茚虫威悬浮剂 2000～4000 倍液、10% 溴虫腈悬浮剂 1000～2000 倍液，防效高，持效期长，在甜菜夜蛾大发生时应尽早使用。提倡选用 6% 乙基多杀菌素悬浮剂 1500～2000 倍液，有利于保护天敌。

西花蓟马（苜蓿蓟马）

[学名] *Frankliniella occidentalis*（Peragnde），缨翅目蓟马科。是我国危险性外来入侵生物，2003 年春夏在北京局部地区暴发成灾，每朵辣椒花上有成虫、若虫百多头，为害严重。

境外分布 北美、肯尼亚、南非、新西兰、哥斯达黎加、日本。

寄主 辣椒、彩色甜椒、樱桃番茄、番茄、茄子、洋葱、菜豆、草莓、玫瑰等60多科500多种植物。

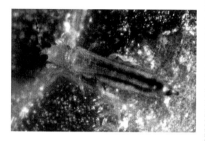

西花蓟马成虫

提倡用蓝板诱杀蓟马和种蝇

为害特点 成虫在叶、花、果实的薄皮组织中产卵，幼虫孵化后取食植物组织，造成叶面褪色，受害处有齿痕或由白色组织包围的黑色小伤疤，有的还造成畸形。西花蓟马还可传带番茄斑萎病毒（TSWV）和烟草环斑病毒（TRSV），造成整个温室辣椒或番茄染上病毒病，造成植株生长停滞，矮小枯萎。

生活习性 西花蓟马食性杂，寄主范围广。寄主植物包括蔬菜、花卉、棉花等，且随着西花蓟马的扩散，寄主植物也在不断增加，即存在明显的寄主谱扩张现象。西花蓟马的远距离传播主要靠人为因素如种苗、花卉调运及人工携带传播，该蓟马适应能力很强，在运输途中遇有温湿度不适或恶劣环境，经短暂潜伏期后，很快适应新侵入地区的条件，而成为新发生地区的重大害虫，因此成为我国潜在的侵入性重要害虫。

防治方法 西花蓟马个体小适应性强，一旦定植成功种群迅速增长，很难清除。国外经验表明，使用单一防治技术难以有效控制该蓟马的危害，必须采取综合防控措施。现我国也建立了适应中国特点的西花蓟马综合防治技术，采用以隔离、净苗、诱捕、生防和调控为核心的防控技术体系。隔离：在通风口、门窗等处增设防虫网，阻止外面的蓟马随气流进入棚室内。净苗：控制初始种群数量，培育无虫苗或称清洁苗，是防治西花蓟马的关键措施，只要抓住这一环节，保护地茄科、葫芦科蔬菜可免或少受害。诱捕：在蔬菜生长期内悬挂蓝色粘虫板诱捕西花蓟马成虫。生防：在加温或节能日光温室春、夏、秋季菜上，在西花蓟马种群密度低时，释放新小植绥螨（*Neoseiulus* spp. 或 *Amblyseius* spp.）等捕食螨。调控：把化学防治作为防控西花蓟马种群数量和使保护地蔬菜免受其他病虫害为害的辅助性措施，在茄果类或瓜类2～3片真叶至成株期心叶有2～3头蓟马时，及时喷洒25g/L多杀霉素悬浮剂1000～1500倍液或

24% 螺虫乙酯悬浮剂 2000 倍液、10% 柠檬草乳油 250 倍液 +0.3% 印楝素乳油 800 倍液、15% 唑虫酰胺乳油 1000 ～ 1500 倍液、10% 烯啶虫胺可溶性液剂 2500 倍液，7 ～ 15 天 1 次，连续防治 3 ～ 4 次，采用穴盘育苗的也可在定植前用 20% 吡虫啉或 25% 噻虫嗪 3000 ～ 4000 倍液蘸根，每株蘸 30 ～ 50ml，持效期 1 个月。

桃蚜

桃蚜无翅蚜为害番茄

学名 *Myzus persicae*（Sulzer），同翅目蚜科。

分布 全国各地。

寄主 已知寄主有 352 种。在蔬菜田以番茄、茄子、甜（辣）椒、彩色甜椒等茄科蔬菜及白菜、萝卜、白萝卜、樱桃萝卜、甘蓝等十字花科蔬菜、食用百合受害重。此外，还为害菊花脑、车前、荆芥、紫背天葵等。

为害特点 桃蚜为害茄果类蔬菜，成虫、若虫在植株上刺吸汁液，造成叶片卷缩变形。近年人们发现桃蚜能传播多种病毒病，造成的危害远远大于蚜害本身。

生活习性 华北年发生 10 代，南方多达 30 ～ 40 代，世代重叠极为严重。以无翅胎生雌蚜在草丛中或菜心里产卵越冬。在温室中终年在蔬菜上繁殖，翌春产生有翅蚜迁飞到已定植的十字花科寄主上继续胎生，10 月下旬开始越冬。桃蚜对黄色趋性强。

防治方法 ①用银灰色薄膜避蚜。②保护地可在桃蚜发生初期释放蚜茧蜂。③药剂防治。提倡使用新型农药，每茬菜只使用 1 次，不严重的可选用 1.5% 除虫菊素水乳剂 500 倍液、0.3% 苦参碱水剂 350 倍液、7.5% 鱼藤酮乳油 1500 倍液、50% 抗蚜威可湿性粉剂 3000 倍液对桃蚜高效。也可选用抗生素类和烟碱类杀虫剂，如 1.8% 阿维菌素乳油 3500 倍液、10% 吡虫啉可湿性粉剂 4000 倍液、25% 噻虫嗪水分散粒剂 5000 倍液、40% 噻虫啉悬浮剂 4000 倍液、10% 烯啶虫胺水剂 2500 倍液、10% 阿维·烯啶水分散粒剂 4000 倍液、20% 烯啶·噻虫悬浮剂 3500 倍液，每茬菜只可用 1 次，残效期长，安全间隔期 60 天。也可用熏烟法选用 10% 异丙威烟剂 300 ～ 400g/667m² 每次，用在保护地。

三点盲蝽

学名 *Adelphocoris fasciaticollis* Reuter，半翅目盲蝽科。

分布 在我国分布较广。

寄主 番茄、樱桃番茄、茄子、豆类、菜用玉米、胡萝卜、马铃薯、枸杞、荆芥、藿香、向日葵、苜蓿等。

为害特点　白天成虫在寄主花内取食，造成无头苗和幼蕾脱落，破叶不多。

三点盲蝽（车晋滇原图）

生活习性　年发生3代。以卵在枸杞、洋槐、加拿大杨、柳、榆、杏等树皮内越冬，卵多产在有疤痕或断枝的疏软部位。越冬卵5月上旬开始孵化，幼虫5龄，约经26天到5月下旬至6月上旬羽化，成虫寿命15天左右。第2代卵期10天，若虫期约16天，7月中旬羽化，成虫寿命约18天。第3代卵期约11天，若虫期17天，8月下旬羽化，成虫寿命约20天。各代成虫均于夜间产卵，多把卵产在叶柄与叶片相接处或叶柄及主脉附近。

防治方法　参见绿盲蝽。

绿盲蝽

学名　*Lygocoris lucorum*（Meyer-Dür），异名*Lygus lucorummeyer-Dür*。该虫原用属名*Lugus*，经郑乐怡先生订正为*Lygocoris*，属半翅目盲蝽科。别名花叶虫、小臭虫等。

分布　几乎遍及全国各地，是我国黄河流域、长江流域为害番茄等茄果类蔬菜、十字花科蔬菜的多种蝽象的优势种。

寄主　枸杞、棉花、桑、麻类、豆类、玉米、马铃薯、瓜类、苜蓿、药用植物、花卉、蒿类、茄果类蔬菜、十字花科蔬菜等。

为害特点　成虫、若虫刺吸寄主顶芽、嫩叶、花蕾、叶片汁液，使植株生长势减弱，影响植株生长发育。

绿盲蝽若虫

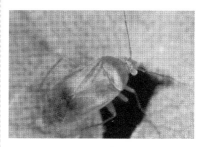

绿盲蝽成虫

生活习性　北方年发生3～5代，山西运城4代，陕西泾阳、河南安阳5代，江西6～7代。以卵在棉花枯枝枝铃壳内或苜蓿、蓖麻茎秆、茬内、果树皮或断枝内及土中越冬。翌春3～4月旬均温高于10℃或连续5

日均温达 11℃，相对湿度高于 70%，卵开始孵化。第 1、第 2 代多生活在紫云英、苜蓿等绿肥田中。成虫寿命长，产卵期 30 ～ 40 天，发生期不整齐。成虫飞行力强，喜食花蜜，羽化后 6 ～ 7 天开始产卵。非越冬代卵多散产在嫩叶、茎、叶柄、叶脉、嫩蕾等组织内，外露黄色卵盖，卵期 7 ～ 9 天，6 月中旬棉花现蕾后迁入棉田，7 月达高峰，8 月下旬棉田花蕾渐少，便迁至其他寄主上为害蔬菜或果树。果树上以春、秋两季受害重。主要天敌有寄生蜂、草蛉、捕食性蜘蛛等。

防治方法 ①早春越冬卵孵化前，清除菜田及附近杂草。当卵已孵化，则应在越冬虫源寄主上喷洒 10% 吡虫啉可湿性粉剂 2000 ～ 4000 倍液，可减少越冬虫源。②田间虫口密度大时，喷洒 25% 噻虫嗪水分散粒剂 1500 ～ 2000 倍液或 25% 吡蚜酮悬浮剂 2000 ～ 2500 倍液、10% 烯啶虫胺水剂 2000 ～ 2500 倍液、24% 螺虫乙酯悬浮剂 2000 倍液、5% 啶虫脒乳油 1200 倍液，持效期长，隔 10 天左右 1 次，连续防治 2 ～ 3 次。③注意保护天敌，如中华草蛉、大草蛉等，发挥其自然控制作用，不要在天敌发生盛期用药，尤其要避免使用剧毒农药。

斜纹夜蛾

学名 *Spodoptera litura*（Fabricius），鳞翅目夜蛾科。

斜纹夜蛾幼虫栖息在茄子果实上

斜纹夜蛾成虫

寄主 茄科、豆类、瓜类、十字花科、绿叶蔬菜茼蒿、苋菜、莴苣、蕹菜、青菜等 99 科 290 种以上植物。

为害特点 幼虫食叶成缺刻或孔洞。

防治方法 ①清除田间杂草，发现卵及初孵幼虫及时杀灭。②设置黑光灯或频振式杀虫灯诱杀成虫。③提倡使用虫瘟 1 号，即斜纹夜蛾多角体病毒 1000 倍液可控制其为害。④提倡用生物农药 3 龄前喷洒每毫升 10 亿 PIB 苜蓿银纹夜蛾核型多角体病毒 1000 倍液，24h 3 ～ 4 龄幼虫虫口下降 90% ～ 95%，48h 下降 98% ～ 100%，完全可控制其为害。也可喷洒 5% 氯虫苯甲酰胺悬浮剂 1500 倍液或 5% 氟啶脲乳油 600 倍

液或者 150g/L 茚虫威悬浮剂 2500 倍液，也可喷洒 1% 甲氨基阿维菌素苯甲酸盐微乳剂 2000 倍液。上海地区防治斜纹夜蛾，选用 PVC 毛细管型斜纹夜蛾长效粗管诱芯，装在斜纹夜蛾干式诱捕器里每 667m² 年诱捕量为 12000 ～ 20000 头，年均诱蛾量 19000 头。实践证明性诱用于防治斜纹夜蛾、甜菜夜蛾雄蛾成虫可控制其为害，是降低成本、增收、减少化学农药使用量有效的防治措施。

三叶草斑潜蝇

学名 *Liriomyza trifolii*（Burgess），双翅目潜蝇科。异名 *L.alliovora* Frick。

分布 欧洲、非洲、美洲、亚洲的以色列及我国的江苏、台湾等地。

寄主 喜食菊科植物，次为豆科、茄科、葫芦科、十字花科、锦葵科等，包括以下重要作物：白菜、甜菜、辣椒、芹菜、黄瓜、大蒜、韭菜、莴苣、洋葱、豌豆、菜豆、马铃薯、菠菜、番茄、豇豆、西瓜、棉花等 25 个科的植物。

三叶草斑潜蝇为害番茄叶片状

三叶草斑潜蝇成虫

为害特点 以幼虫为害叶片，取食正面叶肉，虫道不沿叶脉呈不规则线状伸展，虫道端部不明显变宽，虫道终端无 1 半圆形切口作为老熟幼虫化蛹脱出口。

生活习性、防治方法参见美洲斑潜蝇。

马铃薯甲虫

学名 *Leptinotarsa decemlineata*，属鞘翅目叶甲科，是世界有名的毁灭性检疫害虫。原产于美国，后传入法国、荷兰、瑞士、德国、西班牙、葡萄牙、意大利等国家，是我国外检对象。

寄主 主要是茄科植物，大部分是茄属，其中栽培的马铃薯是最适寄主，除马铃薯外还可为害番茄、茄子、辣椒、烟草、十字花科蔬菜等。

为害特点 种群一旦失控，成虫、幼虫为害马铃薯叶片和嫩尖，可把马铃薯叶片吃光，尤其是马铃薯始花期至薯块形成期受害，对产量影响最大，严重的造成绝收。

形态特征 雌成虫：体长 9 ～

11mm，椭圆形，背面隆起，雄虫小于雌虫，背面稍平，体黄色至橙黄色，头部、前胸、腹部具黑斑点，鞘翅上各有 5 条黑纹，头宽于长，具 3 个斑点。眼肾形黑色。触角细长 11 节，长达前胸后角，第 1 节粗且长，第 2 节较 3 节短，1 ～ 6 节为黄色，7 ～ 11 节黑色。前胸背板有斑点 10 多个，中间 2 个大，两侧各生大小不等的斑点 4 ～ 5 个，腹部每节有斑点 4 个。卵：长约 2mm，椭圆形，黄色，多个排成块。幼虫：体暗红色，腹部膨胀高隆，头两侧各具瘤状小眼 6 个和具 3 节的短触角 1 个，触角稍可伸缩。

生活习性 美国年生 2 代，欧洲 1 ～ 3 代，以成虫在土深 7.6 ～ 12.7cm 处越冬，翌春土温 15℃时，成虫出土活动，发育适温为 25 ～ 33℃。在马铃薯田飞翔，经补充营养后开始交尾，把卵块产在叶背，每卵块有 20 ～ 60 粒卵，产卵期 2 个月，每雌产卵 400 粒，卵期 5 ～ 7 天，初孵幼虫取食叶片，幼虫期 15 ～ 35 天，4 龄幼虫食量占 77%，老熟后入土化蛹，蛹期 7 ～ 10 天，羽化后出土继续为害，多雨年份发生轻。该虫适应能力强。

防治方法 ①加强检疫，严防人为传入，一旦传入要及早铲除。②采用非寄主作物轮作，种植早熟品种，对控制该虫密度具明显作用。③生物防治，目前应用较多的是喷洒苏云金杆菌制剂 600 倍液。④发生初期喷洒 70% 吡虫啉水分散粒剂 8000 倍液或 20% 抑食肼悬浮剂或可湿性粉剂 800 倍液或 25% 噻虫嗪水分散粒剂 1800 倍液。该虫对杀虫剂容易产生抗性，应注意轮换和交替使用。⑤用真空吸虫器和丙烷火焰器等进行物理与机械防治，丙烷火焰器用来防治苗期越冬代成虫效果可达 80% 以上。⑥马铃薯甲虫二代发生区田间虫口密度为 20 头 / 株时，会造成 60% 以上的产量损失，因此要在发生初期进行防治，可选用 48% 噻虫啉悬浮剂 4500 倍液或 20% 啶虫脒可溶液剂、10% 呋喃虫酰肼悬浮剂 700 倍液、200g/L 氯虫·噻虫嗪水分散粒剂 3500 倍液，一般每代虫幼虫期喷药 1 ～ 2 次，间隔期 10 ～ 15 天。⑦种子处理选用 70% 噻虫嗪水分散粒剂 25g，加适量水稀释后拌种薯 100kg，持效期 60 天以上，可有效控制越冬代成虫和第一代幼虫危害。

马铃薯甲虫成虫和幼虫放大

马铃薯甲虫幼虫正在危害马铃薯

附录 农药的稀释计算

1. 药剂浓度表示法

目前,我国在生产上常用的药剂浓度表示法有倍数法、百分比浓度(%)和百万分浓度法。

倍数法是指药液(药粉)中稀释剂(水或填料)的用量为原药剂用量的多少倍,或者是药剂稀释多少倍的表示法。生产上往往忽略农药和水的密度差异,即把农药的密度看作1。通常有内比法和外比法两种配法。用于稀释100(含100倍)以下时用内比法,即稀释时要扣除原药剂所占的1份。如稀释10倍液,即用原药剂1份加水9份。用于稀释100倍以上时用外比法,计算稀释量时不扣除原药剂所占的1份。如稀释1000倍液,即可用原药剂1份加水1000份。

百分比浓度(%)是指100份药剂中含有多少份药剂的有效成分。百分比浓度又分为重量百分比浓度和容量百分比浓度。固体与固体之间或固体与液体之间,常用重量百分比浓度;液体与液体之间常用容量百分比浓度。

2. 农药的稀释计算

(1)按有效成分的计算法

原药剂浓度 × 原药剂重量 = 稀释药剂浓度 × 稀释药剂重量

① 求稀释药剂重量

计算100倍以下时:

稀释药剂重量 = 原药剂重量 × (原药剂浓度 – 稀释药剂浓度)/ 稀释药剂浓度

例:用40%嘧霉胺可湿性粉剂10kg,配成2%稀释液,需加水多少?

$10kg×(40\%–2\%)/2\% = 190kg$

计算100倍以上时:

稀释药剂重量 = 原药剂重量 × 原药剂浓度 / 稀释药剂浓度

例:用100ml 80%敌敌畏乳油稀释成0.05%浓度,需加水多少?

$100ml×80\%/0.05\% = 160L$

② 求用药量

原药剂重量 = 稀释药剂重量 × 稀释药剂浓度 / 原药剂浓度

例:要配制0.5%香菇多糖水剂1000ml,求40%乳油用量。

$1000ml×0.5\%/40\% = 12.5ml$

(2)根据稀释倍数的计算法

此法不考虑药剂的有效成分含量。

① 计算100倍以下时

稀释药剂重量 = 原药剂重量 × 稀释倍数 – 原药剂重量

例:用40%氰戊菊酯乳油10ml加水稀释成50倍药液,求稀释液用量。

$10ml×50–10 = 490ml$

② 计算100倍以上时

稀释药剂量 = 原药剂重量 × 稀释倍数

例:用80%敌敌畏乳油10ml加水稀释成1500倍药液,求稀释液用量。

$10ml×1500 = 15×10^3ml$

参考文献

［1］ 中国农业科学院植物保护研究所，中国植物保护学会 . 中国农作物病虫害［M］. 3 版 . 北京：中国农业出版社，2015.

［2］ 吕佩珂，苏慧兰，高振江，等 . 中国现代蔬菜病虫原色图鉴［M］. 呼和浩特：远方出版社，2008.

［3］ 吕佩珂，苏慧兰，高振江 . 现代蔬菜病虫害防治丛书［M］. 北京：化学工业出版社，2017.

［4］ 李宝聚 . 蔬菜病害诊断手记［M］. 北京：中国农业出版社，2014.